高 等 学 校 计 算 机 专 业 系 列 教 材

深度学习

陈 明 编著

清华大学出版社
北京

内 容 简 介

深度学习是人工智能中的核心问题之一,本书较系统地介绍了深度学习的基本内容,共 15 章,分别为概述、前馈神经网络、卷积神经网络、循环神经网络、深度残差神经网络、Transformer 模型、生成对抗网络、深度信念网络、胶囊神经网络、自编码器、强化学习、脉冲神经网络、迁移学习、元学习和大语言模型。

本书注重基本概念、基本方法、基本模型和基本应用的介绍,并通过应用实例来说明深度学习模型与算法,语言精练,逻辑层次清晰,内容先进实用,可以作为大学"深度学习"课程的教材,也可以作为应用深度学习的科技人员的参考书。

图书在版编目(CIP)数据

深度学习 / 陈明编著. -- 北京:清华大学出版社,2025.4. --(高等学校计算机专业系列教材).
ISBN 978-7-302-68786-3

Ⅰ. TP181

中国国家版本馆 CIP 数据核字第 202590RX26 号

责任编辑:龙启铭　　王玉梅
封面设计:何凤霞
责任校对:韩天竹
责任印制:沈　露

出版发行:清华大学出版社
　　　　　网　　　址:https://www.tup.com.cn,https://www.wqxuetang.com
　　　　　地　　　址:北京清华大学学研大厦 A 座　　　　邮　　编:100084
　　　　　社 总 机:010-83470000　　　　　　　　　　　邮　　购:010-62786544
　　　　　投稿与读者服务:010-62776969,c-service@tup.tsinghua.edu.cn
　　　　　质量反馈:010-62772015,zhiliang@tup.tsinghua.edu.cn
　　　　　课件下载:https://www.tup.com.cn,010-83470236
印 装 者:三河市龙大印装有限公司
经　　销:全国新华书店
开　　本:185mm×260mm　　　　印　　张:23.75　　　　字　　数:593 千字
版　　次:2025 年 5 月第 1 版　　　　　　　　　　　印　　次:2025 年 5 月第 1 次印刷
定　　价:79.00 元

产品编号:097471-01

前言

深度学习由著名计算机科学家 Geoffrey Hinton 等在 2006 年提出，是基于机器学习延伸出来的一个新领域。它是以神经网络算法为起源，伴随大数据的出现和计算机算力的提升而产生的一系列新的模型与算法。深度学习已成功应用在自然语言处理、语音识别、图像处理与计算机视觉等领域，并在研究与应用上取得了突破性的进展。

人工神经网络是基于生理学的仿真模型，它通过调整其内部大量节点之间的相互连接来达到信息处理的目的，并具有自学习和自适应的能力，是连接主义学派的典型代表。

深度学习的出现基本上解决了一对一映射的问题，因此出现了 AlexNet 里程碑式的研究成果。但是，单一的深度学习不能解决序列决策问题，强化学习的出现使序列决策问题的解决取得了新的进展。

深度学习利用深度神经网络特有的感知能力对目标的特征进行提取与识别，其卷积核等同于滤波器，从而完成对物体的分类和检测等。深度学习与强化学习融合产生了深度强化学习。深度强化学习结合了深度学习的感知能力和强化学习的决策能力，克服了强化学习只适用于状态为离散而且低维的缺陷，可直接从高维原始数据学习控制策略。但是，深度强化学习过度依赖巨量的训练，并且需要精确的奖赏。然而对于现实世界的很多问题，并没有好的奖赏，也没办法无限量训练，而是需要快速学习的方法。

为了降低深度神经网络模型训练所需的数据量，引入了迁移学习的思想，从而诞生了深度迁移学习技术。深度迁移学习是指利用数据、任务或模型之间的相似性，将在源领域学习过的模型，应用于新领域的一种学习过程。通过将训练好的模型迁移到类似场景，实现只需少量的训练数据就可以达到较好的效果。

元学习是学习的学习，深度元学习面向的不是学习的结果，而是学习的过程。其学习的不是一个直接用于预测的模型，而是学习如何更快更好地学习一个模型。在模型比较中，一个良好的模型能够很好地适应或推广到在训练期间从未遇到过的新任务和新环境，这就是元学习也称为学习的学习的原因。

正在发展中的脉冲神经网络是源于生物启发的新一代人工神经网络模型，属于深度学习的子集，且具有较强的生物基础支撑。脉冲神经网络中的动态神经元不是在每一次迭代传播中都被激活，而是在它的膜电位达到某一个特定值时被激活。当一个神经元被激活时，它将产生一个信号传递给其他神经元，同时提高或降低自身的膜电位。

众多学者对深度学习的发展做出了卓越的贡献,他们研发出了卷积神经网络、Transformer 模型和深度信念网络等优秀模型,这些模型的出现推动了深度学习的发展。由于篇幅所限,本书仅介绍主要的深度神经网络模型。

　　大语言模型可以处理多种自然语言任务,如文本分类、问答、翻译等,是通向人工智能的重要途径之一。本书第 15 章简要介绍了大语言模型的结构与应用。

　　本书从教材角度构建了内容与体例。全书共 15 章,分别为概述、前馈神经网络、卷积神经网络、循环神经网络、深度残差神经网络、Transformer 模型、生成对抗网络、深度信念网络、胶囊神经网络、自编码器、强化学习、脉冲神经网络、迁移学习、元学习和大语言模型。本书注重基本概念、基本方法、基本模型和基本应用的介绍。如果需要更深入地学习与了解深度学习,可以参考更深入、更全面的有关文献。

　　本书在结构上呈积木状,各章内容独立论述。由于作者水平有限,书中不足之处在所难免,敬请读者批评指正。

陈明

2025 年 2 月

目录

第 7 章 生成对抗网络 /158

第 8 章 深度信念网络 /173

第 1 章

概　　述

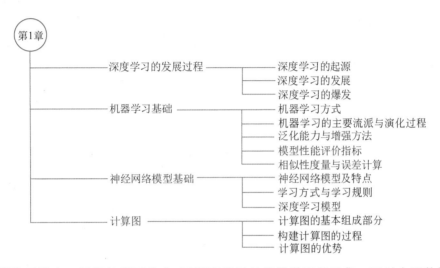

机器学习是人工智能的重要分支,而深度学习是机器学习的子集。面对大型数据集,深度学习算法凸显优势。人工智能(artificial intelligence,AI)、机器学习(machine learning,ML)和深度学习(deep learning,DL)的真包含关系如图 1-1 所示。

近年来,深度学习发展迅速,各种优秀的模型不断出现和突破,尤其在计算机视觉、自然语言处理等领域取得了重要应用成果,深度学习已成为人工智能的核心技术之一。

图 1-1　人工智能、机器学习和深度学习的真包含关系

机器学习和深度学习的比较如下:

- 数据依赖:深度学习需要大数据集,当数据量较小时,深度学习不适合。
- 硬件依赖:为保证算力,深度学习非常依赖于高端硬件设施,通常需要 GPU 参与运算。
- 特征工程:深度学习可从数据中直接自动获取高级的特征。
- 解决方案:机器学习类似于分治法,而深度学习则是一步到位,提供端到端的实时解决方案。
- 训练的时长:深度学习模型训练的时长通常高于机器学习时长。

1.1　深度学习的发展过程

深度学习的前身是人工神经网络，它是深度学习最早期建立的网络模型。神经网络技术源于 20 世纪 40 年代，深度学习的发展经历了起源、发展和爆发三个阶段，如图 1-2 所示。在神经网络的发展过程中，出现了两次低谷。一次是 1969 年由于单层感知机不能解决异或问题，神经网络的发展走向第一次低谷。另一次是 20 世纪 80 年代，当神经网络模型的规模增大时，BP 算法出现梯度消失的问题，这使神经网络的发展再次进入了低谷。2006 年首次提出深度信念网络的概念，该网络由一系列受限玻尔兹曼机组成。Hinton 等将该方法应用于手写字体识别的实验中，取得了很好的效果。预训练是深度信念网络的一个重要步骤，该操作能够使网络的参数找到一个接近最优解的初始值，然后利用微调技术对整个网络进行训练，从而达到优化网络的效果。与此同时，由反向传播引起的梯度消失问题也因此得到了有效解决。

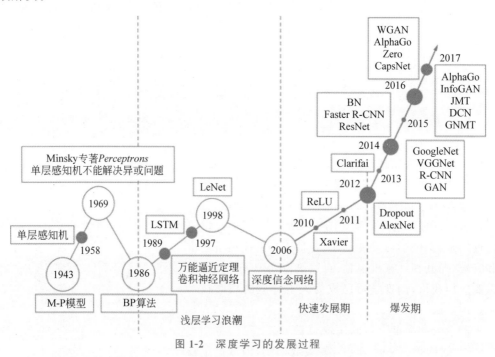

图 1-2　深度学习的发展过程

1.1.1　深度学习的起源

1. M-P 模型

1943 年，心理学家 McCulloch 和数学逻辑学家 Pitts 提出了 M-P 模型。M-P 模型是模仿神经元的结构和工作原理构建的一个基于神经网络的数学模型，其本质是一种模拟人类大脑神经元的模型。M-P 模型奠定了神经网络模型的基础。

2. Hebb 学习规则

1949 年，加拿大著名心理学家 Hebb 提出了一种基于无监督学习的 Hebb 学习规则。

可基于 Hebb 学习规则模仿人类认知世界的过程建立一种网络模型。Hebb 学习规则与条件反射机理一致,为以后的神经网络学习算法奠定了基础。

3. 感知机

20 世纪 50 年代末,在 M-P 模型和 Hebb 学习规则的研究基础上,美国科学家 Rosenblatt 于 1958 年正式提出了感知机。感知机是一种线性模型,可以对输入的训练集数据进行线性二分类,并且能够在训练中自动更新权值。感知机的提出对神经网络的发展具有里程碑式的意义。

4. 线性不可分问题

1969 年,AI 之父 Minsky 和 LOGO 语言的创始人 Papert 共同证明了单层感知机无法解决线性不可分问题(例如异或问题)。由于这个致命的缺陷,感知机没有被及时推广到多层神经网络中。20 世纪 70 年代,人工神经网络进入了第一个寒冬期。

1.1.2　深度学习的发展

1. Hopfield 神经网络

1982 年,著名物理学家 Hopfield 提出了 Hopfield 神经网络,Hopfield 神经网络是一种结合存储系统和二元系统的循环神经网络,可以模拟人类的记忆。根据激活函数的选取不同,Hopfield 神经网络分为连续型和离散型两种,分别用于优化计算和联想记忆。

2. 反向传播算法

直到 1986 年,Hinton 提出了一种适用于多层感知机的反向传播算法(BP 算法)。BP 算法在传统神经网络正向传播的基础上,增加了误差的反向传播过程。反向传播过程不断地调整神经元之间的权值和阈值,直到输出的误差减小到允许的范围之内,或达到预先设定的训练次数为止。BP 算法解决了非线性分类问题,使人工神经网络再次引起了广泛关注。

3. 梯度消失的问题

20 世纪 80 年代,当神经网络模型的规模增大时,BP 算法出现梯度消失的问题,这使 BP 算法的发展受到了很大的限制。又由于 20 世纪 90 年代中期,研究者提出了以支持向量机(support vector machine,SVM)为代表的浅层机器学习算法,该算法在分类、回归问题上取得了很好的效果,但其原理又明显不同于神经网络模型,所以人工神经网络的发展再次进入了低潮。

1.1.3　深度学习的爆发

1. 深度学习的提出

深度学习是机器学习的第二次浪潮。2006 年,Hinton 以及他的学生 Salakhutdinov 正式提出了深度学习的概念,多隐藏层的人工神经网络具有优异的特征学习能力,通过学习获得的特征对数据有更本质的刻画,从而有利于可视化或分类。深度神经网络在训练上的难度,可以通过逐层初始化来有效克服,并且逐层初始化是通过无监督学习实现的。对于梯度消失的问题,可以通过无监督学习方法逐层训练,再使用有监督的反向传播算法进行调优得以克服。

2. AlexNet 模型

2012 年,在著名的 ImageNet 图像识别大赛中,深度学习模型 AlexNet 一举夺冠。AlexNet 采用 ReLU 激活函数,从根本上解决了梯度消失的问题,并采用 GPU 极大地提高了模型的运算速度。在图像识别领域,它取得了惊人的成绩,在人脸识别方面的准确率已经能达到 97% 以上,与人类识别的准确率几乎没有差别。这样的结果也再一次显示了深度学习在图像识别方面的强大能力。

3. 基于深度学习技术的机器人已经超越了人类

2016 年,基于深度学习开发的 AlphaGo 以 4∶1 的比分战胜了国际顶尖围棋高手,后来 AlphaGo 又与众多世界级围棋高手比赛,均取得了完胜。这也证明了在围棋界,基于深度学习技术的智能机器人已经超越了人类。此外,深度学习在医疗、金融、艺术、无人驾驶等多个领域也取得了显著的成果。深度学习的出现使人工神经网络的研究进入了新的高潮,深度学习现已成为人工智能的核心技术之一。

1.2　机器学习基础

深度学习是机器学习的分支,机器学习产生于 20 世纪 50 年代,是人工智能的一个重要分支。机器学习涉及概率论、统计学、逼近论、凸分析、算法复杂度等多门学科及领域。机器学习方法已在数据挖掘、计算机视觉、自然语言处理、生物特征识别、搜索引擎、医学诊断、语音和手写识别、战略游戏和智能机器人等领域成功应用。机器学习技术发展迅速,尤其是深度学习的出现与成功应用,进一步促进了机器学习更广泛的应用。

机器学习是一门多学科交叉专业,涵盖概率论知识、统计学知识、近似理论知识和复杂算法知识,使用计算机作为工具并致力于实时模拟人类学习方式。机器学习是人工智能的一种实现方式,也是研究怎样使用计算机模拟或实现人类学习活动的科学,是人工智能中最具智能特征、最前沿的研究领域之一。

机器学习是机器从历史数据中学习规律,来提升系统的某个性能度量。其实人类的行为也是通过学习和模仿得来的,所以我们就希望计算机和人类的学习行为一样,从历史数据和行为中学习与模仿,从而实现人工智能。

机器学习系统由环境、学习环节、知识库和执行环节四部分组成,如图 1-3 所示。

图 1-3　机器学习系统

在机器学习系统中,环境为学习环节提供信息,学习环节利用这些信息修改知识库,以提升系统执行环节完成任务的效能,执行环节根据知识库完成任务,同时将获得的信息反馈给学习环节。

- 环境:任何一个学习系统不能在全然没有任何知识的情况下凭空获取知识,环境为学习环节提供信息。影响机器学习系统设计的最重要的因素是环境向系统提供的信息。

- 学习环节：学习环节接收环境提供的信息，并能够理解环境的输入信息，将其分析比较，做出假设，检验并修改这些假设。更确切地说，学习环节可对现有知识进行扩展和改进。如果环境信息的质量比较高，则学习环节比较容易处理。如果环境向学习系统提供的是杂乱无章的信息，则学习环节需要在获得足够数据之后，删除不必要的细节等，再获取知识，形成指导动作的规则，放入知识库。

- 执行环节：执行环节是整个学习系统的核心，执行部分的动作就是学习环节力求改进的动作。因为学习环节获得的信息往往不完全，所以学习环节所进行的推理也不完全可靠，总结出来的规则不能保证完全正确。这就需要通过执行环节加以检验，使得能使系统的效能提升的规则应予保留，不正确的规则应予修改或从知识库中删除。

- 知识库：知识库是学习系统存储知识的集合，是影响学习系统设计的重要因素。知识表示有多种形式，例如一阶逻辑、产生式规则、语义网络、框架和知识图谱等。在选择知识表示方式时需要考虑知识表达能力强、易于推理、易于修改和易于扩展。

- 机器学习模型从数据中学习规律和模式的方法，基于学习过程中使用的数据标签以及方式的差异进行划分。

1.2.1　机器学习方式

机器学习方式是指在进行学习活动时所表现出的行为方式，机器学习方式主要有下述 4 种。

1. 监督式学习方式

监督式学习方式是有导师指导的学习方式，监督式学习是机器学习中最重要的一类方法，占据了目前机器学习算法的绝大部分。监督学习就是在已知输入和输出的情况下训练出一个模型，将输入映射到输出。简单来说，在开始训练前就已经知道了输入和输出，任务是建立起一个将输入准确映射到输出的模型，当给模型输入新值时就能预测出对应的输出。在监督式学习中，训练数据需要有一个明确的标识或结果，即是带有标签的数据。

（1）交叉验证

由于同一模型在不同训练集上获得的模型往往不同，为了保证选出的模型最优，而不是刚好符合当前数据划分的一个特例，经常采用交叉验证。交叉验证的基本过程如下：

将得到的数据进行切分，一部分为训练集，剩下的为测试集，训练集用来训练模型，测试集用来评估模型的好坏。由于可以重复使用数据改变数据集中训练集和测试集的百分比来得到多组不同的训练集和测试集，因此训练集和测试集的数据在不同的划分次数中可能出现交叉使用的情况。

为了得到可靠稳定的模型，交叉验证主要用于在多个模型（不同种类模型或同一种类不同超参组合的模型）中挑选出解决对应问题的表现最好的模型。

根据划分的方法不同，交叉验证分为下面三种：

- 简单交叉验证：首先，随机将样本数据分为两部分，然后用训练集来训练模型，在测试集上验证模型及参数。再将样本混洗，重新随机切割样本，重新选择训练集和测试集，继续训练数据和检验模型，最后选择出损失函数评估最优的模型和参数。

- K 折交叉验证：这种方法与简单交叉验证大同小异，K 折交叉验证把样本数据随机

分为 K 份,每次随机选择 $K-1$ 份作为训练集,剩下的 1 份作为测试集。当这一轮完成后,重新随机选择 $K-1$ 份来训练数据,进行多次(次数小于 K)循环后,选择损失函数评估最优的模型和参数。

- 留一交叉验证:这种方法是 K 折交叉验证方法的特例,此时 K 值等于样本数 N,这样对于 N 个样本,每次选择 $N-1$ 个样本训练模型,留下一个样本预测模型的好坏。这个方法主要应用于样本量非常少的情况。

交叉验证的好处就是从有限的数据中尽可能挖掘多的信息,从各种角度去学习现有有限的数据,避免出现局部的极值。在这个过程中无论是训练样本还是测试样本都得到了尽可能多的学习。交叉验证法的缺点就是,当数据集比较大时,训练模型的开销较大。

(2) 偏差与方差

偏差描述的是期望预测与真实结果的偏离程度,偏差越大,越偏离真实数据。方差描述的是预测值的变化范围,离散程度也就是离其期望值的距离。方差度量了同样大小的训练集的变动所导致的学习性能的变化,刻画了数据扰动造成的影响。方差越大,数据的分布越分散。

在监督学习中,需要考虑学习效果评估。模型的偏差和方差是两种基本的预测误差。高方差的模型是过度拟合了训练集数据,而高偏差的模型是欠拟合了训练集数据。

如图 1-4 所示,高偏差、低方差的模型就是期望预测与真实结果较接近,而且都集中在一个位置;高偏差、高方差的模型就是偏离程度大;低偏差、高方差的模型就是偏离程度小,但很分散;低偏差、低方差的模型就是偏离程度小,但较集中。

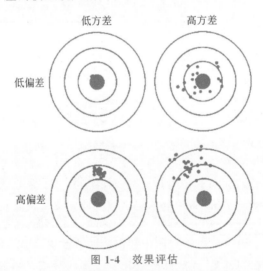

图 1-4　效果评估

学习 n 次,如果偏差小,同时方差又小,那就相当于每次都几乎集中靶心。这样的结果最好。如果偏差大,即使方差再小,那么结果也还是离靶心有一段距离。反之,如果偏差小,但是方差很大,那么结果将散布在靶心四周。如果偏差大,那就是连基本方向都错了。但是认为减小偏差比减小方差更重要的想法是错误的,因为通常只有一组数据,而不是 n 组,模型是依据已有的那组数据得出来的。因此,偏差和方差同样重要。

在理想情况下,模型具有低偏差和低方差,但是二者具有背反特征,即要降低一个指标时,另一个指标就将升高。因此,需要找到一个折中的方案,即找到总误差最小的地方,这称为偏差方差均衡,如图 1-5 所示。

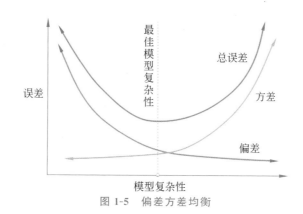

图 1-5　偏差方差均衡

确定模型偏差大还是方差大的方法如下：

- 高偏差：训练集误差大，验证集误差和训练集误差差不多。
- 高方差：训练集误差小，验证集误差非常大。

解决高偏差或高方差问题的方法：对于高偏差问题，使用更复杂的模型，加入更多的特征；对于高方差问题，获取更多的数据，减少特征，正则化。

自监督学习是一类通过某种方式将无监督学习问题转换为有监督问题的方法。自监督学习主要是利用辅助任务从大规模的无监督数据中挖掘自身的监督信息，通过这种构造的监督信息对网络进行训练，可以学习到对任务有价值的表征。也就是说，虽然自监督学习不需要任何的外部标记数据，但这些标签是从输入数据自身中得到的。自监督学习的模式仍然是预训练微调的模式，即先进行预训练，然后将学习到的参数迁移到下游任务网络中，进行微调得到最终的网络。自监督学习的目标是重构输入，这仍然处于监督学习的范式中。

2. 无监督式学习方式

（1）无监督式学习概念

无监督式学习方式是无导师指导的学习方式。输入数据没有标记，也没有确定的结果。样本数据类别未知，需要根据样本间的相似性对样本集进行聚类，试图使类内的差距最小化、类间的差距最大化。在实际应用中，有时无法预先知道样本的标签，也就是说，没有训练样本对应的类别，因而只能从原先没有样本标签的样本集开始训练分类器。

（2）无监督式学习方式分类

无监督式学习方式分为下述两大类。

- 基于概率密度函数估计的直接方法，设法找到各类别在特征空间的分布参数，再进行分类。
- 基于样本间相似性度量的聚类方法，其原理是设法定出不同类别的核心或初始内核，然后依据样本与核心之间的相似性度量将样本聚集成不同的类别。

利用聚类结果，可以提取数据集中的隐藏信息，对未来数据进行分类和预测。无监督式学习方式应用于数据挖掘、模式识别、图像处理等。

（3）监督式学习方式和无监督式学习方式的比较

- 监督式学习方式必须要有训练集与测试样本。在训练集中找规律，而对测试样本使用这种规律。而无监督式学习方式没有训练集，只有一组数据，在该组数据集内寻找规律。

- 监督式学习方式通过识别,给被识别数据加上标签。因此训练样本集必须是由带标签的样本组成。而无监督式学习方式只有需要分析的数据集本身,预先没有标签。如果数据集呈现某种聚集性,则可按自然的聚集性分类。

（4）应用场景

如果有训练样本,则考虑采用监督式学习方式;如果没有训练样本,一定不能用监督式学习方式。但是,现实问题中,即使没有训练样本,也能从待分类的数据中人工标注或自动标注一些样本,并将它们作为训练集,就可使用监督式学习方式。

无监督式学习适用于大型计算机集群,在社交网络分析、天文数据分析等方面应用广泛。

3. 半监督式学习方式

在传统的监督学习中,学习器是通过对大量有标记的训练示例数据进行学习,从而建立模型用于预测未见示例的标记。在分类问题中,标记就是示例的类别,而在回归问题中标记就是示例所对应的实值输出。随着数据收集和存储技术的飞速发展,收集大量未标记的示例已相当容易,而获取大量有标记的示例则相对较为困难,因为获得有标记数据需要耗费大量的人力和物力。事实上,在真实世界问题中通常存在大量的未标记示例,但有标记示例则比较少,尤其是在线应用中这一问题更为突出。

半监督式学习方式有两个样本集,一个是有标记样本集,另一个是无标记样本集,分别记作 $L=\{(x_i, y_i)\}$,$U=\{(x_i)\}$,并且 L 远小于 U。

单独使用有标记样本,能够生成有监督分类。单独使用无标记样本,能够生成无监督聚类。两者都使用,希望在单独使用有标记样本中加入无标记样本,可以增强有监督分类的效果;同样在无标记样本中加入有标记样本,可以增强无监督聚类的效果。一般而言,半监督式学习方式侧重在有监督的分类算法中加入无标记样本来实现半监督分类,可以增强分类效果。

半监督学习算法主要有自训练算法、生成模型、半监督支持向量机、图论方法、多视角算法等。

如果 $d(x_1, x_2)$ 为两个样本的欧氏距离,自训练的 k-最邻近算法如下:

（1）用 L 生成分类策略 F。

（2）选择 $x = \min d(x, x_0)$,其中 $x \in U$,$x_0 \in L$,也就是选择距离标记样本 x_0 最近的无标记样本。

（3）用 F 给 x 定一个类别 $F(x)$。

（4）把 $(x, F(x))$ 加入 L 中。

（5）重复上述步骤,直到 U 为空集。

上面的算法定义了自训练的误差最小,也就是用欧氏距离来定义表现最好的无标记样本,再用 F 给个标记,加入 L 中,并且也动态更新 F。

4. 强化学习方式

强化学习(reinforcement learning,RL)是机器学习的一种,强化学习中有评估反馈,却没有标注数据。评估反馈不能像监督学习中的标注那样指明一个决策正确与否。与监督学习相比,强化学习还有成绩分配、稳定性、探索与利用等方面的挑战。

强化学习用于描述和解决智能体在与环境的交互过程中,通过学习策略来达成回报最大化或实现特定目标的问题。强化学习理论受到行为主义心理学启发,侧重在线学习并试图在探索与利用间保持平衡。不同于监督学习和无监督学习,强化学习不要求预先给定任何数据,而是通过接收环境对动作的奖励获得学习信息并更新模型参数。强化学习在信息论、博弈论、自动控制等领域用于解释有限理性条件下的平衡态、设计推荐系统和机器人交互系统。一些复杂的强化学习算法在一定程度上具备解决强人工智能问题的能力,在围棋和电子游戏中可以达到人类水平。强化学习的常见模型是标准的马尔可夫决策过程。按给定条件,强化学习可分为基于模式的强化学习和无模式强化学习,以及主动强化学习和被动强化学习等。

智能体是指在复杂动态环境中,自治地感知环境信息、自主采取行动并实现一系列预先设定的目标或任务的计算系统。强化学习的应用场景是一个智能体如何通过学习来选择达到其目标的最优动作。不难看出,强化学习在智能机器人、对弈等方面应用广泛。

5. 迁移学习方式

随着越来越多的机器学习应用场景的出现,鉴于现有表现比较好的监督学习需要大量标注数据,而获取标注数据是一项枯燥无味且花费巨大的任务,所以引导了迁移学习出现。迁移学习是指将某个领域或任务上学习到的知识或模式应用到不同但相关的领域或问题中。

迁移学习的主要思想是从相关领域中迁移标注数据或者知识结构来提升或完善目标领域或任务的学习效果。在实际生活中有很多迁移学习的例子,例如学会骑自行车,就比较容易学摩托车,机器也能够像人类一样举一反三等。

6. 元学习方式

元学习(meta-learning,ML)可让机器学习如何学习,即元学习可以利用先验知识和经验来指导新任务的学习,使机器具有学会学习的能力。

在机器学习中,调节参数是工作量最大的工作。如果针对每一个任务从头开始进行参数调节,则需耗费大量的时间去训练并测试效果。元学习可让机器自己学会调参,在遇到相似任务时能够触类旁通、举一反三,用不着从头开始调参,也用不着大量标签数据重新进行训练。通常的机器学习是针对一个特定的任务找到一个能够实现这个任务的函数,而元学习的目标就是首先要找到一个函数能够让机器自动学习原来人为确定的一些超参,如初始化参数、学习速率和网络架构等,元学习分类就是需要确定超参。

元学习是开启通用人工智能的垫脚石。元学习已在图像分类、自然语言处理和智能机器人技术等领域成功应用,并备受重视,最佳组合的元学习应用前景远大。

上述学习方式各有特点,适用于不同的应用场景和数据条件。在选择学习方式时,通常需要考虑问题的具体需求、类型和量级,以及计算资源等因素。

1.2.2 机器学习的主要流派与演化过程

流派和学派的区别主要在于有没有传承性:流派侧重独特性、与其他事物的不同之处;学派是强调师从何门。

1. 机器学习的主要流派

机器学习的发展过程中形成了下述流派,各流派的特点如下。

（1）符号流派：符号主义起源于逻辑学与哲学。其核心思想是认知即计算，即通过对符号的演绎和逆演绎进行结果预测；主要问题是知识结构的构建与优化；代表算法是逆演绎算法；典型应用是知识图谱。

（2）贝叶斯流派：贝叶斯流派起源于统计学。其核心思想是主观概率估计、发生概率修正、最优决策；主要问题是不确定性；代表算法是概率推理；典型应用是概率预测。

（3）连接流派：连接主义起源于神经科学。其核心思想是大脑仿真；主要问题是信度分配；代表算法是反向传播算法、深度学习；典型应用是机器视觉与语音识别。

（4）进化流派：进化主义起源于进化生物学。其核心思想是对进化进行模拟、使用遗传算法和遗传编程；主要问题是结构发现；代表算法是基因编程；典型应用是海星机器人。

（5）行为类比流派：行为类比主义起源于心理学。其核心思想是新旧知识间的相似性；主要问题是相似性；代表算法是核机器、近邻算法；典型应用是推荐系统。

2. 各流派的演化过程

从 20 世纪 80 年代开始，机器学习流派不断演化，各个发展阶段都出现了主导学派。

（1）20 世纪 80 年代：主导学派是符号主义；架构是服务器或大型机；主要理论是知识工程；基本决策逻辑是决策支持系统，实用性有限。

（2）20 世纪 90 年代至 2000 年：主导学派是贝叶斯主义；架构是小型服务器集群；主要理论是概率论；可以实现可扩展的比较或对比，足以完成许多任务。

（3）21 世纪 10 年代早期到中期：主导学派是连接主义；架构是大型服务器农场，服务器农场就是将海量的服务器集成到一起，形成类似大规模农场一样的规模，只不过这个特殊的农场里种植的是特殊的经济作物，即无穷无尽的数据；主要理论是神经科学和概论；可以实现更加精准的图像和声音识别、翻译、情绪分析等。

（4）21 世纪 10 年代末期：主导学派是连接主义、符号主义；架构是多云架构；主要理论是记忆神经网、大规模集成、基于知识的推理；可以实现简单的问答（范围狭窄的、领域特定的知识共享）。

（5）21 世纪 20 年代：主导学派是连接主义、符号主义、贝叶斯等；架构是云计算；主要理论是感知时有网络、推理和工作时有规则；可以实现简单感知、推理和行动（称为有限制的自动化或人机交互）。

（6）21 世纪 40 年代预测：主导学派是算法融合；架构是无处不在的服务器；主要理论是最佳组合的元学习；可以实现感知和响应。

1.2.3　泛化能力与增强方法

在机器学习中，使用泛化能力来衡量训练出的模型优劣。

1. 泛化能力

泛化能力就是指训练后的模型对未知数据的预测能力，也就模型对新样本的适应能力。为了检测模型的泛化能力，训练集的数据不能出现在测试集中，一个通过记忆训练数据来学习的预测模型，能够通过训练集准确预测响应变量的值，但是在处理新数据时，由于泛化能力差将可能预测失败，输出的仅是简单的记忆结果。

2. 泛化误差

一个机器学习模型的泛化误差是一个描述学生机器在从样品数据中学习之后，距离教师机器之间的差距的函数。泛化误差表明推理能力,即从样品数据中推导出的规则能够适用于新的数据的能力。

泛化误差反映了学习方法的泛化能力,如果一种方法学习的模型比另一种方法学习的模型具有更小的泛化误差,则表示这种方法更有效。事实上,泛化误差就是所学到的模型的期望误差。

在实际情况中,通常通过测试误差来评价学习方法的泛化能力。如果在不考虑数据量不足的情况下出现模型的泛化能力差的情况,则其原因基本为对损失函数的优化没有达到全局最优。

3. 提高泛化能力

在机器学习过程中,为了获得高泛化能力模型,需要考虑欠拟合、过拟合与完美拟合三个参数。

（1）三种拟合

- 欠拟合:特征集过小的情况称为欠拟合,即模型没有很好地捕捉到数据特征,不能够很好地拟合数据,或者是模型过于简单无法拟合或区分样本。
- 过拟合:特征集过大,即模型把数据学习得太彻底,以至于噪声数据的特征也学习到了,这样就将导致在测试时,不能够很好地识别数据,也不能正确地分类,模型泛化能力太差。
- 完美拟合:特征集适中,泛化能力强。

从学习系统的学习能力来看,过拟合模型学习能力过于强大,而欠合拟模型学习能力低。在回归问题中,三种拟合结果如图 1-6 所示。

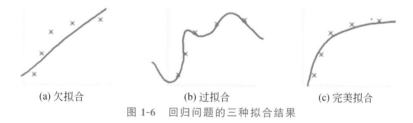

(a) 欠拟合　　　　　　(b) 过拟合　　　　　　(c) 完美拟合

图 1-6　回归问题的三种拟合结果

在分类问题中,三种拟合结果如图 1-7 所示。

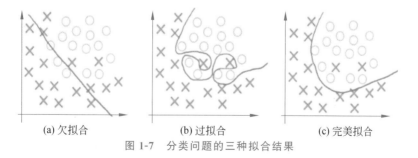

(a) 欠拟合　　　　　　(b) 过拟合　　　　　　(c) 完美拟合

图 1-7　分类问题的三种拟合结果

（2）逼近完美拟合的方法

- 提前停止:对模型进行训练的过程即对模型的参数进行学习更新的过程,这个参数学习的过程往往用到一些迭代方法,如梯度下降学习算法。提前停止便是一种迭代次数截断的方法,用来防止过拟合,即在模型对训练数据集迭代收敛之前停止迭代来防止过拟合。提前停止方法的具体做法是,在每一个 Epoch(1 个 Epoch 是指使用训练集中的全部样本训练一次)结束时计算验证数据的准确性,当准确性不再提高时,就停止训练。

- 数据集扩增:在机器学习中,训练数据与将来的数据是独立同分布的,即使用当前的训练数据来对将来的数据进行估计与模拟,且使用更多的数据进行估计与模拟更准确。因此,更多的数据有时更优秀。但是条件有限,不能收集到更多的数据,所以这时需要采取一些计算的方式与策略在已有的数据集上进行扩展,以得到更多的数据。数据集扩增需要得到更多的符合要求的数据,这些数据与已有的数据是独立同分布的,或者是近似独立同分布的。

- 正则化:在机器学习中,如果参数过多,模型过于复杂,则容易造成过拟合,即模型在训练样本数据上表现得很好,但在实际测试样本上表现得较差,不具备良好的泛化能力。为了避免过拟合,最常用的一种方法是使用正则化方法,正则化方法是指在进行目标函数或代价函数优化时,在目标函数或代价函数后面加上一个正则项,一般有 L1 正则与 L2 正则等。L1 正则直接在原来的损失函数基础上加上权重参数的绝对值。L1 正则偏向稀疏,它将自动进行特征选择,去掉一些没用的特征,也就是将这些特征对应的权重置为 0。L2 正则是直接在原来的损失函数基础上加上权重参数的平方和。L2 正则的主要功能是防止过拟合,当要求参数越小时,说明模型越简单,而模型越简单则越趋向平滑,从而防止过拟合。

- 丢弃法:在神经网络训练中经常使用丢弃法。丢弃法(dropout)是在训练时让神经网络中的神经元以一定的概率不工作。如图 1-8 所示,实心神经元不工作,图(a)为全连接网络,图(b)为以 0.5 的概率丢弃神经元的网络。在 2.3.3 节有更详细描述。

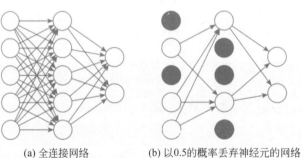

(a) 全连接网络　　　　(b) 以0.5的概率丢弃神经元的网络

图 1-8　丢弃法

4. 超参数和验证集

在机器学习过程中,为了找到泛化能力最强的模型,需要确定两方面的参数,即函数参数和超参数,函数参数也就是通常所说的 w 和 b,这类参数可以通过各种最优化算法自动求得,例如逻辑回归学习算法。

(1) 模型超参数

超参数又称模型参数,大多数的机器学习算法都有超参数,这些参数用来控制算法的行为。超参数的值通常不是通过学习算法本身学习而得,一般在模型训练之前通过手工设定,当然也可以采用网格法等算法进行寻优。确定模型超参数的过程称为模型选择。例如,多项式模型的阶就是超参数：

当阶为 1 时的多项式模型为 $y=wx+b$。

当阶为 2 时的多项式模型为 $y=w_1x+w_2x^2+b$。

选定了超参数（多项式模型的阶）后，再使用学习算法求模型的参数 w 和 b。

（2）验证集

使用训练集来训练模型，使用测试集来评估模型超参数选择的优劣，但是当通过测试集选择了最优的超参数时，就无法再使用测试集来评估模型的泛化能力，因此，可以从数据集中再划分出一部分数据子集用于选择超参数，通常将这部分数据子集称为验证集。

- 训练集：用于训练神经网络模型，找出最佳的权重 w 和偏置 b。
- 测试集：仅用于对训练好的最优函数进行性能测试评估。
- 验证集：用以确定模型超参数，选出最优模型。

训练集、测试集和验证集的大小都没有要求，按实际观测值的规模来定。一般将 50% 以上的数据作为训练集，25% 的数据作为测试集，剩下的作为验证集。训练集、测试集和验证集不可互相取代，尤其是不能混淆，测试集和验证集的主要区别如表 1-1 所示。

表 1-1　测试集和验证集的主要区别

区　　别	测　试　集	验　证　集
作用	仅用于对训练好的最优函数进行性能评估	确定模型的超参数
是否用于训练	否	否（在选出最优模型后，需要将验证集也放入训练集一起训练最优函数）
使用次数	仅在最后使用	多次使用，每次更新超参数后都要用验证集对模型性能进行验证

对最终学习得到的模型进行性能评估的数据称为测试集，必须保证测试集完全独立，直到模型调整和参数训练全部完成前应该将测试集进行封存，不可以任何形式使用测试集中的数据。

1.2.4　模型性能评价指标

在模型训练中，经常涉及正样本和负样本，正样本是指属于某一类别的样本，负样本是指不属于某一类别的样本。例如，对于字母 A 的图像识别，是字母 A 的样本就属于正样本，不是字母 A 的样本就属于负样本。对于一个训练后的模型，需要结合正样本和负样本，直观地进行性能评价。

1. 混淆矩阵

混淆矩阵也称误差矩阵，混淆矩阵就是分别统计分类模型归错类、归对类的观测值个数，然后将结果放在一个表里展示出来。这个表就是混淆矩阵。混淆矩阵是衡量分类型模型准确度中最基本、最直观、计算最简单的方法。

混淆矩阵（见表 1-2）的每一列代表了预测类别，每一列的总数表示预测为该类别的数据数目；每一行代表了数据的真实归属类别，每一行的数据总数表示该类别的数据实例数目。每一列中的数值表示真实数据被预测为该类的数目：第一行第一列中的 45 表示有 45个实际归属第一类的实例被预测为第一类；同理，第一行第二列的 2 表示有 2 个实际归属为第一类的实例,被错误预测为第二类。

表 1-2　混淆矩阵

真实归属类别	预测类别		
	类 1	类 2	类 3
类 1	45	2	0
类 2	5	48	1
类 3	2	5	50

在二分类模型中,可将预测情况与实际情况的所有结果进行组合,就将有下述 4 种情况:

- 真的正:TP(true positive)。
- 假的正:FP(false positive)。
- 真的负:TN(true negative)。
- 假的负:FN(false negative)。

如果 T 代表预测正确,F 代表预测错误,则其混淆矩阵如表 1-3 所示。

表 1-3　混淆矩阵(二分类模型)

预 测 值	真 实 值	
	positive	negative
positive	TP	FP
negative	FN	TN

预测性分类模型是希望越准越好,对应到混淆矩阵中,希望 TP 与 TN 的数量大,而 FP 与 FN 的数量小。所以获得了模型的混淆矩阵后,就需要观测有多少观测值在第一、四象限对应的位置,这里的数值越多越好;反之,在第二、三象限对应位置出现的观测值肯定是越少越好。

例如,所有的样本(数据)可以被分为正样本和负样本。在对样本进行分类时也将分出正样本和负样本,但判断是有错误的,所以存在以下情况:

- true positive(TP):将正样本预测为正样本。
- true negative(TN):将负样本预测为负样本。
- false positive(FP):将负样本预测为正样本。
- false negative(FN):将正样本预测为负样本。

如果 P 为正样本,N 为负样本,则有以下关系:

$$TP+FN=P$$
$$FP+TN=N$$

2. 主要参数

根据混淆矩阵提供的概念,可以延伸出准确率、灵敏度、精确率等评价指标,这些指标是评价模型的基本依据。

（1）准确率

准确率（accuracy）表示在所有样本中，判断对了多少，其计算公式为

$$ACC = (TP + TN)/(P + N)$$

显然是 ACC 越高越好，但是，ACC 很高（100％除外）并不一定代表模型优秀。

例如，有 10 万个样本，其中 9.999 万都是正样本，剩下的只有 10 个负样本，则模型只要在正样本中表现好就可达到高准确率。所以 10 个负样本的重要性被忽略，如果那 10 个负样本是重心，这个准确率就无现实意义。其中也暴露出另一个问题，数据的分布对模型训练和评价也非常重要。

（2）灵敏度

灵敏度（sensitive）又称召回率（recall），是指所有正样本中被判断正确的比例，其计算公式为

$$R = TP/P$$

灵敏度衡量分类器对正样本的识别能力。

（3）精确率

精确率又称精度（precision），表示被分为正样本的数据中实际为正样本所占的比例，其计算公式为

$$P = TP/(TP + FP)$$

（4）综合评价指标

精确率和灵敏度有时出现矛盾的情况，所以需要综合考虑，常用的综合评价指标有 F-Measure，又称 F-Score，其是精确率和灵敏度的加权平均，计算公式为

$$F = ((\alpha^2 + 1)PR)/(\alpha^2(P + R))$$

当 $\alpha = 1$ 时，$F1 = 2PR/(P + R)$。

$F1$-Score 指标综合了精确率与灵敏度的产出结果。$F1$-Score 的取值范围为 $[0, 1]$，1 代表模型的输出结果最好，0 代表模型的输出结果最差。综合评价指标的值越高，说明模型性能越强。

1.2.5　相似性度量与误差计算

1. 相似性度量

机器学习中经常需要相似性度量，样本相似性度量可以通过样本距离计算来实现。例如，计算不同样本之间的相似性，采用的方法就是计算样本间的距离。相似度越大，则其距离就越小。目前已提出多种距离计算方法，不同的距离计算方法适用于解决不同的问题。在机器学习中常用的距离计算方法如下。

（1）欧氏距离

欧氏距离是最常用的距离计算方法，欧氏距离是指欧氏空间中两点间的距离。

- 二维平面上两点 $a(x_1, y_1)$ 与 $b(x_2, y_2)$ 间的欧氏距离：

$$d_{12} = \sqrt{(x_1 - x_2)^2 + (y_1 - y_2)^2}$$

- 三维空间两点 $a(x_1, y_1, z_1)$ 与 $b(x_2, y_2, z_2)$ 间的欧氏距离：

$$d_{12} = \sqrt{(x_1 - x_2)^2 + (y_1 - y_2)^2 + (z_1 - z_2)^2}$$

- 两个 n 维向量 $\boldsymbol{a}(x_{11}, x_{12}, \cdots, x_{1n})$ 与 $\boldsymbol{b}(x_{21}, x_{22}, \cdots, x_{2n})$ 间的欧氏距离：

$$d_{12} = \sqrt{\sum_{k=1}^{n} (x_{1k} - x_{2k})^2}$$

也可以表示成向量运算的形式：

$$d_{12} = \sqrt{(\boldsymbol{a} - \boldsymbol{b})(\boldsymbol{a} - \boldsymbol{b})^\top}$$

（2）曼哈顿距离

曼哈顿距离又称为城市街区距离。在曼哈顿市要从一个十字路口开车到另一个十字路口，驾驶距离不是两点间的直线距离，实际驾驶距离就是曼哈顿距离，这也是曼哈顿距离名称的来源。a 和 b 两点的曼哈顿距离如图 1-9 所示。

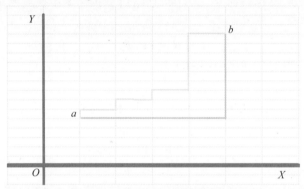

图 1-9　a 和 b 两点的曼哈顿距离

曼哈顿距离是两点在南北方向上的距离加上在东西方向上的距离：$d(i, j) = |x_i - x_j| + |y_i - y_j|$。对于一个具有正南正北、正东正西方向规则布局的城市街道，从一点到达另一点的距离正是在南北方向上旅行的距离加上在东西方向上旅行的距离之和。在早期的计算机图形学中，屏幕由整数的像素构成，点的坐标也是整数，如果直接使用浮点计算 a 和 b 两点的欧氏距离，则运算速度慢，而且有误差；如果使用曼哈顿距离，则只需加减法计算，这就提高了运算速度，而且不管累计运算多少次，都不会有误差。

- 二维平面两点 $a(x_1, y_1)$ 与 $b(x_2, y_2)$ 间的曼哈顿距离：

$$d_{12} = |x_1 - x_2| + |y_1 - y_2|$$

- 两个 n 维向量 $\boldsymbol{a}(x_{11}, x_{12}, \cdots, x_{1n})$ 与 $\boldsymbol{b}(x_{21}, x_{22}, \cdots, x_{2n})$ 间的曼哈顿距离：

$$d_{12} = \sum_{k=1}^{n} |x_{1k} - x_{2k}|$$

（3）夹角余弦

机器学习中使用夹角余弦的概念来衡量样本向量之间的差异。

在二维空间中向量 $\boldsymbol{a}(x_1, y_1)$ 与向量 $\boldsymbol{b}(x_2, y_2)$ 的夹角余弦计算公式：

$$\cos\theta = \frac{x_1 x_2 + y_1 y_2}{\sqrt{x_1^2 + y_1^2}\sqrt{x_2^2 + y_2^2}}$$

类似地，对于两个 n 维向量 $\boldsymbol{a}(x_{11}, x_{12}, \cdots, x_{1n})$ 和 $\boldsymbol{b}(x_{21}, x_{22}, \cdots, x_{2n})$，可以使用类似于夹角余弦的概念来衡量它们间的相似程度。

$$\cos\theta = \frac{\boldsymbol{a} \cdot \boldsymbol{b}}{|\boldsymbol{a}||\boldsymbol{b}|}$$

$$\cos\theta = \frac{\sum_{k=1}^{n} x_{1k} x_{2k}}{\sqrt{\sum_{k=1}^{n} x_{1k}^2}\sqrt{\sum_{k=1}^{n} x_{2k}^2}}$$

夹角余弦的取值范围为 $[-1,1]$。夹角余弦值越大,夹角越小,表示两个向量越相似;夹角余弦值越小,夹角越大,表示两个向量越不相似。当两个向量的方向重合时,夹角余弦值取最大值 1;当两个向量的方向完全相反时,夹角余弦取最小值 -1。

(4) 海明距离

海明距离是指对于两个等长字符串 s_1 与 s_2,将其中一个变为另外一个所需要进行的最小替换次数。例如,字符串"1111"与"1001"之间的海明距离为 2。

(5) 杰卡德距离

两个集合 A 和 B 的交集元素在 A、B 的并集中所占的比例,称为两个集合的杰卡德(Jaccard)相似系数,用符号 $J(A,B)$ 表示:

$$J(A,B) = |A \cap B| / |A \cup B|$$

杰卡德相似系数是衡量两个集合相似度的一种指标,其值越大,则两个集合的相似度越大。也就是说,杰卡德系数只关心个体间共同具有的特征是否一致这个问题。例如,如果比较 X 与 Y 的杰卡德相似系数,只比较 X 和 Y 中相同元素的个数。如集合 $X=\{1,2,3,4\}$,$Y=\{3,4,5,6\}$,那么它们的 $J(X,Y)=2/6=1/3$。

与杰卡德相似系数相反的概念是杰卡德距离,杰卡德距离越大,则杰卡德相似系数越小,A 和 B 两个集合的杰卡德距离为

$$J_\delta(A,B) = 1 - J(A,B) = (|A \cap B| - |A \cup B|) / |A \cup B|$$

如果 $J(A,B)=2/6=1/3$,则 $J_\delta(A,B)=1-1/3=2/3$。

杰卡德距离用两个集合中不同元素占所有元素的比例来衡量两个集合的区分度。其值越大,则两个集合的相似度越小。

(6) 相关系数

相关系数是用以反映变量之间相关关系密切程度的统计指标。相关系数是按积差方法计算,同样以两变量与各自平均值的离差为基础,通过两个离差相乘来反映两个变量之间的相关程度。着重研究线性的单相关系数。

两个变量的相关系数定义如下:

$$\text{Cov}(x,y) = \frac{\sum_{i=1}^{n} (x_i - \bar{x})(y_i - \bar{y})}{n}$$

相关系数是衡量随机变量 X 与 Y 相关程度的一种方法,相关系数的取值范围是 $[-1,1]$。相关系数的绝对值越大,则表明 X 与 Y 相关度越高。当 X 与 Y 线性相关时,相关系数取值为 1(正线性相关)或 -1(负线性相关)。

在概率论中,两个随机变量 X 与 Y 之间的相互关系有下列 3 种。

- 正相关:如果 X 越大,则 Y 也越大,如果 X 越小,则 Y 也越小,即相关系数 $\text{cov}(X,Y)>0$ 时,表明 X 与 Y 正相关,这种情况称为正相关。

- 负相关:如果 X 越大,则 Y 反而越小,如果 X 越小,则 Y 反而越大,即相关系数

$\mathrm{cov}(X,Y)<0$ 时,表明 X 与 Y 负相关,这种情况称为负相关。

- 不相关:如果不是 X 越大,Y 也越大,也不是 X 越大,Y 反而越小,即 $\mathrm{cov}(X,Y)=0$ 时,表明 X 与 Y 不相关,这种情况称为不相关。

(7) 编辑距离

编辑距离是求字符串 A 到字符串 B 的最少修改次数。每次修改的方式如下:

- 增加一个字符。如 abc→abcd。
- 删除一个字符。如 abc→ab。
- 修改一个字符。如 abc→abd。

编辑距离主要用来计算两个字符串的相似度。例如,可以通过 2 次操作(即修改)将 abc 转换为 acb(使用删除再增加操作也可以),所以其编辑距离为 2。

编辑距离不要求两个字符串长度必须相同。

(8) 应用场景

相似性度量常用的距离计算方法的应用场景如下。

- 欧氏距离、曼哈顿距离用于估算不同样本之间的相似性。
- 夹角余弦用来衡量样本向量之间的差异。
- 海明距离计算两个等长字符串的相似度。
- 相关系数是衡量随机变量 X 与 Y 相关程度的计算方法。
- 杰卡德距离用来衡量两个集合 A 和 B 的相似度。
- 编辑距离用来计算两个字符串的相似度。

2. 误差计算

在机器学习及应用中,尤其是深度学习及应用中,经常使用样本方差、标准差、变异系数、极差和协方差等误差来描述数据处理前后的特征。

(1) 样本方差

样本方差是样本相对于均值的偏差平方和的平均,n 个测量值 $x_1,x_2,\cdots,x_n$ 的样本方差的计算公式为

$$s^2=\frac{1}{n-1}\sum_{i=1}^{n}(x_i-\bar{x})^2$$

其中,$\bar{x}$ 是样本均值。

例如,5 个样本观测值分别为 3、4、4、5、4,则样本均值(数学期望值)为

$$\bar{x}=(3+4+4+5+4)/5=4$$

样本方差为

$$s^2=((3-4)^2+(4-4)^2+(4-4)^2+(5-4)^2+(4-4)^2)/(5-1)=0.5$$

样本方差是描述一组数据变异程度或分散程度大小的指标。实际上,样本方差是对所给总体方差的一个无偏估计。

(2) 标准差

由于方差是数据的平方,与检测值本身相差太大,难以直观衡量,所以常用方差开根号换算回来,这就是标准差。

(3) 变异系数

变异系数(coefficient of variation,CV),又称离散系数,是统计学中用于衡量资料中各

观测值变异程度的统计量。

① 变异系数的定义

变异系数是标准差与平均数的比值,通常以百分数的形式表示。

变异系数的计算公式如下:

$$CV = (\sigma/\mu) \times 100\%$$

其中:

- σ 是数据的标准差。
- μ 是数据的平均数。

变异系数用于比较不同数据集的离散程度,尤其是当这些数据集的平均数相差较大时。

② 变异系数的特点

- 单位无关性:由于它是标准差与平均数的比值,因此它是一个无量纲的量,可以用来比较不同单位或不同量级的资料的离散程度。
- 离散程度的相对度量:变异系数越大,表示数据的离散程度越大;变异系数越小,表示数据的离散程度越小。

③ 变异系数的应用

- 在经济分析中,变异系数可以用来衡量经济指标的稳定性。
- 在金融领域,变异系数可以用来评估投资的风险。
- 在工程和科学研究中,变异系数可以用来比较实验数据的波动情况。

需要注意的是,变异系数的使用也有其局限性,它依赖数据分布的正态性,当数据分布严重偏斜时,变异系数的解释需要谨慎。

(4) 极差

极差是指一组观测值内最大值与最小值之差,又称为范围误差或全距,以 R 表示。它表示标志值变动的最大范围。极差是测定标志变动的最简单的指标,计算公式为

$$R = x_{max} - x_{min}$$

其中,x_{max} 为最大值,x_{min} 为最小值。

极差是用来描述数据分散性的指标。数据越分散,则其极差越大。但由于极差取决于两个极值,容易受到异常值的影响,因此在实际中应用较少。极差没有充分利用数据的信息,但计算简单,仅适用于样本容量较小($n<10$)的情况。

例如,12、12、13、14、16、21 这组数的极差 $R = 21 - 12 = 9$。

极差越大,表示观测值分得越开,最大数和最小数之间的差就越大;极差越小,数字就越紧密。

(5) 协方差

在概率论和统计学中,协方差用于衡量两个变量的总体误差。协方差可表示两个变量变化是同方向还是反方向,以及它们的变化程度。而方差是协方差的一种特殊情况,如果两个变量相同,则协方差等于方差。当两个变量同向变化时,协方差为正值;当两个变量反向变化时,协方差为负值。当两个变量无关时,协方差为 0。协方差的数值越大,两个变量同向程度也就越大,反之亦然。可以看出,协方差代表了两个变量是否同时偏离均值、偏离的方向是相同还是相反。

如果有 X、Y 两个变量,每个时刻的 X 值与其均值 μ_X 之差乘以 Y 值与其均值 μ_Y 之差

得到一个乘积,再对每个时刻的乘积求和后,计算均值,即为协方差。

$$\text{Cov}(X,Y)=E((X-\mu_X)(Y-\mu_Y))$$
$$\text{Cov}(X,Y)=E((X-E(X))(Y-E(Y)))$$
$$\text{Cov}(X,Y)=E(XY)-E(X)E(Y)$$

$E(X)$ 为随机变量 X 的数学期望,同理,$E(XY)$ 为 XY 的数学期望。

例 1-1 协方差计算。

x_i 为 1.1、1.9、3,y_i 为 5.0、10.4、14.6:

$$E(X)=(1.1+1.9+3)/3=2$$
$$E(Y)=(5.0+10.4+14.6)/3=10$$
$$E(XY)=(1.1\times5.0+1.9\times10.4+3\times14.6)/3=23.02$$
$$\text{Cov}(X,Y)=E(XY)-E(X)E(Y)=23.02-2\times10=3.02$$

3. 交叉熵

交叉熵(cross-entropy)是信息论中一个重要的概念,它用来度量两个概率分布之间的差异。在机器学习和深度学习中,交叉熵经常被用作损失函数,特别是在分类问题中。

(1) 交叉熵的定义

给定两个概率分布 p 和 q,其中 p 是真实分布,q 是非真实分布或者模型的预测分布,交叉熵 $H(p,q)$ 可以定义为

$$H(p,q)=-x\sum p(x)\log q(x)$$

这里的 x 是所有可能的事件,$p(x)$ 是事件 x 在真实分布中的概率,$q(x)$ 是事件 x 在预测分布中的概率。

(2) 交叉熵在机器学习中的应用

在机器学习中,特别是对于分类问题,交叉熵损失函数经常用来衡量模型的预测结果与真实标签之间的差异。对于二分类问题,交叉熵损失函数通常表达为

$$L(y,\hat{y})=-y\log(\hat{y})-(1-y)\log(1-\hat{y})$$

这里的 y 是真实的标签(通常是 0 或 1),$\hat{y}$ 是模型预测的概率。

对于多分类问题,交叉熵损失函数可以表达为

$$L(\boldsymbol{y},\hat{y})=-\sum_i y_i\log(\hat{y}_i)$$

这里的 $\boldsymbol{y}$ 是一个 one-hot 编码的向量,表示真实的类别标签,$\hat{y}$ 是模型预测的概率分布。

(3) 使用交叉熵的原因

- 非负性:交叉熵总是非负的,当预测分布与真实分布完全相同时,交叉熵为 0。
- 单调性:如果预测的概率分布总是真实分布的子集,那么交叉熵是单调递减的。
- 惩罚错误分类:交叉熵对于错误的预测给予较大的惩罚,特别是当真实标签的概率接近 1 而预测概率接近 0 时。

在优化模型参数时,最小化交叉熵损失函数等同最大化模型预测的概率与真实标签的对数似然,这是机器学习中训练分类器的常见目标。

1.3　神经网络模型基础

神经网络模型的发展经历了第 1 代、第 2 代和第 3 代。第 1 代神经网络为感知机,感知机在 1950 年左右被提出,其呈现线性结构。它不能解决线性不可分的问题。为了解决第 1 代神经网络的问题,在 1980 年左右 Rumelhart、Williams 等提出第 2 代神经网络多层感知机(multilayer perceptron,MLP)。第 2 代神经网络在输入层与输出层之间有多个隐藏层的感知机,可以引入非线性结构,解决了之前无法解决的线性不可分问题。但是随着层数的增加,优化函数越容易出现局部最优解的现象,又由于存在梯度消失的问题,深层网络往往训练困难。当前的人工神经网络是第 2 代神经网络。它们通常是全连接的,接收连续的值,输出连续的值。新出现的神经网络是脉冲神经网络(spiking neural network,SNN),旨在弥合神经科学和机器学习之间的差距,更接近生物神经元机制。第 3 代的 SNN 与目前流行的 ANN 有根本上的不同。SNN 通常是稀疏连接,并利用特殊的网络拓扑,实现了更高级的生物神经模拟水平。除了神经元和突触状态之外,SNN 还将时间概念纳入了其操作之中,是一种模拟大脑神经动力学的模型。

1.3.1　神经网络模型及特点

神经网络模型是一种基于生理学的智能仿生模型,是由大量处理单元(神经元)互联组成的非线性大规模自适应动力学系统。它具有自组织、自适应和自学习能力,以及具有非线性、非局域性、非定常性和非凸性等特点。

神经网络模型属于连接学派,是一种模拟人脑神经系统对处理复杂信息机制的数学模型,是一个由大量简单元件相互连接而成的复杂网络,能够进行复杂的逻辑操作和非线性关系的实现。

神经网络模型主要包括数学模型与认知模型。数学模型是对神经系统生理特征的数学抽象的描述;认知模型是根据神经系统信息处理过程建立的,利用它可以模拟感知、思维、问题求解等过程。

人脑信息处理的特点:大规模神经元并行处理、强大的容错能力和自适应能力。人脑是最复杂、最完美、最有效的信息处理系统。

1. 神经元模型

神经元模型是组成神经网络模型的细胞,神经元模型如图 1-10 所示。

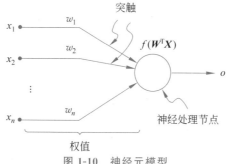

图 1-10　神经元模型

神经元输出为

$$o = f(\boldsymbol{W}^\mathrm{T}\boldsymbol{X}) = f\Big(\sum_{i=1}^{n} w_i x_i\Big)$$

其中，$\boldsymbol{W}$ 是权向量，定义为

$$\boldsymbol{W} = (w_1, w_2, \cdots, w_n)^\mathrm{T}$$

$\boldsymbol{X}$ 为输入向量，定义为

$$\boldsymbol{X} = (x_1, x_2, \cdots, x_n)^\mathrm{T}$$

$\boldsymbol{W}$ 和 $\boldsymbol{X}$ 都定义为列向量。函数 $f(\boldsymbol{W}^\mathrm{T}\boldsymbol{X})$ 常称为激活（或作用）函数，其定义域为神经元模型的净入值，常用 net 表示。变量 net 定义为权和输入向量的标量积（点积），又称为状态。

$$\text{net} = \boldsymbol{W}^\mathrm{T}\boldsymbol{X}$$

net 是生物神经元潜力的模拟。其中 $x_1, x_2, \cdots, x_{n-1}$ 为实际的输入变量；$x_n = -1$ 且 $w_n = T$，T 为阈值，由于阈值对某些模型起了重要作用，因此有时需要明显地将 T 作为一个独立的神经元参数。神经元输出为

$$o = f(\boldsymbol{W}^\mathrm{T}\boldsymbol{X}) = f\Big(\sum_{i=1}^{n-1} w_i x_i - T\Big)$$

f 为非线性作用函数，其形式是多样的，典型的有阶跃函数、阈值函数和 S（Sigmoid）型函数。其输入与输出的非线性关系如图 1-11 所示。

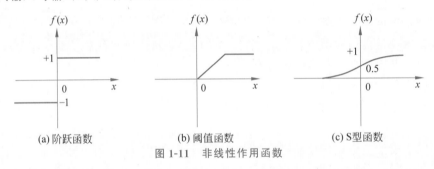

(a) 阶跃函数　　　　(b) 阈值函数　　　　(c) S 型函数

图 1-11　非线性作用函数

图 1-11(a) 所示为阶跃函数，图 1-11(b) 所示为阈值函数，图 1-11(c) 所示为 S 型函数。有时也采用双曲函数或其他函数。通常将阶跃函数和阈值函数等称为硬限函数，S 型函数称为软限函数。

2. 神经网络模型定义

关于神经网络模型，基于不同角度与背景，已衍生出多种定义，其中下述两种定义典型且常用。

神经网络模型是完成认知任务的算法，在数学上可定义为具有下述性质的有向图：

(1) 节点状态变量 net_i 与节点 i 有关。

(2) 权值 w_{ij} 与两节点 i 和 j 之间的连接有关。

(3) 阈值 θ_i 与节点 i 有关。

(4) 节点 i 的输出 $o_i = f_i(o_j, w_{ij}, \theta_i, (j \neq i))$ 取决于连接到节点 i 的那些节点输出 o_j、w_{ij} 以及作用函数 f_i。

由著名的神经网络学者 T. Khonen 教授提出的神经网络模型的定义是，由简单单元组成的广泛并行互连的网络，能够模拟生物神经系统的真实世界物体所做出的交互反应。

3. 神经网络模型的特点

为了使神经网络模型能够模拟大脑的部分智能,神经网络模型的基本特点归纳如下。

(1) 非线性:非线性关系是自然界中各种规律的普遍特征,大脑的智能就是一种非线性现象。神经网络模型是用构造性方法提出的脑功能模型,它具有非线性属性。

(2) 非局域性:非局域性是自然界中事物间普遍联系的一种表现,一个系统的许多整体行为不仅仅取决于系统单元的个性,而且还由单元之间的相互连接、相互作用所决定。大脑的智能是大脑的整体行为,决定于由神经细胞组成的整个神经网络,这就是大脑的非局域性含义。在神经网络模型中,不使用传统计算机中的局域性记忆方式,而是以单元之间的大量连接模拟大脑的非局域性。这些连接称为权,它们是可塑的,使神经网络模型具有学习功能。

(3) 非定常性:自然界万物处于永恒的运动与变化之中,大脑的思维也在不断演化。为了具有智能,能够学习、能够发现规律、能够发明创造,神经网络模型就不能处于定常状态,这就必须使神经网络模型在某种程度上是一个能模拟思维运动的动力学系统。由于神经网络模型具有自适应、自组织和自学习能力,因此神经网络模型不但可以处理各种变化的信息,而且其本身也在不断演化。迭代是描述神经网络模型演化的基本方法。

(4) 非凸性:一个动力学系统的演化方向,在一定条件下将取决于某个特定的状态函数。例如能量函数就是一种状态函数。函数的极值对应于系统的较稳定状态。非凸性是指这种函数具有多极值性,表明系统可以有多个较稳定的平衡态。这就导致了系统演化的多样性和复杂性。

神经网络模型的学习过程就是改变其内部的连接权值的过程。可以定义某种评估函数来描述学习效果。但评估函数是多极值性的,这就导致了神经网络模型演化的非凸性。

4. 神经网络模型的拓扑结构

拓扑是指将实体抽象成与其大小、形状无关的点,而把连接实体的线路抽象成线,进而以图的形式来表示这些点与线之间关系的方法,其目的是研究点、线之间的相连关系。将表示点和线之间关系的图称为拓扑结构图。拓扑结构与几何结构属于两个不同的数学概念。在几何结构中,需要考察的是点、线之间的位置关系,或者说几何结构强调的是点与线所构成的形状及大小。例如梯形、正方形、平行四边形及圆都属于不同的几何结构,但从拓扑结构的角度去看,由于点、线间的连接关系相同,从而具有相同的拓扑结构即环状结构。也就是说,不同的几何结构可能具有相同的拓扑结构。

(1) 层次网络模型

在这种模型中将大量神经元按层次结构分成若干层顺序连接,在输入层加上输入(刺激)信息,通过中间各层变换,到达输出层,则完成一次信息处理。图 1-12 所示为层次网络模型中的三种基本结合方式。

(2) 互连网络模型

在这种模型中任意两个神经元之间都具有相互连接的关系,如图 1-13 所示。网络的动作采用动态分析方法,即由某一个初始状态出发,根据网络的结构和神经元的特性进行网络的能量最小化计算逼近,最后达到稳定状态。

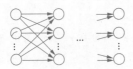

(a) 前馈神经网络

(b) 对称全连接神经网络

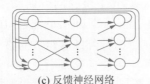

(c) 反馈神经网络

图 1-12   层次网络模型中的三种基本结合方式

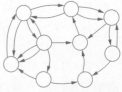

图 1-13   互连网络模型

5. 典型模型的基本结构

(1) 前馈神经网络模型

前馈神经网络模型是信息单向流动的神经网络模型,含有 m 个神经元和 n 个输入端。前馈神经网络模型的结构如图 1-14 所示。

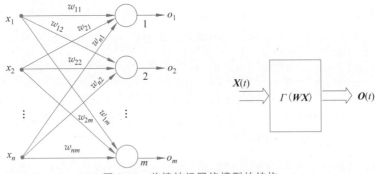

图 1-14   前馈神经网络模型的结构

其输入向量为 $\boldsymbol{X} = (x_1, x_2, \cdots, x_n)^\mathrm{T}$,输出向量为 $\boldsymbol{O} = (o_1, o_2, \cdots, o_m)^\mathrm{T}$。

w_{ij} 表示第 j 个神经元与第 i 个输入之间的连接权。其中,第 j 个神经元的净入值为

$$\mathrm{net}_j = \sum_{i=1}^{n} w_{ij} x_i, \quad j = 1, 2, \cdots, m$$

在网络中每个神经元完成的转换是一个非常强烈的非线性映射,即

$$o_j = f(\boldsymbol{W}_j^\mathrm{T} \boldsymbol{X}), \quad j = 1, 2, \cdots, m$$

其中,权向量 $\boldsymbol{W}_j$ 包含与第 j 个神经元相连接的所有权值,即

$$\boldsymbol{W}_j = (w_{1j}, w_{2j}, \cdots, w_{nj})^\mathrm{T}$$

引入非线性矩阵运算符 Γ,则输入空间 $\boldsymbol{X}$ 到输出空间 $\boldsymbol{O}$ 的映射为

$$\boldsymbol{O} = \Gamma(\boldsymbol{WX})$$

其中权矩阵为

$$\boldsymbol{W} \triangleq \begin{pmatrix} w_{11} & w_{21} & \cdots & w_{n1} \\ w_{12} & w_{22} & \cdots & w_{n2} \\ \vdots & \vdots & \cdots & \vdots \\ w_{1m} & w_{2m} & \cdots & w_{nm} \end{pmatrix}$$

$$\Gamma(\cdot) \triangleq \begin{pmatrix} f(\cdot) & 0 & \cdots & 0 \\ 0 & f(\cdot) & \cdots & 0 \\ \vdots & \vdots & \cdots & \vdots \\ 0 & 0 & \cdots & f(\cdot) \end{pmatrix}$$

输入向量 $\boldsymbol{X}$ 和输出向量 $\boldsymbol{O}$ 又称为输入模式和输出模式。在上面所描述的映射关系是一种前馈瞬时模型,如果考虑到 $\boldsymbol{X}$ 与 $\boldsymbol{O}$ 之间的延迟,则可用包含时间 t 的形式重写上式为

$$\boldsymbol{O}(t) = \Gamma(\boldsymbol{WX}(t))$$

前馈神经网络的特点是无反馈,将这种单层前馈神经网络连接可以构成多层前馈神经网络。在这种多层网络中,前一层的输出是下一层的输入。在 $\boldsymbol{X}(t)$ 映射成 $\boldsymbol{O}(t)$ 时,虽然前馈神经网络中无反馈,但其输出值要与监督的指导信息相比较,可以利用产生的误差信号调整网络中的权值。

(2) 反馈神经网络模型

将图 1-14 所示的前馈神经网络模型的输出与输入相连接就可以得到反馈神经网络模型,如图 1-15(a) 所示。

闭合反馈环能够使输出 $O_j(t-\Delta)$ 对 $O_i(t)$ 进行控制,$i=1,2,\cdots,n$；$j=1,2,\cdots,m$。

如果当前的输出为 $\boldsymbol{O}(t)$,控制下一时刻的输出为 $\boldsymbol{O}(t+\Delta)$,则这样的控制是有意义的。在图 1-15(a) 中,用延迟单元来表示 t 和 $t+\Delta$ 之间的时间间隔。它是对基本的生物神经元的模拟。$\boldsymbol{O}(t)$ 到 $\boldsymbol{O}(t+\Delta)$ 的映射可以写成

$$\boldsymbol{O}(t+\Delta) = \Gamma(\boldsymbol{WO}(t))$$

图 1-15(b) 是这个公式的方框图表示,输入 $\boldsymbol{X}(t)$ 仅用于初始化网络,使 $\boldsymbol{O}(0) = \boldsymbol{X}(0)$。当 $t>0$ 之后,$\boldsymbol{X}(0)$ 被取消,系统开始自动工作。

在离散时间系统中,由于时间间隔 Δ 是确定的。因此,选择自然数表示时间更为简捷且方便。对于一个离散时间人工系统,有下列关系:

$$\boldsymbol{O}^{k+1} = \Gamma(\boldsymbol{WO}^k), \quad k=1,2,\cdots$$

其中,k 为表示时间的自然数。

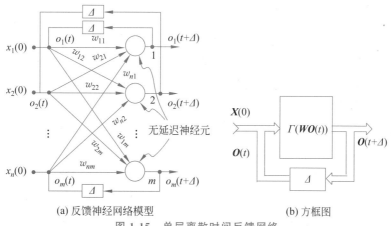

(a) 反馈神经网络模型　　　　(b) 方框图

图 1-15　单层离散时间反馈网络

图 1-15 所示的网络是反馈的,也就是说在 $k+1$ 时刻的输出依赖于从 $k=0$ 时刻到 k 时刻的所有输出。因此,可以得到一系列迭代表达式,即

$$O^1 = \Gamma(WX^0)$$

$$O^2 = \Gamma(W\Gamma(WX^0))$$

$$\cdots$$

$$O^{k+1} = \Gamma(W\Gamma(W\Gamma(\cdots W\Gamma(WX^0)\cdots)))$$

显然,这类反馈神经网络可以用自动机描述。将网络稳定输出状态称为吸引子,一个吸引子可以是一个确定状态或在几个状态绕行(又称为极限环)。

1.3.2　学习方式与学习规则

人类通过学习来掌握技术与增强能力。对于心理学家来说,学习方法的研究是一个重要课题。在神经网络中,学习是一个更为直接的过程。神经网络需要从一组例子的输入输出映射中进行学习。设计一个可根据学习将输入转换为输出的联想器或分类器。

1. 学习方式

在近似理论中,主要通过一个函数 $H(W, X)$ 来逼近另一个连续的多变量函数 $h(x)$,其中 $X = (x_1, x_2, \cdots, x_n)^{\mathrm{T}}$ 为输入向量,$W = (w_1, w_2, \cdots, w_m)^{\mathrm{T}}$ 为参数(权)向量。

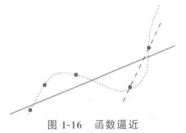

图 1-16　函数逼近

对于神经网络模型,可以通过学习实现函数逼近。学习的任务是根据训练样本集 $\{X\}$ 找到能够提供最佳逼近的 W 值。需要进行的重要选择是使用近似函数 $H(W, X)$,如图 1-16 所示,不能使用通过任意两点的直线逼近函数。为了表示 $h(X)$ 而进行函数 $H(W, X)$ 的选择称为表象问题。一旦选择了 $H(W^*, X)$,网络学习算法便可以寻找最佳参数 W^*。关于学习的更精确描述可以用包含 W 的下述计算式来表示:

$$\rho[H(W^*, X), h(X)] \leqslant \rho[H(W, X), h(X)]$$

其中,$\rho[H(W, X), h(X)]$ 为距离函数,它是 $H(W, X)$ 和 $h(X)$ 之间近似程度的描述和度量。前馈神经网就是通过逼近来实现输入到输出关系的映射。

(1) 有监督学习

在神经网络模型中使用了有监督或无监督学习方式,但是也有一些神经网络模型不需逐渐训练,而是一次性学习,例如 Hopfield 神经网络。

当神经网络的权值仅需一次调整时,需要输入、输出训练数据全集来决定权值。网络本身产生的反馈信息并不包含在网络运行过程中,这种技术也称为译码。然而带有来自监督或者来自环境反馈的学习是神经网络更重要的学习。图 1-17 所示是神经网络的有监督学习方式和无监督学习方式的示意图。

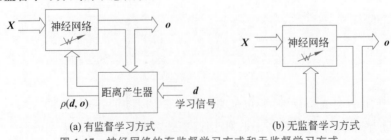

(a) 有监督学习方式　　　　　　　　　　(b) 无监督学习方式

图 1-17　神经网络的有监督学习方式和无监督学习方式

在有监督学习方式中,当输入模式加入网络后,监督提供一个期望输出 d 给系统。将网络产生的实际输出值和期望输出 d 间的距离 $\rho[d,o]$ 作为误差,并用来调整网络参数。即使用一个奖惩方案修改网络的权矩阵。这种学习方案需要训练例子集,对神经网络的训练是有效的,大部分有监督学习算法都能将多维空间误差减至最小。

（2）无监督学习

在无监督学习方式中,期望输出是未知的,因此没有直接的误差信息用来改善网络的行为。由于得不到正确输出指导信息,因此,学习必须根据对输入的应答的观察来完成。有监督学习能够容易地找到各类输入模式的边界。无监督学习算法使用大量的未经处理的输入数据,这些数据没有标记它们属于哪类的标记。网络本身能发现任何可能存在的模式、规律性等,在发现的同时,网络进行参数的变化,这个过程称为神经网络模型的自组织。

无监督学习常用于解决聚类问题,例如不提供任何关于分类信息的无监督指导分类,然而在一些无监督环境中的学习常常是不可能的。

2. 学习规则

一个神经元可以看作一个适应单元。连接权可以根据神经元接收的输入信号（刺激）、输出值（响应）及相对应的监督应答进行调整,图 1-18 所示是监督学习的神经元 j 权向量 $\boldsymbol{W}_j$ 的调节示意图。著名神经网络学者 Amari 教授于 1990 年提出了神经网络的通用学习规则,即权向量 $\boldsymbol{W}_j$ 的增量 $\Delta\boldsymbol{W}_j$,与输入向量 $\boldsymbol{X}$ 和学习信号 r 的乘积成正比。学习信号通常是 $\boldsymbol{W}_j$、$\boldsymbol{X}$ 和信号 d_j 的函数。对于图 1-18 所示的网络,$r=r(\boldsymbol{W}_j,\boldsymbol{X},\boldsymbol{d})$。

根据通用学习规则,在 z 时刻学习中产生的权向量的增量为

$$\Delta\boldsymbol{W}_j(t)=cr\boldsymbol{X}(t)$$

其中,c 为正数并称为学习常量,其值决定学习速率。下一学习步骤 $t+1$ 时刻的权向量为

$$\boldsymbol{W}_j(t+1)=\boldsymbol{W}_j(t)+cr[\boldsymbol{W}_j(t),\boldsymbol{X}(t),d_j(t)]\boldsymbol{X}(t)$$

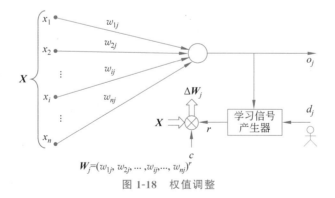

$$\boldsymbol{W}_j=(w_{1j},w_{2j},\cdots,w_{ij}\cdots,w_{nj})^t$$

图 1-18 权值调整

如果用上角标表示离散时间学习步骤,则第 k 步可改写为

$$\boldsymbol{W}_j^{k+1}=\boldsymbol{W}_j^k+cr(\boldsymbol{W}_j^k,\boldsymbol{X}^k,d_j^k)\boldsymbol{X}^k$$

上面所讨论的是基于离散时间权调整的形式。基于连续时间的学习可表示为

$$\frac{\mathrm{d}\boldsymbol{W}_j(t)}{\mathrm{d}t}=cr\boldsymbol{X}(t)$$

基于离散时间权调整（学习）的基本规则如下。在每次学习之前,假设已对权值做了初

始化。

（1）Hebbian 学习规则

在 Hebbian 学习规则中，学习信号与神经元的输出相等，即

$$\gamma = f(\boldsymbol{W}_j{}^{\mathrm{T}}\boldsymbol{X})$$

权向量的增量为

$$\Delta \boldsymbol{W}_j = cf(\boldsymbol{W}_j{}^{\mathrm{T}}\boldsymbol{X})\boldsymbol{X}$$

权 w_{ij} 使用下述增量修改：

$$\Delta w_{ij} = cf(\boldsymbol{W}_j{}^{\mathrm{T}}\boldsymbol{X})x_i$$

也可以写成

$$\Delta w_{ij} = co_j x_i \quad i = 1, 2, \cdots, n$$

这个学习规则要求在学习前连接权初始化成很小的随机数（在 $\boldsymbol{W}_j = 0$ 附近）。Hebbian 学习规则代表了一种纯前馈、无监督学习。这个规则表明：如果 $o_j x_i$ 是正数，则使权 w_{ij} 增大；否则，权减小。

例 1-2　Hebbian 学习规则。

图 1-19 所示为网络的权向量的初值，需要利用下面三个向量进行训练：

$$\boldsymbol{X}_1 = \begin{pmatrix} 1 \\ -2 \\ 1.5 \\ 0 \end{pmatrix} \quad \boldsymbol{X}_2 = \begin{pmatrix} 1 \\ -0.5 \\ -2 \\ -1.5 \end{pmatrix} \quad \boldsymbol{X}_3 = \begin{pmatrix} 0 \\ 1 \\ -1 \\ 1.5 \end{pmatrix}$$

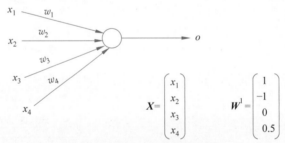

图 1-19　网络的权向量的初值

学习常量 c 选为 1，作用函数选为双向符号函数，即 $f \in \{-1, 1\}$。

第 1 步：输入 $\boldsymbol{X}$，获得净入值 net^1 为

$$\mathrm{net}^1 = \boldsymbol{W}^{1\mathrm{T}}\boldsymbol{X}_1 = [1, -1, 0, 0.5] \begin{pmatrix} 1 \\ -2 \\ 1.5 \\ 0 \end{pmatrix} = 3$$

$$\boldsymbol{W}^2 = \boldsymbol{W}^1 + \mathrm{sgn}(\mathrm{net}^1)\boldsymbol{X}_1 = \boldsymbol{W}^1 + \boldsymbol{X}_1$$

$$= \begin{pmatrix} 1 \\ -1 \\ 0 \\ 0.5 \end{pmatrix} + \begin{pmatrix} 1 \\ -2 \\ 1.5 \\ 0 \end{pmatrix} = \begin{pmatrix} 2 \\ -3 \\ 1.5 \\ 0.5 \end{pmatrix}$$

第 2 步：$\boldsymbol{X}_2$ 作为输入。

$$\mathrm{net}^2 = \boldsymbol{W}^{2\mathrm{T}}\boldsymbol{X}_2 = [2,-3,1.5,0.5]\begin{pmatrix} 1 \\ -0.5 \\ -2 \\ -1.5 \end{pmatrix} = -0.25$$

$$\boldsymbol{W}^3 = \boldsymbol{W}^2 + \mathrm{sgn}(\mathrm{net}^2)\boldsymbol{X}_2 = \boldsymbol{W}^2 - \boldsymbol{X}_2 = \begin{pmatrix} 1 \\ -2.5 \\ 3.5 \\ 2 \end{pmatrix}$$

第 3 步：$\boldsymbol{X}_3$ 作为输入。

$$\mathrm{net}^3 = \boldsymbol{W}^{3\mathrm{T}}\boldsymbol{X}_3 = [1,-2.5,3.5,2]\begin{pmatrix} 0 \\ 1 \\ -1 \\ 1.5 \end{pmatrix} = -3$$

$$\boldsymbol{W}^4 = \boldsymbol{W}^3 + \mathrm{sgn}(\mathrm{net}^3)\boldsymbol{X}_3 = \boldsymbol{W}^3 - \boldsymbol{X}_3 = \begin{pmatrix} 1 \\ -3.5 \\ 4.5 \\ 0.5 \end{pmatrix}$$

在上述计算中，$c=1$，$f \in \{-1,1\}$，进而使输入模式加或减到权向量中。如果作用函数 f 选为 Sigmoid 形式，则可使权向量得到更细致的调节。

重新使用上述例子，作用函数 f 为

$$f = 1/(1+\mathrm{e}^{-\lambda x})$$

其中，$\lambda = 1$，则有

第 1 步：$f(\mathrm{net}^1) = 0.905$

$$\boldsymbol{W}^2 = \begin{pmatrix} 1.905 \\ -2.81 \\ 1.357 \\ 0.5 \end{pmatrix}$$

第 2 步：$f(\mathrm{net}^2) = -0.077$

$$\boldsymbol{W}^3 = \begin{pmatrix} 1.828 \\ -2.772 \\ 1.512 \\ 0.616 \end{pmatrix}$$

第 3 步：$f(\mathrm{net}^3) = -0.932$

$$\boldsymbol{W}^4 = \begin{pmatrix} 1.828 \\ -3.70 \\ 2.44 \\ -0.783 \end{pmatrix}$$

（2）感知机学习规则

感知机学习规则的学习信号是神经元的期望输出和实际输出之间的差值，其学习信号为

$$\gamma = d_j - o_j$$

其中，d_j 是期望输出，$o_j = \text{sgn}(\boldsymbol{W}_j^{\text{T}}\boldsymbol{X})$，如图 1-20 所示。

$$\Delta \boldsymbol{W}_j = c[d_j - \text{sgn}(\boldsymbol{W}_j^{\text{T}}\boldsymbol{X})]\boldsymbol{X}$$
$$\Delta w_{ij} = c[d_j - \text{sgn}(\boldsymbol{W}_j^{\text{T}}\boldsymbol{X})]x_i \quad i = 1, 2, \cdots, n$$
$$\text{sgn}(\boldsymbol{W}_j^{\text{T}}\boldsymbol{X}) \in \{-1, 1\}$$

由于学习信号是带标签的期望输出函数，因此这种学习规则是一种有监督学习规则。权可以初始化成任何值，这种规则仅适用于二进制神经元。

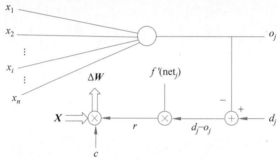

图 1-20　感知机学习规则

例 1-3　输入样本向量为

$$\boldsymbol{X}_1 = \begin{pmatrix} 1 \\ -2 \\ 0 \\ -1 \end{pmatrix}, \quad \boldsymbol{X}_2 = \begin{pmatrix} 0 \\ 1.5 \\ -0.5 \\ -1 \end{pmatrix}, \quad \boldsymbol{X}_3 = \begin{pmatrix} -1 \\ 1 \\ 0.5 \\ -1 \end{pmatrix}$$

初始权向量为

$$\boldsymbol{W}^1 = \begin{pmatrix} 1 \\ -1 \\ 0 \\ 0.5 \end{pmatrix}$$

学习常数 $c = 0.1$，则与 $\boldsymbol{X}_1, \boldsymbol{X}_2, \boldsymbol{X}_3$ 相对应的期望输出为 $d_1 = -1, d_2 = -1, d_3 = 1$。

第 1 步：输入 $\boldsymbol{X}_1, d_1$，净入值 net 为

$$\text{net}^1 = \boldsymbol{W}^{1\text{T}}\boldsymbol{X}_1 = [1, -1, 0, 0.5]\begin{pmatrix} 1 \\ -2 \\ 0 \\ -1 \end{pmatrix} = 2.5$$

由于 $d_1 = -1 \neq \text{sgn}(\text{net}^1)$，因此

$$\boldsymbol{W}^2 = \boldsymbol{W}^1 + 0.1(-1-1)\boldsymbol{X}_1$$

$$=\begin{pmatrix} 1 \\ -1 \\ 0 \\ 0.5 \end{pmatrix} - 0.2\begin{pmatrix} 1 \\ -2 \\ 0 \\ -1 \end{pmatrix} = \begin{pmatrix} 0.8 \\ -0.6 \\ 0 \\ 0.7 \end{pmatrix}$$

第 2 步：输入 $\boldsymbol{X}_2$、d_2。

$$\mathrm{net}^2 = \boldsymbol{W}^{2\mathrm{T}}\boldsymbol{X}_2 = [0,1.5,-0.5,-1]\begin{pmatrix} 0.8 \\ -0.6 \\ 0 \\ 0.7 \end{pmatrix} = -1.6$$

由于 $d_2 = -1 = \mathrm{sgn}(-1,6)$，因此在这步不修正权值。

第 3 步：输入 $\boldsymbol{X}_3$、d_3。

$$\mathrm{net}^3 = \boldsymbol{W}^{3\mathrm{T}}\boldsymbol{X}_3 = [-1,1,0.5,-1]\begin{pmatrix} 0.8 \\ -0.6 \\ 0 \\ 0.7 \end{pmatrix} = -2.1$$

由于 $d_3 = 1$，因此

$$\boldsymbol{W}^4 = \boldsymbol{W}^3 + 0.1(1+1)\boldsymbol{X}_3$$

$$\boldsymbol{W}^4 = \begin{pmatrix} 0.8 \\ -0.6 \\ 0 \\ 0.7 \end{pmatrix} + 0.2\begin{pmatrix} -1 \\ 1 \\ 0.5 \\ -1 \end{pmatrix} = \begin{pmatrix} 0.6 \\ -0.4 \\ 0.1 \\ 0.5 \end{pmatrix}$$

如果用同样的训练集重新对网络进行训练，则输出误差通常将比原来小。

（3）Delta 学习规则

Delta 学习规则只适合连续作用函数（Sigmoid）的情况，并用于有监督学习方式。这个规则的学习信号称为 Delta，其定义如下：

$$r \triangleq [d_j - f(\boldsymbol{W}_j^{\mathrm{T}}\boldsymbol{X})]f'(\boldsymbol{W}_j^{\mathrm{T}}\boldsymbol{X})$$

其中，$f'(\boldsymbol{W}_j^{\mathrm{T}}\boldsymbol{X})$ 是作用函数 $f(\mathrm{net})$ 的导数。

其误差 E 定义为

$$E \triangleq \frac{1}{2}(d_j - o_j)^2$$

$$= \frac{1}{2}[d_j - f(\boldsymbol{W}_j^{\mathrm{T}}\boldsymbol{X})]^2$$

可以得到误差的梯度向量值，即

$$\nabla E = -(d_j - o_j)f'(\boldsymbol{W}_j^{\mathrm{T}}\boldsymbol{X})\boldsymbol{X}$$

$$\frac{\partial E}{\partial w_{ji}} = -(d_j - o_j)f'(\boldsymbol{W}_j^{\mathrm{T}}\boldsymbol{X})x_i, \quad i=1,2,\cdots,n$$

为了减小误差，权向负梯度方向变化，即

$$\Delta \boldsymbol{W}_j = -c\nabla E$$

c 为正的常数。

$$\Delta \boldsymbol{W}_j = c(d_j - o_j) f'(\mathrm{net}_j) \boldsymbol{X}$$
$$\Delta w_{ji} = c(d_j - o_j) f'(\mathrm{net}_j) x_i$$

在 Delta 学习规则中,网络的初始权可为任意值。Delta 学习规则通常称为连续感知机学习规则,Delta 学习规则可被推广到多层网络。

（4）Widrow-Hoff 学习规则

Widrow-Hoff 学习规则是一种有监督学习规则,与神经元所使用的作用函数无关。其学习信号定义为

$$\gamma = d_j - \boldsymbol{W}_j^{\mathrm{T}} \boldsymbol{X}$$

权向量增量为

$$\Delta \boldsymbol{W} = c(d_j - \boldsymbol{W}_j^{\mathrm{T}} \boldsymbol{X}) \boldsymbol{X}$$
$$\Delta w_{ji} = c(d_j \boldsymbol{W}_j^{\mathrm{T}} \boldsymbol{X}) x_i$$

Widrow-Hoff 学习规则是 Delta 学习规则的特殊情况。如果在 Delta 学习规则中作用函数为单位函数,则 Delta 学习规则与 Widrow-Hoff 学习规则完全一致。Widrow-Hoff 学习规则也称为最小均方差（least mean square,LMS）学习规则,在这种规则中,权可被初始化为任意值。

（5）相关学习规则

在相关（Correlation）学习规则中:

$$\gamma = d_j$$
$$\Delta \boldsymbol{W}_j = c d_j \boldsymbol{X}$$
$$\Delta w_{ij} = c d_j x_i$$

这个规则说明,如果 d_j 是 x_i 的期望输出,则相应的权的增量与 $d_j x_i$ 成正比。这个规则通常用于双向输出神经元构成的记忆网络中。也可被解释为 Hebbian 学习规则的特殊情况,即具有一个二进制作用函数 $o_i = d_i$。但是 Hebbian 学习规则是在无监督环境中完成的,Correlation 学习规则是有监督学习规则,并且要求将权向量初始化为 $\boldsymbol{W} = \boldsymbol{0}$。

（6）Winner-Take-All 学习规则

Winner-Take-All 学习规则是一种竞争学习规则,并且用于无监督的网络训练。在网络的输出层中有 p 个神经元,对于输入 $\boldsymbol{X}$ 第 m 个神经元有最大输出,如图 1-21 所示。这个神经元称为胜利者,作为这个获胜事件的结果。其权向量 $\boldsymbol{W}_m = (w_{1m}, w_{2m}, \cdots, w_{im})^{\mathrm{T}}$。

其增量为

$$\Delta \boldsymbol{W}_m = \alpha (\boldsymbol{X} - \boldsymbol{W}_m)$$
$$\Delta w_{ij} = \alpha (x_i - w_{im}) \quad i = 1, 2, \cdots, n$$

其中,$\alpha > 0$,一般随学习过程的进展而不断增加。选择胜利者的标准是在所有参加竞赛的 p 个神经元中取最大的响应,即

$$\boldsymbol{W}_m^{\mathrm{T}} \boldsymbol{X} = \max_{i=1,2,\cdots,p} (\boldsymbol{W}_i^{\mathrm{T}} \boldsymbol{X})$$

显然,这个标准与寻找最接近输入 $\boldsymbol{X}$ 的权向量是一致的。在这种规则中,除了获胜神经元连接权被调节之外,获胜神经元的相邻神经元也被补充进来调节。权通常被初始化任意值并被归一化处理。

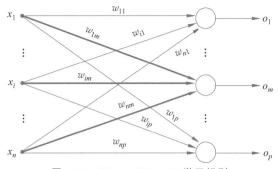

图 1-21　Winner-Take-All 学习规则

（7）Outstar 学习规则

Outstar 学习规则用于实现在输出层中 p 个神经元的期望输出 $\boldsymbol{D}$，如图 1-22 所示。这个规则能够反复学习输入输出关系的特征。Outstar 学习规则与有监督学习有关，但是它被认为允许网络抽取输入和输出信号的统计特征。其权调节为

$$\Delta \boldsymbol{W}_j = \beta(d - \boldsymbol{W}_j)$$
$$\Delta w_{ij} = \beta(d_j - w_{ij}) \quad j=1,2,\cdots,p, i=1,2,\cdots,n$$

其中，$\boldsymbol{W}_j = (w_{1j}, w_{2j}, \cdots, w_{nj})^{\mathrm{T}}$，$\beta$ 为在学习中逐渐减小的正的常量。

反复学习之后，输出与期望输出非常相似。

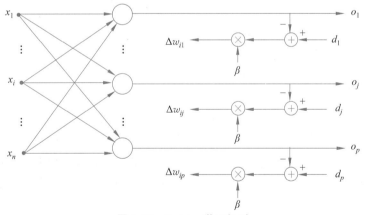

图 1-22　Outstar 学习规则

（8）学习规则总结

表 1-4 给出了上述几种学习规则的比较。除了 Winner-Take-All 学习规则和 Outstar 学习规则之外，大多数学习规则适用于单个神经元的学习。在这里，仅列举了几种较常使用的学习规则，并没有包括现存的所有学习规则。

表 1-4　学习规则的比较

学习规则	权调节 Δw_{ji}	初始权	学习	神经元特征
Hebbian	$co_j x_i$ $i=1,2,\cdots,n$	0	U （无监督）	任意

续表

学习规则	权调节 Δw_{ji}	初始权	学习	神经元特征
感知机	$c[d_j - \text{sgn}(\boldsymbol{W}_j^{\text{T}}\boldsymbol{X})]x_i$ $i=1,2,\cdots,n$	任意	S (有监督)	双态
Delta	$c(d_j - o_j)f'(\text{net}_j)x_i$ $i=1,2,\cdots,n$	任意	S (有监督)	连续
Widrow-Hoff	$c(d_j - \boldsymbol{W}_j^{\text{T}}\boldsymbol{X})x_i$ $i=1,2,\cdots,n$	任意	S (有监督)	任意
相关	$cd_j x_i$ $i=1,2,\cdots,n$	0	S (有监督)	任意
Winner-Take-All	$\Delta w_{im} = \alpha(x_i - w_{im})$ $i=1,2,\cdots,n$	随机 归一化	U (无监督)	连续
Outstar	$\beta(d_j - w_{ij})$ $i=1,2,\cdots,p$	0	S (有监督)	连续

1.3.3 深度学习模型

大规模数据为深度学习提供了好的训练资源,计算机硬件的飞速发展,特别是图形处理器(graphic processing unit,GPU)的出现,使得构建与训练大型神经网络成为可能。

1. 深度学习的概念

深度学习的目的在于建立、模拟人脑进行分析学习的神经网络模型。深度学习的基本思想是通过构建多层网络,对目标进行多层表示,以期通过多层的高层次特征来表示数据的抽象语义信息,获得更好的特征鲁棒性。

(1) 特征学习

特征是一事物不同于其他事物的特点,也就是某些突出性质的表现。特征是区分事物的关键,所以当需要对事物进行分类或者识别时,实际上就是提取特征。可对提取到的特征表现进行比较与判断。由于事物的特征非常多,因此最终需要有选择地提取目的特征。

图像由大量像素组成,像素是图像的最基本特征,特征是分层次的,可以通过多次抽取来获得多层次的特征。

(2) 浅层学习

浅层结构通常只包含一层或两层的非线性特征转换层,典型的浅层结构有高斯混合模型(GMM)、隐马尔可夫模型(HMM)、条件随机域(CRF)、最大熵模型(MEM)、逻辑回归(LR)、支持向量机(SVM)和感知机等。其中,最成功的分类模型是 SVM,当不同类别的数据向量在低维空间无法划分时,SVM 使用一个浅层线性模式分离模型,将其通过核函数映射到高维空间中并寻找分类最优超平面。

浅层结构学习模型采用一层或两层简单结构将原始输入信号或特征转换到特定问题的特征空间中。浅层模型对复杂函数的表示能力有限,针对复杂分类问题(如语音识别、图像识别)其泛化能力受到一定的制约。

(3) 深度学习

深度学习的基础是机器学习中的分散表示。分散表示是指观测值由不同因子相互作用生成,这一相互作用的过程可分为多个层次(代表对观测值的多层抽象)。不同的层数和层的规模可用于不同程度的抽象。深度学习运用了分层次抽象的思想,更高层次的更有效的特征是从低层次的特征学习得到的。也就是说,深度学习是一种基于无监督的特征学习和特征层次结构的学习方法。

假设系统 S 有 n 层 $(S_1,S_2,\cdots,S_n)$, I 为输入, O 为输出,深度学习可形象地表示为

$$I \rightarrow S_1 \rightarrow S_2 \rightarrow \cdots \rightarrow S_n \rightarrow O$$

通过调整系统中的参数,可以得到输入 I 的一系列层次特征 $S_1,S_2,\cdots,S_n$,模型自动地学习这些特征,其中一层的输出作为其下一层的输入,以实现对输入数据的分级表达。层次越多,则深度越深,这就是深度学习的基本思想。对于深度学习来说,通过堆叠多个层这种方式来实现对输入信息的分级表达。

深度学习是从数据中学习表示的一种新方法,强调从连续的层中进行学习,这些层对应越来越有意义的表示。深度学习模型不是大脑模型。没有证据表明大脑的学习机制与现代深度学习模型所使用的机制相同。图 1-23 所示为对数字分类的多层次模型。

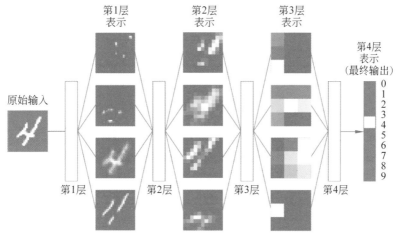

图 1-23　对数字分类的多层次模型

这个网络将数字图像通过多层转换成与原始图像差别越来越大的表示,而其最终结果的信息却越来越丰富。信息穿过连续的过滤器,其纯度越来越高。这表明深度学习是学习数据表示的多级方法。

2. 神经网络深度学习原理

神经网络中每层对输入数据所做的具体操作保存在该层的权中,学习的目的是为神经网络的所有层找到一组权值,使得该网络能够将每个示例输入与其目标正确地一一对应。神经网络通过其权重来参数化,如图 1-24 所示。

如果要控制神经网络的输出,就需要衡量该输出与预期值之间的距离。这是神经网络损失函数的任务,该函数也叫目标函数。损失函数的输入是网络预测值与真实目标值(即希望网络输出的结果),然后计算一个距离值,以衡量该网络在这个示例上的效果好坏,如图 1-25 所示。

在多层前馈神经网络中,将这个距离值作为反馈信号来微调权重值,以降低当前示例对应的损失值,如图 1-26 所示。这种调节由优化器来完成,它实现了 BP 算法。BP 算法是深

度学习的核心算法之一。

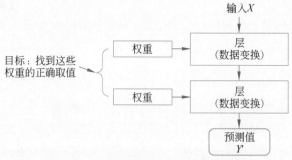

图 1-24　神经网络通过其权重来参数化

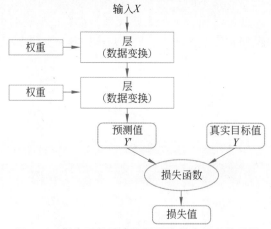

图 1-25　损失函数用来衡量网络输出结果的质量

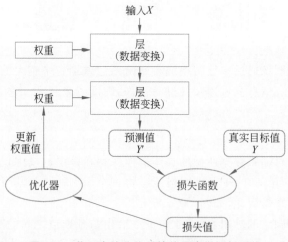

图 1-26　将距离值作为反馈信号来微调权重值

3. 浅层学习与深度学习的比较

(1) 多隐藏层模型和海量数据

深度学习可通过学习一种深层非线性网络结构,实现复杂函数逼近。可以用较少的参数表示复杂的函数。例如,一个复杂函数包括简单函数 $\sin()$、x^2、$\exp()$、$\log()$,通过神经网络可完成 $\log(\exp(\sin(x^2)))$ 运算。深度学习是通过构建具有很多隐藏层的机器学习模型和利用大量的训练数据来学习更有用的特征。

深度学习可以理解为传统神经网络的拓展,深度学习与传统的神经网络之间的相同之处是,深度学习采用了与神经网络相似的分层结构:系统是一个包括输入层、多个隐藏层(可单层、可多层)、输出层的多层网络。深度学习强调了模型结构的深度,通常有 5 层或 6 层,甚至 10 多层隐藏层,多隐藏层结构可以使用较少的参数表示复杂的函数。

(2) 自动地学习复杂特征

深度学习框架将特征和分类器结合到一个框架中,应用数据去学习特征,在使用中减少了人工设计特征的巨大工作量。无监督学习不需要通过人工方式进行样本类别的标注来完成学习,因此,深度学习是一种可以自动地学习特征的方法。深度学习通过学习一种深层非线性网络结构,可以只需简单的网络结构就可实现复杂函数的逼近,并展现了强大的从大量无标注样本集中学习数据集本质特征的能力。

深度学习突出了特征学习的重要性,也就是说,它通过逐层特征变换,将样本在原空间的特征表示变换到一个新的特征空间,从而使分类或预测更加容易。与人工规则构造特征的方案相比,深度学习能自动从简单特征中提取更加复杂的特征,如图 1-27 所示。

图 1-27　深度学习提取复杂特征

(3) 逐层预训练

深度学习能够获得更好地表示数据的特征,这是由于其模型层次深(通常有 5 层、6 层,甚至 10 多层隐藏层),表达能力强。对于图像识别、语音识别这种特征不明显的问题,深度学习首先利用无监督学习对每一层进行逐层预训练去学习特征,每次单独训练一层,并将训练结果作为更高一层的输入;然后到最上层改用监督学习从上到下进行微调去学习。

深度学习的特点是学习能力强;数据量越大,学习效果越好;覆盖范围广;适应性好;可移植性好。

4. 深度神经网络的主要问题

随着神经网络层数的加深,非凸优化问题、梯度消失问题和过拟合问题出现了。

(1) 非凸优化问题:非凸优化问题是优化函数越来越容易陷入局部最优解问题。随着隐藏层层数的增加,非凸的目标函数越来越复杂,局部最小值点成倍增长,利用有限数据训练的深层网络,性能还不如较浅层网络。

(2) 梯度消失问题:梯度消失问题是指在反向传播梯度时,每传递一层,梯度迅速衰减。层数一多,梯度指数衰减后,低层基本上接收不到有效的训练信号,造成梯度消失。

(3) 过拟合问题:随着隐藏层层数的增加,结构越来越庞大,参数越来越多,使得尽管训练误差可降得很低,但是测试误差却很高。

1.4 计 算 图

在本质上,每个神经网络都可以代表一个单一的数学函数。这表明当将神经网络用于某些任务时,可通过神经网络训练找到函数合理的近似值。因为这些函数通常极其复杂,所以使用图形而不是使用标准公式来表示它们更为直观,利用图可以帮助设计者构建神经网络的初始功能。神经网络领域的大量研究和开发都是利用图来发明新的架构,所以图已成为神经网络设计与训练的基本工具。

1.4.1 计算图的基本组成部分

计算图的主要应用是神经网络计算和自动微分。在神经网络计算中,计算图是理解和实现神经网络的基础。在自动微分中,使用计算图来自动计算梯度。计算图不仅用于深度学习,它也是科学计算中优化计算过程的重要工具。将复杂的数学问题分解为简单的步骤,可使大规模的数据处理和复杂的模型训练成为可能。计算图的基本组成部分如下。

1. 节点

计算图中的节点可以表示的元素如下:

(1)变量:可以改变的量,通常用圆圈表示。

(2)操作:对输入数据进行处理的函数,如加法、乘法等,通常用矩形表示。

(3)常数:固定不变的量。

数据节点表示输入数据或中间结果;操作节点表示执行特定的数学运算,如加法、乘法等。

2. 边

边表示节点之间的数据流或控制流。在计算图中,数据沿着边从输入节点流向输出节点。

- 表示数据流动的方向。
- 每条边可以有一个相关的权重,这在神经网络计算中尤其重要。

1.4.2 构建计算图的过程

1. 前向传播

前向传播是从输入到输出的计算过程,数据从输入节点开始,按照边的方向流动。每个操作节点根据输入数据执行计算,并将结果传递到下一个节点。这一过程一直进行到输出节点,可以得到最终计算结果。前向传播步骤如下:

(1)初始化节点:确定计算图中所有的变量、操作和常数,并为它们创建节点。

(2)连接节点:根据计算关系,使用边将节点连接起来,形成数据流。

(3)计算节点值:从输入节点开始,按照边的方向,逐步计算每个节点的值,直到得到输出节点的值。

2. 反向传播

反向传播是从输出到输入的梯度计算过程。当需要计算损失函数相对于每个权重的梯度时,进行反向传播。从输出节点开始,反向沿着边计算每个节点的梯度。利用链式法则更新每个权重,这对于复杂函数的微分非常有效。反向传播的步骤如下:

(1) 初始化梯度:对于输出节点,其梯度通常是已知的(例如,在损失函数中,输出节点的梯度是 1)。

(2) 计算梯度:从输出节点开始,沿着边的反方向,使用链式法则计算每个节点的梯度。

(3) 更新参数:如果节点是可训练的变量(如神经网络中的权重和偏置),则使用计算出的梯度来更新这些变量的值。

例 1-4　假设有一个简单的函数 $y = f(x) = ax + b$,其中 a 和 b 是常数,x 是变量。

前向传播:

节点 $1(x)$ 接收输入值。

节点 $2(x)$ 计算 a 与 x 的乘积。

节点 $3(y)$ 计算 ax 与 b 的和。

反向传播:

首先,从节点 3 开始,计算关于 y 的梯度,这里梯度是 1,因为 y 是最终输出。

其次,计算节点 2 关于 x 的梯度,即 a。

最后,计算节点 1 关于 x 的梯度,也就是整个函数关于 x 的梯度。

1.4.3　计算图的优势

(1) 直观性:计算图提供了一种直观的方式来可视化计算过程。

(2) 灵活性:可以轻松地修改图中的节点和边来表示不同的计算。

(3) 自动化:在深度学习框架中,计算图的自动构建和梯度计算使得模型训练更加高效。

在深度学习中,计算图是实现自动微分的关键技术,它使得复杂的神经网络训练成为可能。

通过计算图,我们可以很容易地扩展到更复杂的函数和多层网络结构,并且自动进行微分计算,这在深度学习中非常重要。因为它允许我们通过梯度下降等优化算法来训练模型。在深度学习框架中,计算图通常是自动构建的,开发者只需要定义前向传播的过程,框架就会自动处理反向传播和梯度计算。

本 章 小 结

最早出现的深度神经网络是深度信念网络,应用 GPU 可以完成深层网络随机初始化训练。残差网的出现打破了层次限制,使得训练更深层次的神经网络成为可能。深度学习是神经网络的发展和延续。生物神经网络主要研究智能的机理,人工神经网络主要研究智能机理的实现,两者相辅相成。随着网络层数的不断加深,其学习效果也越来越好,新的网络设计结构不断被提出,使得神经网络的结构越来越复杂。本章内容是全书内容的起点,也是全书内容的基础,主要包括深度学习的发展过程、机器学习基础、神经网络模型基础和计算图等。

第 2 章

前馈神经网络

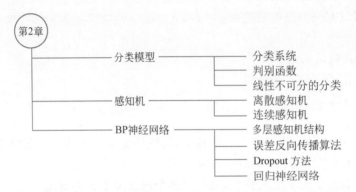

前馈神经网络在人工神经网络发展史上产生过重大影响,并且是常用的神经网络学习模型之一。前馈神经网络的各神经元分层排列,每个神经元只与前一层和后一层的神经元相连,接收前一层的输出,并输出给下一层.同一层神经元无连接、各层间无反馈。BP 神经网络是一种按照误差反向传播算法训练的多层前馈神经网络。卷积神经网络是包含卷积计算且具有深度结构的前馈神经网络。

2.1　分　类　模　型

模式是对象、事件或现实的定量的描述。分类的对象包括时间模式和空间模式。空间模式的例子有图片、轮船的视觉图像、气象地图、手印以及字体等;时间模式的例子有语言信号、心电图仪及地震仪等产生的时间信号。时间信号常涉及数据在时间上出现的先后次序。

2.1.1　分类系统

分类系统框图如图 2-1 所示。传送器为特征抽取器提供数据,这些数据是一些向量集合。特征抽取器完成特征抽取,进而使维数降低,然后分类器根据特征进行分类。

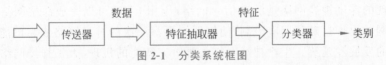

图 2-1　分类系统框图

图 2-2 所示为神经网络分类器。这个分类器输入端接收的数据不是 n 维特征向量,而是输入数据。神经网络分类器不仅具有分类功能,而且具有特征抽取功能。

图 2-2　神经网络分类器

神经网络分类器的输入为数据向量 X。这个分类器利用判别函数 $f(X)$ 获得分类结果。

2.1.2　判别函数

空间模式向量和时间模式向量的产生方法如图 2-3 所示。

在图 2-3(a) 中,空间模式向量 $X = (x_1, x_2, \cdots, x_n)^{\mathrm{T}}$ 中的任一元素 x_i 被赋值为 1 或 0,即 $\forall x_i \in \{0, 1\}$。如果第 i 个单元被字符 P 所覆盖,则 $x_i = 1$;否则 $x_i = 0$。

在图 2-3(b) 中,时间模式向量为连续时间 t 的函数,通过 $y_i = f(t_i), i = 1, 2, \cdots, n$ 来形成在离散时间 t_i 的模式向量。

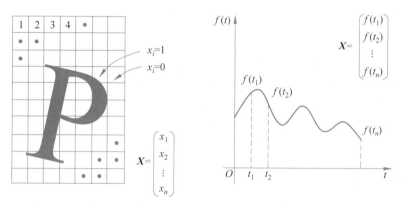

(a) 空间模式向量　　　　　　　　　(b) 时间模式向量

图 2-3　空间模式向量和时间模式向量的产生方法

分类问题经常使用几何描述,任何 n 维模式向量都可以用 n 维欧式空间 E^n 中的点来表示,该空间也称为模式空间,n 维空间中的每一个向量含有 n 个元素。$f_1, f_2, \cdots, f_R$ 分别表示 R 个模式向量。

判别函数是直接用来对模式向量进行分类的决策函数。如果分属于 A_1、A_2 的两类模式在空间中的分布区域,可以用一个代数方程 $d(X) = 0$ 来划分,那么称 $d(X)$ 为判别函数。

1. 线性判别函数

函数 $d(X) = w_1 x_1 + w_2 x_2$ 是线性判别函数。

如果 $d(X) > 0$,则 $X \in A_1$ 类。

如果 $d(X) < 0$,则 $X \in A_2$ 类。

如果 $d(X) = 0$,则可令 $X \in A_1$、$X \in A_2$ 或 X 拒绝分类。

线性判别函数如图 2-4 所示,由于维数 $n = 2$,因此判别边界为一条直线。

判别界面的正负侧是在训练判别函数的权值时确定的。一般地,令 A_1 类样本的函数

值大于 0，A_2 类样本的函数值小于 0。

当维数 $n=3$ 时，判别边界为一个平面；当维数 $n>3$ 时，判别边界为一个 $n-1$ 维的超平面。

2. 判决函数的几何性质

判决函数 $d(\boldsymbol{X})$ 可以是线性函数，也可以是非线性函数。判别函数 $d(\boldsymbol{X})$ 的系数由所给的模式样本确定。

将二维模式推广到 n 维，线性判别函数的一般形式为

$$d(\boldsymbol{X})=w_1x_1+w_2x_2+\cdots+w_nx_n+w_{n+1}$$
$$=\boldsymbol{W}^{\mathrm{T}}\boldsymbol{X}+w_{n+1}$$

式中，$\boldsymbol{X}=[x_1,x_2,\cdots,x_n]^{\mathrm{T}}$；$\boldsymbol{W}=[w_1,w_2,\cdots,w_n]^{\mathrm{T}}$ 为权向量，即参数向量。

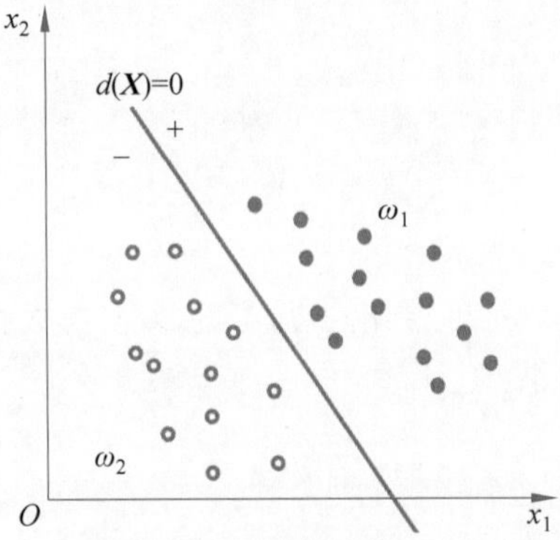

图 2-4　线性判别函数

如果 $d(\boldsymbol{X})>0$，则 $\boldsymbol{X}\in A_1$ 类。

如果 $d(\boldsymbol{X})<0$，则 $\boldsymbol{X}\in A_2$ 类。

如果 $d(\boldsymbol{X})=0$，则可令 $\boldsymbol{X}\in A_1$、$\boldsymbol{X}\in A_2$ 或 $\boldsymbol{X}$ 拒绝分类。

2.1.3　线性不可分的分类

如果判别函数 $g(\boldsymbol{X})$ 是输入 $x_1,x_2,\cdots,x_n$ 的非线性函数，如图 2-5 所示，则可实现线性不可分的分类。

在神经网络模型中，单个神经元可以实现线性可分的分类，但使用多层神经网络就可以实现线性不可分的分类。这也就是说线性判别函数是基础，利用线性函数的组合就可以避开使用非线性判别函数。

例 2-1　线性不可分。

图 2-6 所示为在二维空间中线性不可分的例子。图 2-6 所示的异或函数是一种线性不可分函数，定义如下：

$$\mathrm{XOR}(x_1,x_2)=x_1\oplus x_2$$

在几何上，如果划分 A_1、A_2 的超平面存在，则模式为线性可分模式。

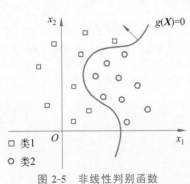

图 2-5　非线性判别函数

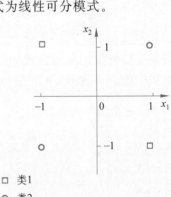

图 2-6　线性不可分的例子（$R=2$）

2.2　感　知　机

感知机(perceptron)由美国学者 F.Rosenblatt 于 1957 年提出,它是一个具有单层计算单元的神经网络。图 2-7 所示为单个感知机示意。

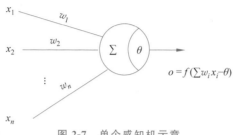

$$o = f(\sum w_i x_i - \theta)$$

图 2-7　单个感知机示意

其中,当输入 $\sum w_i x_i$ 大于或等于阈值 θ 时,输出为 1;否则为 0 或 -1。感知机与 M-P 模型的区别是神经元的耦合强度(连接权)可以改变,这表明它具有学习能力。当利用它进行两类模式分类时,相当于在高维样本空间中,用一个超平面将两类样本分开。Rosenblatt 证明:如果两类模式是线性可分的,则学习算法一定收敛,否则判定边界产生振荡。

2.2.1　离散感知机

对于离散感知机,给出 p 个学习样本 $\{x_1, d_1, x_2, d_2, \cdots, x_p, d_p\}$,其中,$\boldsymbol{X}_i$ 为 $n \times 1$ 维,d_i 为 1×1 维,$i = 1, 2, \cdots, p$。

输入向量为

$$\boldsymbol{Y}_i = \begin{pmatrix} \boldsymbol{X}_i \\ 1 \end{pmatrix}$$

在训练中 k 为训练步长,p 为训练周期中的训练步数。

1. 选择 $c > 0$。

2. 随机初始化权向量(小的随机向量),$\boldsymbol{W}$ 为 $(n+1) \times 1$ 维,训练步长、训练步数与误差的初始值分别为

$$k = 1, p = 1, E = 0$$

3. 输入一个样本,计算其输出:

$$\boldsymbol{Y} = \boldsymbol{Y}_p, d = d_p$$

4. 调节权,即

$$\boldsymbol{W} = \boldsymbol{W} + (c(d-o)\boldsymbol{Y})/2$$

5. 计算误差,即

$$E \leftarrow \frac{1}{2}(d-o)^2 + E$$

6. 如果 $p < p$(学习样本数),那么 $p \leftarrow p+1, k \leftarrow k+1$,并转至步骤 3,否则转步骤 7。

7. 如果 $E = 0$,则结束训练,输出权值;否则 $E \leftarrow 0, p \leftarrow 1$,转至步骤 3。

例 2-2　感知机。

训练感知机,实现下述模式分类:

类 1：$x_1=1, x_3=3, d_1=d_3=1$
类 2：$x_2=-0.5, x_4=-2, d_2=d_4=-1$
被训练的单个感知机如图 2-8(a)所示。

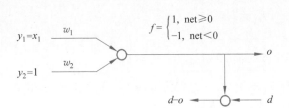

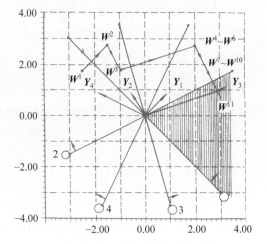

(a) 被训练的单个感知机　　　　　　　　(b) 前10步的权调节过程的说明

图 2-8　离散感知机训练举例

从图 2-8(a)可以看出，感知机具有两个未知权，即 w_1 和 w_2。
其输入向量为

$$Y_1=(1,1)^T \quad Y_2=(-0.5,1)^T$$
$$Y_3=(3,1)^T \quad Y_4=(-2,1)^T$$

如果选择 $c=2$，随机选择的初始权向量为

$$W^1=(-2.5,1.75)^T$$

则前 10 步的权调节过程的说明如图 2-8(b)所示。

1. 输入 Y_1 模式向量，则

$$o=\text{sgn}\left[(-2.5,1.75)\begin{pmatrix}1\\1\end{pmatrix}\right]=-1$$
$$d-o=2$$

将模式向量 $Y^1=Y_1$ 加入当前权向量 W^1 中，则

$$W^2=W^1+Y^1=\begin{pmatrix}-1.5\\2.75\end{pmatrix}$$

2. 输入 Y_2 模式向量，则

$$o=\text{sgn}\left[(-1.5,2.75)\begin{pmatrix}-0.5\\1\end{pmatrix}\right]=1$$
$$d-o=-2$$

从当前权向量 W^2 中减去 $Y^2=Y_2$，则

$$W^3=W^2-Y^2=\begin{pmatrix}-1\\1.75\end{pmatrix}$$

3. 输入 $\boldsymbol{Y}_3$ 模式向量,则

$$o = \mathrm{sgn}\left[(-1, 1.75)\begin{pmatrix} 3 \\ 1 \end{pmatrix}\right] = -1$$

$$d - o = 2$$

将模式向量 $\boldsymbol{Y}^3 = \boldsymbol{Y}_3$ 加入当前权向量 $\boldsymbol{W}^3$ 中,则

$$\boldsymbol{W}^4 = \boldsymbol{W}^3 + \boldsymbol{Y}^3 = \begin{pmatrix} 2 \\ 2.75 \end{pmatrix}$$

4.~5. $\boldsymbol{W}^6 = \boldsymbol{W}^5 = \boldsymbol{W}^4$

因为不存在错误分类,所以无须调整权。

将训练步 6~10 的权调整为

$$\boldsymbol{W}^7 = (2.5, 1.75)^{\mathrm{T}}$$

$$\boldsymbol{W}^{10} = \boldsymbol{W}^9 = \boldsymbol{W}^8 = \boldsymbol{W}^7$$

$$\boldsymbol{W}^{11} = (3, 0.75)^{\mathrm{T}}$$

在 10 个训练步之后,权向量 $\boldsymbol{W}^{11}$ 终止于答案区域。$w_1 = 3$,$w_2 = 0.75$ 为最后的权值,可以为整个样本集提供正确分类。图 2-9 给出了从训练步 1 到训练步 10 产生的分界线。

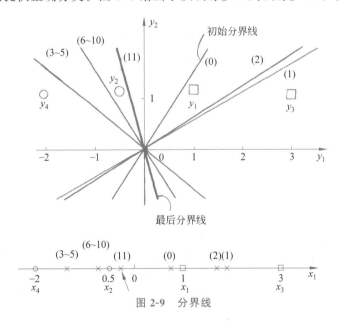

图 2-9　分界线

2.2.2　连续感知机

在许多实际问题中,两个类别的集合往往是非线性可分的,甚至是犬牙交错、相互重叠,如图 2-10 所示。

对于上述情况,如果利用前述的感知机学习算法,使神经元的输出值为 -1 或 1 进行分类,就不可能准确求解。为了解决这个问题,可以采用这样的方法:当输入向量属于 R 时,输出值尽可能接近 1,否则接近 0。若按照最小二乘法,就要求实际输出值与这两个理想的期望值 $(1, 0)$ 之间的误差均方值为最小。为此,需把单元特性改为可微函数(如 Sigmoid 型)。

随机选择权向量 $\boldsymbol{W}$,计算当前误差函数的梯度 $\nabla E(\boldsymbol{W})$,通过沿着多维误差表面在负梯

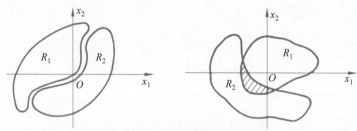

图 2-10　二维空间非线性可分类举例

度方向上移动来获得下一步的 $\boldsymbol{W}$ 值。算法可归纳如下：

$$\boldsymbol{W}^{k+1} = \boldsymbol{W}^k - \eta \nabla E(\boldsymbol{W}^k)$$

其中，η 为正的常数，称为学习常数。

定义第 k 训练步的误差 E_k 为期望值 d^k 和感知机实际输出值 o^k 的平方差，期望值由导师提供。

分类误差的最小化表达式为

$$E_k = \frac{1}{2}(d^k - o^k)^2$$

$$= \frac{1}{2}\left[d^k - f(\boldsymbol{W}^{k\mathrm{T}}\boldsymbol{Y}^k)\right]^2$$

单个连续感知机学习算法如下：

1. 选择 $\eta > 0, \lambda = 1, E_{\max} > 0$。

2. 随机初始化权向量（小的随机向量），$\boldsymbol{W}$ 为 $(n+1) \times 1$ 维，训练步长、训练步数与误差的初始值分别为

$$k = 1, p = 1, E = 0$$

3. 输入 $\boldsymbol{Y}$，并计算输出，即

$$\boldsymbol{Y} = \boldsymbol{Y}_p, d = d_p$$
$$o = f(\boldsymbol{W}^{\mathrm{T}}\boldsymbol{Y})$$

4. 调节权，即

$$\boldsymbol{W} = \boldsymbol{W} + \eta((d-o)(1-o^2)\boldsymbol{Y})/2$$

5. 计算误差，即

$$E \leftarrow \frac{1}{2}(d-o)^2 + E$$

6. 如果 $p < p$（学习样本数），那么 $p \leftarrow p+1, k \leftarrow k+1$，并转至步骤 3，否则转步骤 7。

7. 如果 $E < E_{\max}$，则输出权值和 E；如果 $E \geqslant E_{\max}$，则 $E = 0, p = 1$，并转向步骤 3。

例 2-3　梯度算法。

图 2-11 所示为使 E_k 最小化的一个例子。w_f 为误差函数最小时的权值（初始化权向量为 $\boldsymbol{0}$，使用梯度算法在有限步数内达到）。图 2-11(a)表示误差表面情况，图 2-11(b)表示误差等值线。

感知机是最简单的前馈网络，主要用于模式分类，也可用在基于模式分类的学习控制和多模态控制中。上述介绍的是单层感知机。

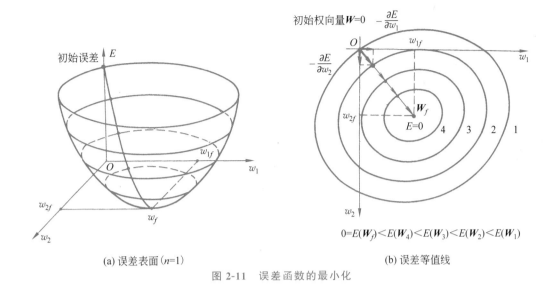

(a) 误差表面（$n=1$）　　　　　　　　　　(b) 误差等值线

图 2-11　误差函数的最小化

2.3　BP 神经网络

BP 神经网络是指连接权调整采用了误差反向传播学习算法的前馈神经网络。BP 神经网络的神经元变换函数采用了 Sigmoid 函数，因此输出量是 $0\sim1$ 的连续量，可实现从输入到输出的任意的非线性映射。

2.3.1　多层感知机结构

多层感知机（MLP）的主要特点是结构简单、应用广泛，能够以任意精度逼近任意连续函数及平方可积函数，而且可以精确实现任意有限训练样本集。从系统的角度看，多层感知机是一种静态非线性映射，它通过简单非线性处理单元的复合映射，可获得复杂的非线性处理能力。从计算的角度看，它缺乏丰富的动力学行为。大部分前馈网络都是学习网络，其分类能力和模式识别能力一般都强于反馈网络。

多层感知机是一种层次结构的神经网络，它是由输入层、多层隐藏层和输出层组成的全连接网络，其结构如图 2-12 所示。

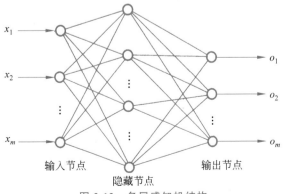

图 2-12　多层感知机结构

多层感知机结构特点如下：

（1）每一层都由多个神经元组成，神经元和输入向量全连接，每层神经元与下一层神经元全互联，同层神经元之间不存在连接。

（2）多层感知机内部不存在环或回路，也不存在跨层连接。

（3）隐藏层每一层的输出作为下一层的输入向量。信号从输入层向输出层单向传播，可用一个有向无环图表示。

（4）输入层不对数据进行处理，只是代表整个神经网络最开始的输入向量，也就是样本向量。

（5）神经网络最后的输出也是向量，输出向量的维度取决于输出层神经元的个数。

2.3.2　误差反向传播算法

BP 神经网络是由以 Rumelhart 和 McClelland 为首的科学家于 1986 年提出的概念，是一种按照误差反向传播算法训练的多层前馈神经网络，是应用最广泛的神经网络模型之一。

采用了 BP 学习算法训练的前馈神经网络是 BP 神经网络。首先定义损失函数，由于网络的输出层有多个输出节点，需要计算输出层每个输出节点的期望输出和实际输出的差值平方求和。

对于输入信号，要先向前传播到隐藏节点，经过隐藏节点之后，再将隐藏节点的输出信息传播到输出节点，最后给出输出结果。节点的作用函数通常选取 Sigmoid 型函数。

BP 神经网络输入与输出的关系是高度非线性映射关系，如果输入节点数为 n，输出节点数为 m，则网络是从 n 维欧氏空间到 m 维欧氏空间的映射。通过调整前馈神经网络中的连接权值、网络的规模（包括 n 和 m 隐藏层节点数），就可以解决非线性分类等问题。

BP 学习算法是一个非常重要但又经典的学习算法。利用它可以实现 BP 神经网络的权调节。这种学习算法的提出对人工神经网络的发展起到了推动作用，是深度学习第 2 次热潮的发起者。

为了使讨论的问题更为简单，认为整个网络只有一个输出。任何节点 z 的输出为 q，如果有 N 个样本 (x_k, y_k)，$k = 1, 2, \cdots, N$，对于某一输入 x_k，网络的输出为 o_k，节点 i 的输出为 o_{ik}，节点 j 的输入为

$$\text{net}_{jk} = \sum_i w_{ij} o_{ik}$$

其误差函数为

$$E = \frac{1}{2} \sum_{k=1}^{n} (o_k - \hat{o}_k)^2$$

其中，$\hat{o}$ 为 BP 神经网络的实际输出，样本 k 的误差为

$$E_k = (o_k - \hat{o}_k)^2$$

$$\text{net}_{jk} = \sum_i w_{ij} o_{ik}$$

$$\delta_{jk} = \frac{\partial E_k}{\partial \text{net}_{jk}}$$

其中

$$o_{jk} = f(\text{net}_{jk})$$

于是

$$\frac{\partial E_k}{\partial w_{ij}} = \frac{\partial E_k}{\partial \text{net}_{jk}} \frac{\partial \text{net}_{jk}}{\partial w_{kj}}$$

$$= \frac{\partial E_k}{\partial \text{net}_{jk}} o_{ik}$$

$$= \delta_{jk} o_{ik}$$

如果 j 为输出节点，$o_{ij} = \hat{o}_k$，则有

$$\delta_{jk} = \frac{\partial E_k}{\partial \hat{o}_k} \frac{\partial \hat{o}_k}{\partial \text{net}_{jk}} = -(o_k - \hat{o}_k) f'(\text{net}_{jk})$$

如果 j 不为输出节点，则有

$$\delta_{jk} = f'(\text{net}_{jk}) \sum_m \delta_{mk} w_{mj}$$

$$\frac{\partial E_k}{\partial w_{ij}} = \delta_{jk} o_{ik}$$

如果 BP 神经网络分为 M 层，第一层为输入节点层，第 M 层为输出节点层，则 BP 学习算法描述如下：

1. 随机设置权值的初值为 w。

2. 重复下述过程直到收敛。

（1）对 $k = 1 \sim N$：

- 计算 o_{ik}、$\text{net}_{jk} \sim \hat{o}_k$（正向过程）。

- 对各层 $m = M \sim 2$ 反向计算（反向过程），对同一层各节点 $\forall j \in m$ 计算 δ_{jk}，其中输出节点与非输出节点用不同公式。

（2）修正权值：

$$w_{ij} = w_{ij} + \mu \frac{\partial E}{\partial w_{ij}}, \quad \mu > o$$

$$\frac{\partial E}{\partial w_{ij}} = \sum_{k=1}^{N} \frac{\partial E_k}{\partial w_{ij}}$$

BP 学习算法的流程图如图 2-13 所示。

例 2-4　三层 BP 神经网络训练。

图 2-14 所示为一个三层 BP 神经网络，输入层含有两个节点，隐藏层含有一个节点，输出层含有两个节点。

误差函数为

$$E = \sum_{k=1}^{N} E_k$$

其中，E_k 为第 k 个样本 (x^k, o^k) 的误差函数。

$$\frac{\partial E}{\partial \boldsymbol{W}} = \sum_{k=1}^{N} \frac{\partial E_k}{\partial \boldsymbol{W}}$$

对第 k 个样本计算 $\partial E / \partial \boldsymbol{W}$，忽略下标 k，则有

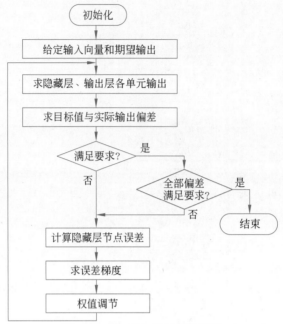

图 2-13　BP 学习算法的流程图

$$\text{net}_h = w_1 x_1 + w_2 x_2 \quad o_h = f(\text{net}_h)$$

$$\text{net}_{y_1} = w_3 o_k \qquad \hat{o}_1 = f(\text{net}_{y_1})$$

$$\text{net}_{y_2} = w_4 o_k \qquad \hat{o}_2 = f(\text{net}_{y_2})$$

$$E_k = \frac{1}{2}(o_1 - \hat{o}_1)^2 + \frac{1}{2}(o_2 - \hat{o}_2)^2$$

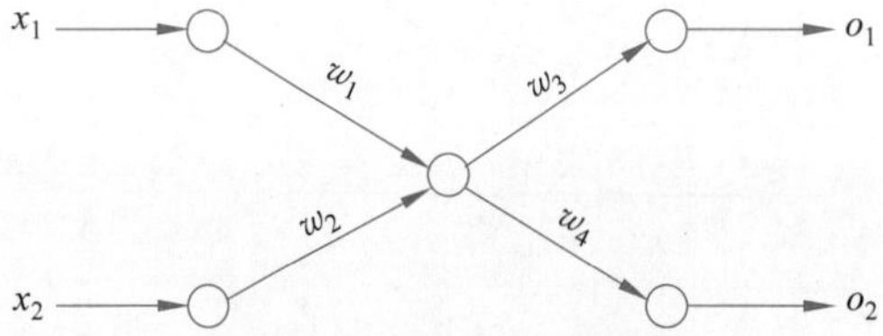

图 2-14　三层 BP 神经网络

反向传播过程如下：

（1）计算 $\partial E / \partial W$。

$$\frac{\partial E_k}{\partial w_1} = \frac{\partial E_1}{\partial \text{net}_h} x_1 = \delta_h x_1$$

$$\frac{\partial E_k}{\partial w_2} = \frac{\partial E_1}{\partial \text{net}_h} x_2 = \delta_h x_2$$

$$\frac{\partial E_k}{\partial w_3} = \frac{\partial E_1}{\partial \text{net}_{o_1}} o_h = \delta_{o_1} o_h$$

$$\frac{\partial E_k}{\partial w_4} = \frac{\partial E_1}{\partial \text{net}_{o_2}} o_h = \delta_{o_2} o_h$$

（2）计算传播误差。

$$\delta_{o_1} = -(o_1 - \hat{o}_1)f'(\mathrm{net}_{o_1})$$

$$\delta_{o_2} = -(o_2 - \hat{o}_2)f'(\mathrm{net}_{o_2})$$

$$\delta_h = [\delta_{o_1}w_3 + \delta_{o_2}w_4]f'(\mathrm{net}_h)$$

如果给定 w_1、w_2、w_3、w_4，则可以计算各个 $\partial E/\partial \boldsymbol{W}$，再用最陡下降法修正 $\boldsymbol{W}$：

$$\boldsymbol{W} \leftarrow \boldsymbol{W} - \mu\frac{\partial E}{\partial \boldsymbol{W}}, \quad \mu > 0$$

也可以采用共轭梯度、投影梯度方法修正 $\boldsymbol{W}$。

对于学习系数 η 值的选择，是一个技术问题。虽然加大 η 值可以提高学习速率，但也可能引起振荡效应。为此，可在权调节项中增加惯性项，即

$$\Delta w_{ij}(t+1) = \eta\delta_i o_i + \alpha\Delta w_{ij}(t)$$

其中，$t+1$ 表示第 $t+1$ 次迭代，α 为比例因子。$\alpha\Delta w_{ij}(t)$ 表示 w_{ij} 第 $t+1$ 次修正量，应该在一定程度上与第 t 次修正量近似。这种方法就像加入了变化的惯性，使变化率的惯性在某种程度上守恒。

对于初始权值的选择不应取完全相同的一组值，因为如果 w_{ij} 的初始值彼此相等，它们将始终保持相等。

还有一个问题是系统在学习过程中，会不会停止在误差函数的局部最小值、某稳定点，或在这些位置之间振荡。如果发生上述情况，不管经历了多少次迭代，系统误差函数都将停留在某个较大的值上。从图 2-15 可以看出，虽然期望得到全局最小值所对应的 $\{\boldsymbol{W}\}_{\min}$，但系统也可能停留在局部最小值 $\{\boldsymbol{W}\}_{\mathrm{LOCAL}}$。

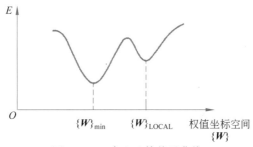

图 2-15　E 与 $\{\boldsymbol{W}\}$ 的关系曲线

例 2-5　权重和偏置的更新计算。

图 2-16 所示为一个三层 BP 前馈神经网络，其输入向量为 $\boldsymbol{X} = (x_1, x_2, x_3)$，隐藏层含有两个神经元，输出层含有一个神经元。

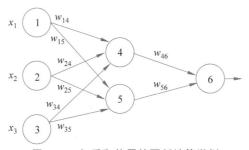

图 2-16　权重和偏置的更新计算举例

设置学习速率为 0.9，第一个训练元组为 $X=\{1,0,1\}$，其类标号为 1。权重和偏置的更新计算过程如下。

（1）神经网络的初始权重和偏置如表 2-1 所示。

表 2-1　初始权重和偏置

x_1	x_2	x_3	w_{14}	w_{15}	w_{24}	w_{25}	w_{34}	w_{35}	w_{46}	w_{56}	b_4	b_5	b_6
1	0	1	0.2	-0.3	0.4	0.1	-0.5	0.2	-0.3	-0.2	-0.4	0.2	0.1

（2）根据给定的元组，计算每个神经元的净输入和输出，如表 2-2 所示。

表 2-2　每个神经元的净输入和输出

单元 j	净输入 i_j	输出 o_j
4	$0.2+0-0.5-0.4=-0.7$	$1/(1+e^{0.7})=0.332$
5	$-0.3+0+0.2+0.2=0.1$	$1/(1+e^{-0.1})=0.525$
6	$-0.3\times0.332-0.2\times0.525+0.1=-0.105$	$1/(1+e^{0.105})=0.474$

（3）每个神经元的误差值如表 2-3 所示。

表 2-3　每个神经元的误差值

单元 j	Err_j
6	$0.474\times(1-0.474)\times(1-0.474)=0.1311$
5	$0.525\times(1-0.525)\times0.1311\times(-0.2)=0.0065$
4	$0.332\times(1-0.332)\times0.1311\times(-0.3)=-0.0087$

（4）权重和偏置的更新如表 2-4 所示。

表 2-4　权重和偏置的更新

权重和偏置	新　值
w_{46}	$-0.3+0.9\times0.1311\times0.332=-0.261$
w_{56}	$-0.2+0.9\times0.1311\times0.525=-0.138$
w_{14}	$0.2+0.9\times(-0.0087)\times1=0.192$
w_{15}	$-0.3+0.9\times(-0.0065)\times1=-0.306$
w_{24}	$0.4+0.9\times(-0.0087)\times0=0.4$
w_{25}	$0.1+0.9\times(-0.0065)\times0=0.1$
w_{34}	$-0.5+0.9\times(-0.0087)\times1=-0.508$
w_{35}	$0.2+0.9\times(-0.0065)\times1=0.194$
b_6	$0.1+0.9\times0.1311=0.218$
b_5	$0.2+0.9\times(-0.0065)=0.194$
b_4	$-0.4+0.9\times(-0.0087)=-0.408$

2.3.3　Dropout 方法

在训练 BP 神经网络时,经常遇到过拟合的问题。过拟合的具体表现:模型在训练数据上损失函数较小,预测准确率较高;但是在测试数据上损失函数比较大,预测准确率较低。

利用 Dropout(丢弃)方法可以缓解过拟合现象,在一定程度上达到正则化的效果。例如,训练一个原始前馈神经网络,Dropout 则是在每一批次的训练过程中随机减掉一些神经元,可以设定每一层将神经元去除多少(进行 Dropout 的概率),在设定之后,就可以进行训练了。训练步骤如下:

(1) 设定每一层进行 Dropout 的概率。

(2) 根据相应的概率去掉一部分神经元,然后开始训练,更新没有被去掉的神经元以及权重参数,并将其存储保留。

(3) 参数全部更新之后,又重新根据相应的概率去掉一部分神经元,然后开始训练,如果新用于训练的神经元已经在第一批中训练过,那么继续更新它的参数。而第二批被去除的神经元,同时第一次已经更新过参数的,保留它的权重,不做修改,直到第 n 批进行 Dropout 时没有去掉,将其删除。

Dropout 能够防止过拟合的原因是越大的神经网络就越有可能产生过拟合,因此随机删除一些神经元就可以减小神经网络规模,防止其过拟合(也就是说,经过拟合,结果没那么准确)。Dropout 的效果与机器学习中 L1/L2 正则化的效果一样。

神经元较多的层更容易让整个神经网络进行预测的结果产生过拟合。由于隐藏层的第一层和第二层神经元个数较多,容易产生过拟合,因此对其进行 Dropout,而后面神经元个数较少的层就不用进行 Dropout 了。

2.3.4　回归神经网络

回归是监督学习的另一个重要问题。回归用于预测输入变量和输出变量之间的关系,回归的学习等价于函数拟合,也就是说,选择一条函数曲线使其很好地拟合已知数据且很好地预测未知数据。

1. 回归

回归过程分为学习和预测两个子过程,首先给定一个训练数据集:

$$X = \{(x_1, y_1), (x_2, y_2), \cdots, (x_n, y_n)\}$$

这里 x_i 为输入,y_i 为对应的输出,$i = 1, 2, \cdots, n$,BP 神经网络模型的函数为 $Y = F(X)$。对新的输入 x_{N+1},预测系统根据 $Y = F(X)$ 输出 y_{N+1}。

回归按照输入变量的个数可以分为一元回归和多元回归,按照输入变量和输出变量之间关系的类型又分为线性回归和非线性回归。

2. 最小二乘法定义

最小二乘法由勒让德于 19 世纪提出,其形式定义为

$$目标函数 = \sum (观测值 - 理论值)^2$$

观测值就是多组样本,理论值就是假设拟合函数。目标函数也就是在机器学习中的损失函数,目标是得到使目标函数最小化时的拟合函数的模型。

例如,线性回归:有 m 个只有一个特征的样本 $(x_i,y_i)(i=1,2,\cdots,m)$,样本采用 $h_\theta(x)=\theta_0+\theta_1x+\theta_2x^2+\cdots\theta_nx^n$ 为 n 次多项式拟合,$\theta_0,\theta_1,\cdots,\theta_n$ 为多项式系数,最小二乘法就是要找到一组 $\theta(\theta_0,\theta_1,\cdots,\theta_n)$,使残差平方和 $\sum(h_\theta(x_i)-y_i)^2$ 最小。

为了明确解释变量和随机误差各产生的效应是多少,统计学上把数据点与它在回归直线上相应位置的差异称为残差,把每个残差平方之后加起来称为残差平方和,它表示随机误差的效应。一组数据的残差平方和越小,其拟合程度越好。

3. 回归神经网络的结构

回归神经网络的结构与一般的神经网络结构类似,主要区别在于输出层的设计和损失函数的选择。回归神经网络的一般结构如下。

(1) 输入层

- 神经元数量:与输入特征的数量相同。
- 功能:接收输入数据,每个输入特征对应一个输入神经元。

(2) 隐藏层

- 层数:可以是单层或多层,具体层数需要根据问题的复杂度来定。
- 神经元数量:每层的神经元数量可以不同,通常需要通过实验来确定最佳配置。
- 激活函数:常用的激活函数有 ReLU(rectified linear unit)、tanh(双曲正切函数)和 Sigmoid。对于回归问题,通常使用 ReLU 或 tanh,因为它们能够帮助网络学习更复杂的模式。

(3) 输出层

- 神经元数量:对于回归问题,输出层的神经元数量通常为 1,因为我们需要预测一个连续值。如果任务是多元回归(即预测多个连续值),则输出层的神经元数量将与需要预测的值的数量相同。
- 激活函数:对于回归问题,输出层通常不使用激活函数,或者使用线性激活函数,因为需要输出一个连续的范围值,而不是将输出限制在 0~1(如 Sigmoid 函数)或 -1~1(如 tanh 函数)。

(4) 结构示例

以下是一个简单的回归神经网络的示例结构:

输入层→隐藏层 1→ 隐藏层 2→ 输出层

具体配置可能如下。

- 输入层:4 个神经元(对应 4 个输入特征)。
- 隐藏层 1:8 个神经元,使用 ReLU 激活函数。
- 隐藏层 2:4 个神经元,使用 ReLU 激活函数。
- 输出层:1 个神经元,无激活函数(或使用线性激活函数)。

(5) 损失函数

对于回归问题,常用的损失函数如下。

- 均方误差(mean squared error,MSE):预测值与实际值之间差的平方的平均值。
- 平均绝对误差(mean absolute error,MAE):预测值与实际值之间差的绝对值的平均值。
- Huber 损失:结合了 MSE 和 MAE 的优点,对异常值不敏感。

可以通过比较预测值和实际值来分析模型的性能。

4. 回归和分类的区别

回归和分类是监督学习的两种主要类型,它们在目标变量、输出、方法和模型等方面存在显著差异。以下是回归与分类的主要区别。

(1)目标变量

- 回归:目标是预测一个连续的数值。例如,预测房价、温度、股票价格等。
- 分类:目标是预测一个离散的标签或类别。例如,判断邮件是否为垃圾邮件、图片中的对象属于哪个类别等。

(2)输出

- 回归:输出是一个连续的数值范围,可以是负无穷到正无穷的任意实数。
- 分类:输出是一个有限的类别集合中的一个标签。

(3)方法和模型

- 回归:常用的回归算法包括线性回归、岭回归、套索回归、决策树回归、随机森林回归、支持向量回归(support vector regression,SVR)等。
- 分类:常用的分类算法包括逻辑回归(尽管名字中有"回归",但它是用于分类的)、支持向量机(SVM)、决策树分类、随机森林分类、神经网络等。

(4)评估指标

- 回归:常用的评估指标包括均方误差(MSE)、均方根误差(root mean square error,RMSE)、平均绝对误差(MAE)等。
- 分类:常用的评估指标包括准确率、精确率、召回率、F1 分数、混淆矩阵等。

(5)应用场景

- 回归:适用于需要预测数量或程度的问题,如预测销售额、估计疾病风险等。
- 分类:适用于需要将数据点划分为预定义类别的问题,如垃圾邮件检测、图像识别、疾病诊断等。

(6)数据分布

- 回归:输出值通常假设具有高斯分布,即正态分布。
- 分类:输出值通常假设服从多项式分布,特别是对于多分类问题。

(7)过拟合的风险

- 回归:由于输出是连续的,回归模型可能更容易受到噪声的影响,从而导致过拟合。
- 分类:分类模型通常对噪声有一定的鲁棒性,但仍然需要避免过拟合。

(8)数据预处理

- 回归:可能需要对特征进行标准化或归一化处理,以确保模型稳定。
- 分类:除了特征缩放,可能还需要进行 one-hot 编码来处理类别特征。

在实际应用中,选择回归还是分类取决于具体问题的需求。

本 章 小 结

本章介绍了三种典型的前馈神经网络,即感知机、BP 神经网络和回归神经网络。前馈神经网络是一个静态网络,信息的传递是单向的,网络的输出只依赖当前的输入,不具备记忆能力。前馈网络可以分为若干层,各层按信号传输先后顺序依次排列,第i层的神经元只接收第$(i-1)$层神经元的输出信号,各神经元之间没有反馈。前馈型网络可用有向无环路图来表示。前馈神经网络适用于处理有限的、定长的输入空间上的问题。使用越多的隐藏层节点,就能学习到越多的特征信息,进而能处理更复杂的任务。在三种前馈神经网络中,感知机出现最早,为神经网络的产生和发展奠定了基础。BP神经网络在深度学习发展中产生过重大影响,并应用广泛,而回归神经网络适用于预测数量和程度等问题,现已广泛应用。

第 3 章

卷积神经网络

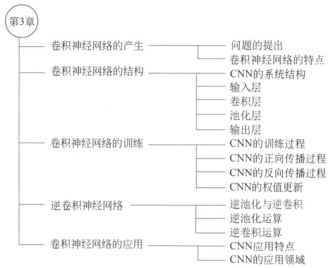

人的视觉系统的信息处理是分级的,从低级的 V_1 区提取边缘特征,再到 V_2 区的形状和目标,再到整个目标、目标的行为等。也就是说,高层的特征是底层特征的抽取,从底层特征到高层的特征表示越来越抽象,越来越能够表现语义和意图。而抽象层面越高,存在的可能猜测就越少,就越有利于分类。例如,单词集合与句子的对应是多对一的,句子与语义的对应又是多对一的,语义与意图的对应又是多对一的,这是一个层级体系。深度学习就是借鉴这个过程利用层次特征进行建模。

对一张图像来说,像素级的特征是没有意义的复杂图像,都由一些基本的图像构成。浅层卷积层可以得到物体的边缘信息,深层卷积层可以得到物体更抽象、更细节的信息,人类视觉示意图如图 3-1 所示。

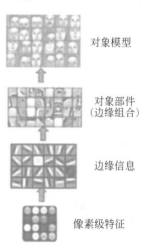

对象模型

对象部件
(边缘组合)

边缘信息

像素级特征

图 3-1　人类视觉示意图

3.1　卷积神经网络的产生

计算机图形学的工作是渲染,而计算视觉所做的工作是计算机图形学的逆过程。渲染是将三维的图像投影到二维,在数学上是对原图乘以一个固定的矩阵。但是,计算机视觉则是逆向图形,也就是从二维的图像推测出其本身的三维结构。

3.1.1 问题的提出

图 3-2 所示为 8 个输入端、隐藏层(采用了 15 个神经元)、10 个输出端的三层 BP 神经网络,其需要的参数个数(包括 w 和 b)为 $8 \times 15 + 15 \times 10 + 15 + 10 = 295$。在这个网络中,总计使用 25 个神经元,具有 270 个权参数 w 和 25 个偏置 b。

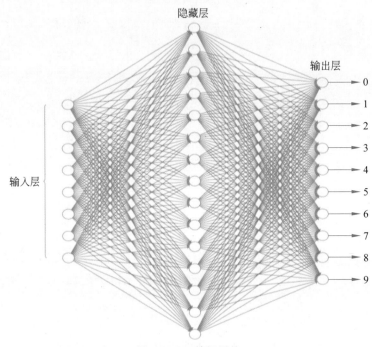

图 3-2　BP 神经网络

在图像领域,应用 BP 神经网络将引发计算量巨大等问题。图像由多个像素点构成,每个像素点有三个通道,分别代表 RGB 颜色。如果一张图像的尺寸是 (28,28,1),则代表这张图像是一个长宽均为 28,通道为 1(通道又称宽度,此处 1 代表灰色图像)的图像。如果使用全连接的 BP 神经网络结构,则神经网络中的神经元与相邻层上的每个神经元均有连接,表明网络有 $28 \times 28 = 784$ 个输入端,隐藏层采用了 15 个神经元,10 个输出端,那么需要的参数个数(包括 w 和 b)为

$$784 \times 15 + 15 \times 10 + 15 + 10 = 11\ 935$$

由于参数过多,进行一次反向传播计算量巨大,从计算资源和调参方面考虑,都不宜使用 BP 神经网络处理图像。

3.1.2 卷积神经网络的特点

卷积神经网络(convolutional neural networks,CNN)是包含卷积计算且具有深度结构的前馈神经网络。CNN 主要处理图像数据,例如,输入一张图像,经处理后,给出一个分类结果。

CNN 主要由三部分构成。第 1 部分是输入层。第 2 部分由 n 个卷积层和池化层的组合构成。第 3 部分是一个全连接的前馈神经网络分类器。为了降低参数数量,CNN 应用了两种方法:一种方法是局部感知野,另一种方法是权值共享。

1. 局部感知野

人类对外界的认知是从局部到全局,而图像的空间联系也是局部像素的相关性较强,联系较为紧密,而距离较远的像素相关性较弱。因而,神经元没有必要对全局图像进行感知,只需要对局部图像进行感知,然后更高层的神经元将局部的信息综合起来就得到了全局的信息。这种网络部分连通的思想受到了生物学中视觉系统结构的启发,视觉皮层的神经元就是局部接收信息,这些神经元只响应某些特定区域的刺激,这些特定区域称为局部感知野。图 3-3(a)为全连接,图 3-3(b)为局部连接。

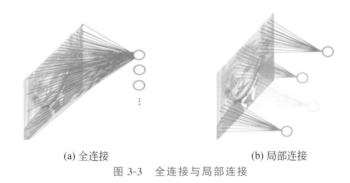

(a) 全连接　　　　　　　　　　(b) 局部连接

图 3-3　全连接与局部连接

在全连接图中,假如每个神经元只和 1000×1000 个像素值相连,那么权值数据总数为 1000000×1000000 个参数和 1000000 个隐藏层神经元。

在局部连接图中,假如每个神经元只和 10×10 个像素值相连,那么权值数据总数为 1000000×100 个参数(减少为原来的万分之一)和 1000000 个隐藏层神经元。而局部感知野 10×10 个像素值对应 10×10 个参数,其实局部连接就相当于卷积操作。

2. 权值共享

采用局部连接方法后,参数仍然过多,因此,提出权值共享方法。在上面的局部连接中,每个神经元都对应 100 个参数,一共 1000000 个神经元,如果这 1000000 个神经元的 100 个参数都是相等的,那么参数数量就变为 100,这种权值共享方法可以减少参数的计算量。

可以将卷积操作看成提取特征的方式,该方式与位置无关。这其中隐含的原则是图像的一部分的统计特性与其他部分是一样的。这也表明在这一部分学习的特征也能用在另一部分上,所以对于这张图像上的所有位置,都能使用同样的学习特征。

此外,由于一个映射面上的神经元共享权值,因而减少了网络自由参数的个数,降低了计算量和网络参数选择的复杂度。CNN 中的每一个特征提取层后都紧跟着一个用来求局部平均与二次提取的计算层,这种特有的两次特征提取结构使网络在识别时对输入样本有较高的畸变容错能力。

3.2　卷积神经网络的结构

CNN 的结构是多层神经网络结构,输入图像通过多层的特征提取,再经过全连接层和输出层完成特征分类与识别。

3.2.1　CNN 的系统结构

　　CNN 的系统结构包括输入层、卷积层、池化层及输出层,输入图像通过多个卷积层和池化层进行特征提取,逐步由低层特征转变为高层特征。最后,高层特征再经过输出层和 Softmax 函数组成一个分类器,完成特征分类。因此,根据每层的功能,可将 CNN 划分为两部分:一部分是由输入层、卷积层和池化层构成的特征提取器;另一部分是由全连接层和 Softmax 函数组成输出层的构成分类器。CNN 的系统结构如图 3-4 所示。

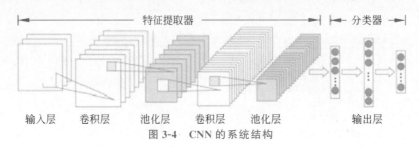

图 3-4　CNN 的系统结构

3.2.2　输入层

　　在使用 CNN 进行图像识别时,输入一张宽为 w,高为 h,深度为 d 的图片,表示为 $h\,w\,d$。其中,深度为图像存储每个像素所占用的位数,例如彩色图像,一个像素有 RGB 三个分量,其深度为 3。从数学的角度来看,$h\,w\,d$ 的图片为 d 个 $h\,w$ 的矩阵。例如 $6\times16\times3$ 的图片,其对应 3 个 6×16 的矩阵。在大部分应用中,输入图片的 h 和 w 相等。输入层的主要工作是对原始图像数据进行预处理,主要包括去均值化、归一化、去相关和白化等。

1. 去均值化

　　去均值化是指各维度都减去所对应维度的均值,使得输入数据的各个维度都中心化为 0,如图 3-5 所示。进行去均值的数据容易拟合。这是因为如果在神经网络中,特征值 X 比较大时,将导致 $WX+b$ 的结果也会很大,这样进行激励函数输出时,将使对应位置数值变化量太小。因为进行反向传播时,参数改变量很小,容易出现梯度消失问题,也就不易于拟合,所以去均值后,可凸显变化量,避免过早梯度消失。

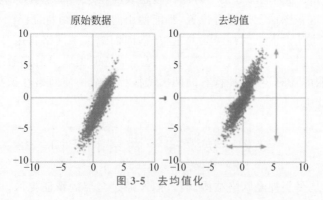

图 3-5　去均值化

2. 归一化

　　一种归一化是值归一化,例如将最大值归一化成 1,最小值归一化成 −1;或将最大值归一化成 1，最小值归一化成 0。归一化适用于分布在有限范围内的数据。另一种归一化是均值方差归一化，一般是将均值归一化成 0，方差归一化成 1，使数据的每一个维度具有零均值和单位方差，如图 3-6 所示。这种归一化是最常见的归一化方法，并被广泛地使用。它适用于分布没有明显边界的情况，可减少各个维度数据取值范围的差异而带来的干扰，以便于找到最优解。

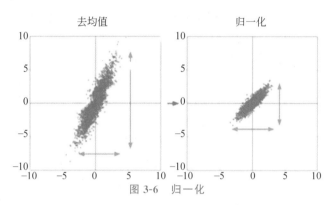

图 3-6　归一化

最小最大规范化也叫离差标准化，对原始数据进行线性转换。它保留了原来数据中存在的关系，也是使用最多的方法。假定 Max_A 与 Min_A 分别表示属性 A 的最大值与最小值。最小最大规范化是计算将属性 A 的值 v 映射到区间 $[a,b]$ 上的 v' 中，计算公式如下：

$$v' = (v - \text{Min}_A)/(\text{Max}_A - \text{Min}_A) \times (\text{new\_Max}_A - \text{new\_Min}_A) + \text{new\_Min}_A$$

例 3-1　值归一化，假定某属性 x 的最小最大值分别为 12000 和 98000，将属性 x 映射到 $[0.0, 1.0]$ 中，根据上述公式，x 的值 73600 将转换为

$$(73600 - 12000)/(98000 - 12000) \times (1.0 - 0) + 0.0 = 0.716$$

最小最大规范化能够保持原有数据之间的联系。在这种规范化方法中，如果输入之值在原始数据值域之外，将作为越界错误处理。

3. 去相关

去相关后的矩阵保留了原矩阵的重要信息（特征值），而过滤了一些不相关的量。这对后续的处理（比如量化、编码）都非常有意义，它使矩阵变瘦，但关键信息不变，这样可对原来关键信息进行加强，提高了后续的图像还原质量。去相关处理结果如图 3-7 所示。

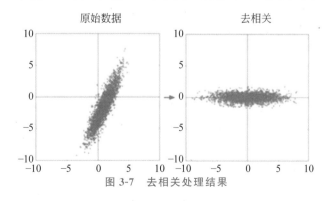

图 3-7　去相关处理结果

主成分分析（principal component analysis，PCA）方法是一种使用最广泛的数据降维算法。

其主要思想是将 n 维特征映射到 $k(k<n)$ 维上。这 k 维是全新的正交特征,也称为主成分,是在原有 n 维特征的基础上重新构造出来的 k 维特征。PCA 的工作就是从原始的空间中顺序地找一组相互正交的坐标轴,新的坐标轴的选择与数据本身是密切相关的。其中,第一个新坐标轴选择原始数据中方差最大的方向,第二个新坐标轴选择与第一个坐标轴正交的平面中使得方差最大的方向,第三个轴选择与第 1、2 个坐标轴正交的平面中方差最大的方向。以此类推,可以得到 n 个这样的坐标轴。通过这种方式获得的新的坐标轴,可以发现,大部分方差都包含在前面 k 个坐标轴中,后面的坐标轴所含的方差几乎为 0。于是,可以忽略余下的坐标轴,只保留前面 k 个含有绝大部分方差的坐标轴。事实上,这相当于只保留包含绝大部分方差的维度特征,而忽略包含方差几乎为 0 的特征维度,实现对数据特征的降维处理。

获得这些包含最大差异性的主成分方向,首先要计算数据矩阵的协方差矩阵,然后得到协方差矩阵的特征值和特征向量,选择特征值最大(即方差最大)的 k 个特征所对应的特征向量组成矩阵。这样就可以将数据矩阵转换到新的空间当中,实现数据特征的降维。由于得到协方差矩阵的特征值和特征向量有两种方法,即特征值分解协方差矩阵和奇异值分解协方差矩阵,因此 PCA 算法有两种实现方法:基于特征值分解协方差矩阵实现 PCA 算法和基于 SVD 分解协方差矩阵实现 PCA 算法。

PCA 算法不但可以用于降维,而且还可以除去特征之间的相关性。如果 PCA 不用于降维,而是仅仅使用 PCA 求出特征向量,然后将数据映射到新的特征空间,这样的一个映射过程,其实就是除去特征之间的相关性。

4. 白化

假设训练数据是图像,由于图像中相邻像素之间具有很强的相关性,这些相关性在训练时输入是冗余的,白化的目的是去除输入数据的冗余信息。当输入数据集经过白化处理后,新的数据满足两个性质:特征之间相关性较低和所有特征具有相同的方差。

PCA 算法不但可以用于降维,还可以在除去特征之间的相关性之后,再对新的坐标进行方差归一化操作。PCA 白化是指对上面经过 PCA 处理后的新坐标,针对每一维的特征做一个标准差归一化处理。PCA 白化后的结果如图 3-8 所示。

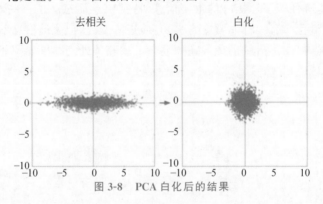

图 3-8   PCA 白化后的结果

3.2.3   卷积层

卷积层的主要功能是特征提取,其工作过程是接收输入层的输出数据,进行卷积运算,并将经激励函数作用后的数据输出到池化层。

1. 卷积运算

人的大脑识别图片的过程并不是同时识别整张图片,而是对于图片中的每一个特征先进行局部感知,然后在更高层次对局部感知进行综合操作,从而得到全局信息。卷积运算就是基于这一思路进行设计的。根据维度不同,卷积可分为一维卷积、二维卷积和三维卷积,其中二维卷积在图像处理中应用广泛。

（1）一维卷积

一维卷积如图 3-9 所示。

图 3-9　一维卷积

如果输入的数据维度为 8,卷积核的维度为 5,则卷积后输出的数据维度为 $8-5+1=4$。如果卷积核数量仍为 1,输入数据的通道数量变为 16,即输入数据维度为 $8×16$,在这种情况下,卷积核的维度由 5 变为 $5×16$,最终输出的数据维度仍为 4。不难看出,如果卷积核数量为 n,那么输出的数据维度就变为 $4n$。

一维卷积常用于序列模型,例如自然语言处理等。

（2）二维卷积

二维卷积如图 3-10 所示。

输入的数据维度为 $14×14$,卷积核大小为 $5×5$,卷积输出的数据维度为 $10×10$,（$14-5+1=10$）。如果将二维卷积中输入的通道的数量变为 3,即输入的数据维度变为 $14×14×3$。由于卷积核的通道数必须与输入数据的通道数相同,卷积核数量变为 $5×5×3$。在卷积的过程中,卷积核与数据在通道方向分别卷积,之后将卷积后的数值相加,即执行 $10×10$ 次 3 个数值相加的操作,最终输出的数据维度仍为 $10×10$。

以上都是在卷积核数量为 1 的情况下所进行的讨论。如果将卷积核的数量增加至 16,即 16 个大小为 $10×10$ 的卷积核,最终输出的数据维度就变为 $10×10×16$。也可以理解为分别执行每个卷积核的卷积操作,最后将每个卷积的输出在三个维度（通道维度）上进行拼接。二维卷积常用于计算机视觉,例如图像处理领域。

（3）三维卷积

三维卷积如图 3-11 所示。

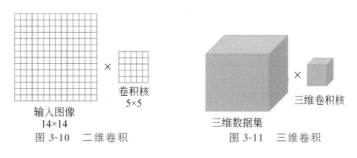

图 3-10　二维卷积　　　图 3-11　三维卷积

假设输入数据的大小为 $a_1 \times a_2 \times a_3$，通道数为 c，卷积核大小为 f，即卷积核维度为 $f \times f \times f \times c$（一般不写通道的维度），卷积核数量为 n。

基于上述情况，三维卷积最终的输出为 $(a_1 - f + 1) \times (a_2 - f + 1) \times (a_3 - f + 1) \times n$。

该公式对于一维卷积、二维卷积仍然有效。

三维卷积常用于医学领域（CT 影像）、视频处理领域、动作检测及人物行为检测等领域。

2. 二维卷积计算过程

在计算机视觉领域，卷积核通常为较小尺寸的矩阵，例如 3×3、5×5 等，数字图像是相对较大尺寸的二维（多维）矩阵（张量），图像卷积运算与相关运算的关系如图 3-12 所示，其中 F 为卷积核（又称滤波器），X 为图像，O 为结果。

$$O_{11} = F_{11}X_{11} + F_{12}X_{12} + F_{21}X_{21} + F_{22}X_{22}$$

$$O_{12} = F_{11}X_{12} + F_{12}X_{13} + F_{21}X_{22} + F_{22}X_{23}$$

$$O_{21} = F_{11}X_{21} + F_{12}X_{22} + F_{21}X_{31} + F_{22}X_{32}$$

$$O_{22} = F_{11}X_{22} + F_{12}X_{23} + F_{21}X_{32} + F_{22}X_{33}$$

$$\begin{array}{|c|c|} \hline O_{11} & O_{12} \\ \hline O_{21} & O_{22} \\ \hline \end{array} = 卷积\left(\begin{array}{|c|c|c|} \hline X_{11} & X_{12} & X_{13} \\ \hline X_{21} & X_{22} & X_{23} \\ \hline X_{31} & X_{32} & X_{33} \\ \hline \end{array}, \begin{array}{|c|c|} \hline F_{11} & F_{12} \\ \hline F_{21} & F_{22} \\ \hline \end{array} \right)$$

图 3-12　图像卷积运算与相关运算的关系

将卷积核在图像上滑动，对应位置相乘求和。例如，在二维图像上，使用卷积核进行卷积计算，其结果如图 3-13 所示。

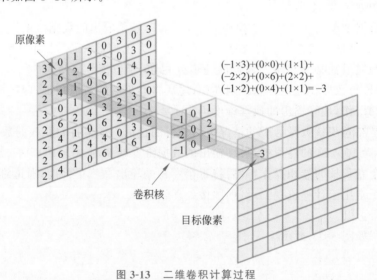

图 3-13　二维卷积计算过程

例 3-2　二维卷积。

现在有一个 4×4 的灰度图像，设计两个 2×2 的卷积核，步长为 1，运用卷积核后图片变成了 3×3 的特征图。卷积操作后的特征图如图 3-14 所示。

当输入为多通道特征图时，出现了多通道、多卷积核的卷积运算。如图 3-15 所示，如果输入图像尺寸为 6×6，通道数为 3，卷积核有 2 个，每个尺寸为 3×3，通道数为 3（与输入图

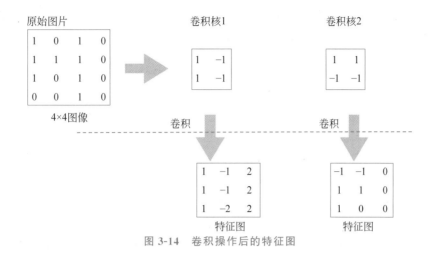

图 3-14 卷积操作后的特征图

像通道数一致),在卷积运算时,输入的数据维度变为 $6 \times 6 \times 3$,仍以滑动窗口的形式,从左至右,从上至下,3 个通道的对应位置相乘求和,输出结果为 2 个 4×4 的特征图,其数据维度为 $4 \times 4 \times 2$。一般地,当输入数据维度为 $m \times n \times c$ 时,每个卷积核的维度为 $k \times k \times c$,即每个卷积核的通道数应与输入的通道数相同,这是由于多个通道需同时卷积。输出的特征图数量与卷积核数量相同。

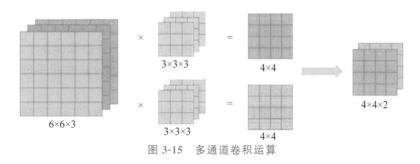

图 3-15 多通道卷积运算

(1) 填充

在卷积运算中,卷积核的大小通常选为奇数之积,例如 3×3,5×5,其优点如下。

* 在特征图中存在一个中心像素点,可以用于指明卷积核的位置。
* 在没有填充的情况下,经过卷积操作后,输出的数据维度将减少。以二维卷积为例,输入大小 $n \times n$,卷积核大小 $f \times f$,卷积后输出的大小为 $(n-f+1) \times (n-f+1)$。

为了避免经过卷积操作,输出的数据维度减少的情况发生,可以采取填充操作,填充的长度为 p,由于在二维情况下,上下左右都添加长度为 p 的数据。构造的新的输入大小为 $(n+2p) \times (n+2p)$,卷积后的输出变为 $(n+2p-f+1) \times (n+2p-f+1)$。

如果卷积操作不缩减数据的维度,那么 p 的大小应为 $(f-1)/2$,其中 f 是卷积核的大小,如果卷积核的大小为奇数,将在原始数据上对称填充,否则,就会出现向上填充 1 个,向下填充 2 个,向左填充 1 个,向右填充 2 个的情况,破坏了原始数据结构。

例 3-3 填充。

有一个 5×5 的图片(见图 3-16,一个格子表示一个像素),滑动窗口取 2×2,步长取 2,那么还剩下 1 个像素没有滑动到。

可以在原来的矩阵加一层填充值,使其变成 6×6 的矩阵(见图 3-17),那么窗口就可以刚好将所有像素遍历完。这就是填充的作用。

图 3-16 5×5 的图片

图 3-17 6×6 的矩阵

(2)步长

步长是指卷积核在输入数据上,水平/竖直方向上每次移动的步长为 s,最终卷积输出的维度大小为

$$(n+2\times p-f\times s+1)\times(n+2\times p-f\times s+1)$$

(3)通道

通道是数据的最后一个维度,在计算机视觉中,RGB 代表 3 个通道。例如,现在有一个图片的大小为 $6\times6\times3$,卷积核的大小 $3\times3\times nc$,这里 nc 是卷积核的通道数,该数值必须与输入的通道数相同,在这里 $nc=3$。

如果有 k 个 $3\times3\times nc$ 的卷积核,那么卷积后的输出维度为 $4\times4\times k$。此时 $p=0$,$s=1$,k 表示输出数据的通道大小。一般情况下,k 代表 k 个卷积核提取的 k 个特征图,如果 $k=128$,表示 128 个 3×3 大小的卷积核,提取了 128 个特征图,且卷积后的输出维度为 $4\times4\times128$。

在实际应用中,往往使用多层卷积,然后使用全连接层进行训练。多层卷积的目的是一层卷积学到的特征往往是局部的,层数越高,学到的特征就越全局化。在多层卷积网络中,以计算机视觉为例,通常情况下,图像的长和宽会逐渐缩小,通道数量会逐渐增加。

(4)特征图

在每个卷积层中,数据都以三维形式存在。可以将其看成许多个二维图片叠在一起,其中每一个称为一个特征图。在输入层,如果是灰度图片,那就只有一个特征图;如果是彩色图片,一般就是 3 个特征图(红绿蓝)。层与层之间可有若干卷积核,上一层和每个特征图与每个卷积核做卷积,都将产生下一层的一个特征图。

卷积层中有多少个卷积核,经过卷积就会产生多少个特征图。随着网络的加深,特征图的长宽尺寸缩小,卷积层的每个图提取的特征越具有代表性(精华部分),所以后一层卷积层需要增加特征图的数量,才能更充分地提取出前一层的特征。一般是成倍增加,可根据实际情况具体设置。

卷积网络在学习过程中保持了图像的空间结构,也就是最后一层的激励值(特征图)总和原始图像具有空间上的对应关系,具体对应的位置,可以用感受野来度量。利用上述性质可以做如下事情。

一个训练成功的 CNN,其特征图的值伴随网络深度的增加,将越来越稀疏。这可以理解网络取精去糟。根据网络最后一层最强的激励值,利用感受野求出原始输入图像的区域。可以观察输入图像的哪些区域激励了网络,完成物体定位。

在卷积与激励函数之间可以应用批归一化(batch normalization)技术,将数据缩放到合适的位置,进而加快收敛速度。

3. 激励函数

激励函数运行时激活神经网络中某一部分神经元,将激活信息向后传入下一层的神经网络。神经网络之所以能解决非线性问题,本质上就是激励函数加入了非线性因素,增强了线性模型的表达力,把激活的神经元的特征通过函数保留并映射到下一层。如果只有线性变换,那么无论神经网络包含多少层神经元,都只是简单的多元线性回归模型而已,不能拟合更加复杂的函数。举个例子,如果只有线性操作,那么神经网络永远无法拟合圆等复杂的曲线图形,永远只能表示超平面,无法表示曲面等。卷积层、池化层和全连接层都需要激励函数。

激励函数是将卷积层输出结果做非线性映射,因为卷积层的计算是一种线性计算,对非线性情况无法很好拟合。有时也将卷积层和激励层合并在一起称为卷积层。

对卷积层的输出结果利用激励函数可以做一次非线性映射。如果不用激励函数,其实就相当于激励函数是 $f(x)=x$,这种情况下,每一层的输出都是上一层输入的线性函数。无论有多少层的神经网络,输出都是输入的线性组合,这与没有隐藏层的效果一样,这就是最原始的感知机。对卷积层常用的激励函数是 ReLU,ReLU 的特点是迭代速度快,tanh 函数在文本和音频处理方面有比较好的效果。

(1) ReLU 函数

CNN 采用非线性函数作为其激励函数。修正线性单元(rectified linear unit,ReLU)是一个分段线性函数,但其拥有非线性表达的能力,即不同的样本通过 ReLU 后,有些是 0,有些得到的值是 $x=Wu+b$(u 为激励层的输入),因此虽然 ReLU 为分段线性函数,但输出空间仍由输入空间的非线性变换而来。其特点是收敛速度快、计算量较小,但较脆弱。除此之外,还有 Sigmoid、tanh 等激励函数。

CNN 中,激励函数往往不选择 Sigmoid 或 tanh 函数,而是选择 ReLU 函数。ReLU 函数的定义是 $f(x)=\max(0,x)$。

ReLU 函数输入输出关系如图 3-18 所示。

ReLU 函数的优势是计算代价比 Sigmoid 函数小,而且能够缓解梯度消失问题。ReLU 函数广泛应用到 CNN 中,并且出现了一些变体。函数的基本形式是 $f(x)=\ln(1+e^x)$,其输入输出关系如图 3-19 所示。

(2) 双曲正切函数

$$\tanh x = \sinh x / \cosh x = (e^x - e^{-x})/(e^x + e^{-x})$$

其输入输出关系如图 3-20 所示。

与 Sigmoid 相比,输出的范围变成了 $[-1,1]$(中心化为 0)。但梯度消失现象依然存在。所以在实际应用中,tanh 激励函数比 Sigmoid 使用得多。

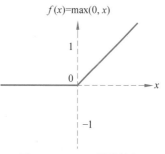

图 3-18　ReLU 函数输入
输出关系

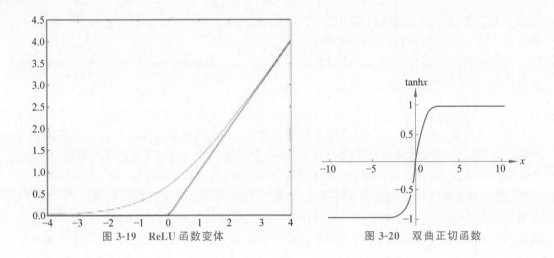

图 3-19   ReLU 函数变体   图 3-20   双曲正切函数

3.2.4   池化层

缩小图像称为下采样,放大图像称为上采样。池化是卷积神经网络中一个重要的概念,实际上是一种下采样形式。池化压缩输入的特征图,一方面减少了特征,使参数减少,进而简化了卷积网络计算时的复杂度;另一方面保持了特征的某种不变性(如旋转、平移、伸缩等)。

1. 常用池化类型

池化的结果是使特征减少和参数减少,防止过拟合,但池化的目的是保持某种不变性(如旋转、平移、伸缩等)。常用的有最大池化、平均池化和随机池化三种,其操作如图 3-21 所示。

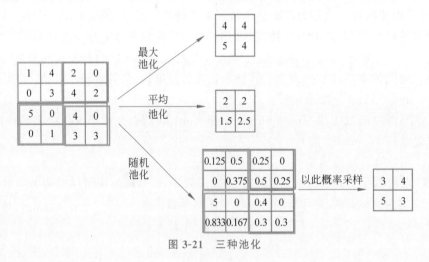

图 3-21   三种池化

(1)最大池化

最大池化是选取最大值,定义一个空间邻域(例如 2×2 的窗口),并从窗口内的特征图中取出最大的元素。最大池化被证明效果更好一些。

(2)平均池化

平均池化是选取平均值,定义一个空间邻域(例如 2×2 的窗口),并从窗口内的特征图中算出平均值。

（3）随机池化

随机池化中元素值大的被选中的概率也大，但不像最大池化总是取最大值。随机池化一方面最大化地保证了最大值的取值，另一方面避免了完全是最大值起作用而造成过度失真。这在一定程度上避免了过拟合。

池化在不同的深度上是分开执行的，若深度为 5，则池化进行 5 次，产生 5 个池化后的矩阵，池化不需要参数控制。池化操作是分别应用到各个特征图，可以从 5 个输入图中得到 5 个输出图。

通过池化层可使原本 4×4 的特征图压缩成 2×2 的特征图，从而降低特征维度，还可使用池化层来缩减数据，提高计算速度。池化操作不需要对参数进行学习，只是一种静态属性。在池化层中，数据的维度变化与卷积操作类似。池化后的通道数量与输入的通道数量相同，因为在每个通道上单独执行最大池化操作。$f=2,s=2$，相当于对数据维度的减半操作，f 指池化层卷积核大小，s 指池化步长。

2. 三种池化的作用

（1）最大池化可以获取局部信息，更好地保留纹理上的特征。如果不用观察物体在图片中的具体位置，只关心其是否出现，则使用最大池化效果比较好。例如识别字体，应该使用最大池化。

（2）平均池化往往能保留整体数据的特征，凸显背景信息。

（3）随机池化中元素值大的被选中的概率也大，但不是最大池化总是取最大值。随机池化一方面最大化地保证了最大值的取值，另一方面确保了不会完全是最大值起作用，从而避免过度失真。除此之外，随机池化可以在一定程度上避免过拟合。

在实际应用中，可重复设置多个卷积层、池化层，从输入层输出的预处理数据经过卷积层、池化层的处理，完成了特征抽取，然后输入到输出层。

3.2.5　输出层

经过前面若干次卷积、激励函数、池化操作后，特征输出到输出层。输出层是一个简单的多分类神经网络，是由全连接神经网络与 Softmax 函数计算得到的最终输出，通常全连接层在 CNN 尾部，如图 3-22 所示。

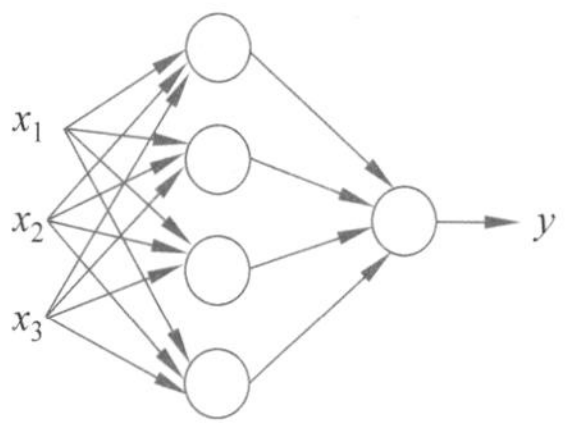

1. 全连接层

全连接层是一个分类器，可以完成图像识别任务。全连接层的主要特点如下。

（1）参数数量多

考虑一个输入为 1000 像素×1000 像素的图片，输入层有 1000×1000＝100 万个节点。假设第一个隐藏层有 100 个节

图 3-22　一个简单的全连接
神经网络

点，那么仅这一层就有 (1000×1000＋1)×100＝1 亿个参数，图像只扩大一点，参数数量就将增加很多，因此它的扩展性很差。

（2）没有利用像素之间的位置信息

对于图像识别任务，每个像素和其周围像素的联系是比较紧密的，与离得很远的像素的联系就很小。如果一个神经元和上一层所有神经元相连，那么就相当于对于一个像素，将图

像的所有像素都等同看待,这不符合前面的假设。当完成每个连接权重的学习之后,最终可能会发现,有大量的权重的值都是很小的,也就是这些连接其实无关紧要。努力学习大量并不重要的权重,这样的学习必将非常低效。

（3）网络层数限制

网络层数越多,其表达能力越强,但是通过梯度下降法训练深度全连接神经网络却很困难,因为全连接神经网络的梯度很难传递超过 3 层。因此,不可能得到一个很深的全连接神经网络,其能力受到限制。

在全连接层,如果神经元数目过大且学习能力强,则有可能出现过拟合现象。因此,可以应用 Dropout（丢弃）操作随机删除神经网络中的部分神经元来解决此问题,也可以通过局部归一化、数据增强等操作来增加鲁棒性。

2. Softmax 函数

Softmax 函数又称归一化指数函数,它是二分类函数 Sigmoid 在多分类上的推广,其目的是将多分类的结果以概率的形式表现出来。概率有下述两个基本性质:一个是预测概率为非负数;另一个是预测概率之和等于 1。

Softmax 将多分类输出转换为概率的计算的方法分为如下两步:

（1）通过指数函数将分子实数映射到零到正无穷,如图 3-23 所示。

（2）将所有结果之和作为分母,计算 Softmax 值,进行归一化。

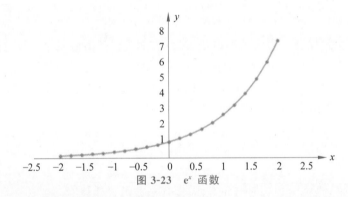

图 3-23　e^x 函数

使用 Softmax 函数将模型结果转换为概率。

首先,将预测结果转换为非负数:

$$y_1 = \exp(x_1)$$
$$y_2 = \exp(x_2)$$
$$y_3 = \exp(x_3)$$
$$\cdots$$
$$y_n = \exp(x_n)$$

然后,根据各种预测结果概率之和等于 1,计算 Softmax 值。

$$z_1 = y_1 / (y_1 + y_2 + \cdots + y_n)$$
$$z_2 = y_2 / (y_1 + y_2 + \cdots + y_n)$$
$$z_3 = y_3 / (y_1 + y_2 + \cdots + y_n)$$
$$\cdots$$
$$z_n = y_n / (y_1 + y_2 + \cdots + y_n)$$

例如,对一个三分类问题的预测结果为 -3、1.5 和 2.7,利用 Softmax 函数将模型结果转换为概率 0.0026、0.2308 和 0.7666。

3.3 卷积神经网络的训练

CNN 是一种输入到输出的映射,它能够学习大量的输入与输出之间的映射关系,而不需要任何输入和输出之间精确的数学表达式,只要用已知的模式对卷积网络加以训练,网络就具有输入输出之间的映射能力。卷积网络执行的是监督学习,所以其样本集由"输入向量,期望输出向量"的向量对构成。所有这些向量对都是从实际运行系统中采集而来的,在开始训练前,所有的权都应该用小随机数进行初始化。小随机数用来保证网络不因权值过大而进入饱和状态,从而避免训练失败,也可用来保证网络可以正常地学习。如果用相同的数初始化权矩阵,则网络无能力学习。

3.3.1 CNN 的训练过程

卷积神经网络的训练过程与 BP 神经网络的训练过程类似,也可分为两个阶段。第一个阶段是数据由低层次向高层次传播的阶段,即正向传播阶段。另一个阶段是,当正向传播得出的结果与预期不相符时,将误差从高层次向低层次进行传播的阶段,即反向传播的训练阶段。训练过程如图 3-24 所示。具体训练过程如下。

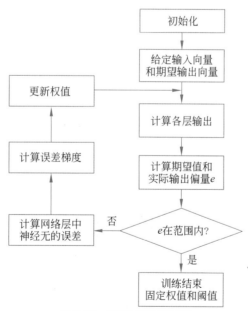

图 3-24 CNN 的训练过程

(1) 网络进行权值的初始化。

(2) 输入数据经过卷积层、池化层、全连接层的正向传播,最后得到输出值。

(3) 计算网络的输出值与期望输出值的误差。

(4) 当误差大于设定的期望值时,将误差回传网络中,依次求得全连接层、池化层、卷积层的误差。各层的误差可以理解为对于网络的总误差各层的应分量。当误差等于或小于期望值时,训练结束;否则,根据求得的误差进行权值更新,然后计算各层输出。

在正向传播过程中,输入的图形数据经过多层卷积层的卷积和池化处理,以提取特征向量,当输出的结果与期望值相符时,训练结束,然后将特征向量传入全连接层中,输出最后得到的分类识别结果。

3.3.2　CNN 的正向传播过程

CNN 的正向传播过程主要经过卷积层、池化层和全连接层,各部分简述如下。

1. 卷积层的正向传播过程

卷积层的正向传播过程是,通过卷积核对输入数据进行卷积操作。数据在实际网络中的计算过程如图 3-25 所示,其中输入为一个包含 16 个像素的图片,卷积核大小为 2×2,其权值为 W_1、W_2、W_3、W_4。卷积核采用步长为 1 的卷积方式,卷积整个输入图片,形成了局部感受野,然后与其进行卷积运算,即权值矩阵与图片的特征值进行加权和(再加上一个偏置量),最后通过激励函数得到输出。

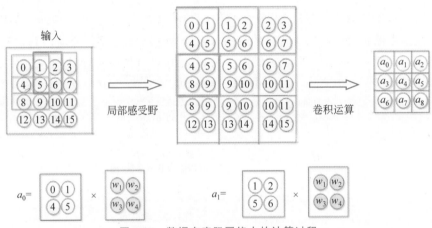

图 3-25　数据在实际网络中的计算过程

2. 池化层的正向传播过程

卷积层提取的特征作为输入传到池化层,可通过池化层的池化操作,降低数据的维度,避免过拟合。

3. 全连接层的正向传播过程

特征图经过卷积层和池化层的特征提取之后,将提取出来的特征传到输出层中,可通过全连接层和 Softmax 函数的计算,实现分类,获得分类模型,得到最后的结果。

3.3.3　CNN 的反向传播过程

当 CNN 的输出结果与期望值不相符时,即误差函数没有接近 0 时,则进行反向传播过程,再将计算出的输出结果与期望值的误差逐层返回,计算出每一层的误差,然后进行权值更新。该过程的主要目的是通过训练样本和期望值来调整网络权值。误差的传递过程可以这样理解:首先,数据从输入层到输出层,期间经过了卷积层、池化层、全连接层,而数据在各层之间传递时难免会造成数据的损失,也就导致了误差的产生。而每一层造成的误差值是不一样的,所以当求出网络的总误差之后,需要将误差传入网络中,计算出各层对于总的误差应该承担多少的比重。

反向传播训练过程的第一步是计算出网络总的误差:求出输出层 n 的输出 $a(n)$ 与目标值之差。计算公式为

$$\delta(n) = -(y - a(n))f'(z(n))$$

其中, $f'(z(n))$ 为激励函数的求导。

1. 全连接层之间的误差传递

求出网络的总误差之后,进行反向传播,将误差传入输出层的上一层全连接层,求出在该层中,产生了多少误差。而网络的误差又是由组成该网络的神经元所造成的,所以需要求出每个神经元在网络中的误差。求上一层的误差,需要找出上一层中哪些节点与该输出层连接,然后用误差乘以节点的权值,求得每个节点的误差。

2. 当前层为池化层,求上一层的误差

在池化层中,根据采用的池化方法,将误差传入上一层。池化层如果采用的是最大池化的方法,则直接将误差传到上一层连接的节点中。如果采用的是均值池化的方法,误差则是均匀地分布到上一层的网络中。另外在池化层中,是不需要进行权值更新的,只需要正确地传递所有的误差到上一层。

3. 当前层为卷积层,求上一层的误差

卷积层中采用的是局部连接的方式,与全连接层的误差传递方式不同,在卷积层中,误差的传递也是依靠卷积核进行的。在误差传递的过程,需要通过卷积核找到卷积层和上一层的连接节点。求卷积层的上一层的误差的过程:先对卷积层误差进行一层全零填充,然后将卷积层进行 180° 旋转,再用旋转后的卷积核卷积填充过程的误差矩阵,并得到上一层的误差。

3.3.4　CNN 的权值更新

1. 卷积层的权值更新

卷积层的误差更新过程:将误差矩阵当作卷积核,卷积输入的特征图,得到权值的偏差矩阵,然后与原先的卷积核的权值相加,得到更新后的卷积核。

2. 全连接层的权值更新过程

全连接层中的权值更新过程如下:

(1) 求出权值的偏导数值:将学习速率乘以激励函数的倒数乘以输入值。

(2) 将原先的权值加上偏导数值,得到新的权值矩阵。

所有权值更新完后,就可以重新进行正向传播过程,得到新误差,再次对权值求导,更新神经网络。逐次迭代,直至神经网络得到期望的输出为止,至此整个神经网络训练完成。

例 3-4　卷积层的训练。

卷积层的训练与全连接层训练一样,也需要从上一层回传误差矩阵,然后计算:

· 本层的权重矩阵的误差项。

· 本层的需要回传到下一层的误差矩阵。

假设已经得到了从上一层回传的误差矩阵,并且已经经过了激励函数的反向传导。

(1) 计算反向传播的梯度矩阵

正向公式:$\boldsymbol{Z} = \boldsymbol{W} * \boldsymbol{A} + b$

其中,$\boldsymbol{W}$ 是卷积核;$*$ 表示卷积计算;$\boldsymbol{A}$ 为当前层的输入项;b 是偏移(未在图 3-26 中画出);$\boldsymbol{Z}$ 为当前层的输出项,但没有经过激励函数处理。

正向计算过程如图 3-26 所示。

分解到每一项的公式如下:

$$z_{11} = w_{11}a_{11} + w_{12}a_{12} + w_{21}a_{21} + w_{22}a_{22} + b$$
$$z_{12} = w_{11}a_{12} + w_{12}a_{13} + w_{21}a_{22} + w_{22}a_{23} + b$$
$$z_{21} = w_{11}a_{21} + w_{12}a_{22} + w_{21}a_{31} + w_{22}a_{32} + b$$
$$z_{22} = w_{11}a_{22} + w_{12}a_{23} + w_{21}a_{32} + w_{22}a_{33} + b$$

求误差函数 J 对 a_{11} 的梯度:

$$\partial J / \partial a_{11} = (\partial J / \partial z_{11})(\partial z_{11} / \partial a_{11}) = \delta z_{11} w_{11}$$

上式中,δz_{11} 是从网络后端回传到本层的 z_{11} 单元的梯度。求 J 对 a_{12} 的梯度时,先看正向公式,发现 a_{12} 对 z_{11} 和 z_{12} 都有贡献,因此需要二者的偏导数相加:

$$\partial J / \partial a_{12} = (\partial J / \partial z_{11})(\partial z_{11} / \partial a_{12}) + (\partial J / \partial z_{12})(\partial z_{12} / \partial a_{12}) = \delta z_{11} \cdot w_{12} + \delta z_{12} \cdot w_{11}$$

最复杂的是求 a_{22} 的梯度,因为从正向公式看,所有的输出都有 a_{22} 的贡献,所以

$$\partial J / \partial a_{22} = (\partial J / \partial z_{11})(\partial z_{11} / \partial a_{22}) + (\partial J / \partial z_{12})(\partial z_{12} / \partial a_{22}) +$$
$$(\partial J / \partial z_{21})(\partial z_{21} / \partial a_{22}) + (\partial J / \partial z_{22})(\partial z_{22} / \partial a_{22})$$
$$= \delta z_{11} w_{22} + \delta z_{12} w_{21} + \delta z_{21} w_{12} + \delta z_{22} w_{11}$$

同理可得所有 a 的梯度。

从上式中 w 的各元素顺序看出,可将原始的卷积核旋转 180°,再与传入误差项做卷积操作,即可得所有元素的误差项。考虑到不完备问题,可将传入的误差矩阵做一个 0 填充,再乘以旋转 180° 的卷积核,就是要传出的误差矩阵,如图 3-27 所示。

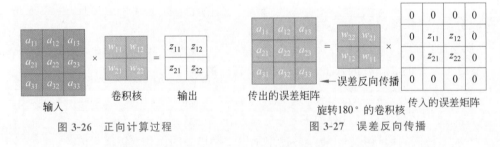

图 3-26　正向计算过程　　　　图 3-27　误差反向传播

最后可以统一为一个简洁的公式:

$$\boldsymbol{\delta}_{\text{out}} = \boldsymbol{\delta}_{\text{in}} * \boldsymbol{W}^{\text{rot}180°}$$

(2) 误差矩阵可以继续回传

这个误差矩阵可以继续回传到下一层。

- 当卷积核是 3×3 时,$\boldsymbol{\delta}_{\text{in}}$ 需要 2 填充,即加 2 圈 0,才能和卷积核卷积,得到正确尺寸的 $\boldsymbol{\delta}_{\text{out}}$。

- 当卷积核是 5×5 时,$\boldsymbol{\delta}_{\text{in}}$ 需要 4 填充,即加 4 圈 0,才能和卷积核卷积,得到正确尺寸

的 $\boldsymbol{\delta}_{out}$。

以此类推,当卷积核是 $N \cdot N$ 时,$\boldsymbol{\delta}_{in}$ 需要 $N-1$ 填充,即加 $N-1$ 圈 0。

正向时(stride＝1)：$\boldsymbol{A}^{(10 \times 8)} * \boldsymbol{W}^{(5 \times 5)} = \boldsymbol{Z}^{(6 \times 4)}$

反向时：$\boldsymbol{\delta}_{\boldsymbol{z}}^{(6 \times 4)} + 4\text{padding} = \boldsymbol{\delta}_{\boldsymbol{z}}^{(14 \times 12)}$

然后：$\boldsymbol{\delta}_{\boldsymbol{z}}^{(14 \times 12)} * \boldsymbol{W}^{\text{rot}180°(5 \times 5)} = \boldsymbol{\delta a}^{(10 \times 8)}$

3.4　逆卷积神经网络

卷积是指通过输出来重构未知输入的过程,逆卷积过程并不具备学习的能力,仅是用于一个已经训练好的可视化卷积网络模型,没有学习训练的过程。在使用神经网络的过程中,经常需要上采样来提高低分辨率图片的分辨率。常用的上采样方法有最近邻插值、双线性插值、双立方插值等,但是,上述方法都需要插值操作,而这些插值操作都充满了人为设计和特征工程的气息,而且也没有考虑网络学习。通过转置卷积可使网络学习参数,它与基于插值的方法不同,转置卷积是一种最优的上采样方法。

图 3-28 所示为 VGG16 逆 CNN 的结构,展示了一个卷积网络和逆卷积网络结合的过程。VGG16 是一个深度神经网络模型。它的逆卷积就是将中间的数据,按照前面卷积、池化等变化的过程,完全相反地做一遍,从而得到类似原始输入的数据。对于这样的结构,可参考本书第 10 章自编码器学习。

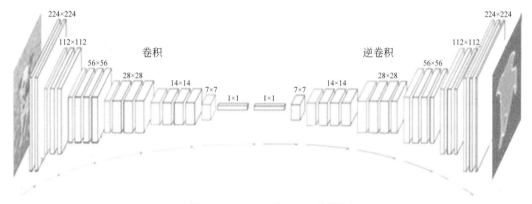

图 3-28　VGG16 逆 CNN 的结构

由于逆 CNN 的特性,它有许多特别的应用,一般可以用于信道均衡、图像恢复、语音识别、地震学、无损探伤等未知输入估计和过程辨识方面的问题。

在神经网络应用中,逆卷积更多地发挥着可视化作用。对于一个复杂的深度卷积网络,虽然它通过每层若干卷积核进行变换,但我们却无法知道每个卷积核关注的是什么,变换后的特征是什么。通过逆卷积的还原过程,可以对这些问题有个清晰的可视化理解,即以各层得到的特征图作为输入,进行逆卷积后得到逆卷积结果,用以验证显示各层提取到的特征图。

逆卷积技术可在输入图片的像素空间中找出最大化激活某一特征的像素,实现对应特征的可视化,其中逆卷积的过程就是寻找像素的过程。借助逆卷积,可以探索模型训练过程中的特征的演化、分类结果对于图片遮挡部位的敏感性、特征不变性和图片相关性等多类问题。

3.4.1 逆池化与逆卷积

为了理解卷积网络,需要理解中间层的特征值,逆卷积网络可以完成这个工作。逆卷积网络的每一层都可以看作卷积网络中对应层的逆过程,它们拥有相同的卷积核和池化索引,因此逆卷积将特征值逆映射回了输入图片的像素空间,可以借此说明图片中的哪些像素激活了该特征值。卷积网络和逆卷积网络两者各层之间的关系在整体上互为逆过程:首先,卷积网络将一张图片作为输入,计算得到各层的特征表示;为了验证某层一个具体的特征值,将该层特征值之外的所有值置零后,将其作为逆卷积网络的输入,经过逆卷积网络每一层的操作,该特征值被映射回了输入图片的像素空间。

1. 逆池化是池化的逆过程

通过池化,可对特征进行提取并且缩小数据量。逆池化是池化的逆操作,但是无法还原出全部的原始数据。这是由于池化的过程只保留了主要信息,舍去部分信息。如果想从池化后的这些主要信息恢复出全部信息,则存在信息缺失,这时只能通过补位来实现最大程度的信息恢复。常用池化有最大池化和平均池化,其逆池化与其对应,也有逆最大池化和逆平均池化。

2. 逆卷积是卷积的逆过程

逆卷积可以理解为卷积操作的逆操作,然而输出并不能等于输入,逆卷积只是将卷积核转置,将卷积后的结果再做一次卷积。虽然它不能还原原来卷积的样子,但是在作用上具有类似的效果,可以将带有小部分缺失的信息最大化地恢复,也可以用来恢复被卷积生成后的原始输入。逆卷积后的结果已经与原来的不相等,说明转置卷积只能恢复部分特征,无法百分百地恢复数据。

3.4.2 逆池化运算

1. 逆平均池化

逆平均池化的过程是首先还原成原来的大小,然后将池化结果中的每个值都填入其对应原始数据区域中的相应位置。平均池化和逆平均池化的对应关系与过程如图 3-29 所示。

图 3-29 平均池化和逆平均池化的对应关系与过程

逆最大池化需要在池化过程中记录最大激活值的坐标位置,然后在逆池化时,只将池化过程中最大激活值的位置坐标值激活,其他值设置为 0。当然,这个过程只是一种近似。因为在池化过程中,除了最大值的位置,其他的值也是不为 0。最大池化和逆最大池化的对应关系与过程如图 3-30 所示。

逆池化操作对应卷积网络池化操作,在理论上,卷积网络中的最大池化操作是不可逆的,但可以通过池化索引进行近似可逆操作。

图 3-30 最大池化和逆最大池化的对应关系与过程

2. 矫正

矫正对应卷积网络 ReLU 操作,卷积网络中采用 ReLU 确保特征值非负,为了确保正逆过程的一致性,可将逆卷积网络每一层的重构特征也通过 ReLU 得到非负值。

3.4.3 逆卷积运算

转置卷积是一种最优的上采样方法,它与基于插值的方法不同,它有可以学习的参数。转置卷积又称为分数步长卷积和逆卷积。

1. 卷积操作

例 3-5 有一个 4×4 的输入矩阵,对它使用核为 3×3、没有填充、步长为 1 的卷积操作,结果是一个 2×2 的矩阵,如图 3-31 所示。

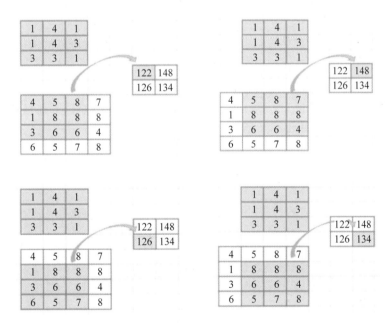

图 3-31 卷积操作

卷积操作是在输入矩阵和卷积核之间做逐元素的乘法然后求和。因为步长为 1,不使用填充,因此只能在 4 个位置上进行操作。卷积操作就是完成输入值和输出值的位置性关系操作。在输入矩阵的左上角的值会影响输出矩阵的左上角的值,更进一步分析,3×3 的卷积核建立了输入矩阵中的 9 个值对应输出矩阵中的 1 个值的关系,也就是建立了多对一的关系。

2. 卷积的逆向操作

卷积的逆向操作是建立在一个矩阵中的 1 个值和另外一个矩阵中的 9 个值的对应关系,如图 3-32 所示。但是,从信息论的角度看,卷积是不可逆的,并不能从输出矩阵和卷积核矩阵计算出原始的输入矩阵,而是计算出了一个保持位置性关系的矩阵。

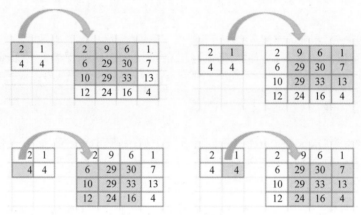

图 3-32   逆卷积操作

为了说明逆向操作,首先要定义卷积核矩阵和卷积核矩阵的转置。

(1) 卷积核矩阵

卷积核矩阵(4×16)的每一行都定义了一次卷积操作,卷积核矩阵的每一行都相当于经过了重排的卷积核矩阵,只是在不同的位置上用 0 填充。为了实现矩阵乘法,需要将尺寸为 4×4 的输入矩阵压扁成一个尺寸为 16×1 的列向量,如图 3-33 所示。

然后,对 4×16 的卷积核矩阵和 16×1 的输入矩阵(就是 16 维的列向量,只是看成一个矩阵)进行矩阵乘法运算,如图 3-34 所示。

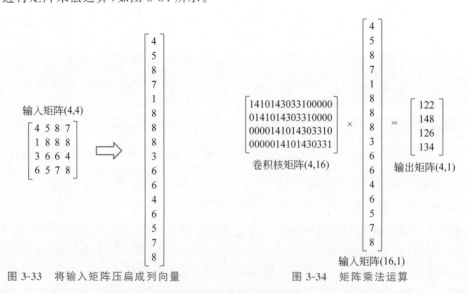

图 3-33   将输入矩阵压扁成列向量   图 3-34   矩阵乘法运算

尺寸为 4×1 的输出矩阵可以重排为 2×2 的矩阵:

	0	1
0	122	148
1	126	134

一个卷积核矩阵其实就是卷积核权重的重排,使用这个重排的卷积核矩阵,不仅可以将 16(4×4 的矩阵)映射为 4(2×2 的矩阵),反过来做这个操作,就可以将 4(2×2 的矩阵)映射为 16(4×4 的矩阵)。

(2) 转置卷积核矩阵

转置卷积核矩阵的目的是将 4 (2×2 的矩阵)映射为 16(4×4 的矩阵),但是需要维护 1 对 9 的关系。假设卷积核矩阵 C(4×16)转置为 C^{T}(16×4)。可以将 C^{T}(16×4)和一个列向量(4×1)相乘,得到 16×1 的输出矩阵,转置之后的卷积核矩阵就建立了 1 对 9 的关系。

输出矩阵可以被重排为 4×4 的矩阵。

	0	1	2	3
0	2	9	6	1
1	6	29	30	7
2	10	29	33	13
3	12	24	16	4

已经上采样了一个小矩阵(2×2),得到了一个大矩阵(4×4),转置卷积依然维护着 1 对 9 的关系:因为权重就是这么排的。用来进行转置卷积的权重矩阵不一定来自原卷积核矩阵,重点是权重矩阵的形状和转置后的卷积核矩阵相同。

转置卷积和普通卷积有相同的本质:建立了一些值之间的关系,只不过转置卷积所建立的这个关系与普通卷积所建立的关系方向相反。可以使用转置卷积来进行上采样,并且转置卷积中的权重是可以被学习的。因此,没有必要用插值方法来做上采样。

转置卷积用一个已有的卷积核矩阵的转置作为权重矩阵来进行卷积操作。与普通卷积相比,其输入和输出的关系被反向处理,转置卷积是一对多,而不是普通的多对一,这是转置卷积的本质。

在一些图像重建任务中,主要目的是对特征图进行放大,如一些分割任务、图像重建任务等,当进行特征提取之后需要恢复到原始的分辨率,这时就可以采用逆卷积来计算。

3.5　卷积神经网络的应用

CNN 是一种包含卷积计算且具有深度结构的前馈神经网络,是深度学习的代表算法之一。常见的 CNN 有 LeNet-5、VGGNet、GoogleNet、ResNetDenseNet、MobileNet 等。

CNN 具有表征学习能力,能按其阶层结构对输入信息进行平移不变的分类。

3.5.1　CNN 应用特点

CNN 的一维卷积一般用于序列模型、自然语言处理模型;二维卷积一般用于计算机视觉、图像处理领域;三维卷积一般用于医学领域(CT 影像)、视频处理领域(检测动作或用户行为)。

CNN 指的是一类网络,而不是某一种网络,其包含很多不同种结构的网络。不同的网络结构通常表现会不一样。CNN 通过调整某一个卷积核训练得到的值,让卷积核中的参数绝对值变得更大,那么该卷积核代表的特征将会强化,机器将某些特征训练成它看到过的其他特征。

CNN 的主要特点是卷积核参数共享。池化操作参数共享是因为图片等结构化的数据在不同的区域可能存在相同的特征,但是同层的核是在图片的不同地方寻找相同的特征。然后将底层的特征组合传给后层,再在后层对特征进行整合。因为在某些任务中,池化并不会影响结果,所以可以大大减少参数数量。另外,池化后在之前同样大小的区域就可以包含更多的信息了。

3.5.2　CNN 的应用领域

1. 图像处理领域

(1) 图像识别和物体识别。

(2) 图像标注。

(3) 图像主题生成。

(4) 图像内容生成。

(5) 物体标注等。

处理一张图像需要经历卷积层、激励层、池化层和全连接层,最终得到结果输出。

2. 视频处理领域

(1) 视频分类。

(2) 视频标准。

(3) 视频预测等。

3. 自然语言处理领域

(1) 对话生成。

(2) 文本生成。

(3) 机器翻译等。

4. 其他方面

(1) 机器人控制。

(2) 游戏。

(3) 参数控制等。

本 章 小 结

CNN 是深度学习中的最具代表性的神经网络模型,本章围绕 CNN 介绍了一些基本的内容与方法,主要包括 CNN 的产生、CNN 的结构、CNN 的训练、逆 CNN、CNN 的应用特点和应用领域。通过对上述内容的学习,读者可为解决某一问题而设计、构建 CNN 奠定基础。

第4章

循环神经网络

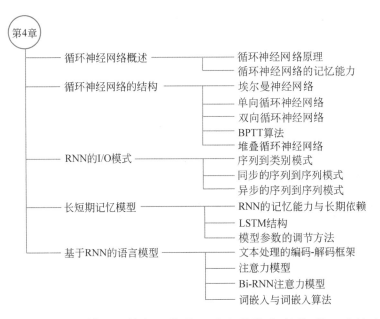

全连接神经网络和卷积神经网络都只能处理独立的输入序列,前一个输入和后一个输入完全没有关系。但是,某些任务需要能够处理序列,序列的重要特点是前面的输入和后面的输入相关。例如,当理解一句话的意思时,孤立地理解这句话的每个词是不够的,需要处理这些词连接起来的整个序列。当处理视频时,也不能仅独立地分析每一帧,而要分析这些帧连接起来的整个帧序列。这时就需要使用循环神经网络了。

循环神经网络适用于处理视频、语音等与时序相关的问题。时间序列数据是指在不同时间点上收集到的数据,这类数据反映了某一事物、现象等随时间而变化的状态或程度。循环神经网络也适用于处理序列数据,例如文字序列,其重要特点是后面的数据与前面的数据相关。

序列数据是一维元素向量,元素类型可以不同。元素间由序号引导,通过下标访问序列的指定元素。

4.1 循环神经网络概述

循环神经网络(recurrent neural network,RNN)是一类具有短期记忆能力的神经网络。在 RNN 中,各个神经元不但可以接收其他神经元的信息,还可以接收自身的信息,形成具有环路的短期记忆网络结构。

4.1.1　循环神经网络原理

多层感知机和卷积神经网络都属于前馈神经网络,这两种网络结构有一个共同特点:输入是独立的、上下文无关的。例如输入的是一张图片,识别其类别。但是对于一些有明显的上下文特征的序列输入,例如预测视频中下一帧的播放内容,那么很明显这样的输出必须依赖以前的输入、与前面帧有关,这就需要网络必须拥有一定的记忆能力记住前面帧的内容才能完成预测。为了使网络具有记忆能力,研究者提出了 RNN。

前馈神经网络是一个静态网络,信息的传递是单向的,网络的输出只依赖于当前的输入。而 RNN 的处理方式与前馈神经网络有着本质上的不同,RNN 只接收一个单一的输入和上一个时间点的隐藏层信息。

传统文本处理的方法是将 TF-IDF 向量作为特征输入,这种输入表示没有考虑输入文本序列中的每个单词的顺序。在神经网络建模过程中,前馈神经网络通常接收一个定长的向量作为输入。卷积神经网络文本数据建模时,输入变长的字符串或者单词串,通过滑动窗口加池化的方式将原先的输入转换成一个固定长度的向量,这样可以捕获到原文本中的一些局部特征,但是,很难捕获到两个单词之间的长距离依赖关系。RNN 能处理文本数据变长、有序的输入序列。RNN 模拟人阅读一篇文章的顺序,从前到后阅读文章中的每一个单词,将前面阅读到的有用信息编码到状态变量中,从而拥有了一定的记忆能力,这样可以理解后面的文本。

RNN 的单个神经元模型与以往的神经元相比,它包含了一个自反馈输入,如果将其按照时间变化展开,可以看到 RNN 单个神经元类似一系列权值共享前馈神经元的依次连接,这种连接与传统神经元相同,随着时间的变化,输入和输出将发生变化。但不同的是 RNN 上一时刻神经元的历史信息将通过权值与下一时刻的神经元相连接,这样 RNN 在 t 时刻的输入完成与输出的映射参考了 t 之前所有输入数据对网络的影响,形成了反馈网络结构。虽然反馈结构的 RNN 能够参考背景信号,但常见的信号所需要参考的背景信息与目标信息时间相隔范围宽泛,理论上 RNN 可以参考距离背景信息任意范围的信息,但实际应用过程中对于较长时间间隔的信息通常无法参考。

4.1.2　循环神经网络的记忆能力

1982 年提出的 Hopfield 网络是 RNN 的初始版本。Hopfield 网络因为实现困难,没有合适的应用,所以被前馈神经网络所取代。20 世纪 90 年代是神经网络衰落期,前馈 MLP 在优化上出现弊端,后来被支持向量机(SVM)所取代。1990 年提出的两种变种 RNN,同样因为没有合适的实际应用,很快又被忽略。又过了十几年,出现了深度学习热潮,研究出 RNN 具有挖掘语义信息的分布表示能力,可以完成语音和语言模型方面语义分析等相关任务。

在序列上的所有的输入信息、非线性变换的隐态信息从开始时刻,一直保留至当前时刻。从生物神经学角度来看,这就是长期记忆(long-term memory)特性。尽管前馈网络在计算机视觉上应用效果突出,但不适合解决序列问题。RNN 可以通过长期记忆,向前搜索出输入中的关键信息。RNN 带自反馈的神经元,使得网络的输出不仅和当前的输入有关,还和上一时刻的输出有关,在处理任意长度的时序数据时,RNN 还表现出短期记忆能力。

4.2　循环神经网络的结构

RNN 是一种反馈网络,能够模拟人脑记忆功能。

4.2.1　埃尔曼神经网络

J.L.Elman 于 1990 年提出一种简单的埃尔曼(Elman)神经网络模型。埃尔曼神经网络模型是一种典型的局部回归网络,可以将其看作一个具有局部记忆单元和局部反馈连接的递归神经网络,如图 4-1 所示。

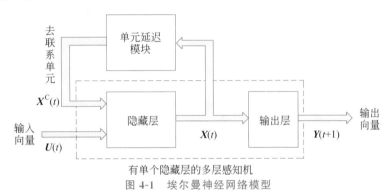

图 4-1　埃尔曼神经网络模型

埃尔曼神经网络的输入层可以接收两种信号:一种是外加输入 $U(t)$,另一种是来自隐藏层的反馈信号 $X^c(t)$。将接收反馈的节点称为联系单元,$X^c(t)$ 表示联系单元在时刻 t 的输出。隐藏层的输出为 $X(t+1)$,W 为隐藏层与输出层之间的权值,输出层的输出为 $Y(t+1)$。当输出节点采用线性转移函数时,有如下方程:

隐单元:$X(t)=f[X^c(t),U(t)]$

联系单元:$X^c(t)=X(t-1)$

输出单元:$Y(t)=WX(t)$

4.2.2　单向循环神经网络

前馈神经网络不适合解决序列问题。但是,循环神经网络的一个序列的当前输出与其前面的输出有关,具体的表现形式是网络对前面的信息进行记忆并应用于当前输出的计算中,隐藏层之间的节点之间也有连接,并且隐藏层的输入不仅包括输入层的输出,还包括上一时刻隐藏层的输出。在理论上,循环神经网络能够对任何长度的序列数据进行处理,但是,在具体实现上,为了降低计算复杂性,通常仅假设当前的状态与前面的几个状态相关。

1. RNN 模型结构

如图 4-2 所示,可以看到 RNN 层级结构较之于 CNN 简单,它主要由输入层、隐藏层和输出层组成。在隐藏层中有一个箭头表示数据的循环更新,这就是实现时间记忆功能的方法。

将单个循环神经单元按时间展开成单向 RNN 结构,如图 4-3 所示。

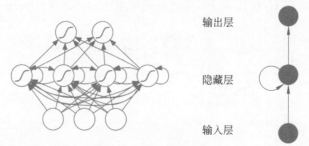

图 4-2　RNN 层级结构

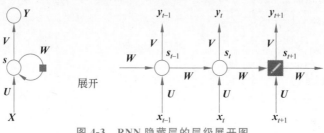

图 4-3　RNN 隐藏层的层级展开图

图 4-3 所示为 RNN 隐藏层的层级展开图，$t-1$、t、$t+1$ 表示时间序列，X 表示输入的样本，s_t 表示样本在时间 t 处的记忆，$s_t=f(Ux_t+Ws_{t-1})$。W 表示记忆的权重，U 表示此刻输入的样本的权重，V 表示输出的样本权重。

在 $t=1$ 时刻，一般初始化输入 $s_0=0$，随机初始化 W、U、V，计算公式如下：

$$s_1=f(Ux_1+Ws_0)$$

$$y_1=g(Vs_1)$$

其中，f 和 g 均为激活函数，f 可以是 tanh、ReLU、Sigmoid 等激活函数，g 通常是 Softmax 函数。此时的状态 s_1 作为时刻 1 的记忆状态将参与下一个时刻的预测活动，也就是：

$$s_2=f(Ux_2+Ws_1)$$

$$y_2=g(Vs_2)$$

以此类推，可以得到 t 时刻的输出值为

$$s_t=f(Ux_t+Ws_{t-1})$$

$$y_t=g(Vs_t)$$

各个时刻的 W、U、V 权重各自共享，隐藏状态可以理解为

$$s=f(现有的输入+过去记忆总结)$$

RNN 包含接收输入集的输入单元、输出集的输出单元和隐单元的输出集，其中隐单元完成了最为主要的工作。在图 4-2 中，有一条单向流动的信息流是从输入单元到达隐单元，与此同时，另一条单向流动的信息流从隐单元到达输出单元。在某些情况下，RNN 打破后者的限制，引导信息从输出单元返回隐单元，并且隐藏层的输入还包括上一隐藏层的输出，即隐藏层内的节点可以自连也可以互连。

s_t 为隐藏层的第 t 步的状态输出，是网络的记忆单元。s_t 根据当前输入层的输出与上一步隐藏层的状态进行计算。在计算 s_0 时，第一个单词的隐藏层输出，需要用到 s_{-1}，但是其并不存在，在实现中一般设置为 s_0；y_t 是第 t 步的输出。需要注意的是，可以认为隐藏层

输出 s_t 是网络的记忆单元，s_t 包含了前面所有步的隐藏层输出。而输出层的输出 y_t 只与当前步的 s_t 有关，在实际中，为了降低网络的复杂度，通常 s_t 只包含前面若干步而不是所有步的隐藏层输出。在传统神经网络中，每一个网络层的参数是不共享的。而在循环神经网络中，每输入一步，每一层各自都共享参数 U、V、W。循环神经网络中的每一步都在做相同的操作，只是输入不同，因此大大地减少了网络中需要学习的参数。前馈神经网络的参数不共享，对于每个神经元的输入权有不同的参数。循环神经网络通过展开，形成了多层的网络。如果这是一个多层的前馈神经网络，那么 x_t 到 s_t 之间的 U 矩阵与 x_{t+1} 到 s_{t+1} 之间的 U 是不同的，而循环神经网络中的却是相同的，W、V 也都相同的。

这个网络在 t 时刻接收到输入 x_t 之后，隐藏层的值是 s_t，输出值是 y_t。关键的一点是，s_t 的值不仅取决于 x_t，还取决于 s_{t-1}。可以用前述公式来表示循环神经网络的计算：$y_t = g(Vs_t)$，$s_t = f(Ux_t + Ws_{t-1})$。

y_t 是输出层的计算公式，输出层是一个全连接层，也就是它的每个节点都和隐藏层的每个节点相连。V 是输出层的权重矩阵，g 是激励函数。s_t 是隐藏层的计算公式，隐藏层是循环层。U 是输入 x 的权重矩阵，W 是上一次的值 s_{t-1} 作为这一次的输入的权重矩阵，f 是激励函数。

从上面的公式可以看出，循环层和全连接层的明显区别就是循环层多了一个权重矩阵 W。

如果反复将 s_t 代入 y_t，可得到

$$y_t = g(Vs_t)$$
$$= g(Vf(Ux_t + Ws_{t-1}))$$
$$= g(Vf(Ux_t + Wf(Ux_{t-1} + Ws_{t-2})))$$
$$= g(Vf(Ux_t + Wf(Ux_{t-1} + Wf(Ux_{t-2} + Ws_{t-3}))))$$
$$= g(Vf(Ux_t + Wf(Ux_{t-1} + Wf(Ux_{t-2} + Wf(Ux_{t-3} + Ws_{t-4})))))$$
$$\cdots$$

从上面可以看出，循环神经网络的输出值，是受到前面历次输入值 x_t，x_{t-1}，x_{t-2}，x_{t-3}，$\cdots$ 影响的，这就是循环神经网络可以往前看任意多个输入值的原因。

（1）权矩阵

在 BP 神经网络中，每一个网络层的参数不共享。而在 RNN 中，每输入一步，每一层的 U、V、W 参数各自共享。RNN 中的每一步都在做相同的任务，只是输入 s_t 不同，因此可以显著地减少网络中需要学习的参数。将单个循环神经单元按时间展开，那么 x_t 到 s_t 之间的 V 矩阵与 x_{t+1} 到 s_{t+1} 之间的 V 矩阵是相同的，同理，矩阵 W 和矩阵 V 也是如此。

（2）隐藏层的输出 s_t

隐藏层的输出 s_t 包含了前面所有步的隐藏层的输出，而输出层的输出 y_t 只与当前的 s_t 有关，为了降低网络的复杂度，通常设计 s_t 只包含前面若干步而不是所有步的隐藏层输出。

（3）输出模式

RNN 可以有多种输出模式，常用的有序列到类别模式、序列到序列模式、编码器-解码器模式等。其中序列到类别模式是单输出模式，适用于序列输入和单一输出问题，例如文本分类等应用。序列到序列模式是同步多输出模式，序列的每个时间步对应各自一个输出，输

入序列和输出序列的长度相同。给定学习目标,序列到序列模式在每个时间步都输出结果,例如词性标注、文本生成和音乐合成等应用。编码器-解码器模式是异步多输出模式,当输入数据序列和学习目标序列长度都可变时,可以使用两个相耦合的基于上下文连接的RNN,即用编码器-解码器模式建模。编码器-解码器模式是语言模型中的RNN框架,例如机器翻译等应用。

2. RNN 的反向传播

前面介绍了 RNN 的前向传播方式,RNN 的权重参数 $\boldsymbol{W}$、$\boldsymbol{U}$、$\boldsymbol{V}$ 更新时,每一次的输出值 $\boldsymbol{y}_t$ 都将产生一个误差值 $\boldsymbol{e}_t$,则总的误差 $\boldsymbol{E}$ 表示为

$$E = \sum e_t$$

将 $\boldsymbol{E}$ 定义为交叉熵损失函数,也可以定义为平方误差损失函数。由于每一步的输出不仅依赖当前步的网络,而且还需要依赖前若干步网络的状态,因此将这种改版的 BP 算法称为时序反向传播(back propagation through time,BPTT)算法,也就是将输出端的误差值反向传递,运用梯度下降法进行更新。要求参数的梯度为

$$\nabla \boldsymbol{U} = \frac{\partial \boldsymbol{E}}{\partial \boldsymbol{U}} = \sum_t \frac{\partial \boldsymbol{e}_t}{\partial \boldsymbol{U}}$$

$$\nabla \boldsymbol{V} = \frac{\partial \boldsymbol{E}}{\partial \boldsymbol{V}} = \sum_t \frac{\partial \boldsymbol{e}_t}{\partial \boldsymbol{V}}$$

$$\nabla \boldsymbol{W} = \frac{\partial \boldsymbol{E}}{\partial \boldsymbol{W}} = \sum_t \frac{\partial \boldsymbol{e}_t}{\partial \boldsymbol{W}}$$

关于 BPTT 算法的更多内容可参考 4.2.4 节。

例 4-1 使用 RNN 完成序列到序列的转换。

假设已经完成训练的一个 RNN 如图 4-4 所示,输入层的维度为二维,且隐藏层也为二维,输出层也为二维,所有权重的值都为 1,所有偏差都为 0,并且所有激活函数都是线性函数 $f(\boldsymbol{x}) = \boldsymbol{x}$,现在输入一个序列 $[(1,1),(1,1),(2,2)]$ 到该模型中,则 RNN 输出序列如下。

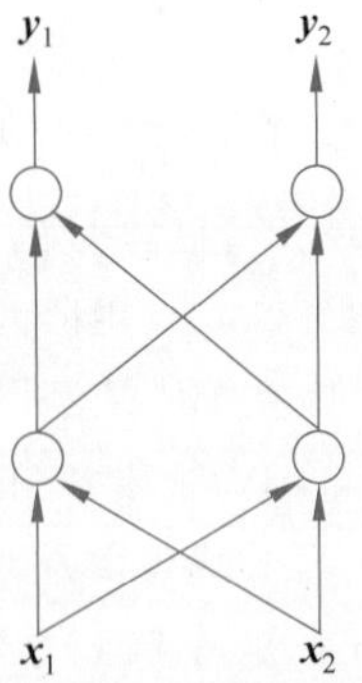

使用 t_1、t_2 表示每一时刻的存储值,t_1、t_2 的初始值设为 0。上一时刻隐藏层的值已被存储,下一时刻的隐藏层计算是将上一时刻的隐藏层的值与权重相乘后,再相加便得到了下一时刻的隐藏层的 t_1、t_2。

输入第一个向量 $[1,1]$,其中隐藏层的值通过公式

$$\begin{aligned} s_t &= f(\boldsymbol{U}\boldsymbol{x}_t + \boldsymbol{W}\boldsymbol{s}_{t-1}) \\ &= 1 \times 1 + 1 \times 1 + 1 \times 0 + 1 \times 0 = 2 \\ y_t &= g(\boldsymbol{V}\boldsymbol{s}_t) \\ &= 4 \end{aligned}$$

图 4-4 序列转换

计算得到输出为 $[4,4]$。

因为所有权重都是 1,所以也就是 $1 \times 1 + 1 \times 1 + 1 \times 0 + 1 \times 0 = 2$,输出层的值 4 通过公式 $\boldsymbol{y}_t = g(\boldsymbol{V}\boldsymbol{s}_t)$ 计算,也就是 $2 \times 1 + 2 \times 1 = 4$,得到输出为 $[4,4]$。

当输入 $[1,1]$ 后,t_1、t_2 已经不为 0,而是变成了 2。输入下一个向量 $[1,1]$,隐藏层的值可通过公式 $s_t = f(\boldsymbol{U}\boldsymbol{x}_t + \boldsymbol{W}\boldsymbol{s}_{t-1} + b)$ 得到,即 $1 \times 1 + 1 \times 1 + 1 \times 2 + 1 \times 2 = 6$,输出层的值可通

过公式 $\boldsymbol{y}_t = g(\boldsymbol{W}\boldsymbol{s}_t)$ 得到,即 $6 \times 1 + 6 \times 1 = 12$,最终得到输出为 $[12,12]$。

同理,输入第二个向量 $[1,1]$ 后,t_1、t_2 的值都变成 6;输入第三个向量 $[2,2]$,得到输出为 $[32,32]$。

由此,得到了最终的输出序列为 $[(4,4),(12,12),(32,32)]$。

利用图 4-4 所述的 RNN 单元模型完成序列到序列的转换:
$$[(1,1),(1,1),(2,2)] \rightarrow [(4,4),(12,12),(32,32)]$$

每一时刻 RNN 的输出结果都与上一时刻的输入相关,如果将输入序列换个顺序,那么得到的结果也将截然不同,这是由 RNN 的特性所决定的。

4.2.3　双向循环神经网络

在某些应用场景,当前时刻的输出不仅和过去的信息有关,还和后续时刻的信息有关。例如,给定一个句子,即单词序列,每个单词的词性和上下文相关,因此可以增加一个按照时间的逆序来传递信息的网络层来增强网络的能力。双向循环神经网络(bi-directional recurrent neural network,Bi-RNN)由两层循环神经网络组成,这两层网络输入序列都为 x,但是信息传递方向相反,如图 4-5 所示。

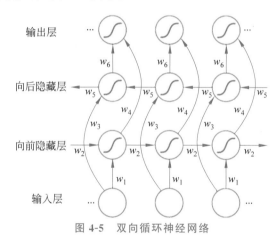

图 4-5　双向循环神经网络

假设第 1 层按时间顺序传递信息,第 2 层按时间逆序传递信息,这两层在时刻 t 的隐藏层输出分别为 $\boldsymbol{s}_t^{(1)}$ 和 $\boldsymbol{s}_t^{(2)}$:
$$\boldsymbol{s}_t^{(1)} = f(\boldsymbol{W}^{(1)}\boldsymbol{s}_{t-1}^{(1)} + \boldsymbol{U}^{(1)}\boldsymbol{x}_t + \boldsymbol{b}^{(1)})$$
$$\boldsymbol{s}_t^{(2)} = f(\boldsymbol{W}^{(2)}\boldsymbol{s}_{t+1}^{(2)} + \boldsymbol{U}^{(2)}\boldsymbol{x}_t + \boldsymbol{b}^{(2)})$$
将两个隐藏层输出向量拼接:
$$\boldsymbol{y} = \boldsymbol{s}_t^{(1)} \bigoplus \boldsymbol{s}_t^{(2)}$$
按时间展开的 Bi-RNN 如图 4-6 所示。

Bi-RNN 是当前的输出(第 t 步的输出)不仅与前面的序列有关,并且还与后面的序列有关。在结构上,Bi-RNN 是由两个 RNN 上下叠加在一起组成的。其输出由这两个 RNN 的隐藏层的输出所决定。

1. 正向传播

(1) 沿着时刻 1 到时刻 T 正向计算一遍,得到并保存每个时刻向前隐藏层的输出。

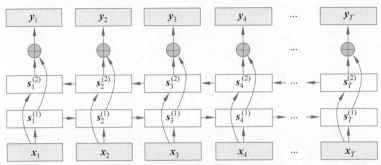

图 4-6   按时间展开的 Bi-RNN

（2）沿着时刻 T 到时刻 1 反向计算一遍，得到并保存每个时刻向后隐藏层的输出。

（3）正向计算和反向计算都完成后，根据每个时刻向前隐藏层和向后隐藏层输出汇总计算得到最终输出。

2. 反向传播

（1）计算所有时刻输出层的项。

（2）根据所有输出层的项，使用 BPTT 算法更新向前隐藏层。

（3）根据所有输出层的项，使用 BPTT 算法更新向后隐藏层。

在 Bi-RNN 中，每个时间步的隐藏层输出由当前时间步的前后数据同时决定；Bi-RNN主要用于序列编码和给定双向上下文的观测估计。由于梯度链更长，Bi-RNN 的代价更高。

4.2.4   BPTT 算法

BPTT 算法是循环神经网络的学习算法，但其本质是 BP 算法，只不过循环神经网络处理的是时间序列数据，需要基于时间反向传播误差。BPTT 算法的基本思想和 BP 算法相同，需要沿着优化的参数的负梯度方向不断寻找更优的点，直至收敛。求各个参数的梯度是BPTT 算法的核心。

中间层在前馈神经网络中称为隐藏层，而在 CNN 中又称状态层，其中 U 代表输入层到隐藏层的权值矩阵，W 代表返回的权值的记忆矩阵，V 代表隐藏层输出到输出层的权值矩阵。CNN 的 BPTT 算法的任务是完成这三个矩阵训练。为了便于说明，将CNN 描述为图 4-7 所示的计算图表示。

其中：

$x(t)$：输入层，表示当前时刻的输入，其下标变量为 i。

$s(t-1)$：前一个隐藏层，表示前一时刻输出，其下标变量为 s。

$s(t)$：隐藏层，表示当前时刻输出，其下标变量为 j。

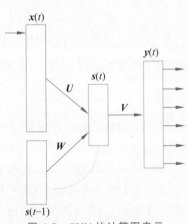

图 4-7   CNN 的计算图表示

$y(t)$：输出层，表示当前时刻的输出，其下标变量为 k。

U：输入层到隐藏层的权值矩阵，其下标变量为 i,j。

W：前隐藏层到隐藏层的权值矩阵，其下标变量为 s，j。

V：隐藏层到输出层的权值矩阵，其下标变量为 j，k。

1. 输入层到隐藏层

当前隐藏层的输出取决于激励函数 f 和输入的 $\mathrm{net}_j(t)$，而 $\mathrm{net}_j(t)$ 为当前输入以及前一时刻的隐藏层输出再加上偏置值之和。

$$s_j(t) = f(\mathrm{net}_j(t))$$

$$\mathrm{net}_j(t) = \sum_i^l \boldsymbol{x}_i(t)\boldsymbol{U}_{ji} + \sum_h^m \boldsymbol{s}_h(t-1)\boldsymbol{W}_{jh} + \boldsymbol{b}_j$$

2. 隐藏层到输出层

$$\boldsymbol{y}_k(t) = g(\mathrm{net}_k(t))$$

$$\mathrm{net}_k(t) = \sum_j^m \boldsymbol{s}_j(t)\boldsymbol{V}_{kj} + \boldsymbol{b}_k$$

输出层由激励函数 g 以及 $\mathrm{net}_k(t)$ 决定，而 $\mathrm{net}_k(t)$ 与隐藏层的多个神经元的和以及偏置值 $\boldsymbol{b}_k$ 有关。上式中的 f、g 均为激励函数，而 $\boldsymbol{U}$、$\boldsymbol{V}$、$\boldsymbol{W}$ 就是待训练的三个权值矩阵。

3. BP 算法

（1）代价函数

构建代价函数 $\boldsymbol{C}$，以采样误差平方和为代价函数：

$$\boldsymbol{C} = \frac{1}{2}\sum_p^n \sum_k^o (\boldsymbol{d}_{pk} - \boldsymbol{y}_{pk})^2$$

其中，$\boldsymbol{d}$ 是期望值，$\boldsymbol{y}$ 是网络的输出值，下标 p 是样本数，下标 k 是输出的下标变量，n 是样本总数。

（2）反向传播的计算

$$\Delta(\boldsymbol{V}) = -\eta \frac{\partial(\boldsymbol{C})}{\partial(\boldsymbol{V})}$$

$$\Delta(\boldsymbol{V}) = -\eta \frac{\partial(\boldsymbol{C})}{\partial(\mathrm{net})} \frac{\partial(\mathrm{net})}{\partial(\boldsymbol{V})}$$

$$\boldsymbol{\delta}_{pk} = -\frac{\partial(\boldsymbol{C})}{\partial(\boldsymbol{y}_{pk})} \frac{\partial(\boldsymbol{y}_{pk})}{\partial(\mathrm{net}_{pk})} = (\boldsymbol{d}_{pk} - \boldsymbol{y}_{pk})g'(\mathrm{net}_{pk})$$

$$\boldsymbol{\delta}_{pj} = -\left(\sum_k^o \frac{\partial(\boldsymbol{C})}{\partial(\boldsymbol{y}_{pk})} \frac{\partial(\boldsymbol{y}_{pk})}{\partial(\mathrm{net}_{pk})} \frac{\partial(\mathrm{net}_{pk})}{\partial(\boldsymbol{s}_{pj})}\right) \frac{\partial(\boldsymbol{s}_{pj})}{\partial(\mathrm{net}_{pj})} = \sum_k^o \boldsymbol{\delta}_{pk}\boldsymbol{V}_{kj}f'(\mathrm{net}_{pj})$$

权 $\boldsymbol{W}$、$\boldsymbol{V}$、$\boldsymbol{U}$ 更新计算如下：

$$\Delta\boldsymbol{V}_{kj} = \eta \sum_p^n \boldsymbol{\delta}_{pk}\boldsymbol{s}_{pj}$$

$$\Delta\boldsymbol{U}_{ji} = \eta \sum_p^n \boldsymbol{\delta}_{pj}\boldsymbol{x}_{pi}$$

以上讨论都是针对当前时间序列，将隐藏层的 p 个样本对隐藏层的第 j 个神经元的误差乘以上一个时刻隐藏层的神经元的输出再乘以学习系数 η 就可完成 $\boldsymbol{W}$ 更新。

$$\Delta\boldsymbol{W}_{jh} = \eta \sum_p^n \boldsymbol{\delta}_{pj}\boldsymbol{s}_{ph}(t-1)$$

4. BPTT 算法工作过程

BPTT 算法工作过程如图 4-8 所示。

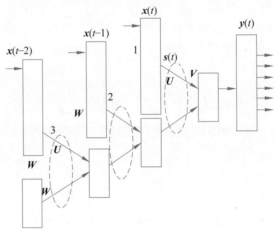

图 4-8　BPTT 算法工作过程

在更新 W 时，需要上一时刻 $s(t-1)$ 的值，$s(t-1)$ 的值类似地依赖上一时刻 $s(t-2)$ 的值，这样将有很多层，如图 4-6 所示，为了更新这里的权值 W 和 U，引入 BPTT 算法。

从输出得到误差信号，反向传播先更新 V，更新完 V 后，误差继续向前传播，然后更新 $s(t)$ 的 W、U，即图 4-8 的 1 标记层，然后误差继续沿着 1 标记层反向传播到 2 标记层，然后更新 $s(t-1)$ 的 U、W。如果更新 U、V，之前的 1 标记层的 U、W 也需改变，因为 1、2、3 标记层的 U、W 都是联动的，即改变它们中的任何一个就将改变结果，所以这里要求只要改变 2 标记层的 U、W，那么 1、3 等标记层都将以相同的方式进行改变。现在在 2 标记层，误差继续反向传播到 3 标记层，然后更新该层的 U、W，同时其他时序的 U、W 以相同的方式进行改变，误差继续往下传播，一直到最后一层，训练就结束了，权值也就固定了，这就是 BPTT 算法的精髓，即时间不停地向前追溯直到刚开始的那个时间为止。每追溯一层权值，都统一根据本次的追溯调节 U、W，直到追溯到刚开始的时间。每次训练都需要追溯到刚开始的时间，通常情况是追溯到 3～5 层就足够了，这是由于追溯时间越多，说明层数越多，那么反向误差面临的梯度消失就将出现，越往后 U、W 的改变量越小。BPTT 算法的表达式如下：

$$\boldsymbol{\delta}_{pj}(t-1)=\sum_{h}^{m}\boldsymbol{\delta}_{ph}(t)\boldsymbol{W}_{hj}f'(\boldsymbol{s}_{pj}(t-1))$$

使用矩阵形式给出 BPTT 算法的权值调整过程。误差信号：

$$\boldsymbol{e}_{o}(t)=\boldsymbol{d}(t)-\boldsymbol{y}(t)$$

输出权值调整：

$$\boldsymbol{V}(t+1)=\boldsymbol{V}(t)+\eta\boldsymbol{s}(t)\boldsymbol{e}_{o}(t)^{\mathrm{T}}$$

误差从输入层传播到隐藏层：

$$\boldsymbol{e}_{h}(t)=\boldsymbol{d}_{h}(\boldsymbol{e}_{o}(t)^{\mathrm{T}}\boldsymbol{U},t)$$

d 表示误差信号按单元计算得到。

$$\boldsymbol{d}_{hj}(\boldsymbol{x},t)=\boldsymbol{x}f'(\mathrm{net}_{j})$$

权值 U 的更新：

$$U(t+1) = U(t) + \eta x(t) e_h(t)^T$$

权值 V 的更新：

$$V(t+1) = V(t) + \eta s(t-1) e_h(t)^T$$

在 BPTT 算法中，参数的梯度需要在一个完整的正向计算和反向计算后才能得到，参数需要根据该梯度进行更新，因此 BPTT 算法需要保存所有时刻的中间梯度，空间复杂度较高。而实时循环学习（RTRL）算法在第 t 时刻，可以实时计算损失关于参数的梯度，不需要梯度回传，空间复杂度低。为了克服 BPTT 算法的缺点，研究者引入了长短期记忆模型（LSTM）。

在 RNN 训练中，BPTT 方式无法解决长时依赖问题，这是由于当前的输出与前面很长的一段序列有关，一般序列长度超过十步时，BPTT 方式会带来梯度消失或梯度爆炸问题。针对这些问题，研究者提出了 RNN 扩展和改进模型，例如 Bi-RNN 和 LSTM 等。

4.2.5 堆叠循环神经网络

一方面如果将 RNN 按时间展开，长时间间隔的状态之间的路径很长，RNN 可以看作一个非常深的网络；另一方面，可以增加 RNN 同一时刻网络输入到输出之间的路径 $x_t \rightarrow y_t$。堆叠循环神经网络（stacked recurrent neural network，SRNN）将多个循环网络堆叠起来，通过对几个简单层的组合，可以产生了一个灵活的机制，如图 4-9 所示。

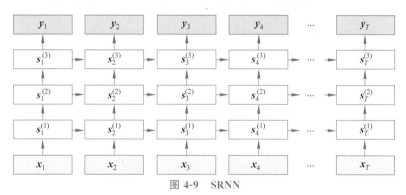

图 4-9　SRNN

第 l 层网络的输入是第 $l-1$ 层网络的输出。定义 $s_t^{(l)}$ 为在时刻 t 时第 l 层的隐含状态：

$$s_t^{(l)} = f(W^{(l)} s_{t-1}^{(l)} + U^{(l)} x_t^{(l-1)} + b^{(l)})$$

其中，$W^{(l)}$、$U^{(l)}$、$b^{(l)}$ 为权重矩阵和偏置向量，$s_t^{(0)} = x_t$。

4.3　RNN 的 I/O 模式

RNN 的 I/O 模式主要有序列到类别模式、同步的序列到序列模式、异步的序列到序列模式。

4.3.1　序列到类别模式

序列到类别模式主要用于序列数据的分类问题。输入为序列（T 个数据），输出为类别

（一个数据）。例如文本分类任务，输入数据为单词的序列（构成一篇文档），输出为该文本的类别。

假设有一个样本 $x_{1:T} = (x_1, x_2, \cdots, x_T)$ 为一个长度为 T 的序列，输出为一个类别 $y \in \{1, 2, \cdots, C\}$。将样本 x 按不同的时刻输入 RNN 中，可以得到不同时刻的隐含状态 $s_1, s_2, \cdots, s_T$，然后将 s_T 看作整个序列的最终表示，输入分类器 $g(\cdot)$ 进行分类。

$$y = g(s_T)$$

当然除了采用最后时刻的隐含状态 s_T 作为序列的表示之外，还可以对整个序列的所有状态进行平均，用平均隐含状态来作为整个序列的表示。

$$y = g((\sum_t s_T)/T)$$

这两种序列到类别模式如图 4-10 所示。

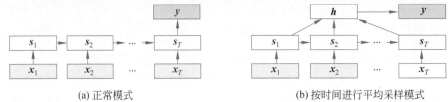

(a) 正常模式 (b) 按时间进行平均采样模式

图 4-10　序列到类别模式

4.3.2　同步的序列到序列模式

同步的序列到序列模式主要用于序列标注任务，即每一时刻都有输入和输出，输入序列和输出序列的长度相同。例如词性标注，每个单词都需要标注它的词性。命名实体识别也可以看作序列标注问题，与词性标注的做法类似，其特点是对于命名实体，输出它的命名实体标签来代替词性。

假设有一个样本 $x_{1:T} = (x_1, x_2, \cdots, x_T)$ 为一个长度为 T 的序列，输出序列为 $y_{1:T} = (y_1, y_2, \cdots, y_T)$。将样本 x 按不同的时刻输入 RNN 中，可以得到不同时刻的隐含状态 $s_1, s_2, \cdots, s_T$，然后将每个时刻的隐含状态输入分类器 $g(\cdot)$，得到当前时刻的标签。同步的序列到序列模式如图 4-11 所示。

$$y_t = g(s_t), \quad \forall t = \in [1, T]$$

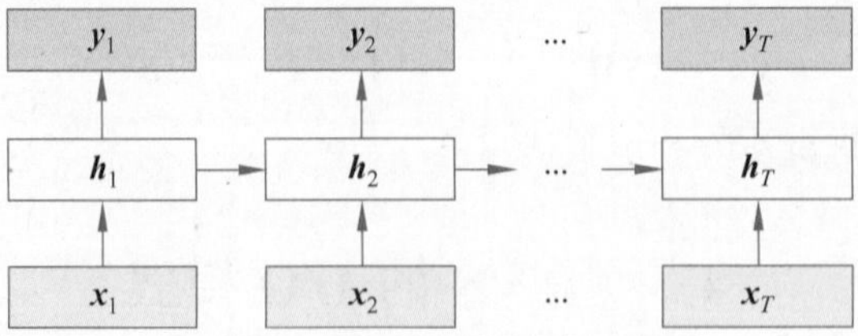

图 4-11　同步的序列到序列模式

4.3.3　异步的序列到序列模式

异步的序列到序列模式也称为编码器-解码器（encoder-decoder）模式，即输入序列和输出序列不需要有严格的对应关系，也不用保持相同的长度。例如机器翻译中，输入为源语言的单词序列,输出为目标语言的单词序列。

在异步的序列到序列模式中,输入为一个长度为 T 的序列 $\boldsymbol{x}_{1:T}=(\boldsymbol{x}_1,\boldsymbol{x}_2,\cdots,\boldsymbol{x}_T)$,输出为一个长度为 M 的序列 $\boldsymbol{y}_{1:M}=(\boldsymbol{y}_1,\boldsymbol{y}_2,\cdots,\boldsymbol{y}_M)$,这一过程通过先编码后解码的方式实现。

首先将样本 $\boldsymbol{x}$ 按不同时刻输入一个 RNN(编码器)中,得到其编码 $\boldsymbol{s}_T$,然后在另一个 RNN(解码器)中得到输出序列 $\boldsymbol{y}_{1:M}$。为了建立输出序列之间的依赖关系,在解码器中使用非线性的自回归模型。

$$\boldsymbol{s}_t=f_1(\boldsymbol{s}_{t-1},\boldsymbol{x}_t)\quad\forall\,t\in\lceil 1,T\rfloor$$
$$\boldsymbol{s}_{T+t}=f_2(\boldsymbol{s}_{T+t-1},\boldsymbol{y}_{t-1})\quad\forall\,t\in\lceil 1,M\rfloor$$
$$\boldsymbol{y}_t=g(\boldsymbol{s}_{T+t})\quad\forall\,t\in\lceil 1,M\rfloor$$

其中,$f_1(\bullet)$ 和 $f_2(\bullet)$ 分别表示用作编码器和解码器的 RNN,$g(\bullet)$ 为分类器。异步的序列到序列模式如图 4-12 所示。

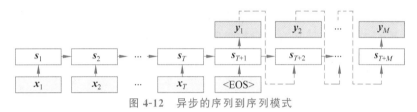

图 4-12　异步的序列到序列模式

4.4　长短期记忆模型

长短期记忆模型(long short term memory,LSTM)是循环神经网络的变形结构,在 RNN 的基础上,可在隐藏层各神经单元中增加记忆单元,从而记忆信息时间可控,每次在隐藏层各单元间传递时通过可控门(如遗忘门、输入门、候选门、输出门)来控制之前信息、当前信息的记忆和遗忘程度,从而使 RNN 具备了长期记忆功能,这对于 RNN 的实际应用作用巨大。

LSTM 具备长期记忆功能和可控记忆能力,但网络结构比较复杂,可控门数量多,影响了效率。为此,研究者提出了更加简化实用的门控循环单元(gate recurrent unit,GRU)结构形式,提高了效率。

4.4.1　RNN 的记忆能力与长期依赖

1. RNN 的记忆能力

可将 RNN 的记忆能力分为短期记忆、长期记忆和长短期记忆三种类型。

(1) 短期记忆

短期记忆是指 RNN 中隐含状态存储了历史信息,但是隐含状态 s 每个时刻都将被重写,因此称为短期记忆。

(2) 长期记忆

因为网络参数一般是在所有前向和后向计算都完成后,才进行更新,隐含了从所有训练数据中学习到的经验,并且更新周期要远大于短期记忆,所以称为长期记忆。

(3) 长短期记忆

在 LSTM 中,由于设置了遗忘门,如果选择遗忘大部分历史信息,则内部状态 c 保存的信息偏于短期,而如果选择只遗忘少部分历史信息,则内部状态偏于保存更久远的信息。如果内部状态 c 保存信息的历史周期要长于短期记忆 s,又短于长期记忆,则称为长短期记忆。

2. 长期依赖

RNN 的训练过程和全连接神经网络一样,都采用 BP 算法通过计算梯度来更新参数。但是 RNN 在训练过程中存在长期依赖问题,这是由于 RNN 在训练时会遇到梯度消失或者梯度爆炸现象。梯度消失和梯度爆炸是指在训练时需要进行反向传播,梯度在每一时刻都是倾向于递增或者递减的,经过一段时间后,当梯度收敛到零(梯度消失)或发散到无穷大(梯度爆炸)时,参数就不再更新,也就是说后期的训练不再对参数的更新产生影响。简单地说,长期依赖问题就是指当时间间隔增大时,当前时刻隐藏层丧失了连接到远处信息的能力。

例如,RNN 在进行语言处理时,某时刻输入的文本信息是"我家住在北京市",当时间间隔经过无限延长后,在其中间还处理了很多其他文本信息,到 t 时刻,突然输入的文本信息是"我在市大数据中心工作",那么此时神经网络模型无法理解这个市大数据中心究竟指的是哪个城市的市大数据中心,因为忘记了"我家住在北京市",也就是说,此时的隐藏层已经不具备记忆远处信息的能力。

3. 长期记忆失效的原因

在 RNN 中,循环连接简单,无非线性激活函数。连接关系可以表示为

$$s_t = f(\boldsymbol{W}s_{t-1} + \boldsymbol{U}x_t + \boldsymbol{b})$$

如果 $\mathrm{abs}(\boldsymbol{W}) < 1$,因为 $s_{(t-1)}$ 前的系数为 $\boldsymbol{W}$,也就是 $t-1$ 时刻的状态信息传递到 t 时刻,成为了原来的 $\boldsymbol{W}$ 倍。如果逐层迭代,将 s_t 写成含 s_0 的表达式,那么 $s^{(0)}$ 前面的系数会是 $\boldsymbol{W}^{(t)}$。当 $\mathrm{abs}(\boldsymbol{W}) < 1$ 时,$\boldsymbol{W}^{(t)}$ 是非常小的一个数,可以认为 $s^{(0)}$ 对 $s^{(t)}$ 几乎不产生影响。也就是 0 时刻的信息几乎被遗忘,这就导致了长期记忆失效。

4.4.2　LSTM 结构

RNN 引入门控机制,可以缓解 RNN 中的长期依赖问题。如果 t 时刻的预测 y_t 依赖于 $t-k$ 时刻的输入 x_{t-k},当时间间隔比较大时,容易出现梯度消失或梯度爆炸现象,那么 RNN 就难以学习到久远的输入信息。当目前的预测又需要用到比较久远的信息时,就将出现长期依赖问题。为了学习到非常久远的信息,可将所有过去时刻输入的信息都存储起来,避免隐状态 s 上存储信息的丢失。为此,引入门控机制来控制信息的累积速度,可以有选择地加入新信息和遗忘之前积累的信息,这一类 RNN 称为门控 RNN。

在 RNN 模型中,第 t 时刻的隐含状态输出 s_t 如下:

$$s_t = f(\boldsymbol{W}s_{t-1} + \boldsymbol{U}x_t + \boldsymbol{b})$$

$\boldsymbol{U}$、$\boldsymbol{W}$ 和 $\boldsymbol{b}$ 是神经网络的参数,f 是非线性的激活函数。计算在一个隐藏层中完成,这里的隐藏层使用 tanh 激活函数做了非线性变换,如图 4-13 所示。

1. LSTM 的特点

相对于传统的 RNN,LSTM 网络结构有两个改进:一个是加入了新的内部状态;另一个是引入了门控机制。LSTM 的运作流程如图 4-14 所示,c_t 表示当前的内部状态,f_t 为遗忘门,i_t 为输入门,o_t 为输出门。

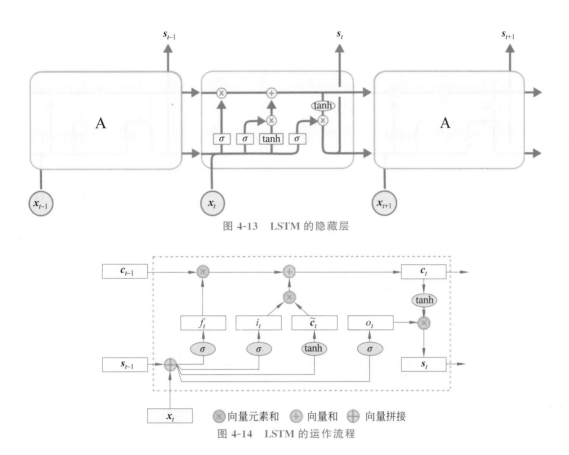

图 4-13 LSTM 的隐藏层

图 4-14 LSTM 的运作流程

（1）新的内部状态

LSTM 网络引入了一个新的内部状态：一方面进行线性的循环信息传递，例如图中的 c_{t-1} 从左往右传递的过程；另一方面非线性地输出隐藏层的外部状态 s_t，例如图中 c_t 从上往下的传递过程。内部状态 c_t 的作用是记录到当前时刻 t 为止所有的历史信息。传递的过程中将进行一些计算。

（2）门机制

LSTM 网络引入门机制来控制信息传递的路径，总计设置三个门：遗忘门 f_t、输入门 i_t 和输出门 o_t。门结构使用 Sigmoid 函数和按位乘法的操作。首先使用 Sigmoid 函数来控制当前的输入有多少信息量可以通过这个门结构：1 表示全通过，0 表示无法通过，而 0～1 之间的数也是按权保留信息，接近 1 的通过的多，接近 0 的通过的少。然后再通过按位相乘运算，对通过的原有信息进行筛选。

（3）三个门的作用

• 遗忘门 f_t 控制前一时刻的内部状态 c_{t-1} 需要遗忘多少信息。

• 输入门 i_t 控制当前时刻的内部状态 $\tilde{c}_t$ 有多少信息需要保存。

• 输出门 o_t 控制当前时刻的内部状态 c_t 有多少信息需要输出给外部状态 s_t。

当 $f_t = 0$，$i_t = 1$ 时，包含历史信息的内部状态 c_{t-1} 被丢弃，历史信息被清空，此时的内部状态 c_t 只记录了 $t-1$ 时刻的信息，也就是候选状态 $\tilde{c}_t$ 经过输入门 i_t 控制后留下的信息。

当 $f_t=1$，$i_t=0$ 时，内部状态 $\boldsymbol{c}_t$ 只复制了前一个内部状态 $\boldsymbol{c}_{t-1}$ 中的历史信息，而不写入由 $\boldsymbol{x}_t$ 带来的新信息。

当然，这三个门是不会取到 0 或 1 这种极端值的。

(4) 三个门的计算公式

每个门都选择 Sigmoid 激活函数，输出区间为 $(0,1)$，$\boldsymbol{x}_t$ 为当前时刻的输入，$\boldsymbol{s}_{t-1}$ 为上一时刻的外部状态。$\boldsymbol{W}$、$\boldsymbol{U}$、$\boldsymbol{b}$ 是待学习的参数。

$$i_t = \sigma(\boldsymbol{U}_i \boldsymbol{x}_t + \boldsymbol{W}_i \boldsymbol{s}_{t-1} + \boldsymbol{b}_i)$$
$$f_t = \sigma(\boldsymbol{U}_f \boldsymbol{x}_t + \boldsymbol{W}_f \boldsymbol{s}_{t-1} + \boldsymbol{b}_f)$$
$$o_t = \sigma(\boldsymbol{U}_o \boldsymbol{x}_t + \boldsymbol{W}_o \boldsymbol{s}_{t-1} + \boldsymbol{b}_o)$$

2. 时间循环单元的计算过程

(1) 首先利用上一时刻的外部状态 $\boldsymbol{s}_{t-1}$ 和当前时刻的输入 $\boldsymbol{x}_t$，计算出遗忘门 f_t、输入门 i_t 和输出门 o_t。

(2) 然后利用上一时刻的外部状态 $\boldsymbol{s}_{t-1}$ 和当前时刻的输入 $\boldsymbol{x}_t$，计算出候选状态：

$$\tilde{\boldsymbol{c}}_t = \tanh(\boldsymbol{Uc}\boldsymbol{x}_t + \boldsymbol{Wc}\boldsymbol{s}_{t-1} + \boldsymbol{b}_c)$$

(3) 结合遗忘门 f_t、输入门 i_t、上一时刻的内部状态 $\boldsymbol{c}_{t-1}$ 和候选状态，计算当前的内部状态 $\boldsymbol{c}_t$：

$$\boldsymbol{c}_t = f_t \odot \boldsymbol{c}_{t-1} + i_t \odot \tilde{\boldsymbol{c}}_t$$

(4) 将当前内部状态 $\boldsymbol{c}_t$ 输入 tanh 激活函数，结合输出门 o_t，将内部状态的信息传递给外部状态 $\boldsymbol{s}_t$：

$$\boldsymbol{s}_t = o_t \odot \tanh(\boldsymbol{c}_t)$$

结合上述四个步骤，可以更了解 LSTM 网络的计算过程。外部状态 $\boldsymbol{s}_t$ 最终以两条路径进行下一步传递：一条路径是跳出了这个框，从下往上输出给了另一隐藏层或者输出层；另一条路径是按时间循环，传递给了下一时刻，用来计算 $\boldsymbol{s}_t$。

通过 LSTM 的内部状态记录所有时刻的历史信息，整个网络就可以建立较长距离的时序依赖关系。上述工作流程可以用公式概括为

$$\begin{bmatrix} \tilde{\boldsymbol{c}}_t \\ o_t \\ i_t \\ f_t \end{bmatrix} = \begin{bmatrix} \tanh \\ \sigma \\ \sigma \\ \sigma \end{bmatrix} \left(\boldsymbol{W} \begin{bmatrix} \boldsymbol{x}_t \\ \boldsymbol{s}_{t-1} \end{bmatrix} + \boldsymbol{b} \right)$$

$$\boldsymbol{c}_t = f_t \odot \boldsymbol{c}_{t-1} + i_t \odot \tilde{\boldsymbol{c}}_t$$

$$\boldsymbol{s}_t = o_t \odot \tanh(\boldsymbol{c}_t)$$

4.4.3 模型参数的调节方法

BPTT 算法是针对循环层的训练算法，其基本原理与 BP 算法相同，同样包含如下三个步骤。

(1) 首先确定参数的初始化值，然后前向计算每个神经元的输出值；对于 LSTM 而言，依据前面介绍的流程，分别计算出 f_t、i_t、$\boldsymbol{c}_t$、o_t 和 $\boldsymbol{s}_t$。

(2) 反向计算每个神经元的误差项值，它是误差函数 $\boldsymbol{E}$ 对神经元 j 的加权输入的偏导

数；与传统 RNN 类似，LSTM 误差项的反向传播包括两个层面：一个是空间层面上的，将误差项向网络的上一层传播；另一个是时间层面上的，将误差项沿时间反向传播，即从当前 t 时刻开始，计算每个时刻的误差。

（3）计算每个权重（即参数）的梯度。

最后再用随机梯度下降算法更新权重。

4.5　基于 RNN 的语言模型

RNN 主要应用于自然语言处理、机器翻译、语音识别和情感分析等，具体包括：

- 语音识别：输入语音数据，生成相应的语音文本信息，例如语音转文字功能。
- 机器翻译：从一种序列转换为另一种序列，不同语言之间的相互转换。
- 音乐生成：使用 LSTM 算法，可以解决 RNN 中相距较远的节点梯度消失的问题。
- 文本生成：可以生成某种风格的文字。
- 情感分类：输入文本或者语音的评论数据，输出相应的打分数据。
- DNA 序列分析：输入 DNA 序列，输出蛋白质表达的子序列。
- 视频行为识别：识别输入的视频帧序列中的人物行为。
- 实体名字识别：从文本中识别实体的名字。

语言模型可以对一段文本的概率进行估计，对信息检索、机器翻译、语音识别等任务有着重要的作用。语言模型主要分为统计语言模型和神经网络语言模型。

语言模型可通过判定由 m 个词组成的句子是否是一句合理的自然语言，关键在于检测组成句子的词排列顺序是否正确。可以通过确定这段文字的概率分布来判断一段文字是不是一句自然语言，所以统计语言模型的基本任务是计算条件概率。如果一段文字由 $w_1, w_2, \cdots, w_m$ 的 m 个词组成，则可以通过计算联合概率来判定是否是自然语言的一句话。

$$P(w_1, w_2, \cdots, w_m) = P(w_2 | w_1) P(w_3 | w_1, w_2), \cdots, P(w_m | w_1, w_2, \cdots, w_{m-1})$$

如果文本较长，$P(w_i | w_1, w_2, \cdots, w_{i-1})$ 的估计非常困难，所以研究者就提出了简化模型 n-gram。n-gram 模型的处理方式是当前词只和它前面的 n 个词有关，与更前面的词无关，上面的式子就可以改写成

$$P(w_i | w_1, w_2, \cdots, w_{i-1}) = P(w_i | w_{i-(n-1)}, \cdots, w_{i-1})$$

n-gram 语言模型解决了用普通的条件概率计算句子概率参数太多难以训练的问题，理论上 n 取得越大，保留的词序信息就越多，生成的句子越合理，但如果 n 取得比较大，将面临数据稀疏的问题，因为将 n 取得大，可以有更多的保留词序信息，但数据稀疏导致训练出的语言模型无法使用。

4.5.1　文本处理的编码-解码框架

编码-解码模型是一种处理序列到序列变换的框架，简单来说，就是根据一个输入序列 X，生成另一个输出序列 Y。X 和 Y 的长度可以不同。编码-解码框架中的信息处理经过编码和解码两个步骤：编码就是将输入序列转换成一个固定长度的向量，解码就是将之前生成的固定长度的向量再转换成输出序列。

编码-解码框架是深度学习中常用的一个模型框架，例如无监督算法的自编码器就使

用编码-解码的结构进行设计和训练。编码-解码可以处理文字、语音、图像和视频数据,模型可以采用 CNN、RNN、Bi-RNN、LSTM、GRU、AE 等神经网络。图 4-15 所示为文本处理的编码-解码框架。

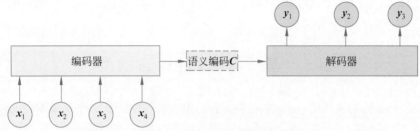

图 4-15　文本处理的编码-解码框架

在图 4-15 中,输入一个句子 X,通过编码-解码模型来生成一个目标句子 Y。X 和 Y 可以是同一种自然语言,也可以是两种不同的自然语言。而 X 和 Y 分别由各自的单词序列构成句子,其中 x_i 和 y_i 表示单词:

$$X = (x_1, x_2, \cdots, x_m)$$
$$Y = (y_1, y_2, \cdots, y_n)$$

1. 编码过程

编码过程完成对输入句子 X 的编码,将输入句子通过非线性变换,转换为中间语义编码 C:

$$C = f(x_1, x_2, \cdots, x_m)$$

2. 解码过程

解码过程是根据句子 X 的中间语义编码 C 和之前已经生成的历史信息 y_1, y_2, $\cdots$, y_{i-1} 来生成时刻 i 要生成的单词 y_i:

$$y_i = G(C, y_1, y_2, \cdots, y_{i-1})$$

进而完成 x_i 到 y_i 的转换。

4.5.2　注意力模型

注意力模型是机器学习中的一种数据处理方法,广泛应用在自然语言处理、图像识别及语音识别等各种不同类型的机器学习任务中。

注意力模型(attention model,AM)是模拟人脑注意力的模型,例如,当观赏一幅画时,虽然可以看到整幅画的全貌,但是在仔细观察时,其实眼睛聚焦的就只有很小的一块,这时大脑主要关注在这一小块图案上,也就是说,大脑对整幅画的关注并不均衡,是有一定的权重区分的。人脑的注意力模型是一种资源分配模型,在某个特定时刻,注意力总是集中在画面中的某个焦点部分,而对其他部分视而不见。

注意力模型能从大量信息中筛选出少量的重要信息,忽略大部分不重要的信息。在网络中,可以使用连接权重代表信息的重要性。在深度学习中,提取到的信息流以同等重要性向后流动,而如果知道某些先验信息,就能够根据这些信息抑制某些无效信息的流动,从而使得重要信息得以保留。按照注意力方式不同,注意力模型进一步分为全局注意力模型、局部注意力模型和自注意力模型等。

1. 注意力范围

在编码-解码模型中,预测每一个 y_i 所对应的中间语义编码 C 相同,也就表明句子 X 中的每个单词对输出 Y 中的每一个单词的影响相同。这样的处理将产生两个问题:一个问题是语义向量无法完全表示整个序列的信息;另一个问题是先输入的内容携带的信息将被后输入的信息所覆盖,输入序列越长,这个问题越严重。这是由于在解码时,一开始就没有获得输入序列的足够信息,导致不能保证解码的正确性和准确度。

可以使用注意力模型来解决上述问题,在机器翻译时,让生成词不是只关注全局的语义编码向量,而是增加了一个注意力,指出输出词需要重点关注输入序列的部分,然后根据关注部分产生下一个输出,如图 4-16 所示。其中 C_1、C_2 和 C_3 是增加了注意力的语义编码向量。

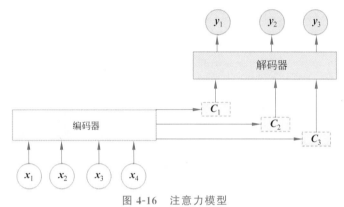

图 4-16　注意力模型

此时生成目标句子单词的过程如下:
$$y_1 = f_1(C_1)$$
$$y_2 = f_1(C_2, y_1)$$
$$y_3 = f_1(C_3, y_1, y_2)$$

例 4-2 输入的是句子"李明学习计算机",编码-解码模型逐步生成中文单词:"李明""学习""计算机"。在没有应用注意力模型之前,生成的语义编码 $C_{李明} = C_{学习} = C_{计算机}$,而应用注意力模型之后,对应的语义编码如下:
$$C_{李明} = g(0.6 \times f_2(李明), 0.2 \times f_2(学习), 0.2 \times f_2(计算机))$$
$$C_{学习} = g(0.2 \times f_2(李明), 0.7 \times f_2(学习), 0.1 \times f_2(计算机))$$
$$C_{计算机} = g(0.3 \times f_2(李明), 0.2 \times f_2(学习), 0.5 \times f_2(计算机))$$

其中,f_2 代表编码器对输入词的某种变换函数,如果编码器使用 RNN,这个 f_2 函数的结果是某个时刻输入 x_i 后隐藏层节点的状态值;g 代表编码器根据词的中间表示合成整个句子中间语义表示的变换函数,通常 g 函数就是对构成元素加权求和。

$s_1 = f_2(李明), s_2 = f_2(学习), s_3 = f_2(计算机)$,其对应的注意力模型权值分别是 0.6、0.2、0.2,所以 g 函数就是个加权求和函数。当翻译中文单词"李明"时,对应的中间语义表示 $C_{李明}$ 的形成过程如图 4-17 所示。

2. 注意力分配概率的分布

生成目标句子某个单词,例如"李明",注意力模型所需要的输入句子单词注意力分配概率分布就是"李明"所对应的概率分布:

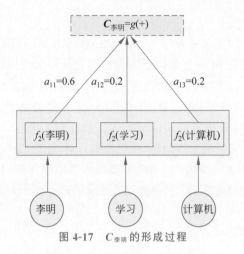

图 4-17 $C_{李明}$ 的形成过程

（李明，0.6）（学习，0.2）（计算机，0.2）

如果编码器和解码器都采用 RNN，则编码-解码模型结构如图 4-18 所示。

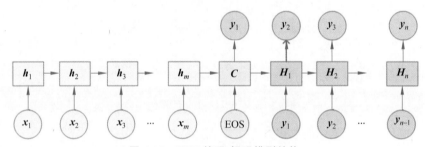

图 4-18 RNN 编码-解码模型结构

注意力分配概率分布值的计算过程如图 4-19 所示。

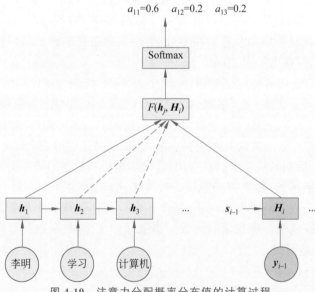

图 4-19 注意力分配概率分布值的计算过程

对于采用 RNN 的解码器，当在时刻 $t=i$ 生成 y_i 单词时，可以利用生成 y_i 之前的隐藏层节点 $t=i$ 时刻的输出值 H_i，计算输入句子中单词"李明""学习""计算机"对 y_i 的注意力分配概率分布，即用 $t=i$ 时刻的隐藏层节点状态 H_i 逐个与输入句子中每个单词对应的 RNN 隐藏层节点状态 s_j 进行对比，具体方法是通过函数 $F(s_j, H_i)$ 来获得目标单词 y_i 和每个输入单词对应的对齐可能性，这个 F 函数可以采取不同的方法，然后函数 F 的输出经过 Softmax 进行归一化就得到了符合概率分布取值区间的注意力分配概率分布数值。

3. 注意力机制计算过程

可以将注意力机制的具体计算归纳为下述三个阶段，如图 4-20 所示。

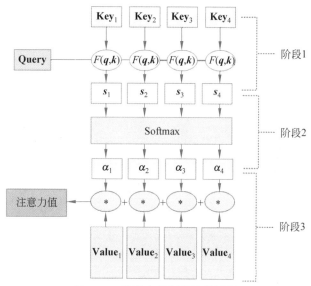

图 4-20 注意力机制的计算过程

(1) 在第 1 阶段，可以引入不同的函数和计算机制，计算 **Query**(查询)和某个 **Key**$_i$ 的相似性或者相关性，最常见的方法包括求两者的向量点积、求两者的向量余弦相似性或者通过神经网络来求值。

点积计算是指向量的内积，是一个向量与它在另一个向量上的投影的长度的乘积，是标量。点乘结果反映着两个向量的相似度，两个向量越相似，它们的点积结果值越大。**Query** 变量与 **Key**$_i$ 变量的点积计算为

$$\text{similarity}(\mathbf{Query}, \mathbf{Key}_i) = \mathbf{Query} \cdot \mathbf{Key}_i$$

(2) 第 2 阶段引入类似 Softmax 的计算方式对第 1 阶段的得分进行数值转换：一方面可以进行归一化，将原始计算分值整理成所有元素权重之和为 1 的概率分布；另一方面可以通过 Softmax 的内在机制更加突出重要元素的权重。

(3) 将第 2 阶段计算结果 $\boldsymbol{\alpha}_i$（**Value**$_i$ 对应的权重系数）进行加权求和可得到注意力值：

$$\text{Attention}(\mathbf{Query}, \mathbf{Source}) = \sum_{i=1}^{L_x} \boldsymbol{\alpha}_i \cdot \mathbf{Value}_i$$

通过如上三个阶段的计算，可求出针对 **Query** 的注意力值，目前绝大多数具体的注意力机制计算方法都符合上述三阶段计算过程。其中原始数据就是输入序列，所以计算注意力值需要设定 **Query**、**Key**、**Value** 的数值。

结合 **Query**、**Key**、**Value**，注意力机制的计算过程如下：

（1）将输入单词转换成嵌入向量。

（2）根据嵌入向量得到 q（**Query**）、k（**Key**）、v（**Value**）三个向量。

（3）为每个向量计算一个 score：score $= qk$。

（4）为了梯度的稳定，可以使用 score 归一化，即计算 score $= qk/\mathrm{SQT}(qk)$。

（5）对 score 作用 Softmax 激活函数。

（6）将 Softmax 与 v 点乘，得到加权的每个输入向量的评分 v。

（7）相加之后得到最终的输出结果 z：$z = \sum v_i$。

可以看出，注意力机制的目的是根据目标去关注部分细节，而不是基于全局进行分析，其核心就是基于目标确定需要关注的部分，以及确定之后进行进一步分析。

4.5.3　Bi-RNN 注意力模型

Bi-RNN 注意力模型如图 4-21 所示。

对于输入序列，使用 Bi-RNN 作为编码器，此时两个方向的 RNN 对每个输入 x_i 都会得到一个隐藏层输出 s_i，将这两个 s_i 拼接在一起作为 x_i 对应的 s_i。然后选择解码器上一时刻的隐藏层 s_{t-1} 作为 **Query**，s_i 同时作为 **Key** 和 **Value**，计算当前时刻每个 s_i 对应的权重 α_i，而这个 α_i 就是分配的注意力大小：

$$\alpha_{ij} = \frac{\exp(e_{ij})}{\displaystyle\sum_{k=1}^{T_x} \exp(e_{ik})}$$

$$e_{ij} = a(s_{i-1}, h_j)$$

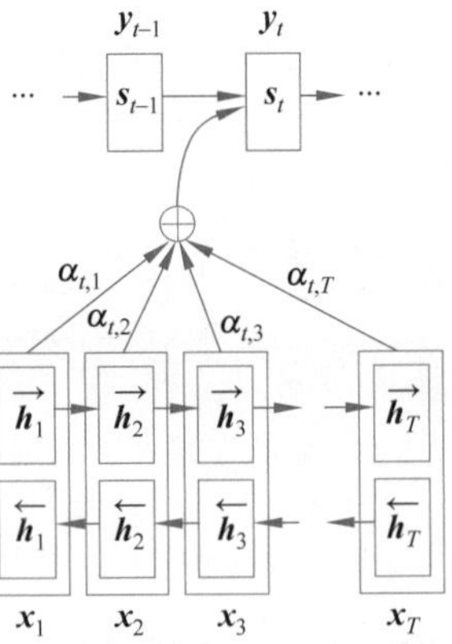

图 4-21　Bi-RNN 注意力模型

在机器翻译中，注意力模型每一时刻的翻译都只关注与之相关性较大的部分，因此注意力模型能提高长句子的翻译质量。除了应用于机器翻译，注意力模型还应用于文本分类以及其他领域。

4.5.4　词嵌入与词嵌入算法

将词转换得到的向量称为词向量，文本向量化是指将文本转换为数值张量的过程。

1. 基本概念

- 将文本分割为单词，并将每个单词转换为一个向量。
- 将文本分割为字符，并将每个字符转换为一个向量。
- 提取单词或字符的 n-gram，并将每个 n-gram 转换为一个向量。n-gram 是多个连续单词或字符的集合（n-gram 之间可重叠）。
- 将文本分解而成的单元（单词、字符或 n-gram）称为标记，将文本分解成标记的过程称为分词。

所有文本向量化过程都是应用某种分词方案，然后将数值向量与生成的标记相关联。这些向量组合成序列张量，被输入深度神经网络中，如图 4-22 所示。将向量与标记相关联的方法主要有两种，即对标记作 one-hot 编码与标记嵌入（通常只用于单词，称为词嵌入）。

图4-22　从文本到张量

2. 词向量化的常用方法

（1）one-hot 编码

one-hot 可以翻译为"独热"，是最原始的用来表示字、词的方式。one-hot 就是给字分别用一个 0-1 编码。可以看出，有多少个字，就有多少维向量，假如有 10 000 字，那么每个字向量就是 10 000 维。于是可用连续向量表示，比如用 100 维的实数向量来表示一个字，这样就大大降低了维度、降低了过拟合的风险等。one-hot 编码的缺点：词越多，维度越大。词与词之间没有相关性，就无法理解语义。

（2）词嵌入

词嵌入是指将一个词语转换为一个向量表示，所以词嵌入有时又称为 word2vec。在 RNN 中，输入序列数据的每一步是一个字母。具体来说，先对这些字母使用 one-hot 编码，再输入 RNN 中，在实际应用中，每一步只输入一个字母显然是不太合适的，更加高效的方法是每一步输入一个单词。如果还继续使用 one-hot 编码表示，那么每一步输入的向量维数将非常大。one-hot 编码表示实际上完全平等看待了单词表中的所有单词，忽略了单词之间的联系。word2vec 是指学习一个映射 f，它可以将单词变成向量表示：$vec = f(word)$。在 RNN 的每一步输入中，不再用词语的 one-hot 编码表示，而是将映射之后的向量输入模型，这样模型不仅得到更丰富的有关词语的信息，而且输入的维数下降，性能显著提高。使用密集和低维向量有利于计算。

词嵌入可将词的特征映射到较低的维度，使用的模型参数更少，训练更快。词嵌入可视为给每个组一个 n 维的编码（可理解为一个单词在算法中的存储形式）。词嵌入存入计算机的都是 0 和 1 的数值化序列，即将文本数值化。这种将单词或者文档数值化表示的方式被认为是深度学习在自然语言处理中的重要应用之一。

大多数神经网络不能很好地处理非常高维、稀疏的向量，使用密集和低维向量的一个好处是方便计算。词嵌入实际上是一种将各个单词在预定的向量空间中表示为实值向量的技术。每个单词被映射成一个向量，并且这个向量可以通过神经网络的方式来学习更新。因此词嵌入的关键在于用密集的分布式向量来表示每个单词。其好处在于与 one-hot 编码比较，使用词嵌入表示的单词向量只用几十或者几百个维度，极大地减少了计算量和存储量。

一般将基于神经网络的表示称为词向量、词嵌入或分布式表示。词向量表示和其他表示方式类似,都基于分布式表示方式,其核心依然是上下文的表示,以及上下文与目标词之间的关系映射。可通过神经网络对上下文,以及上下文和目标词之间的关系进行建模,之所以神经网络可以进行建模,主要是因为神经网络的空间非常大,可以表达复杂的上下文关系。

学习上述映射 f 一般有两种方法:一种方法是基于计数的方法,即在大型语料库中,计算一个词语和另一个词语同时出现的概率,将经常同时出现的词映射到向量空间的相近位置;另一种方法是基于预测的,即从一个词或几个词出发,预测它们可能的相邻词,在预测过程中自然地学习词嵌入的映射 f。通常使用的是基于预测的方法。skip-gram 模型和 CBOW 模型是两种基于预测的方法。

① skip-gram 模型

1954 年,Harris 提出分布式假说:上下文相似的词,其语义也相似。1957 年,Firth 对分布式假说做出进一步阐述:词的语义由其上下文决定。不难看出,文本分布式表示的核心思想是利用一个词附近的其他词来表示该词。

如前所述,文本离散表示存在数据稀疏问题,经常遇到维数灾难,并且无法表示语义信息,无法揭示词之间的内部潜在联系。如果采用低维空间表示法,不仅解决了维数灾难问题,还挖掘了词之间的关联属性,从而提高了向量语义上的准确度。

词嵌入是指将词映射到一个新的空间中,并以多维的连续实数向量表示。word2vec 使用的词向量与 one-hot 词向量不同,是分布式的词向量表示方式。其基本思想是通过训练将每个词映射成 K 维实数向量,并且通过词之间的距离来判断它们之间的语义相似度。

word2vec 模型的主要优点:考虑了词语的上下文学习语义和语法的信息,得到的词向量维度小、节省存储和计算资源、通用性强,可以应用到各种 NLP 任务中。其主要缺点:词和向量是一对一的关系,无法解决多义词的问题;word2vec 是一种静态的模型,虽然通用性强,但无法将特定的任务做动态优化。

word2vec 有两种不同的方法:连续词袋(CBOW)模型和 skip-gram 模型。CBOW 模型的目标是根据上下文来预测当前词语的概率。skip-gram 模型刚好相反,是根据当前词语来预测上下文的概率。这两种方法都利用人工神经网络作为它们的分类算法。原来的每个单词都是一个随机 N 维向量,但经过训练之后,可以获得每个单词的最优向量。

在自然语言处理中,skip-gram 模型是根据给定输入词来预测上下文,如图 4-23 所示,其输入是一个词 $w(t)$,输出是 $w(t-1)$、$w(t-2)$、$w(t+1)$、$w(t+2)$。

例如,对于句子"我开车到大楼前",如果将"车"作为输入数据,单词组{"我","开","到","大楼","前"}就是输出数据。

skip-gram 模型可分为两部分:第一部分是建立模型,第二部分是通过模型获取嵌入词向量。skip-gram 模型的整个建模过程实际上与自编码器相似,即先基于训练数据构建一个神经网络,当这个模型训练好以后,并不用这个训练好的模型处理新的任务,而是提取这个模型通过训练所学得的参数,例如隐藏层的权重矩阵,这些权重实际上就是试图去学习的"词向量"。

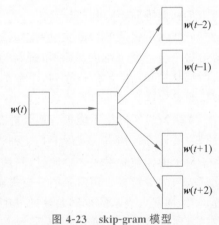

图 4-23　skip-gram 模型

使用自编码器时,首先在隐藏层将输入进行编码和压缩,然后在输出层将数据解码恢复到初始状态。训练完成后,将输出层去掉,仅保留隐藏层。再用一组数据来训练神经网络,那么模型通过学习这个训练样本,就可得到词汇表中每个单词是输出词的概率。

② CBOW 模型

CBOW(continuous bag-of-words model)模型又称连续词袋模型,CBOW 模型与 skip-gram 模型相反,CBOW 模型是给定上下文来预测输入词。CBOW 模型与 skip-gram 模型的原理相同,只不过输入的是预测词周围的词向量。CBOW 模型通过一个词的上下文(n 个词)预测当前词。具体来说,不考虑上下文的词语输入顺序,是用上下文词语的词向量的均值来预测当前词。CBOW 模型的好处是对上下文词语的分布在词向量上进行了平滑,去掉了噪声,因此在小数据集上简单有效。

当 $n=2$ 时,CBOW 模型如图 4-24 所示。

CBOW 的神经网络模型如图 4-25 所示。

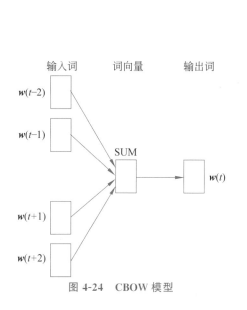

图 4-24　CBOW 模型

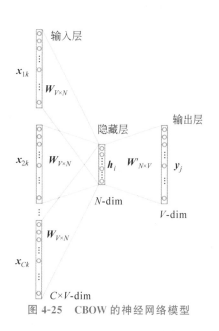

图 4-25　CBOW 的神经网络模型

CBOW 的神经网络模型与 skip-gram 的神经网络模型互为镜像,该模型的输入输出与 skip-gram 模型的输入输出相反。输入层由 one-hot 编码的输入上下文 $\{x_1, x_2, \cdots, x_C\}$ 组成,其中窗口大小为 C,词汇表大小为 V。隐藏层是 N 维的向量。最后输出层是也由 one-hot 编码的输出单词 y。被 one-hot 编码的输入向量通过一个 $V \times N$ 维的权重矩阵 W 连接到隐藏层;隐藏层通过一个 $N \times V$ 的权重矩阵 W' 连接到输出层。接下来,假设已知输入与输出权重矩阵的大小。

正向传播:

- 计算隐藏层的输出。
- 计算在输出层每个节点的输入。
- 最后计算输出层的输出。

反向传播:

通过 BP(反向传播)算法及随机梯度下降算法来学习权重矩阵,在学习权重矩阵 W 与

W' 的过程中,可以给这些权重赋一个随机值来初始化。然后按序训练样本,逐个观察输出与真实值之间的误差,并计算这些误差的梯度,在梯度方向纠正权重矩阵。

- 首先就是定义损失函数,这个损失函数就是给定输入上下文的输出单词的条件概率。
- 更新权重矩阵 W'。
- 更新权重矩阵 W。

例 4-3　CBOW 模型的三层结构:输入层、中间层和输出层。假设语料库有 10 个词:

[今天,我,你,他,小明,玩,大连,去,和,好]

现在有这样一句话:今天我和小明去大连玩。

很显然,对这个句子分词后应该是:今天,我,和,小明,去,大连,玩。

对于小明而言,选择他的前三个词和后三个词作为这个词的上下文。

接下来,将这些分别表示成一个 one-hot 向量(向量中只有一个元素值为 1,其他都是 0),则"今天我和小明去大连玩"一句话向量的 one-hot 编码为

今天:[1,0,0,0,0,0,0,0,0,0] 记为 x_1。

我　:[0,1,0,0,0,0,0,0,0,0] 记为 x_2。

和　:[0,0,0,0,0,0,0,0,1,0] 记为 x_3。

去　:[0,0,0,0,0,0,0,1,0,0] 记为 x_4。

大连:[0,0,0,0,0,0,1,0,0,0] 记为 x_5。

玩　:[0,0,0,0,0,1,0,0,0,0] 记为 x_6。

另外,小明的向量表示为

小明:[0,0,0,0,1,0,0,0,0,0]。

可以看出来,向量的维度就是语料库中词的个数。接下来,将这 6 个向量求和,作为神经网络模型的输入,即

$$X = x_1 + x_2 + x_3 + x_4 + x_5 + x_6 = [1,1,0,0,0,1,1,1,1,0]$$

X 就是输入层,即输入层是由小明的前后三个词生成的一个向量,为 1×10 维(这里的 10 是语料库中词语的个数)。

根据一个词语的上下文来预测这个词,在这个例子中就是根据小明这个词的前后三个词来预测小明这个位置出现各个词的概率。因为训练数据中这个词就是小明,所以小明出现的概率应该是最大的,希望输出层的结果就是小明对应的向量。所以本例中,输出层期望的数据实际就是小明这个词构成的向量,可以认为是训练数据的标签:

小明:[0,0,0,0,1,0,0,0,0,0]

例 4-4　基于 RNN 的语言模型举例。

网络某一时刻的输入,与多层感知机的输入一样,是一个维向量,不同的是 RNN 网络的输入将是整个序列,也就是对于语言模型,每一个序列元素将代表一个词向量,整个序列就代表一句话。

首先将词依次输入 RNN 中,每输入一个词,RNN 就输出到目前为止,下一个最可能的词。例如,当依次输入:

他　很　喜欢　学习　数学

基于 RNN 的语言模型如图 4-26 所示。

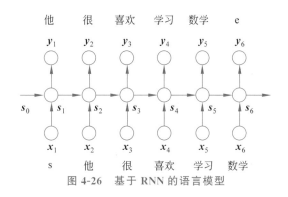

图 4-26 基于 RNN 的语言模型

其中,s 和 e 是两个特殊的词,分别表示一个序列的开始和结束。

(1) 向量化

神经网络的输入和输出都是向量,首先必须将词表达为向量的形式,然后再由神经网络处理。为了将输入词向量化,需要建立一个包含所有词的词典,每个词在词典中有一个唯一的编号。任意一个词都可以用一个 N 维的 one-hot 向量来表示。其中,N 是词典中包含的词的个数,直观的表示如图 4-27 所示。

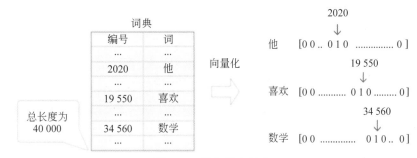

图 4-27 输入词向量化

(2) 降维

使用这种向量化方法,就得到了一个高维、稀疏的向量(绝大部分元素的值都是 0)。处理这样的向量将导致神经网络有很多参数,计算量庞大。因此,通常使用降维方法降维,将高维的稀疏向量转变为低维的稠密向量。

(3) 计算词典中每个词是下一个词的概率

语言模型要求的输出是下一个最可能的词,可以让 RNN 计算词典中每个词是下一个词的概率,这样,概率最大的词就是下一个最可能的词。因此,神经网络的输出向量也是一个 N 维向量,向量中的每个元素对应着词典中相应的词是下一个词的概率,如图 4-28 所示。

(4) Softmax 层作为输出层输出向量

Softmax 层作为输出层输出的向量 y 的特征:每一项为 $0\sim1$ 的正数,所有项的总和是1。这些特征和概率的特征一样,因此可以将它们看作概率。

(5) 语言模型的训练

可以使用监督学习的方法对语言模型进行训练,首先,需要准备训练数据集。然后,将语料"他 很 喜欢 学习 数学"转换成语言模型的训练数据集。

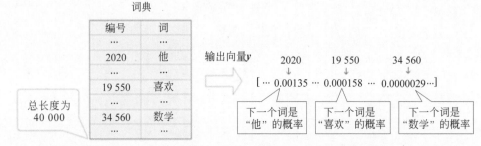

图 4-28　计算词典中每个词是下一个词的概率

① 获取输入-标签对。

② 输入 标签 s 他　他　很　很　喜欢　喜欢　学习　学习　数学　数学 e。

③ 使用前面介绍过的向量化方法,对输入 x 和标签 y 进行向量化。这里对标签 y 进行向量化,其结果也是一个 one-hot 向量。例如,对标签"我"进行向量化,得到的向量中,只有第 2020 个元素的值是 1,其他位置的元素的值都是 0。它的含义就是下一个词是"他"的概率是 1,是其他词的概率都是 0。

在实际工程中,可以使用大量的语料来对模型进行训练,获取训练数据和训练的方法都是相同的。

本 章 小 结

循环神经网络在自然语言处理方面得以成功应用,推动了深度学习的发展。在结构上,循环神经网络分为单向循环神经网络、双向循环神经网络和深层循环神经网络,采用了时序反向传播算法进行训练。循环神经网络可以完成三种 I/O 模式的转换,以适应更多的应用需求。为了解决梯度消失或者梯度爆炸问题,研究者提出了循环神经网络长短期记忆模型;为了更好地捕捉时间序列中时间步长度较大的依赖关系,研究者提出了循环神经网络门控循环单元网络。基于 RNN 的注意力模型能够通过序列到序列变换,完成语言模型的构建与应用。

第5章

深度残差神经网络

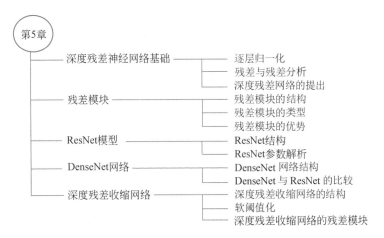

为了解决多层神经网络训练出现的梯度消失、梯度爆炸和网络性能退化问题,研究者引入了数据标准化、权重初始化和 BN 层等技术。应用残差方法可以解决网络性能退化问题,以及避免神经网络层数加深导致损失函数值增大的问题。

5.1　深度残差神经网络基础

AlexNet、VGG、GoogLeNet 等网络模型的出现使神经网络的发展进入了几十层规模的阶段,而且网络的层数越深,越有可能获得优异的泛化能力。但是,当模型层数加大以后,网络变得越来越难以训练,这主要由梯度消失和梯度爆炸所造成。

5.1.1　逐层归一化

神经网络学习过程就是学习数据分布的过程,如果训练数据与测试数据的分布不同,则网络的泛化能力显著降低。

深度网络的训练是一个复杂的过程,只要网络的前面几层发生微小的改变,那么后面几层就被累积放大。一旦网络某一层的输入数据的分布发生改变,那么这一层网络就需要去学习新的数据分布,所以在训练过程中,如果训练数据的分布一直在发生变化,那么网络就要在每次迭代都去学习适应不同的分布,这样将降低网络的训练速度。网络在训练的过程中,除了输入层的数据外,后边各层的输入数据分布也一直在发生变化,对于中间各层,将数据分布的改变称为数据归一化。

逐层归一化(batch normalization,BN)是 2015 年由谷歌公司提出的一种模型正规化方法,该方法通过对层间输入正规化来加速网络收敛。将传统机器学习中的数据归一化方法应用到深度神经网络中,对神经网络中隐藏层的输入进行归一化,从而使网络更容易训练。几种常用逐层归一化方法是批量归一化、层归一化、权重归一化和局部响应归一化。

网络除了输入层外,其他各层因为前层网络在训练时更新了参数,而引起后层输入数据分布的变化。如果在每一层输入时,加上预处理操作,将数据归一化至均值为 0、方差为 1,然后再输入后层计算,这样便解决了内部协变量偏移的问题了。事实上,在网络每一层输入时,插入了一个归一化层,也就是先做一个归一化处理,然后再进入网络的下一层。BN 层是一个可学习、有参数的网络层。

BN 方法就是在深度神经网络训练过程中使每一层神经网络的输入都保持相同的分布。因为深层神经网络在做非线性变换前的输入值(是指 $y = Wx + b$,x 是输入,b 为偏置项)随着网络深度加深或者在训练过程中,其分布逐渐发生偏移或者变动。一般整体分布会逐渐向非线性函数的取值区间的上下限两端靠近,导致反向传播时低层神经网络的梯度消失,这是训练深层神经网络时收敛越来越慢的基本原因。BN 方法就是通过一定的规范化手段,将每层神经网络任意神经元输入值的分布拉回到均值为 0、方差为 1 的标准正态分布,其实就是将越来越偏的分布强制拉回比较标准的分布。这样就使得激活输入值落在非线性函数对输入比较敏感的区域,网络的输出就可以得到比较大的梯度,避免了梯度消失问题,而且梯度变大表明学习收敛速度加快,进而加快训练速度。

BN 就是对每一批数据进行归一化,对于训练中某一批数据 $\{x_1, x_2, \cdots, x_n\}$,这个数据可以是输入,也可以是网络中间某一层的输出。在 BN 方法出现之前,归一化操作一般都在数据输入层,对输入的数据进行求均值以及求方差做归一化,但是 BN 的出现打破了这一规定,使归一化处理可以在网络中任意一层进行。因为现在所用的优化方法大部分是最小批随机梯度下降(stochastic gradient descent,SGD),在 CNN 中,批就是训练网络所设定的图片数量的批量大小,所以通常将归一化操作又称为批量规范化。

1. BN 的主要步骤

BN 计算过程形式化描述如下:

输入:批量数据 $B = \{x_1, x_2, \cdots, x_m\}$

学习参数:β、γ。

输出:$y_i \leftarrow \gamma \hat{x}_i + \beta = BN_{\gamma, \beta}(x_i)$

BN 的主要步骤如下:

(1) 计算每一批训练数据的均值:

$$\mu_B \leftarrow \frac{1}{m} \sum_{i=1}^{m} x_i$$

(2) 计算每一批训练数据的方差:

$$\sigma_B^2 \leftarrow \frac{1}{m} \sum_{i=1}^{m} (x_i - \mu_B)^2$$

(3) 使用求得的均值和方差对该批次的训练数据进行规范化处理。其中 ϵ 是为了避免除数为 0 时所使用的微小正数:

$$\hat{x}_i \leftarrow \frac{x_i - \mu_B}{\sqrt{\sigma_B^2 + \epsilon}}$$

（4）尺度变换和偏移：将 $\hat{x}_i$ 乘以 γ 调整数值大小，再加上 β 增加偏移后得到 y_i，γ 是尺度因子，β 是平移因子。这一步是 BN 的精髓，这是因为归一化后的 x_i 基本被限制在正态分布下，使网络的表达能力下降了。

$$y_i \leftarrow \gamma \hat{x}_i + \beta \equiv BN_{\gamma,\beta}(x_i)$$

在平移和缩放处理中，引入了可学习的重构参数 γ 和 β，让网络可以学习并恢复出原始网络所要学习的特征分布，这就是算法关键之处：

$$y^{(k)} = \gamma^{(k)} \hat{x}^{(k)} + \beta^{(k)}$$

2. BN 层的作用

BN 层的作用如下：

（1）加快网络训练和收敛的速度。

（2）防止梯度爆炸或梯度消失。

（3）防止过拟合。

BN 层一般用在线性层和卷积层后面，而不是放在非线性单元后。因为非线性单元的输出分布形状将在训练过程中变化，归一化无法消除其方差偏移，相反，全连接和卷积层的输出一般是一个对称、非稀疏的分布，更加类似高斯分布，对它们进行归一化处理可产生更加稳定的分布。例如，像 ReLU 这样的激活函数，如果输入的数据是一个高斯分布，经过变换的数据是小于 0 的被抑制，也就是分布小于 0 的部分直接变成 0，这样就更加接近高斯分布。

5.1.2　残差与残差分析

1. 残差定义

在数理统计中，残差是指实际观测值与估计值（拟合值）之间的差，残差蕴含了有关模型基本假设的重要信息。如果回归模型正确，则可以将残差看作观测值的误差。多次重复测量时，各次测得值与平均值（数学期望）之差称为残差。

残差是因变量的观测值 y_i' 与根据估计的回归方程求出的预测值 y_i 之差，用 e 表示。它反映了用估计的回归方程去预测 y_i' 而引起的误差。第 i 个观察值的残差为

$$e_i = y_i' - y_i$$

残差（或残差平方和）反映数据的离散程度。

2. 残差分析

残差应符合模型的假设条件，且具有误差的一些性质。残差分析是指利用残差所提供的信息，来考察模型假设的合理性及数据的可靠性。显然，有多少对数据，就有多少个残差。

以某种残差为纵坐标，变量为横坐标作散点图，即为残差图，它是残差分析的重要工具之一，通常横坐标的选择有三种：

（1）因变量的拟合值。

（2）自变量。

（3）当因变量的观测值为一时间序列时，横坐标可取观测时间或观测序号。

残差图的分布趋势可以帮助判明所拟合的线性模型是否满足有关假设条件，例如残差是否近似正态分布、是否方差齐次，变量间是否有其他非线性关系及是否还有重要自变量未进入模型等。当判明存在某种假设条件欠缺时，进一步的问题就是加以校正或补救。需要

分析具体情况,探索合适的校正方案,例如非线性处理、引入新的自变量,或考察误差是否有自相关性。残差图的示意图如图 5-1 所示。

5.1.3 深度残差网络的提出

在深度神经网络中存在一个问题,网络层数加深,参数增多,网络表现能力理应更好,但随着深度的不断增加,将出现网络退化现象。这种退化现象表现在,随着神经网络层数加深,训练准确率将逐渐趋于饱和;如果层数继续加深,反而训练准确率下降,效果倒不好。

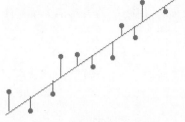

图 5-1　残差图的示意图

这既不是梯度爆炸、梯度消失造成的,也不是过拟合造成的。

神经网络在误差反向传播时,反向连乘的梯度小于 1(或大于 1),导致连乘的次数多了之后(网络层数加深),传回首层的梯度过小甚至为 0(过大甚至无穷大),这就是梯度消失/爆炸的概念。可在网络中加入 BN 层,通过规整数据的分布基本解决梯度消失/爆炸的问题,所以这个问题也不是导致深层网络退化的原因。过拟合在网络训练集上表现很好,在测试集上表现差(无论是在训练集还是测试集中,更深层次的网络表现均比浅层次的网络差,那显然就不是过拟合导致的)。网络退化现象由非线性激活函数 ReLU 的存在所造成,每次输入到输出的过程几乎是不可逆的,这也造成了许多不可逆的信息损失。也就是说,如果一个特征的一些有用的信息损失了,则其表现很难做到优秀。层数增多之后,信息在中间层损失掉了。

可以给深层神经网络添加一种回退到浅层神经网络的机制,当发现损失消失现象时就回退到浅层神经网络,使深层神经网络可以获得与浅层神经网络相当的模型性能。通过在输入和输出之间添加一条直接的捷径连接,可以使神经网络具有回退的能力。例如假设观察到第 13 层神经网络出现梯度消失现象,而第 10 层的网络模型并没有观测到梯度消失现象,那么可以考虑在最后的两个卷积层添加捷径连接。通过这种方式,网络模型可以自动选择是否经由这两个卷积层完成特征变换,还是直接跳过这两个卷积层而选择捷径连接,这就是深度残差网络的由来。

深度残差网络的出现打破了层次限制,使训练更深层次的神经网络成为可能。

5.2　残　差　模　块

在多层神经网络中加入残差模块,可以使其更加容易被优化,通常将增加了残差模块的神经网络称为残差神经网络。

5.2.1 残差模块的结构

1. 残差模块的基本组成

普通模块的结构如图 5-2 所示,残差模块的结构如图 5-3 所示。

(1) 残差模块比普通模块增加了右边的曲线,这条曲线为:快捷方式连接或身份映射。

(2) $H(x) = F(x, W_i) + x$。

(3) 模型需要学习的是 $F(x, W_i)$ 这个残差,而不是普通模块的 $H(x)$,公式则可以变换为

$$F(\boldsymbol{x}, \boldsymbol{W}_i) = H(\boldsymbol{x}) - \boldsymbol{x}$$

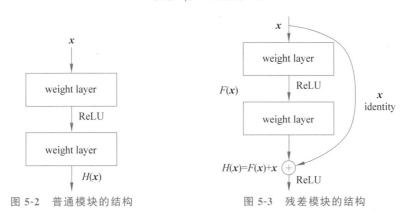

图 5-2 普通模块的结构   图 5-3 残差模块的结构

（4）$F(\boldsymbol{x})$ 与 $\boldsymbol{x}$ 是直接相加，而不是在某个维度拼接，所以要求 $F(\boldsymbol{x})$ 与 $\boldsymbol{x}$ 的形状相同。

（5）残差模块的输出结果是在 $F(\boldsymbol{x})+\boldsymbol{x}$ 之后再加 ReLU 激活函数，而不是对 $F(\boldsymbol{x})$ 进行激活函数作用之后再加 $\boldsymbol{x}$，也就是 $F(\boldsymbol{x})+\boldsymbol{x}$ 在 ReLU 激活函数之前。

当没有从 $\boldsymbol{x}$ 到 $\oplus$ 的箭头时，残差模块就是一个普通的两层网络。残差模块中的网络可以是全连接层，也可以是卷积层。设第二层网络在激活函数之前的输出为 $H(\boldsymbol{x})$。如果在两层网络中，最优的输出就是输入 $\boldsymbol{x}$，那么对于没有捷径连接的网络，就需要将其优化成 $H(\boldsymbol{x})=\boldsymbol{x}$。对于有捷径连接的网络，即残差模块，如果最优输出是 $\boldsymbol{x}$，则只需要将其优化为

$$F(\boldsymbol{x}) = H(\boldsymbol{x}) - \boldsymbol{x} = 0$$

显然，后者的优化比前者更简单，这也是残差的由来。

$F(\boldsymbol{x})$ 是与 $\boldsymbol{x}$ 求和前的网络映射，$H(\boldsymbol{x})$ 是从输入到与 $\boldsymbol{x}$ 求和后的网络映射。例如，如果将 5 映射到 5.1，那么引入残差前是 $F'(5)=5.1$，引入残差后是 $H(5)=5.1, F(5)=H(5)-5, F(5)=0.1$。这里的 F' 和 F 都表示网络参数映射，引入残差后的映射对输出的变化更敏感。例如，输出从 5.1 变到 5.2，映射 F' 的输出增加了 $1/51 = 2\%$，而对于残差结构输出从 5.1 到 5.2，映射 F 是从 0.1 到 0.2，增加了 100%。明显后者输出变化对权重的调整作用更大，所以效果更好。残差的思想都是去掉相同的主体部分，从而突出微小的变化。可以对多堆叠层采用残差学习。

残差模块可以解决深层神经网络准确率下降的问题。对于一个神经网络模型，如果该模型是最优的，那么训练就很容易将残差映射优化到 0，此时只剩下身份映射，那么无论怎么增加深度，理论上网络将一直处于最优状态。因为相当于后面所有增加的网络都将沿着身份映射（自身）进行信息传输，可以理解为最优网络后面的层数都是废掉的（不具备特征提取的能力），实际上没起什么作用。这样，网络的性能也就不随着深度的增加而降低。

2. 捷径连接

在残差网络中有很多的旁路将输入直接连接到后面的层，这种结构也称为捷径连接或者跳过连接。捷径连接又分为实线连接和虚线连接。

（1）实线连接

如果 F 和 $\boldsymbol{x}$ 维度相同，可以直接相加，不增加网络的参数以及计算复杂度，计算公式为

$$y = F(x, \{W_i\}) + x$$

在这种情况下的捷径连接的图形表示采用实线连接。

（2）虚线连接

如果 x 和 F 的维度不同,需要先将 x 做一个变换,使特征矩阵形状相同,然后再相加。虚线部分前后块的维度不一致,则体现在两方面上。

（1）空间不一致

在跳接部分给输入的 x 加上线性映射 W：

$$y = F(x, \{W_i\}) + x \rightarrow y = F(x, \{W_i\}) + W_s x$$

（2）深度不一致

如果深度不一致,则全 0 填充。

例 5-1   虚线连接。

跳接时加 1×1 卷积层升维,如图 5-4 所示,注意使用了虚线。实线的残差连接就是正常的直接相加,虚线表示在右侧边分支内增加了一个 1×1 卷积核的卷积操作。利用 1×1 卷积核的卷积操作可以升维或者降维,在这里使用升维,从 63 维升到 128 维,这样使得主分支与捷径连接的输出维数相同。

5.2.2   残差模块的类型

残差模块分为基本型和瓶颈型两种。基本型残差模块由两个 3×3 的卷积网络串接在一起组成,瓶颈型残差模块由 1×1、3×3、1×1 的三个卷积网络串接在一起组成,如图 5-5 所示。

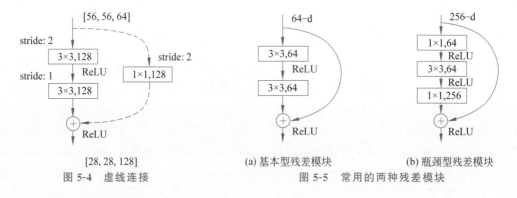

图 5-4   虚线连接   (a) 基本型残差模块   (b) 瓶颈型残差模块
                        图 5-5   常用的两种残差模块

1. 基本型残差模块

（1）3×3 卷积可以替代更大尺寸的卷积

在构建 CNN 时常使用 3×3 的卷积,而不是 5×5、7×7 等更大尺寸的卷积。这是由于在保证具有同样大小的输出和感受野前提下,用 3×3 卷积可以替代更大尺寸的卷积。两个 3×3 的卷积可以代替一个 5×5 的卷积;三个 3×3 的卷积可以代替一个 7×7 的卷积。所以 VGG 系列网络中全部使用了 3×3 的卷积。

假设图像大小为 $n \times n$,如果采用 5×5 卷积核的方案,stride$=1$,padding$=0$,其输出维度为 $(n-5)/1+1 = n-4$。

采用 3×3 卷积的方案,同样图像大小为 $n \times n$,第 1 次 3×3 卷积后输出维度为

$$(n-3)/1+1=n-2$$

第 2 次 3×3 卷积后输出维度为

$$(n-2-3)/1+1=n-4$$

可以看出,采用一个 5×5 卷积核和两个 3×3 卷积核,它们卷积后的输出维度相同,输出的每一个像素的感受野也相同。这表明两个 3×3 的卷积可以代替一个 5×5 的卷积。

(2) 使用两个 3×3 卷积代替一个 5×5 卷积的优势分析

- 两个 3×3 卷积可以代替一个 5×5 卷积网络,导致层数增加,也提高了网络的非线性表达能力。
- 两个 3×3 卷积可以代替一个 5×5 卷积网络,使参数减少。两个 3×3 和一个 5×5 的参数比例为 $3\times3\times2/(5\times5)=0.72$,同样的三个 3×3 和一个 7×7 的参数比例为 $3\times3\times3/(7\times7)=0.55$,压缩将近一半,这是很大提升。

考虑这两点,残差网络中多数采用了两个 3×3 的卷积的结构构成基本型残差模块,如图 5-4(a)所示。

2. 瓶颈型残差模块

瓶颈型残差模块由 1×1、3×3、1×1 的三个卷积网络串接在一起组成。

1×1 卷积又称为网中网,在残差模块中,经常使用 1×1 卷积,如图 5-4(b)所示。两个 1×1 卷积和一个 3×3 卷积可构成瓶颈型残差模块。在残差网络中 1×1 卷积表面看起来无作用,但是其作用颇多,总结如下。

(1) 实现跨通道的特征整合与信息交互

如果当前层和下一层都只有一个通道,那么 1×1 卷积核确实没有什么作用。例如,输入 $6\times6\times1$ 的矩阵,这里的 1×1 卷积形式为 $1\times1\times1$,卷积核中的元素为 3,经过 1×1 卷积,输出结果也是 $6\times6\times1$ 的矩阵。但输出矩阵中的每个元素值是输入矩阵中每个元素值乘以 3 的结果,仅改变了原内容,如图 5-6 所示。

图 5-6 跨通道的特征整合

跨通道信息交互是通过通道的变换实现的。使用 1×1 卷积核实现降维和升维的操作其实就是通道间信息的线性组合变化,$3\times3\times64$ 通道的卷积核后面添加一个 $1\times1\times28$ 通道的卷积核,就变成了 $3\times3\times28$ 通道的卷积核,原来的 64 个通道就可以理解为跨通道线性组合变成了 28 通道,只是在通道维度上做线性组合,W 和 H 上共享权值的滑动窗口。

(2) 降维或升维

但是,如果它们分别为 m 层和 n 层,1×1 卷积可以起到一个跨通道聚合的作用,也可以起到降维(或者升维)的作用,改变参数量。

由于 1×1 并不改变高度和宽度,改变通道的直观结果就是可以将原本的数据量进行增加或者减少。改变的只是高度×宽度×通道中的通道这一维度的大小而已。降维和升维的表示如图 5-7 所示。

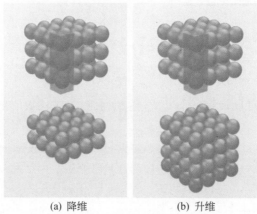

(a) 降维   (b) 升维

图 5-7   降维和升维的表示

使用 1×1 卷积核实现降维和升维的操作其实就是通道间信息的线性组合变化。

例 5-2   通道间的信息交互。

3×3×64 通道的卷积核后面添加一个 1×1×28 通道的卷积核,就变成了 3×3×28 通道的卷积核,原来的 64 个通道就可以理解为跨通道线性组合变成了 28 通道,这就是通道间的信息交互。

(3) 增加非线性特征

一个卷积核对应卷积后得到一个特征图,不同的卷积核具有不同的权重和偏置,卷积以后得到不同的特征图,提取了不同的特征。1×1 卷积核可以在保持特征图尺度不变的(即不损失分辨率)的前提下,利用后接的非线性激活函数,大幅增加非线性特性,同时网络也能做得越来越深。

在残差模块中,假设输入的特征图的维度是 $wh256$,并且最后要输出的也是 256 个特征图,则可以通过 1×1、3×3、1×1 的三个卷积网络串接完成。

5.2.3   残差模块的优势

1. 残差模块的主要作用

(1) 加了残差结构后,为输入 x 多一个选择的路径。如果神经网络学习到这层的参数是冗余的,它可以选择直接走这条"跳接"提供了曲线(快捷连接方式),跳过这个冗余层,而不需要再去拟合参数使输出 $H(x)$ 等于 x。

(2) 学习残差的计算量比学习输出等于输入要小。假设普通网络为 A,残差网络为 B,输入为 2,输出为 2(输入和输出一样是为了模拟冗余层需要恒等映射的情况),那么普通网络就是 $A(2)=2$,而残差网络就是 $B(2)=F(2)+2=2$,显然残差网络中的 $F(2)=0$。网络中权重一般初始化为 0 附近的数,则 $F(2)$(经过权重矩阵)拟合 0 比拟合 $A(2)=2$ 更容易。

(3) ReLU 能够将负数激活为 0,而正数输入等于输出。这相当于过滤了负数的线性变化,让 $F(2)=0$ 变得更加容易。

(4) 残差网络可以表示成 $H(x)=F(x)+x$,这就说明了在求输出 $H(x)$ 对输入 x 的导数(梯度),也就是在反向传播时,$H(x)'=F(x)'+1$,残差结构的这个常数 1 也能保证在求梯度时梯度不会消失。

2. 残差模块的优点

(1) 用恒等映射与残差相加,并没有增加模型的参数量,也没有增加计算复杂度。

(2) 增加残差模块后模型的收敛速度加快,即误差下降的梯度更大。

(3) 可以解决退化问题,至少不比没有加深网络差。

(4) 加了残差模块,网络就可以实现很深。

(5) 准确率也有了很大的提升。

5.3 ResNet 模型

残差神经网络(residual neural network,ResNet)由何恺明等在 2015 年提出,ResNet 的主要思想是在网络中增加了直连通道,即高速公路网络思路。此前的网络结构是将输入做一个非线性变换,而高速公路网络则允许保留之前网络层的一定比例的输出。ResNet 的思路和高速公路网络的思路也非常类似,允许原始输入信息直接传到后面的层中。这样某一层的神经网络可以不用学习整个输出,而是学习上一个网络输出的残差。

增加深度网络的深度后,会导致训练的难度增加。但是,通过残差的学习框架不仅可以简化网络训练,还适合在深度神经网络使用。与过去传统的方法比较,残差网络更易于优化,且在增加深度的同时,又可以获得准确性。

基于捷径连接的深度残差神经网络,其输入的一些部分将传递到下一层,因此,这些网络可以相当深,如 18 层、34 层、50 层、101 层、152 层的 ResNet-18、ResNet-34、ResNet-50、ResNet-101 和 ResNet-152 等模型,甚至层数达到 1202 层的极深层神经网络。

按照残差学习的基本思想,可以构造深度残差神经网络来解决模型的退化问题。ResNet 残差网络具有不同的网络层数,比较常用的是 50 层、101 层和 152 层。它们都由残差模块堆叠而成。

例 5-3 使用瓶颈型残差模块,可以减少参数数量和计算量。

将基本型残差模块应用到 ResNet34 和将瓶颈型残差模块应用到 dResNet50/101/152,其目的主要就是降低参数数量。基本型残差模块是两个 $3\times3\times256$ 的卷积,参数数量为 $3\times3\times256\times256\times2=1\,179\,648$,瓶颈型残差模块是第一个 $1\times1\times64$ 的卷积将 256 维通道降到 64 维,再通过 $3\times3\times64$ 卷积,最后通过 $1\times1\times256$ 卷积恢复,整体上用的参数数量为 $1\times1\times256\times64+3\times3\times64\times64+1\times1\times64\times256=69\,632$,瓶颈型残差模块的参数数量比基本型残差模块减少了 94.1%,因此,瓶颈型残差模块可减少参数数量,从而减少计算量。基本型残差模块可以用于 34 层或者更浅的网络中;对于更深(如 101 层)的网络,则使用瓶颈型残差模块,可以减少参数数量和计算量。

5.3.1 ResNet 结构

传统的卷积网络或者全连接网络在信息传递时或多或少存在信息丢失、损耗等问题,同时会导致梯度消失或者梯度爆炸,进而使很深的网络无法训练。ResNet 在一定程度上解决了这个问题,它通过直接将输入信息绕道传到输出,保护信息的完整性,整个网络只需要学习输入、输出差别的部分,简化了学习目标,降低了学习难度。VGG19 和 ResNet 的比较如

图 5-8 所示。ResNet 与 VGG19 最大的区别在于有很多的旁路将输入直接连接到后面的层,这种结构也被称为捷径或者跳过连接。

ResNet 的结构使得网络具有学习恒等映射的能力,同时也具有学习其他映射的能力。因此 ResNet 的结构要优于传统的卷积网络结构。恒等映射是一个返回相同值的函数,该值用作其参数,也称为恒等关系或恒等转换。如果 f 是一个函数,则对于 x 的所有值,参数 x 的恒等关系表示为 $f(x)=x$。

1. 在 VGG19 的基础上的修改

ResNet 是在 VGG19 的基础上进行了修改,并通过短路机制加入了构造的残差单元,VGG19、34 层 plain 和 34 层 ResNet 的比较如图 5-8 所示。ResNet 的主要变化如下。

(1) ResNet 直接使用 stride=2 的卷积,然后下采样。

(2) 用全局平均池化层替换了全连接层。

全局平均池化是指将特征图所有像素值相加求平均,得到一个数值,即用该数值表示对应特征图。其目的是替代全连接层,减少参数数量、计算量,防止过拟合。如图 5-9 所示,假设最终分成 10 类,则最后卷积层应该包含 10 个卷积核,即输出 10 个特征图,然后按照全局池化平均定义,分别对每个特征图累加所有像素值并求平均,最后得到 10 个数值,将这 10 个数值输入 Softmax 层中,得到 10 个概率值,即这张图片属于每个类别的概率值。

对整个网络从结构上做正则化防止过拟合,剔除了全连接层黑箱子操作的特征,直接赋予了每个通道实际的类别意义。

2. ResNet 的设计原则

ResNet 的设计原则:当特征图大小减小一半时,特征图的数量增加一倍,这保持了网络层的复杂度。从图 5-8 可以看到,ResNet 每两层间增加了短路机制,这就形成了残差学习,其中虚线表示特征图数量发生了改变。图中展示的 34 层 ResNet,还可以构建更深的网络,如表 5-1 所示。从表中可以看到,对于 18 层和 34 层的 ResNet,其进行的是两层间的残差学习。当网络更深时,其进行的是三层间的残差学习,三层卷积核分别是 1×1、3×3 和 1×1,隐藏层的特征图数量比较小,并且是输出特征图数量的 1/4。

5.3.2　ResNet 参数解析

表 5-1 给出了 5 种 ResNet,conv1、conv2_x、conv3_x、conv4_x 和 conv5_x。

每种 ResNet 按深度分为 18 层、34 层、50 层、101 层和 152 层。

可以看出,从 50 层之后,conv2_x、conv3_x、conv4_x 和 conv5_x 都采取 3×3 瓶颈模块,以减少计算量和参数数量。

1. 层数计算

以 101 层为例,说明层数计算。

首先经过 $7\times7\times64$ 的卷积,共 1 层。

然后经过 3+4+23+3=33 个瓶颈模块,共 $33\times3=99$ 层。

最后经过全连接(fc)层进行分类,共 1 层。

共计 1+99+1=101 层,因此称为 101 层。

在计算层数时,仅包括卷积层和全连接层,不包括池化层等。

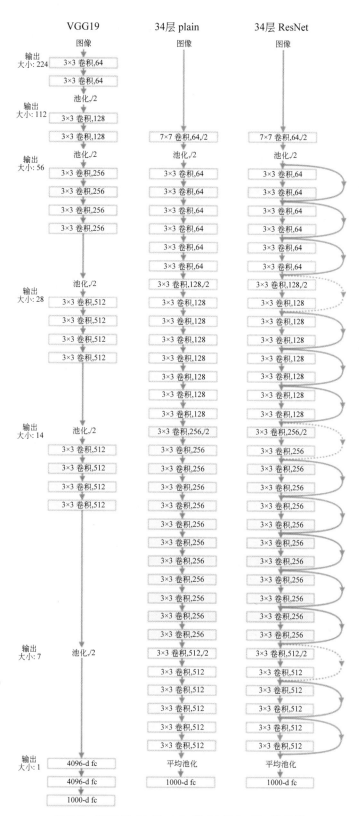

图 5-8　VGG19、34 层 plain 和 34 层 ResNet 的比较

图 5-9　用全局平均池化层替换了全连接层

表 5-1　不同层次的 ResNet 的解析

层名	输出大小	18 层	34 层	50 层	101 层	152 层
conv1	112×112	7×7,64,stride=2				
conv2_x	56×56	3×3 最大池化,stride=2				
conv2_x	56×56	$\begin{bmatrix}3\times3,64\\3\times3,64\end{bmatrix}\times2$	$\begin{bmatrix}3\times3,64\\3\times3,64\end{bmatrix}\times3$	$\begin{bmatrix}1\times1,64\\3\times3,64\\1\times1,256\end{bmatrix}\times3$	$\begin{bmatrix}1\times1,64\\3\times3,64\\1\times1,256\end{bmatrix}\times3$	$\begin{bmatrix}1\times1,64\\3\times3,64\\1\times1,256\end{bmatrix}\times3$
conv3_x	28×28	$\begin{bmatrix}3\times3,128\\3\times3,128\end{bmatrix}\times2$	$\begin{bmatrix}3\times3,128\\3\times3,128\end{bmatrix}\times4$	$\begin{bmatrix}1\times1,128\\3\times3,128\\1\times1,512\end{bmatrix}\times4$	$\begin{bmatrix}1\times1,128\\3\times3,128\\1\times1,512\end{bmatrix}\times4$	$\begin{bmatrix}1\times1,128\\3\times3,128\\1\times1,512\end{bmatrix}\times8$
conv4_x	14×14	$\begin{bmatrix}3\times3,256\\3\times3,256\end{bmatrix}\times2$	$\begin{bmatrix}3\times3,256\\3\times3,256\end{bmatrix}\times6$	$\begin{bmatrix}1\times1,256\\3\times3,256\\1\times1,1024\end{bmatrix}\times6$	$\begin{bmatrix}1\times1,256\\3\times3,256\\1\times1,1024\end{bmatrix}\times23$	$\begin{bmatrix}1\times1,256\\3\times3,256\\1\times1,1024\end{bmatrix}\times36$
conv5_x	7×7	$\begin{bmatrix}3\times3,512\\3\times3,512\end{bmatrix}\times2$	$\begin{bmatrix}3\times3,512\\3\times3,512\end{bmatrix}\times3$	$\begin{bmatrix}1\times1,512\\3\times3,512\\1\times1,2048\end{bmatrix}\times3$	$\begin{bmatrix}1\times1,512\\3\times3,512\\1\times1,2048\end{bmatrix}\times3$	$\begin{bmatrix}1\times1,512\\3\times3,512\\1\times1,2048\end{bmatrix}\times3$
	1×1	平均池化 1,1000-d fc,Softmax				
FLOPs		1.8×10^{9}	3.6×10^{9}	3.8×10^{9}	7.6×10^{9}	11.3×10^{9}

2. 维度计算

以 50 层为例介绍维度计算。输入图像大小为 256×256×3,经过矩阵变换大小变为 3×224×224,conv1_x 经过了卷积边长=7,输入通道数=3,输出通道数=64,stride(步长)=2,padding(边框边界)=3 的卷积。

可以计算得到输出矩阵的边长为(224−7+3×2)/2+1≈112,因此输出大小为 112×112×64 的特征矩阵(特征图)。

conv2_x 经过 3×3,步长=2,padding=1 的池化后得到(112−3+2)/2+1≈56,因此输出 64×56×56 的特征图。然后再经过瓶颈模块。从 conv2_x 到 conv5_x 总共经过了(3+4+6+3)=16 个瓶颈模块。

5.4 DenseNet 网络

尽管 ResNet、Highway Network 等网络在网络拓扑结构和训练过程方面各不相同,但都有一个关键特征,即创建了从前期层到后期层的捷径。为了延续上述这一关键特征,确保网络中各层之间的信息流达到最大,DenseNet 神经网络将所有层连接起来。

5.4.1 DenseNet 网络结构

DenseNet 网络保持了前馈特性,每一层都从前面的所有层得到额外的输入,并将本层的特征映射结果传递给后面的所有层,如图 5-10 所示。

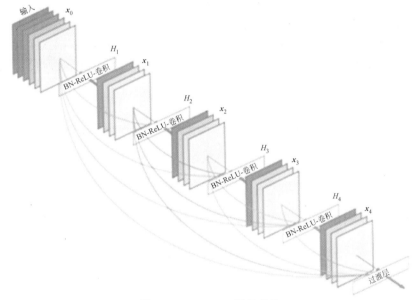

图 5-10 DenseNet 网络结构

每一层都与其他层建立连接,但与 ResNet 不同,不是在特征被传递到一层之前通过求和来组合它们,相反是通过连接这些特征来组合它们。第 L 层包含 L 个输入,由之前所有卷积块的特征和输入图像组成。第 L 层的输出将作为后续 $L-l$ 个层的输入。因此,对于 L 层的网络,共包含 $L(L+1)/2$ 个连接,而不是 L 个连接。也就是说,每一层的输入与前面所有层的输出有关。

由于不需要重新学习冗余的特征映射,因此以这种密集连接模式构成的 DenseNet 网络比传统的卷积网络需要的参数更少。一方面,其增长率较小,每次输出的通道数量并不成倍增加;另一方面,在 Dense 块之间包含的过渡层(1×1 卷积)的通道数量减半,并且每个 Dense 块内部的连接之间包含的 1×1 卷积的通道数量也减半,如表 5-2 所示。输入通道数量的减少将极大地减少每个卷积核的厚度,从而需要更少的参数。参数数量的减少使得 Dense 块结构具有正则化的效果,在一定程度上可防止过拟合。

DenseNet 网络更窄,这是由于通道数量成倍增长,在 Dense 块中每个卷积层的输出特征图的数量都很小。由于包含不同层之间输出通道数量的融合,因此不能像现有的其他模型,每进行一次卷积运算,通道数量都将成倍增长。同时,DenseNet 网络可以很好地缓解梯度离散的问题,这是由于每一层实际上都直接连接输入和损耗。

5.4.2　DenseNet 与 ResNet 的比较

DenseNet 与 ResNet 的主要区别如下。

（1）在 ResNet 中,l 表示第 l 层,H_l 表示非线性变换（例如 BN、ReLU、池化、卷积）,$\boldsymbol{x}_l$ 表示第 l 层的输出,可以看出,ResNet 是特征被传递到一个层之前通过求和来组合它们:

$$\boldsymbol{x}_l = H_l(\boldsymbol{x}_{l-1}) + \boldsymbol{x}_{l-1}$$

（2）在 DenseNet 网络中,$[\boldsymbol{x}_0,\boldsymbol{x}_1,\cdots,\boldsymbol{x}_{l-1}]$ 表示层 0 到 $l-1$ 的输出特征图。整合操作 H_l 包含三种相关操作:BN、ReLU、3×3 卷积,这点与 ResNet 不同。

$$\boldsymbol{x}_l = H([\boldsymbol{x}_0,\boldsymbol{x}_1,\cdots,\boldsymbol{x}_{l-1}])$$

图 5-11 表示的是 DenseNet 网络的结构图,这个结构图包含了 3 个 Dense 块。两个相邻块之间称为过渡层,过渡层经过卷积和池化改变特征图的尺寸。可将 DenseNet 网络设计为包含多个 Dense 块,并使各个 Dense 块内的特征图的尺寸统一,这样在做串联时尺寸一致。

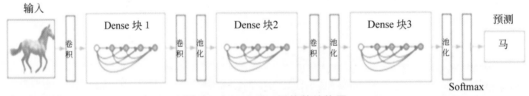

图 5-11　DenseNet 网络的结构图

表 5-2 给出了不同深度 DenseNet 的结构,其中,过渡层包括 BN 层、1×1 卷积层和 2×2 平均池化层。

表 5-2　不同深度 DenseNet 的结构

层名	输出大小	121 层 DenseNet	169 层 DenseNet	201 层 DenseNet	264 层 DenseNet
卷积层	112×112	7×7 卷积,stride=2			
池化层	56×56	3×3 最大池化,stride=2			
Dense 块(1)	56×56	$\begin{bmatrix}1×1 卷积\\3×3 卷积\end{bmatrix}×6$	$\begin{bmatrix}1×1 卷积\\3×3 卷积\end{bmatrix}×6$	$\begin{bmatrix}1×1 卷积\\3×3 卷积\end{bmatrix}×6$	$\begin{bmatrix}1×1 卷积\\3×3 卷积\end{bmatrix}×6$
过渡层(1)	56×56	1×1 卷积			
	28×28	2×2 平均池化,stride=2			
Dense 块(2)	28×28	$\begin{bmatrix}1×1 卷积\\3×3 卷积\end{bmatrix}×12$	$\begin{bmatrix}1×1 卷积\\3×3 卷积\end{bmatrix}×12$	$\begin{bmatrix}1×1 卷积\\3×3 卷积\end{bmatrix}×12$	$\begin{bmatrix}1×1 卷积\\3×3 卷积\end{bmatrix}×12$
过渡层(2)	28×28	1×1 卷积			
	14×14	2×2 平均池化,stride=2			
Dense 块(3)	14×14	$\begin{bmatrix}1×1 卷积\\3×3 卷积\end{bmatrix}×24$	$\begin{bmatrix}1×1 卷积\\3×3 卷积\end{bmatrix}×32$	$\begin{bmatrix}1×1 卷积\\3×3 卷积\end{bmatrix}×48$	$\begin{bmatrix}1×1 卷积\\3×3 卷积\end{bmatrix}×64$

续表

层名	输出大小	121 层 DenseNet	169 层 DenseNet	201 层 DenseNet	264 层 DenseNet
过渡层（3）	14×14	1×1 卷积			
	7×7	2×2 平均池化，stride＝2			
Dense 块（4）	7×7	$\begin{bmatrix}1\times1\text{ 卷积}\\3\times3\text{ 卷积}\end{bmatrix}\times16$	$\begin{bmatrix}1\times1\text{ 卷积}\\3\times3\text{ 卷积}\end{bmatrix}\times32$	$\begin{bmatrix}1\times1\text{ 卷积}\\3\times3\text{ 卷积}\end{bmatrix}\times32$	$\begin{bmatrix}1\times1\text{ 卷积}\\3\times3\text{ 卷积}\end{bmatrix}\times48$
分类层	1×1	7×7 全局平均池化			
		1000-d fc，Softmax			

在表 5-2 中，增长率参数 $k=32$。表中的每一个卷积层与 BN-ReLU-卷积相对应。假设每个 H_l 产生 k 个特征图，即通道数量，那么第 l 层的输入的特征图将包含 $k_0+k(l-1)$ 个通道数量。其中，k_0 表示输入层的通道数量。k 实际上生成的就是通道数量，由于越靠后的层包含的输入更多，如果每层输出的通道数量过大，组合后的通道数量将更大，会产生极大的参数数量和运算量。因此，k 值的设置实际上也是与其他网络结构的重要区别，也就是之前提到的 DenseNet 可以有很窄的层，即通道数量没有增长到成百上千，这样可以大大减少参数数量。Dense 块之间包含的 1×1 卷积对输入特征图的通道数量减半；Dense 块中各个卷积操作也采用瓶颈层操作，即先通过 1×1 卷积进行通道数量的减半，从而极大地减少参数数量。

DenseNet 网络结构中过渡层使用的是平均池化，而不是最大池化。DenseNet 的核心思想是建立不同层之间的连接关系，通过这种连接设计出比 ResNet 更好的网络结构，进一步缓解梯度消失问题。DenseNet 网络的层很窄，极大地减少了参数数量，有助于防止过拟合。参数数量的减少也带来计算量的减少。DenseNet 网络经常应用在小目标检测的场景中。

5.5　深度残差收缩网络

深度残差收缩网络（deep residual shrinkage network，DRSN）集成了深度残差网络、注意力机制和软阈值函数技术。DRSN 的工作原理是通过注意力机制找出不重要的特征，然后再通过软阈值函数作用将它们置为零，或者通过注意力机制注意到重要的特征，将然后它们保留下来，去除不重要的特征，从而完成从含噪声信号中提取有用的特征。DRSN 的主要功能如下：

（1）由于软阈值化是信号降噪算法的常用步骤，因此 DRSN 比较适合强噪声、高冗余的数据。软阈值化函数技术的作用结果为 $\{0,1\}$，这与 ReLU 激活函数作用结果相似。

（2）由于软阈值化的阈值是通过注意力机制自适应地进行设置，DRSN 能够根据每个样本的情况，为每个样本单独地设置阈值，因此适用于每个样本内噪声含量不同的情况。

（3）在 DRSN 中，当数据噪声很弱时，阈值可以被训练成非常接近于 0 的值，从而软阈值化就相当于不存在。

（4）软阈值函数的阈值不能太大，否则将导致所有的输出都为 0。

5.5.1 深度残差收缩网络的结构

残差模块是 DRSN 的基本组成部分,如图 5-12 所示。长方体表示通道数为 C、宽度为 W、高为 1 的特征图。应用残差模块可以极大地降低 DRSN 训练的难度,K 表示卷积层中卷积核的个数。

(1) 通常设置卷积核的个数 K 与输入特征图的通道数 C 相等、输出特征图的尺寸和输入特征图的尺寸相等。

(2) 在残差模块中,输出特征图的宽度可以发生改变。例如,将卷积层中卷积核的移动步长设置为 2,用 "∗2" 表示,那么输出特征图的宽度就将减半,变成 $0.5W$。

(3) 输出特征图的通道数也可以发生改变。如果将卷积层中卷积核的个数设置为 $2C$,那么输出特征图的通道数就会变成 $2C$,也就是可使输出特征图的通道数翻倍。

DRSN 的整体结构如图 5-13 所示,包含了一个卷积层、一定数量的残差模块、一个批标准化层、一个 ReLU 激活函数、一个全局平均池化层和一个全连接输出层。DRSN 的主体部分由很多个残差模块构成。在 DRSN 进行基于反向传播的模型训练时,其损失不仅能够通过卷积层等进行逐层的反向传播,而且能够通过恒等映射进行更为方便的反向传播,从而更容易得到更优的模型。

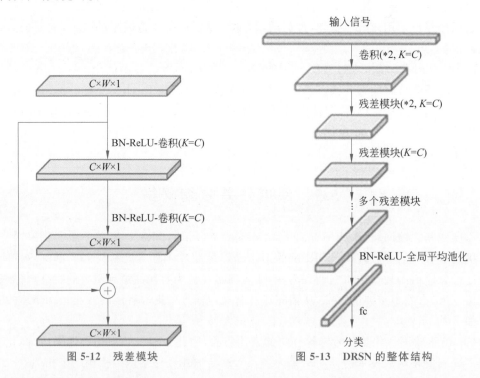

图 5-12 残差模块   图 5-13 DRSN 的整体结构

5.5.2 软阈值化

DRSN 是在残差模块中添加了软阈值化,主要作用是做非线性的变换。软阈值化将绝对值小于某一阈值的特征,直接赋值为零,将其他特征朝着零的方向进行一定程度的收缩,这也是 DRSN 名称的由来。

软阈值化函数的梯度特性：梯度值要么为 0，要么为 1。与 ReLU 激活函数类似，这一特性缓解了深度学习在训练时的梯度消失和梯度爆炸问题。

对样本进行分类时，样本中不可避免地含有高斯噪声、粉色噪声、拉普拉斯噪声等。更广义地说，样本中很可能包含着与当前分类任务无关的信息，这些信息也可以理解为噪声。这些噪声可能对分类效果产生不利的影响。

软阈值化是许多信号降噪算法中的一个关键步骤，也是很多信号降噪算法的核心步骤。其计算公式如下：

$$y = \begin{cases} x - \tau, & x > \tau \\ 0, & -\tau \leqslant x \leqslant \tau \\ x + \tau, & x < -\tau \end{cases}$$

软阈值化的输出对于输入的导数为

$$\frac{\partial y}{\partial x} = \begin{cases} 1, & x > \tau \\ 0, & -\tau \leqslant x \leqslant \tau \\ 1, & x < -\tau \end{cases}$$

由以上可知，软阈值化的导数要么是 1，要么是 0。这个性质与 ReLU 激活函数相同。在软阈值化函数中，阈值的设置必须符合下述三个条件：

（1）阈值是正数。

（2）阈值不能大于输入信号的最大值，否则输出全部为零。

（3）每个样本应该根据自身的噪声含量，具有自己的阈值。

这是由于很多样本的噪声含量经常是不同的。例如，在同一个样本集中，样本 A 所含噪声较少，样本 B 所含噪声较多。如果在降噪算法中进行软阈值化，样本 A 就应该采用较大的阈值，样本 B 就应该采用较小的阈值。也就是说，每个样本应该根据自身的噪声含量，设置独立的阈值。

5.5.3 深度残差收缩网络的残差模块

在 DRSN 的残差模块中，嵌入了一个子模块，用于自动地设置软阈值化函数所用到的阈值。在这种网络结构之下，所获得的阈值不仅为正数，而且取值不会太大（不让所有输出全部为 0）。另外，由于每个样本的阈值都根据自己的特征图确定，因此每个样本都有独特的一组阈值。

DRSN 有两种，即 DRSN-CS 和 DRSN-CW，两者的整体结构一致，唯一的区别是嵌入的残差模块的子模块不同。子模块用于自动地设置软阈值化函数所用到的阈值。DRSN-CS 是所有特征图共用一个阈值；DRSN-CW 是特征图的每个通道各有一个独立的阈值。

本 章 小 结

AlexNet、VGG、GoogLeNet 等网络模型的出现使神经网络的发展进入了几十层规模的阶段，而且网络的层数越深，越有可能获得优异的泛化能力。但是，当模型层数加大以后，网络变得越来越难以训练，这主要是由梯度消失和梯度爆炸所造成的。为了解决多层神经网络训练出现的梯度消失、梯度爆炸和网络性能退化问题，研究者引入了数据标准化、权重初始化和 BN 层等技术。应用残差方法可以解决网络性能退化问题,以及避免神经网络层数加深导致损失函数值增大的问题。本章主要介绍三种典型的残差网络,即 ResNet、DenseNet、深度残差收缩网络的基本思想、基本结构和算法,为实际应用打下基础。按照残差学习的基本思想,可以构造深度残差神经网络来解决模型的退化问题。DenseNet 是比 ResNet 更好的网络,可进一步缓解梯度消失问题,同时其可以有很窄的层,极大地减少了参数数量,有助于防止过拟合。深度残差收缩网络是深度残差网络的一种改进版本,其工作原理是通过注意力机制找出不重要的特征,并通过软阈值函数将它们置为零。

第 6 章

Transformer 模型

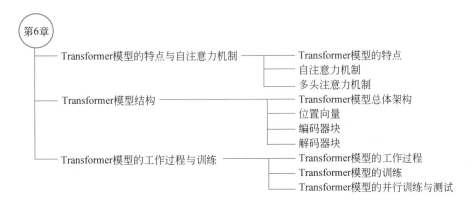

Transformer 模型应用了自注意力机制,可以实现高度并行计算。

6.1 Transformer 模型的特点与自注意力机制

卷积网络结构适用于处理具有位移不变性的图像数据,RNN 网络结构适用于处理顺序数据或时间序列数据。Transformer 模型出自 Google 公司于 2017 年发表的论文 "Attention is All You Need",它主要应用自注意力机制提取内在特征。

RNN、LSTM 和 GRU 已在语言建模、机器翻译、序列模型等方面成功应用。循环结构的语言模型和编码器-解码器体系结构取得了显著的进展。

为了克服 RNN 由于梯度消失导致很难捕获长距离依赖关系和序列的问题,研究者提出了 GRU 模型和 LSTM 模型,虽然通过多门控信息流的方法加强了对信息流的控制,但这些模型变得更加复杂,需要更多的计算,而且由于这些模型是顺序模型,输入可能是当时输入句子的一个词或一个标记,计算最终单元的输出必须计算之前出现的所有单元的输出,因此每个单元都容易成为信息流的瓶颈。

6.1.1 Transformer 模型的特点

LSTM、GRU 等模型的特点是:每个时刻的输出是根据上一时刻隐藏层状态和当前时刻的输入来产生序列。因为每次计算都需要等待上一时刻的计算完成,所以每个时刻的输出只与上一时刻的输出和当前时刻的输入相关,这将出现下述两个问题。

- 对于长序列,这样一层一层地逐层传递,前面时刻的信息到了后面基本已消失。
- 对于文本序列,每个时刻的输出不仅与上一时刻相关,还可能与前 n 个时刻的输出相关。

以上两个问题也使得 RNN 难以学习相对位置较远的文本之间的关系。

Transformer 模型是一种避免循环结构模型,完全依赖于自注意力机制对输入和输出之间的全局依赖关系进行建模。Transformer 模型可对整个序列进行并行计算,即同时处理整个句子,而不是从左到右逐个处理单词。Transformer 模型的主要创新是使用了基于自注意力机制方式,其性能比 RNN 模型更加强大。Transformer 模型的主要特点如下:

(1) 突破了 RNN 模型不能并行计算的限制。

(2) 相比 CNN,计算两个位置之间的关联所需的操作次数不随距离增长而增加。

(3) 自注意力机制可以从模型中检查注意力分布,各个注意头可以学习执行不同的任务。

(4) 解决了序列到序列转换模型的不足之处,完全依赖于自注意力机制来处理输入和输出之间的全局依赖关系,极大地并行化计算、减少操作次数。

(5) 通过一系列连续执行的操作连接所有位置,可以学习长期依赖关系。

6.1.2　自注意力机制

自注意力又称作内部注意力,自注意力机制不使用其他额外的信息,它能关注句子本身,进而从中抽取相关信息。更具体地说,注意力计算点积的 Q 和 K 来自两个不同数据集,而自注意力计算点积的 Q 和 K 来自同一个数据集。

自注意力机制是注意力机制的变体,其主要特点是减少了对外部信息的依赖,更注重捕捉数据或特征的内部相关性。在文本处理中,应用自注意力机制的主要目的是通过计算单词间的互相影响来解决长距离依赖问题,在序列中找出相关向量。

自注意力机制是通过计算 Q(查询)、K(键)、V(值)三个嵌入向量来实现的。Q、K、V 三个嵌入向量的具体含义出自信息检索技术。例如,当查询一个特定的视频时,搜索引擎会将查询映射到一组键(比如视频标题、描述等)上,然后去找与键最匹配的视频,也就是值。这也是基于特征查询的基本过程。

在键入查询后,针对数据库中的目标进行查询,找出候选匹配键 k,然后显示最匹配的值。查询两个向量之间的相关性,需要计算它们的点积。为了找到第一个单词的输出,只考虑句子第一个单词的表示形式 q,并将其与输入中每个单词的表示 k 取点积。这样就可以知道输入中每个单词相对于第一个单词的关系。然后将上述点积值进行 Softmax 归一化,进而得到描述输入中每个单词相对于第一个单词重要程度的分布。

自注意力机制的计算过程如下:

(1) 对于每个向量 a_i,分别乘上需要通过学习而得到的三个权重参数 W_Q、W_K、W_V,得到 q_i、k_i、v_i 三个值:

$$q_i = W_Q a_i$$
$$k_i = W_K a_i$$
$$v_i = W_V a_i$$

因为 $q_i = W_Q a_i$,$a = (a_1, a_2, a_3, a_4)$,所以有

$$Q = W_Q a$$

同理可得

$$K = W_K a$$
$$V = W_V a$$

（2）利用得到的 Q 和 K 计算每两个输入向量之间的相关性，也就是计算自注意力值 $\boldsymbol{\alpha}$，$\boldsymbol{\alpha}$ 的计算方法有多种，通常采用点乘的方式。

$$\alpha_{i,j} = \boldsymbol{q}_i \cdot \boldsymbol{k}_j$$

写成张量形式：

$$\boldsymbol{\alpha} = \boldsymbol{Q} \boldsymbol{K}^{\mathrm{T}}$$

$$\boldsymbol{\alpha} = \begin{bmatrix} \alpha_{1,1} & \alpha_{2,1} & \alpha_{3,1} & \alpha_{4,1} \\ \alpha_{1,2} & \alpha_{2,2} & \alpha_{3,2} & \alpha_{4,2} \\ \alpha_{1,3} & \alpha_{2,3} & \alpha_{3,3} & \alpha_{4,3} \\ \alpha_{1,4} & \alpha_{2,4} & \alpha_{3,4} & \alpha_{4,4} \end{bmatrix}$$

其中：

$$\boldsymbol{Q} = (\boldsymbol{q}_1, \boldsymbol{q}_2, \boldsymbol{q}_3, \boldsymbol{q}_4)$$
$$\boldsymbol{K} = (\boldsymbol{k}_1, \boldsymbol{k}_2, \boldsymbol{k}_3, \boldsymbol{k}_4)$$

矩阵 $\boldsymbol{\alpha}$ 中的每一个值记录了所对应的两个输入向量的注意力的大小 α_{ij}，$\boldsymbol{Q}\boldsymbol{K}^{\mathrm{T}}$ 代表 n 个查询向量（样本特征）与 n 个键向量（信息特征）之间的相似度。

（3）对 $\boldsymbol{\alpha}$ 矩阵进行 Softmax 操作或者 ReLU 操作得到 $\boldsymbol{\alpha}'$。可将 Softmax 结果与相应的表示 $\boldsymbol{V}$ 相乘，然后进行归一化。因此，对第一个单词的最终表示是所有输入的加权总和。每个输入单词均通过相对于第一个单词的相关性加权。取点积后，将结果除以 $\mathrm{sqrt}(d_k)$，其中 d_k 是向量 $\boldsymbol{K}$ 的维数。这样做是为了稳定梯度，避免出现点积结果非常大的情况。

对所有单词重复此过程。以矢量形式表示此过程：

$$\mathrm{Attention}(\boldsymbol{Q}, \boldsymbol{K}, \boldsymbol{V}) = \mathrm{Softmax}\left(\frac{\boldsymbol{Q}\boldsymbol{K}^{\mathrm{T}}}{\sqrt{d_k}}\right)\boldsymbol{V}$$

$\boldsymbol{\alpha}'$ 就是各个样本与各条信息间相关或相似程度的分布。当通过 $W(x) = x_i / \sum x_i$ 计算得到 $[0.2, 0.5, 0.3]$ 时，这表示第一个样本与第一、二、三条信息的相关或相似度分别为 20%、50% 和 30%。

（4）为了使方程完整。利用得到的 α'_{ki} 和 $\boldsymbol{v}_i$ 相乘计算得出每个输入向量对应的自注意力层的输出向量 $\boldsymbol{B}$，其中

$$\boldsymbol{b}_i = \sum_{i=1}^{n} \boldsymbol{v}_i \alpha'_{ki}$$

$\boldsymbol{B} = \boldsymbol{V}\boldsymbol{\alpha}'$，其中

$$\boldsymbol{B} = (\boldsymbol{b}_1, \boldsymbol{b}_2, \boldsymbol{b}_3, \boldsymbol{b}_4), \boldsymbol{V} = (\boldsymbol{v}_1, \boldsymbol{v}_2, \boldsymbol{v}_3, \boldsymbol{v}_4)$$

$$\boldsymbol{\alpha}' = \begin{bmatrix} \alpha'_{1,1} & \alpha'_{2,1} & \alpha'_{3,1} & \alpha'_{4,1} \\ \alpha'_{1,2} & \alpha'_{2,2} & \alpha'_{3,2} & \alpha'_{4,2} \\ \alpha'_{1,3} & \alpha'_{2,3} & \alpha'_{3,3} & \alpha'_{4,3} \\ \alpha'_{1,4} & \alpha'_{2,4} & \alpha'_{3,4} & \alpha'_{4,4} \end{bmatrix}$$

$\mathrm{Attention}(\boldsymbol{Q}, \boldsymbol{K}, \boldsymbol{V})$ 表示值向量的加权和，权值为各个样本与各条信息间相关或相似程度的分布，这就是自注意力机制计算的最终结果。以第一个向量 $\boldsymbol{a}_1$ 对应的自注意力输出向量 $\boldsymbol{b}_1$ 为例，它的产生过程如图 6-1 所示。

为了加快计算速度，通常使用自注意力的矩阵运算来简化上述计算步骤。首先计算 $\boldsymbol{Q}$、$\boldsymbol{K}$、$\boldsymbol{V}$ 向量，先将所有的输入词向量拼成一个矩阵 $\boldsymbol{X}$，然后乘以已经训练好的权重矩阵（$\boldsymbol{W}_Q$、

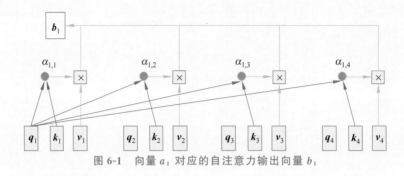

图 6-1 向量 a_1 对应的自注意力输出向量 b_1

W_K,W_V),如图 6-2 所示。

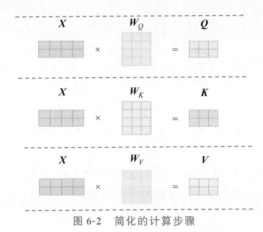

图 6-2 简化的计算步骤

输入矩阵 X 中的每一行都代表了输入序列中的一个词向量。剩下的步骤其实就是计算得分,即进行 Softmax 函数操作,再乘以矩阵 V,如图 6-3 所示。

例 6-1 计算两个词"算法"和"模型"的相关度,其过程如图 6-4 所示。

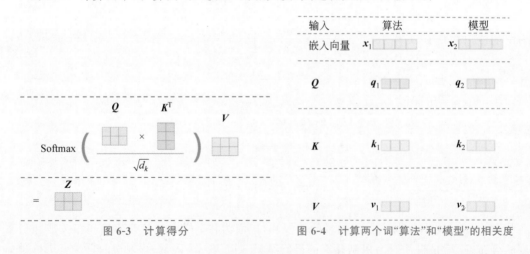

图 6-3 计算得分　　　　　图 6-4 计算两个词"算法"和"模型"的相关度

根据输入向量得到 Q、K、V 三个嵌入向量。x_1、x_2 是句子中的词向量,W_Q、W_K、W_V 是权矩阵,将词向量分别与这三个权矩阵相乘得到新的三个向量,可以由 x_1 词向量生成 q_1、k_1、v_1,由 x_2 词向量生成 q_2、k_2、v_2。

下一步是计算词与词之间的相似度,如图 6-5 所示,在计算词"算法"和词"模型"的相似度时,使用 q_1 乘以 k_1,这是注意力机制中计算相似度的方法,都是通过向量相乘。那么为什么不直接通过 x_1 乘以 x_2 来计算相似度,这是由于 q 向量更多是为了保留单词本身的意思,也就是在不考虑上下文的情况下的一个单词的意思,而 k 则是为了在计算相似度时,能够放大词与词之间的异同而构建的新向量,或者说能够根据实际需求起到更多作用的向量。例如,在分析相似度时,一个单词和自己的相似度应该是最大的,可是在计算不同向量 x 的乘积时也可能出现更大的相似度,这就不符合假设。现在采用新向量 q 和 k 相乘的方法来计算相似度,并通过模型训练学习就可以避免这种情况发生,所以比起原来两词向量相乘,新方法在计算相似度时灵活性更大,效果更好。

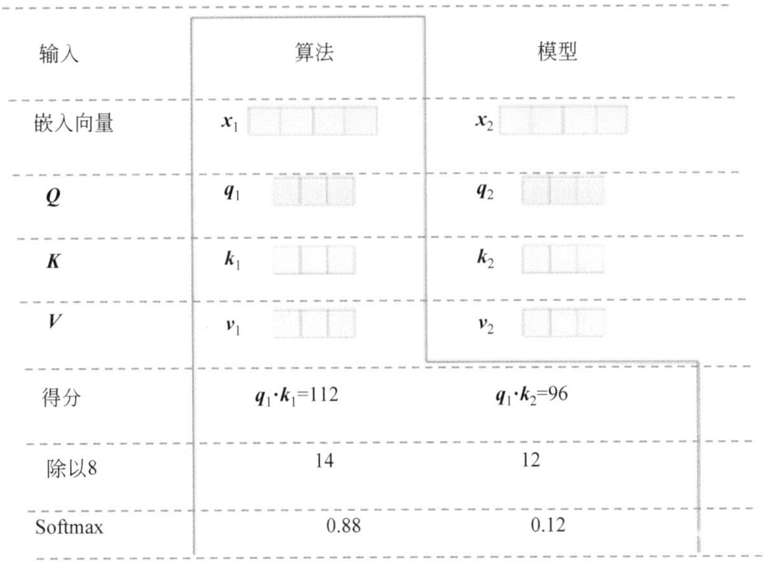

输入	算法	模型
嵌入向量	x_1	x_2
Q	q_1	q_2
K	k_1	k_2
V	v_1	v_2
得分	$q_1 \cdot k_1 = 112$	$q_1 \cdot k_2 = 96$
除以8	14	12
Softmax	0.88	0.12

图 6-5　计算词与词之间的相似度

同样,为了让模型更灵活,在计算相似度并转换为权重之后,并没有乘以原来的 x 或者 q,而是又构建了一个新向量 v,通过加权求和得到最终的输出 z,如图 6-6 所示。

最后得到的 z_1、z_2,就是词向量 x_1、x_2 在分析了前后文之后,得到的新向量。可以看出,自注意力机制为原来的词向量带来了上下文的信息。

例 6-2　自注意力模块有 n 个输入,并返回 n 个输出。自注意力机制让每个输入都彼此自交互,然后找到它们应该更加关注的输入(注意力)。自注意力模块的输出是这些交互的聚合和注意力的得分。

1. 输入数据

3 个输入数据的维度都为 4。

$$x_1 = [1, 0, 1, 0]$$
$$x_2 = [0, 2, 0, 2]$$
$$x_3 = [1, 1, 1, 1]$$

2. 权重初始化

每个输入必须有 3 个表征:查询、键和值。在本例中,表征的维度为 3。因为每个输入

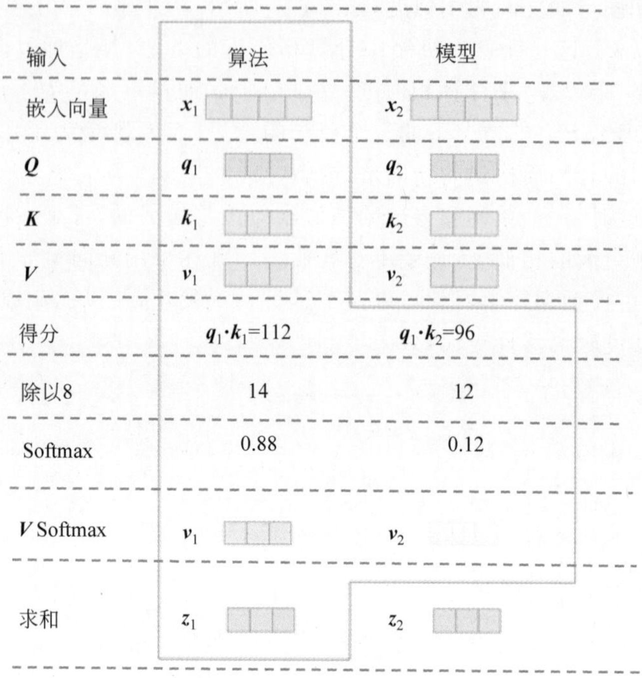

图 6-6　通过加权求和得到最终的输出 z

的维度为 4，所以每组权重的形状为 4×3，输出维度为 3。

为了得到这些表征，每个输入都要与一组键的权重 K、一组查询的权重 Q、一组值的权重 V 相乘。

在本例中，W_Q、W_K 和 W_V 3 个权重的初始值如下。

Q 查询的权重 W_Q：

$$W_Q = [[1, 0, 1],$$
$$[1, 0, 0],$$
$$[0, 0, 1],$$
$$[0, 1, 1]]$$

K 键的权重 W_K：

$$W_K = [[0, 0, 1],$$
$$[1, 1, 0],$$
$$[0, 1, 0],$$
$$[1, 1, 0]]$$

V 值的权重 W_V：

$$W_V = [[0, 2, 0],$$
$$[0, 3, 0],$$
$$[1, 0, 3],$$
$$[1, 1, 0]]$$

在 Transformer 模型中，这些权重通常是较小的数值，初始化使用合适的随机分布来实现，比如高斯分布、Xavier 分布和 Kaiming 分布等。

3. 计算查询和值

利用已初始化的权重,求出每个输入的键、查询和值的表征:

$$\boldsymbol{k}_1 = \boldsymbol{x}_1 \boldsymbol{W}_K = [1,0,1,0]\begin{bmatrix} 0,0,1 \\ 1,1,0 \\ 0,1,0 \\ 1,1,0 \end{bmatrix} = [0,1,1]$$

$$\boldsymbol{k}_2 = \boldsymbol{x}_2 \boldsymbol{W}_K = [0,2,0,2]\begin{bmatrix} 0,0,1 \\ 1,1,0 \\ 0,1,0 \\ 1,1,0 \end{bmatrix} = [4,4,0]$$

$$\boldsymbol{k}_3 = \boldsymbol{x}_3 \boldsymbol{W}_K = [1,1,1,1]\begin{bmatrix} [0,0,1] \\ [1,1,0] \\ [0,1,0] \\ [1,1,0] \end{bmatrix} = [2,3,1]$$

向量化运算更为高速:

$$\boldsymbol{K} = \boldsymbol{X} \boldsymbol{W}_K = \begin{bmatrix} [1,0,1,0] \\ [0,2,0,2] \\ [1,1,1,1] \end{bmatrix}\begin{bmatrix} [0,0,1] \\ [1,1,0] \\ [0,1,0] \\ [1,1,0] \end{bmatrix} = \begin{bmatrix} [0,1,1] \\ [4,4,0] \\ [2,3,1] \end{bmatrix}$$

通过类似的方式,可以求得 $\boldsymbol{V} = \boldsymbol{X} \boldsymbol{W}_V$ 为

$$\begin{bmatrix} [1,0,1,0] \\ [0,2,0,2] \\ [1,1,1,1] \end{bmatrix}\begin{bmatrix} [0,2,0] \\ [0,3,0] \\ [1,0,3] \\ [1,1,0] \end{bmatrix} = \begin{bmatrix} [1,2,3] \\ [2,8,0] \\ [2,6,3] \end{bmatrix}$$

$\boldsymbol{Q} = \boldsymbol{X} \boldsymbol{W}_Q$ 为

$$\begin{bmatrix} [1,0,1,0] \\ [0,2,0,2] \\ [1,1,1,1] \end{bmatrix}\begin{bmatrix} [1,0,1] \\ [1,0,0] \\ [0,0,1] \\ [0,1,1] \end{bmatrix} = \begin{bmatrix} [1,0,2] \\ [2,2,2] \\ [2,1,3] \end{bmatrix}$$

4. 计算 x_1 的注意力分数

根据查询 $\boldsymbol{q}_1$ 计算注意力分数 $\boldsymbol{q}_1 \boldsymbol{K}^{\mathrm{T}}$ 为

$$[1,0,2]\begin{bmatrix} [0,4,2] \\ [1,4,3] \\ [1,0,1] \end{bmatrix} = [2,4,4]$$

注意这里仅使用了输入 $\boldsymbol{x}_1$ 的查询。后面的其他查询计算重复同一步骤。

5. 计算 Softmax

对这些注意力分数进行 Softmax 计算:

$$\mathrm{Softmax}([2,4,4]) = [0.0,0.5,0.5]$$

6. 将值与注意力分数相乘

通过将值与注意力分数相乘,计算加权的值表征。

每个输入 x_i 的 $v_i = x_i W_v$,将经过 Softmax 计算的注意力分数与其对应的值相乘,得到 3 个向量,这 3 个向量称为加权值。

$$0.0 \times [1, 2, 3] = [0.0, 0.0, 0.0]$$
$$0.5 \times [2, 8, 0] = [1.0, 4.0, 0.0]$$
$$0.5 \times [2, 6, 3] = [1.0, 3.0, 1.5]$$

7. 对加权值求和,得到输出

$$
\begin{aligned}
&[0.0, 0.0, 0.0] \\
+\ &[1.0, 4.0, 0.0] \\
+\ &[1.0, 3.0, 1.5] \\
\hline
=\ &[2.0, 7.0, 1.5]
\end{aligned}
$$

所得到的向量 $[2.0, 7.0, 1.5]$ 是 x_1 的自注意力输出向量,这是基于输入 x_1 的查询表征与所有其他键(包括其自身的)的交互得到的。

8. 输入 x_2 和 x_3,重复步骤 4~7

现在已经完成了对输出 x_1 的自注意力输出向量的求解,可以再为输出 x_2 和 x_3 的自注意力输出向量重复步骤 4~7。

因为使用了点积的评分函数,所以查询和键的维度必须总是一致。但是,值的维度可能不同于查询和键,由此造成的结果是所得输出的维度与值的维度一致。

Transform 的训练是并行训练,所有的词都同时训练,这样就显著提高了计算效率。该模型使用位置嵌入完成对语言顺序的理解,并使用自注意力机制和全连接层来进行计算。

6.1.3 多头注意力机制

通过自注意力计算可以得到输出矩阵 Z,而多头注意力(Multi-Head Attention)是由多个自注意力组合形成的,多头注意力的结构如图 6-7 所示。多头注意力由四部分组成:

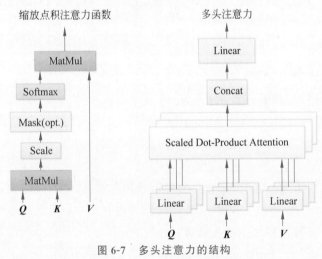

图 6-7　多头注意力的结构

- 线性层（分拆成多头）。
- 缩放的点积注意力。
- 多头及连接。
- 输入最后的一层线性层。

每个多头注意力块有三个输入，即 Q、K、V，这些输入经过线性层分拆成多头。

将上面定义的缩放点积注意力（Scaled Dot-Product Attention）函数应用于每个头（进行了广播以提高效率）。注意力这步必须使用一个恰当的掩码，然后将每个头的注意力输出连接起来，并放入最后的线性层。

将 Q、K 和 V 拆分到了多个头，而非单个注意力头，因为多头允许模型共同注意来自不同表示空间的不同位置的信息。在分拆后，每个头部的维度减少，因此总的计算成本与有着全部维度的单个注意力头相同。

从图 6-7 可以看到，多头注意力包含多个自注意力层，首先将输入 X 分别传递到 h 个不同的自注意力中，计算得到 h 个输出矩阵 Z。图 6-8 是 $h=8$ 时的情况，此时将得到 $Z_1 \sim Z_8$ 共 8 个输出矩阵。

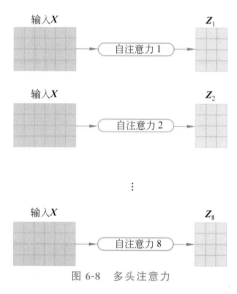

图 6-8　多头注意力

得到 8 个输出矩阵 $Z_1 \sim Z_8$ 之后，多头注意力将它们拼接在一起，然后传入一个线性层，得到多头注意力最终的输出 Z，如图 6-9 所示。

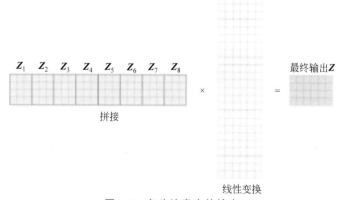

图 6-9　多头注意力的输出

可以看到多头注意力输出的矩阵 $\mathbf{Z}$ 与其输入的矩阵 $\mathbf{X}$ 的维度相同。

例 6-3　编码器中的多头注意力计算。

1. 计算查询向量 q、键向量 k 和值向量 v

首先根据每个单词的表示 $(\mathbf{x}_1, \mathbf{x}_2, \cdots, \mathbf{x}_n)$，通过线性变换，计算对应的查询向量 $\mathbf{q}$、键向量 $\mathbf{k}$ 和值向量 $\mathbf{v}$，如图 6-10 所示。

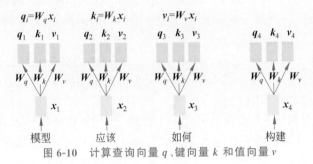

图 6-10　计算查询向量 q、键向量 k 和值向量 v

2. 进行多头分解

将查询向量 $\mathbf{q}$、键向量 $\mathbf{k}$ 和值向量 $\mathbf{v}$ 分解为多个向量，以两个头为例，分解过程如图 6-11 所示。

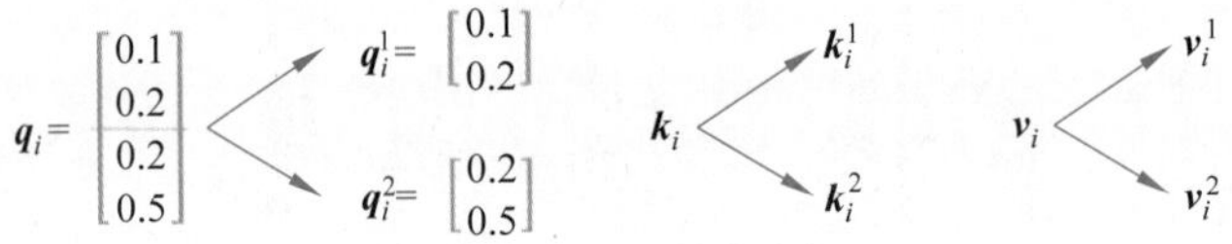

$$\mathbf{q}_i = \begin{bmatrix} 0.1 \\ 0.2 \\ 0.2 \\ 0.5 \end{bmatrix} \qquad \mathbf{q}_i^1 = \begin{bmatrix} 0.1 \\ 0.2 \end{bmatrix} \qquad \mathbf{q}_i^2 = \begin{bmatrix} 0.2 \\ 0.5 \end{bmatrix} \qquad \mathbf{k}_i \quad \begin{array}{c} \mathbf{k}_i^1 \\ \mathbf{k}_i^2 \end{array} \qquad \mathbf{v}_i \quad \begin{array}{c} \mathbf{v}_i^1 \\ \mathbf{v}_i^2 \end{array}$$

图 6-11　进行多头分解

3. 缩放点积注意力

缩放点积注意力如图 6-12 所示。对每个头分别计算其注意力权重：

$$\text{Attention}(\mathbf{Q}, \mathbf{K}, \mathbf{V}) = \text{Softmax}\left(\frac{\mathbf{Q}\mathbf{K}^{\mathrm{T}}}{\sqrt{d_k}}\right)\mathbf{V}$$

其中，d_k 为 $\mathbf{q}$ 和 $\mathbf{k}$ 的维度数，在这里，每个头的 $\mathbf{q}$ 和 $\mathbf{k}$ 为 2 维向量，以编码"模型"为例，分母则是 $2^{1/2}$。

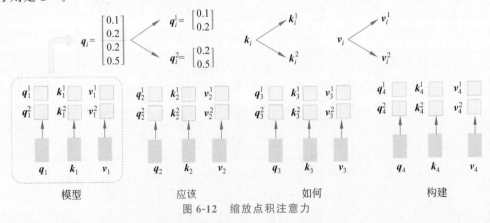

图 6-12　缩放点积注意力

对每个头分别计算其注意力权重后,再利用 Softmax 函数进行归一化处理得到注意力权重 a,聚合上下文信息,如图 6-13 所示。

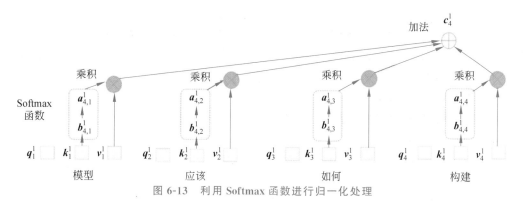

图 6-13　利用 Softmax 函数进行归一化处理

4. 不同头信息聚合

将各头的语义向量进行拼接,拼接后的语义向量则包含了上下文的信息,然后进行线性变换,得到最终的隐藏层状态,如图 6-14 所示。

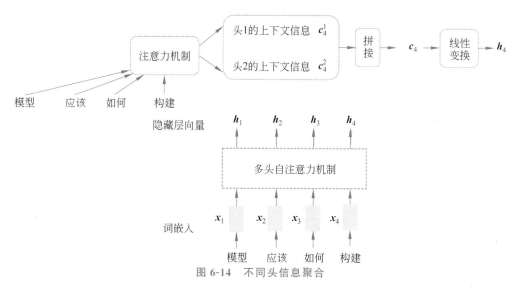

图 6-14　不同头信息聚合

从图 6-14 可以看出,多头自注意力机制的优势是能够较好地建模单词间的长距离依赖关系。句子中任何两个单词之间都能通过多头自注意力机制直接连接,而且多头自注意力机制能够实现并行计算,提升计算效率。多头自注意力机制能够在不同子空间的表示上实现信息聚合,如图 6-15 所示。

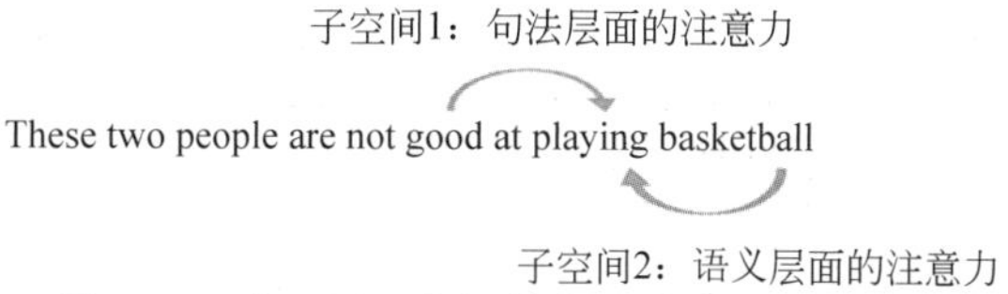

子空间1:句法层面的注意力

These two people are not good at playing basketball

子空间2:语义层面的注意力

图 6-15　在不同子空间的表示上实现信息聚合

6.2　Transformer 模型结构

Transform 模型主要由编码器和解码器两部分组成。编码器将输入序列映射到隐藏层,然后解码器再将隐藏层内容映射为输出序列。Transform 模型的序列到序列的转换过程如下:

(1) 将自然语言序列输入编码器。

(2) 将编码器的输出映射到隐藏层,然后再输入解码器。

(3) 启动解码器。

(4) 得到一个字。

(5) 将得到的第一个字再输入解码器,从解码器得到第二个字。

(6) 重复步骤(4)~步骤(6),直到解码器输出终止符,完成新序列生成。

6.2.1　Transformer 模型总体架构

Transformer 总体架构如图 6-16 所示,图中 N 可为 1~6,表示可有 6 个编码器块和解码器块。图 6-16 中左侧为编码器块,右侧为解码器块。粗框中的部分为多头注意力,可以看到编码器块包含一个多头注意力,解码器块包含两个多头注意力,其中有一个使用了掩码

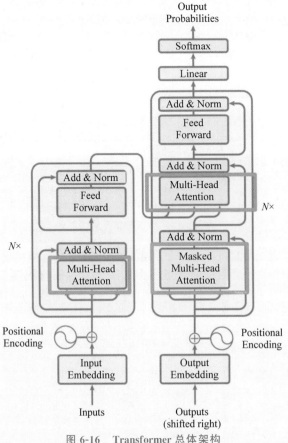

图 6-16　Transformer 总体架构

（Masked）。多头注意力上方还包括一个 Add & Norm 层。Add 表示残差连接（residual connection）用于防止网络退化；Norm 表示层归一化（layer normalization），用于对每一层的激活值进行归一化。

6.2.2 位置向量

在自注意力机制中没有采用循环结构或卷积结构，也就是说，没有包括单词的位置信息，但是句子中单词的位置关系对于句子语义有重要作用，所以在自注意力机制中需要增加位置向量。

1. 添加位置向量

如图 6-17 所示，对于 n 个单词的词向量 $(x_1, x_2, \cdots, x_n)$，添加相对应的位置向量 $(p_1, p_2, \cdots, p_n)$，得到

$$(x_1', x_2', \cdots, x_n') = (x_1, x_2, \cdots, x_n) + (p_1, p_2, \cdots, p_n)$$

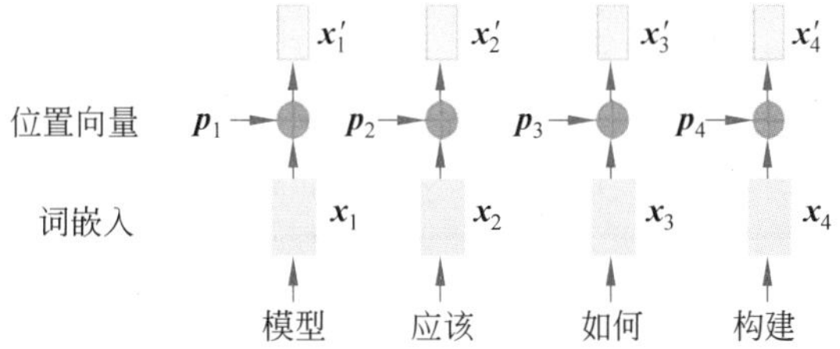

图 6-17 添加位置向量

2. 确定位置向量

将添加的位置向量作为参数，并在对其进行随机初始化后，根据训练数据对其进行优化。

$$\boldsymbol{p}_{\text{pos}} = \begin{bmatrix} y_0 \\ \vdots \\ y_i \\ \vdots \\ y_{d-1} \end{bmatrix} \Big\} d（如 d = 500）$$

$$y_{2i} = \sin\left(\frac{\text{pos}}{10000^{2i/d}}\right)$$

$$y_{2i+1} = \cos\left(\frac{\text{pos}}{10000^{2i/d}}\right)$$

其中，pos 是位置，d 是总的维度数。$2i$ 或 $2i+1$ 分别表示第 $2i$ 或者 $2i+1$ 维元素，$0 \leqslant i \leqslant d/2 - 1$。

Transformer 使用位置嵌入保存单词在序列中的相对位置或绝对位置。位置嵌入用 PE 表示，PE 的维度与词嵌入相同。PE 可以通过训练得到，也可以使用某种公式计算得到。在 Transformer 中采用计算得到，计算公式如下：

$$\text{PE}_{(\text{pos}, 2i)} = \sin(\text{pos}/10000^{2i/d})$$

$$\text{PE}_{(\text{pos}, 2i+1)} = \cos(\text{pos}/10000^{2i/d})$$

其中,pos 表示单词在句子中的位置,d 表示 PE 的维度(与词嵌入维度相同),$2i$ 表示偶数维度,$2i+1$ 表示奇数维度(即 $2i \leqslant d$,$2i+1 \leqslant d$)。使用这个公式计算 PE 的好处如下。

(1) 使 PE 能够适应比训练集中所有句子都长的句子,假设训练集中最长的句子是有 20 个单词,突然来了一个有 21 个单词的句子,则使用公式计算的方法能够计算出第 21 个位置的嵌入。

(2) 可以让模型容易地计算出相对位置,对于固定长度的间距 k,可以用 PE(pos)计算得到 PE(pos+k)。因为:

$$\sin(A+B) = \sin(A)\cos(B) + \cos(A)\sin(B)$$
$$\cos(A+B) = \cos(A)\cos(B) - \sin(A)\sin(B)$$

将单词的词嵌入和位置嵌入相加,就可以得到单词的表示向量 $\boldsymbol{X}$,$\boldsymbol{X}$ 就是 Transformer 的输入。

6.2.3　编码器块

Transformer 编码器块的结构如图 6-18 虚线内所示,可以看到编码器块由多头注意力子层、前馈网子层组成。每个子层后采用了残差连接和层归一化方法。

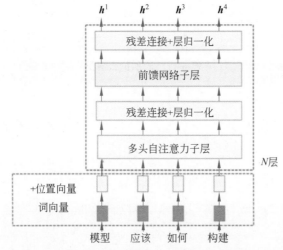

图 6-18　Transformer 编码器块的结构

(1) 多头自注意力子层

编码器的多头自注意力机制如图 6-19 所示。

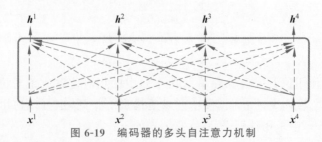

图 6-19　编码器的多头自注意力机制

（2）前馈网络子层

前馈网络子层是一个两层的全连接层，第一层的激活函数为 ReLU，第二层不使用激活函数。前馈网络子层对应的公式如图 6-20 所示。

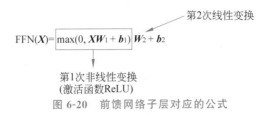

图 6-20　前馈网络子层对应的公式

X 为输入，前馈网络子层最终得到的输出矩阵的维度与 X 一致。

（3）残差连接

残差连接能够将误差信号不经过中间权重矩阵变换直接传播到底层，缓解梯度弥散问题。具体做法是将输入 X 与网络层变换 $f(X)$ 直接相加，作为该层的最终输出结果。残差连接可以让网络只关注当前差异的部分，如图 6-21 所示。

（4）层归一化

层归一化的目的是使网络中每层输入和输出数据的分布相对稳定，提升模型学习速率。其做法是将每一层神经元的输入都转换成一样的均值方差，这样可以加快收敛。层归一化如图 6-22 所示。

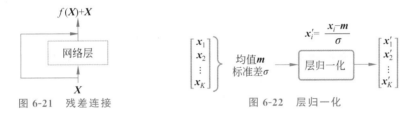

图 6-21　残差连接　　　　　　　　　图 6-22　层归一化

关于残差连接和层归一化的更详细内容可参阅第 5 章深度残差神经网络。

编码器块工作过程如下：

（1）首先对输入序列进行词嵌入表示并加入位置信息。

（2）将当前编码器块的输入序列放入多头自注意力子层生成新的向量。具体来说，在计算编码器的自注意力时，查询、键和值都来自前一个编码器块的输出。

（3）将多头自注意力子层的输出与当前编码器块的输入做残差连接并将结果做层归一化处理。

（4）将层归一化后的结果放入全连接前馈网络层中。该层的作用是对自注意力层中输出的所有位置表示进行变换，所以其被称为基于位置的前馈神经网络。

（5）进行残差连接并进行层归一化处理。

（6）将结果送入下一个编码器块，重复 N 次。

从编码器输入的句子首先会经过一个自注意力子层，此层可帮助编码器在对每个单词编码时关注输入句子的其他单词。自注意力层的输出会传递到前馈神经网络中。每个位置的单词对应的前馈神经网络都完全一样。

编码器块接收输入矩阵 $X(n \times d)$，并输出一个矩阵 $O(n \times d)$。通过多个编码器块叠加就可以组成编码器。

第一个编码器块的输入为句子单词的表示向量矩阵,后续编码器块的输入是前一个编码器块的输出,最后一个编码器块输出的矩阵就是编码信息矩阵 **C**,这一矩阵后续输入解码器中。

首先将每个输入单词通过词嵌入算法转换为词向量,每个单词都被嵌入为 512 维的向量,词嵌入过程只发生在最底层的编码器中。所有的编码器都有一个相同的特点,即它们接收一个向量列表,列表中的每个向量大小为 512 维。在底层(最开始)编码器中,它就是词向量,但是在其他编码器中,它就是上一层编码器的输出(也是一个向量列表)。向量列表大小是可以设置的超参数,一般是训练集中最长句子的长度。

将输入序列进行词嵌入之后,每个单词都流经编码器中的自注意力和前馈神经网络两个子层。Transformer 的一个核心特性是,在这里输入序列中每个位置的单词都有自己独特的路径流入编码器。在自注意力层中,这些路径之间存在依赖关系。自注意力机制是通过某种运算来直接计算得到句子在编码过程中每个位置上的注意力权重,然后再以权重和的形式来计算得到整个句子的隐藏层向量表示。该机制的缺陷:模型在当前位置的信息进行编码时,过度地将注意力集中在自身的位置,可通过多头注意力机制来解决这个问题。前馈神经网络层没有这些依赖关系,因此在前馈神经网络层可以并行执行各种路径。

例 6-4 机译系统的编码器块的工作过程。

在机译系统中,编码器块的工作过程是从自然语言序列经过计算到隐藏层的过程。一个样本由原始句子和翻译后的句子组成。例如原始句子是"我喜欢机器学习",那么翻译后是"I love machine learning"。该样本就由"我喜欢机器学习"和"I love machine learning"组成。这个样本的原始句子的单词长度为 4,即"我""喜欢""机器""学习"。经过嵌入后,每个词的嵌入向量维度是 512,那么"我喜欢机器学习"这个句子嵌入后的维度是 [4, 512],如果是批量(batch)输入,则嵌入后的维度是 [batch size, 4, 512]。假设样本中句子的最大长度是 10,那么对于长度不足 10 的句子,需要补足长度到 10,维度就变为 [10, 512],补全的位置上的嵌入数值全为 0。

对于输入序列一般要进行填充补齐,也就是设定一个统一长度 N,在较短的序列后面填充 0。对于那些补 0 的数据来说,注意力机制不应该将注意力放在这些位置上,所以需要进行一些处理。具体的做法是在这些位置的值加上一个非常大的负数(负无穷),这样经过 Softmax 操作后,这些位置的权重就将接近 0。Transformer 的填充屏蔽实际上是一个张量,其中布尔值为 False 的位置就是要进行处理的位置。

得到补全后句子的嵌入向量后,如果直接将其输入编码器,则没有考虑到句子中的位置顺序关系,此时需要再加一个位置向量。位置向量在模型训练中有特定的形式,可以表示每个词的位置或者不同词之间的距离,其核心思想是在注意力计算时提供有效的距离信息。

6.2.4 解码器块

1. 解码器块的结构

Transformer 解码器由 N 个解码器块组成,每块包含 3 个子层:掩码多头自注意力子层、编码-解码注意力子层和前馈网络子层。每个子层之间采用了残差连接和层归一化方法,如图 6-23 所示。

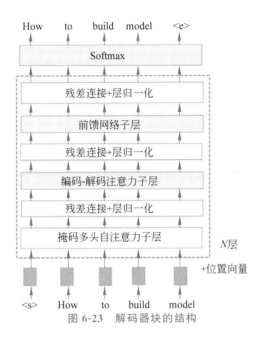

图 6-23 解码器块的结构

2. 编码器块与解码器块之间的连接

编码器块与解码器块之间的连接如图 6-24 所示。解码器块的编码-解码注意力子层接收编码器的隐藏层的输出。

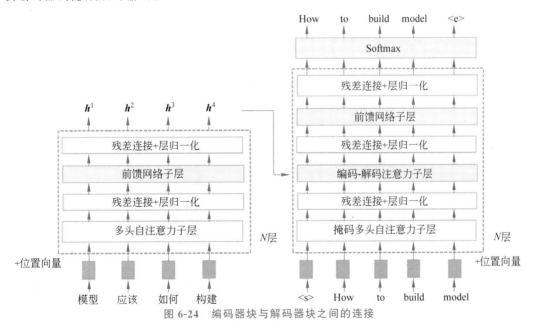

图 6-24 编码器块与解码器块之间的连接

3. 掩码多头自注意力子层

对于某一个目标单词,只与之前单词做注意力计算,即需要将后面的单词掩盖。为了保证模型在训练阶段和测试阶段保持一致,需要将后续的单词掩盖。对于翻译系统,在训练阶段,标准译文是已知的,在测试阶段,模型仅已知由模型自身预测得到之前的单词,如图 6-25

所示。

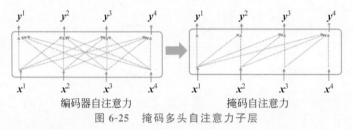

图 6-25　掩码多头自注意力子层

解码器块的掩码多头自注意力子层采用了掩码操作,因为在翻译的过程中是顺序翻译的,即翻译完第 i 个单词,才可以翻译第 $i+1$ 个单词。通过掩码操作(在自注意力的 Softmax 函数前使用)可以防止第 i 个单词知道 $i+1$ 个单词之后的信息。例如"我有一台计算机"翻译成"I have a computer",在解码器中,需要根据之前的翻译结果,求解当前最有可能的翻译结果。首先根据输入"＜Begin＞"预测出第一个单词为"I",然后根据输入"＜Begin＞I"预测下一个单词"have",如图 6-26 所示。

下面用 0 1 2 3 4 5 分别表示"＜Begin＞I have a computer ＜end＞",掩码多头自注意力子层工作过程如下。

(1) 解码器的输入矩阵包含"＜Begin＞I have a computer"（0，1，2，3，4）五个单词的表示向量,掩码(Mask)矩阵是一个 5×5 的矩阵,如图 6-27 所示。在掩码操作可以发现单词 0 只能使用单词 0 的信息,而单词 1 可以使用单词 0、1 的信息,即只能使用之前的信息。

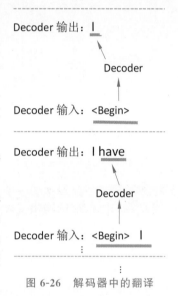

图 6-26　解码器中的翻译

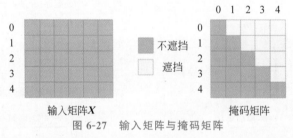

图 6-27　输入矩阵与掩码矩阵

(2) 接下来的操作和之前的自注意力一样,通过输入矩阵 $\boldsymbol{X}$ 计算得到 $\boldsymbol{Q}$、$\boldsymbol{K}$、$\boldsymbol{V}$ 矩阵。然后计算 $\boldsymbol{Q}$ 和 $\boldsymbol{K}^{\mathrm{T}}$ 的乘积 $\boldsymbol{Q}\boldsymbol{K}^{\mathrm{T}}$,如图 6-28 所示。

图 6-28　计算 $\boldsymbol{Q}\boldsymbol{K}^{\mathrm{T}}$

(3) 在得到 $\boldsymbol{Q}\boldsymbol{K}^{\mathrm{T}}$ 之后需要进行 Softmax 操作,计算注意力。在进行 Softmax 操作之前

需要使用掩码矩阵遮挡住每一个单词之后的信息,遮挡操作如图 6-29 所示。

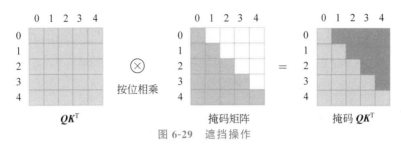

图 6-29　遮挡操作

得到掩码 QK^T 之后,在掩码 QK^T 上进行 Softmax 操作,每一行的和都为 1。但是单词 0 在单词 1、2、3、4 上的注意力分数都为 0。

(4) 如图 6-30 所示,使用掩码 QK^T 与矩阵 V 相乘,得到输出 Z,则单词 1 的输出向量 Z_1 只包含单词 1 信息。

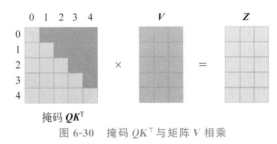

图 6-30　掩码 QK^T 与矩阵 V 相乘

(5) 通过上述步骤就可以得到一个掩码自注意力的输出矩阵 Z_i,然后和编码器类似,通过多头注意力拼接多个输出 Z_i,最后计算得到掩码多头自注意力子层的输出 Z,其中 Z 与输入 X 维度相同。

4. 编码-解码注意力子层

解码器块的编码-解码注意力子层与掩码多头自注意力子层区别不大,主要的变化是自注意力的 K、V 矩阵不是使用上一个解码器块的输出计算,而是使用编码器的编码信息矩阵 C 来计算。对于 Q,该子层根据上一个解码器块的输出 Z 来计算(如果是第一个解码器块,则使用输入矩阵 X 进行计算),后续的计算方法与之前描述的一致。这样设计好处是在解码器中,每一个单词都可以利用到编码器所有单词的信息,这些信息无须遮挡。

5. Softmax 预测输出单词

解码器块最后的部分是利用 Softmax 预测下一个单词,在之前的网络层可以得到一个最终输出 Z,因为遮挡存在,单词 0 的输出 Z_0 只包含单词 0 的信息,单词 4 的输出 Z_4 包含单词 0、1、2、3、4 的信息,如图 6-31 所示。

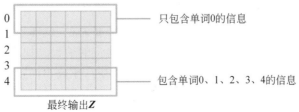

图 6-31　Softmax 之前的网络层的最终输出 Z

Softmax 根据输出矩阵的每一行预测下一个单词,如图 6-32 所示。

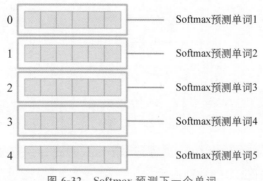

0	Softmax预测单词1
1	Softmax预测单词2
2	Softmax预测单词3
3	Softmax预测单词4
4	Softmax预测单词5

图 6-32　Softmax 预测下一个单词

对于某一个目标单词,将值与源端单词的隐藏层状态做注意力计算。编码-解码注意力子层能够在解码过程中利用源语言信息。具体做法:注意力计算中查询向量 q 来自目标端单词的隐藏层状态,而键向量 k 和值向量 v 来自源端隐藏层状态。

6. 解码器的主要工作

完成编码阶段的工作后,进入解码阶段。在译文时,为了翻译成英语句子,不断重复下列过程,直到到达特殊结束符为止,这时表明解码器已完成其输出。每个步骤的输出在下一个时间步中被反馈送到底部解码器,并且解码器像编码器那样输出它们的解码结果。就像对编码器输入所做的那样,也需要在这些解码器层中输入嵌入并添加位置编码,以指示每个词的位置。

解码器中的自注意力层与编码器中的自注意力层的操作方式略有不同。在解码器中,自注意力层关注输出序列中的较早的位置,这是通过在自注意力计算中的 Softmax 步骤之前屏蔽未来位置来完成的。编码器-解码器的注意力层就像多头自注意力层一样,除了从它下面的层创建其查询矩阵,还从编码器的输出中获取键和值矩阵。

线性层的工作是将解码器输出的浮点数向量转换成一个单词。线性层是一个简单的全连接的神经网络,它将解码器产生的向量投影到一个更大的向量中。其后面是 Softmax 层。

例 6-5　注意力输出序列的解码过程。

模型能够直接建模任意两个词之间的语义关系,提升了词与词之间远程依赖关系的建模能力。模型同时对所有源端单词和目标端单词进行编码和解码,提升了模型的并行计算能力。目前,Transformer 已经在机器翻译、自然语言处理、计算机视觉、预训练语言模型等多个任务中应用。

假设模型从训练数据集中学到了 10 000 个英语单词,并将这些单词存储在其输出词汇表中。这将使日志向量有 10 000 个元素,每个元素对应一个唯一单词的得分,然后这些得分被输入线性层。Softmax 层将得分转换为概率(全部为正,全部加起来为 1)。选择具有最高概率的单元,并且将与其相关的单词作为该时间步的输出。如图 6-33 所示,注意力输出序列的解码过程从底部开始,然后通过解码器隐藏层产生输出向量,最后输出向量被转换为对应的单词。

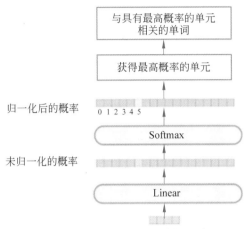

图 6-33　注意力输出序列的解码过程

6.3　Transformer 模型的工作过程与训练

6.3.1　Transformer 模型的工作过程

Transformer 编码器和解码器都分别包含 6 个块。编码器负责把自然语言序列映射于隐藏层,然后解码器将隐藏层内容再映射为自然语言序列,如图 6-34 所示,将以"我有一台计算机"翻译成英文为例,说明 Transformer 模型的工作过程。

(1) 获取输入句子的每一个单词的表示向量 X,X 由词嵌入和位置嵌入(位置编码)相加得到,Transformer 的输入表示如图 6-35 所示。

(2) 得到的单词表示向量矩阵如图 6-36 所示,每一行是一个单词的表示,将 X 传入编码器中,经过 6 个编码器块后可以得到句子所有单词的编码矩阵 C。单词向量矩阵用 $X^{(n×d)}$ 表示,n 是句子中单词的个数,d 是表示向量的维度(如维度 $d=512$)。每一个编码器块输出的矩阵维度与输入完全一致。

(3) 启动解码器,将编码器输出的编码矩阵 C 传递到解码器中。

(4) 解码器接收了编码器的编码矩阵 C,输入一个翻译开始符<Begin>,预测第 1 个单词"I"。

(5) 输入翻译开始符<Begin>和单词"I",预测第 2 个单词 "have"。

(6) 重复此过程,直到解码器输出终止符,I have a computer <end>序列生成完成。

如图 6-37 所示,在使用解码器的过程中,翻译到第 $i+1$ 个单词时需要通过掩码(Mask)操作遮盖住第 $i+1$ 个单词之后的单词。

由三层编码器-解码器单元堆叠而成的 Transformer 模型工作过程说明如下。

1. 编码器部分

(1) 第一层编码器单元

① 输入处理

- 输入序列通过词嵌入层转换为向量表示。
- 位置编码被添加到词嵌入向量中,以保留序列中单词的位置信息。

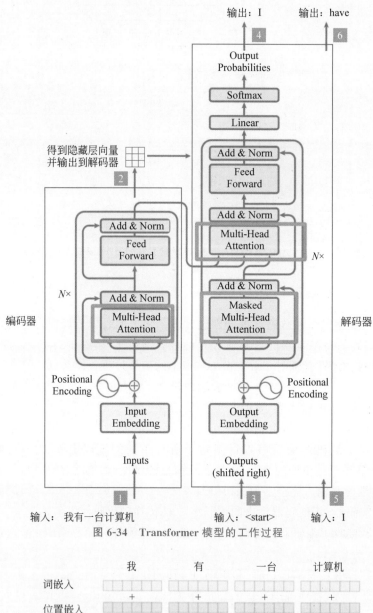

图 6-34　Transformer 模型的工作过程

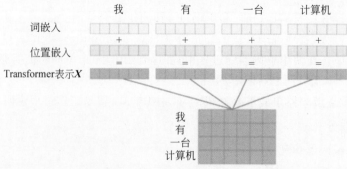

图 6-35　Transformer 的输入表示

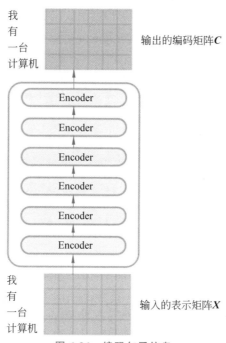

图 6-36　编码句子信息

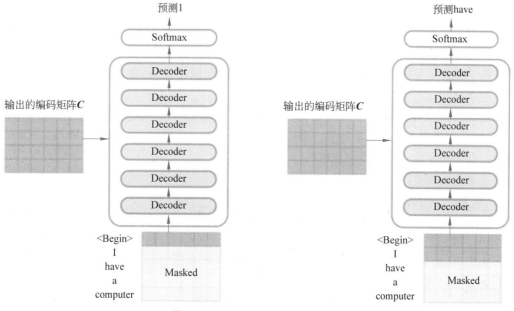

图 6-37　Transformer 解码器预测

② 多头自注意力机制

通过多头自注意力机制，模型能够在不同子空间中同时关注输入序列的不同部分。

③ 前馈网络

自注意力层的输出被传递到前馈网络，该网络对每个位置的数据进行相同的非线性变换。

④ 残差连接与层归一化

- 残差连接帮助缓解深层网络训练中的梯度消失问题。
- 层归一化确保了网络中层与层之间的数据分布稳定。

（2）第二层编码器单元

第二层编码器单元的结构与第一层相同，但输入是第一层的输出，这样模型可以学习更抽象的表示。

（3）第三层编码器单元

同样，第三层编码器单元重复上述过程，进一步提炼输入序列的高级特征。

2. 解码器部分

（1）第一层解码器单元

① 自注意力层

解码器首先通过自注意力层处理目标序列的输入。

② 编码器-解码器注意力层

这一层允许解码器关注编码器的输出，即源序列的信息。

③ 前馈网络与残差连接

解码器的每个单元也包括前馈网络和残差连接，以及层归一化。

（2）第二层解码器单元

第二层解码器单元的结构与第一层相似，但它接收第一层的输出作为输入。

（3）第三层解码器单元

第三层解码器单元同样遵循相同的结构，最终输出用于预测下一个目标序列的单词。

（4）输出层

解码器的最后一层输出经过线性变换和 Softmax 激活函数，生成概率分布，用于预测下一个单词。

通过这种多层编码器-解码器单元的堆叠，Transformer 模型能够有效地处理序列到序列的任务，如机器翻译和文本摘要。每层都为模型提供了不同的视角和信息处理层次，使得模型在理解和生成文本方面表现出色。

关于上述内容的进一步解释如下。

（1）第二层编码器输出与第一层编码器输出有何不同？

在 Transformer 模型中，每层编码器都会对输入序列进行加工处理，每层的输出都会有所不同。第二层编码器的输出是第一层输出的进一步抽象和提炼，包含了更复杂的语义和上下文信息，能够为后续层或任务提供更丰富和深入的数据表示。以下是第二层编码器输出与第一层编码器输出的不同之处。

① 多头自注意力机制的累积效果

- 第一层编码器主要利用多头自注意力机制捕获输入序列中的长距离依赖关系。
- 第二层编码器在第一层的基础上进一步加工，能够捕获更复杂的依赖关系。这是因为多头自注意力机制在每层都可以捕获不同子空间的信息，经过多层叠加后，模型能够学习到更丰富的表示。

② 位置编码的结合

位置编码在第一层和第二层都会被添加到输入中，但是在第二层，位置信息与经过第一层处理后的特征结合，将产生更精确的位置感知表示。

③ 前馈神经网络的影响

- 每层编码器之后都会跟随一个前馈神经网络,这个网络对自注意力层的输出进行进一步的非线性变换。
- 第二层编码器的输入是第一层编码器前馈神经网络的输出,因此第二层的输出将包含第一层前馈神经网络的学习结果。

④ 残差连接和层归一化的作用

- 每层编码器内部都有残差连接和层归一化操作,这有助于缓解深层网络训练中的梯度消失问题。
- 第二层的输出是第一层输出经过残差连接和层归一化后的结果,因此第二层的输出会更加稳定和规范化。

⑤ 更深层次的特征抽象

第二层编码器能够基于第一层的输出进行更深层次的特征抽象。例如,第一层可能更多地关注词义层面的信息,第二层可能会在此基础上进一步识别短语或句法结构。

⑥ 上下文信息的丰富性

第二层编码器在处理输入时,已经考虑了第一层的上下文信息,因此其输出将包含更全面的上下文信息。

(2) 第二层解码器输出与第一层解码器输出有何不同?

在 Transformer 模型中,解码器部分也由多层组成,每层解码器都会对输入序列进行加工处理,每层的输出都会有所不同。第二层解码器的输出是第一层输出的进一步加工,包含了更丰富的语义信息、更精准的对齐信息以及更深入的上下文理解。每层解码器都在逐步构建一个更全面和准确的输出表示,以便生成高质量的翻译文本或执行其他序列生成任务。以下是第二层解码器输出与第一层解码器输出可能的不同之处。

① 自注意力机制的累积效果

第一层解码器首先通过自注意力机制处理目标序列,捕获序列内的依赖关系。第二层解码器在第一层的基础上进一步加工,可以学习到更复杂的序列内部依赖关系。

② 编码器-解码器注意力

第一层解码器在完成自注意力操作之后,会使用编码器-解码器注意力机制来关注源序列(即编码器的输出)。第二层解码器在处理时,会基于第一层解码器的输出和编码器-解码器注意力结果,这可能会产生更精准的对齐信息。

③ 位置编码的结合

位置编码在第一层和第二层解码器中都会被添加到输入中。在第二层,位置信息与第一层解码器的输出结合,可能会产生更精细的位置感知表示。

④ 前馈神经网络的影响

每层解码器之后都会有一个前馈神经网络,对自注意力层的输出进行进一步的非线性变换。第二层解码器的输入是第一层解码器前馈神经网络的输出,因此第二层的输出将包含第一层前馈神经网络的学习结果。

⑤ 残差连接和层归一化的作用

解码器中的每层都有残差连接和层归一化操作,这有助于训练深层网络。第二层的输出是第一层输出经过残差连接和层归一化后的结果,因此第二层的输出会更加稳定。

⑥ 更深层次的特征抽象

第二层解码器能够基于第一层的输出进行更深层次的特征抽象,识别更复杂的语言结构或语义信息。

⑦ 上下文信息的丰富性

第二层解码器在处理输入时,已经考虑了第一层的上下文信息以及与编码器的交互信息,因此其输出将包含更全面的上下文信息。

⑧ 掩码的影响

在解码器中,为了防止模型在预测某个位置时看到未来的信息,通常会使用掩码机制。第二层解码器在处理时,依然需要考虑这种掩码,但它的输入已经是经过一层掩码处理后的输出,这会影响其输出的性质。

例6-6　假设一个简单的英语到中文的翻译任务,源句子是"I have a cat",目标句子是"我有一只猫"。

(1) 第一层(底层)

输入:原始的词嵌入向量,这些向量是对词的初步数值表示。

学习特征:这一层可能主要学习一些基本的语言特征,如词的上下文无关属性(例如,"cat"可能与"dog"更相似,因为它们都是动物名词)。

输出:基于自注意力和前馈网络处理后的特征表示,这些表示开始捕捉词与词之间的简单关系。

(2) 第二层

输入:第一层的输出,即已经初步处理过的特征表示。

学习特征:这一层可能开始学习更复杂的特征,如词的上下文相关属性(例如,"have"在这个句子中与"cat"的关系,表明一种"拥有"关系)。

输出:更抽象的特征表示,开始形成关于句子结构的一些理解。

(3) 第三层

输入:第二层的输出。

学习特征:这一层可能学习到更高级的语法结构,如短语或从句的组成(例如,"have a cat"作为一个整体的意思)。

输出:更加抽象的表示,可能包含了关于句子中短语结构的信息。

(4) 第四层

输入:第三层的输出。

学习特征:这一层可能开始捕捉到句子中的长距离依赖关系,如主语和谓语之间的关系,或者句子中不同部分之间的逻辑联系。

输出:更加复杂和抽象的特征表示,有助于理解整个句子的语义。

(5) 第五层

输入:第四层的输出。

学习特征:这一层可能专注于学习句子中的细微语义差异和复杂的语言规则。

输出:高度抽象的表示,可能包含了句子的深层语义信息。

(6) 第六层(顶层)

输入:第五层的输出。

学习特征：这一层可能综合之前所有层的特征，形成对整个输入序列的全面理解，包括句子的整体意图和语境。

输出：最终的抽象特征表示，用于解码器生成翻译后的句子。

在这个例子中，每层都在其前一层的基础上，学习到更复杂和抽象的语言特征。这种层次化的特征学习使得 Transformer 模型能够有效地处理和理解自然语言。

6.3.2 Transformer 模型的训练

从编码器存储区输出向量开始，解码器会将这些向量转换为输出单词。在一个未经训练的模型中，这个过程将通过一个前向传播完成。但因为使用有标记的训练集来训练模型，所以可以用模型的输出与期望的输出比较，然后根据比较结果修改相应的权重。

使用 bos(begining of sequence) 表示序列开始，eos(end of sequence) 表示序列结束。

为了简单说明，假设输出词汇表仅包含 6 个单词："a""am""I""thanks""student""<eos>"。单词与其对应标签如表 6-1 所示。

表 6-1 单词与其对应标签

单词	a	am	I	thanks	student	<eos>
标签	0	1	2	3	4	5

模型的输出词汇表在训练之前的预处理流程中就已设定。一旦定义了输出词汇表，就可以使用一个相同宽度的向量来表示词汇表中的每一个单词。如果采用 one-hot 编码，可以用下面这个向量来表示单词"am"：

0.0	1.0	0.0	0.0	0.0	0.0

用下面这个向量来表示单词"student"：

0.0	0.0	0.0	0.0	1.0	0.0

接下来讨论模型的损失函数，它是在训练过程中用来优化的标准。通过它可以训练得到一个结果尽量准确的模型。例如训练模型，将"谢谢"翻译为"thanks"，这表明需要一个表示单词"thanks"概率分布的输出。但是因为这个模型还没被完成训练，所以不太可能输出"thanks"的概率分布。

未经训练模型的输出为

0.2	0.2	0.1	0.2	0.2	0.1

期望输出为

0.0	0.0	0.0	1.0	0.0	0.0
a	am	I	thanks	student	<eos>

因为未经训练模型的参数(权重)都被随机生成，产生的概率分布在每个单元格/单词中都赋予了随机的数值。但是，可以使用真实的输出来比较它，然后用反向传播算法来调整所有模型的权重，生成更接近结果的输出。

例如,输入"我是一个学生",期望输出是"I am a student"。那就期望模型能够成功地输出概率分布,将中文翻译成英文。

虽然本例中是 6 个单词,但现实情况通常是这些单词由宽度为 3000 或 10 000 的向量所代表。

第 1 个概率分布在与"I"关联的单元格有最高的概率。

第 2 个概率分布在与"am"关联的单元格有最高的概率。

以此类推,第 5 个输出的分布表示与"<eos>"关联的单元格有最高的概率。

模型的期望输出如表 6-2 所示。

表 6-2　模型的期望输出

位置	a	am	I	thanks	student	<eos>
1	0.0	0.0	**1.0**	0.0	0.0	0.0
2	0.0	**1.0**	0.0	0.0	0.0	0.0
3	**1.0**	0.0	0.0	0.0	0.0	0.0
4	0.0	0.0	0.0	0.0	**1.0**	0.0
5	0.0	0.0	0.0	0.0	0.0	**1.0**

依据例子,在一个足够大的数据集上充分训练模型后,期望模型输出的概率分布如表 6-3 所示。

表 6-3　期望模型输出的概率分布

位置	a	am	I	thanks	student	<eos>
1	0.01	0.02	**0.93**	0.01	0.02	0.01
2	0.01	**0.8**	0.1	0.05	0.01	0.03
3	**0.99**	0.001	0.003	0.003	0.002	0.001
4	0.01	0.02	0.01	0.01	**0.94**	0.01
5	0.003	0.002	0.01	0.002	0.003	**0.98**

模型的目标输出：I am a student <eos>。

期望训练过后,模型能输出正确的翻译。当然如果这段话完全来自训练集,则它并不是一个很好的评估指标。

1. 解码器训练

以将"I/ love /machine/ learning"翻译成"我/喜欢/机器/学习"为例说明解码器训练过程。

(1) 将"I/ love /machine/ learning"嵌入后输入编码器中,最后一层的编码器最终输出的 outputs [10,512],表明采用的嵌入长度为 512,批量大小＝10,outputs [10,512]乘以新的参数矩阵,可以作为解码器中每一层用到的 **K** 和 **V**。

(2) 将<bos>作为解码器的初始输入,将解码器的最大概率输出词 A_1 和"I"做交叉熵计算误差。

（3）将＜bos＞,"I"作为解码器的输入,将解码器的最大概率输出词 A_2 和"love"做交叉熵计算误差。

（4）将＜bos＞,"I","love"作为解码器的输入,将解码器的最大概率输出词 A_3 和"machine"做交叉熵计算误差。

（5）将＜bos＞,"I","love","machine"作为解码器的输入,将解码器最大概率输出词 A_4 和"learning"做交叉熵计算误差。

（6）将＜bos＞,"I","love","machine","learning"作为解码器的输入,将解码器最大概率输出词 A_5 和终止符做交叉熵计算误差。

2. 解码器测试

将训练完的模型进行测试,例如用"机器学习"当作测试样本,得到其英文翻译"machine learning"。这一句经过编码器后得到输出张量,送入解码器(并不是当作解码器的输入)。

（1）将起始符＜bos＞当作解码器的输入,得到输出"machine"。

（2）将＜bos＞,"machine"当作解码器的输入,得到输出"learning"。

（3）将＜bos＞,"machine","learning"当作解码器的输入,得到输出＜eos＞。

最后,得到完整的翻译"machine learning ＜eos＞"。

3. 模型预测单词的位置

通过训练,模型输出期望的翻译结果,因为模型一次生成一个输出,可以从概率分布中选择出现概率最高的单词,进而确定了预测单词的位置。

训练与预测最大的不同是解码器的输入。

6.3.3　Transformer 模型的并行训练与测试

- 预测时,解码器的输入除了第一个字符,其余字符都来自解码器的前一个预测字符。
- 训练时,解码器的所有输入都是真实的数据集输入,此时解码器的输出仅仅用来计算交叉熵以进行模型优化。这种方法被称为有监督学习。

Transformer 编码器无论是训练还是测试,都可并行工作。但 Transformer 解码器在训练时为并行,测试时为串行。

1. 编码器

编码器的并行可以理解,对于一个 BFE 数据块(B 为一个批次的样本数,F 为一个样本中的字符数,E 为每个字符的嵌入长度),其经过一层编码器后,数据块的形状仍为 BFE。而在一个编码器中,尽管计算非常复杂,但是通过矩阵运算,每条样本的计算都是同时发生的,每条样本内的字符之间的自注意力分数计算也是同时发生的。经过一层编码器的运算时间,取决于最小粒度的计算的耗时,这就可称为并行。

2. 解码器

解码器的输入有两个,一个是编码器的输出,另一个是带标签的矩阵。例如,以机器翻译任务中的中译英,将"我爱编程"译为"I love programming",那么"我爱编程"就是编码器的输入,解码器的输入就是编码器的输出与"I love programming"。

简单地说,可以将训练过程中的解码器看作一个 N 分类任务。在上文的例子中,即同时预测出 I、love、programming 三个词,应该先预测出 I,然后结合 I 预测出 love,最后结合 I love 预测出 programming。其实训练过程是按照这么一个逻辑进行的,只不过通过示教与遮挡将该逻辑并行化实现了。

假设输入矩阵大小为(3,4)。然后初始化的 **Q**、**K**、**V**。

将 **Q** 与 **K** 的转置相乘,得到了每个字符两两相关矩阵 **A**,如图 6-38 所示。

在乘以 **V** 之前,矩阵 **A** 需要做遮挡处理。通常,预测 I 时,是不可以看到 love、programming 的信息,预测 love 时,也不可以看到 programming 的信息。因此该矩阵的上半部分要加上一个极小负值,因为在后续进行 Softmax 操作时,极小负值就会变为 0。于是遮挡之后的矩阵,变为矩阵 **B**,如图 6-39 所示。然后该遮挡过后的矩阵与 **V** 相乘。

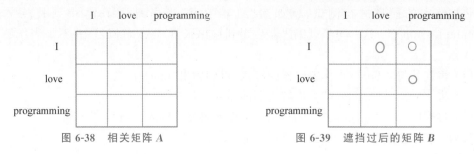

图 6-38　相关矩阵 **A**　　　　　图 6-39　遮挡过后的矩阵 **B**

I 那一行只考虑了 **A** 矩阵中 I 那一行的信息,love 那一行综合考虑了 **A** 矩阵中 I 与 love 两行的信息,以此类推。上面这种做法等同于先预测出 I,然后结合 I 预测出 love,最后结合 I love 预测出 programming。只不过因为训练阶段标签是知道的,所以预测的字符被提前告知。

矩阵 **B** 的 **Q**,与编码器传过来的矩阵作为 **K**、**V**,再经过一层自注意力层,最后得到了一个大小为(3,4)的矩阵。该矩阵经过 Softmax 等一系列的计算,完成了三分类任务,每次分类的类别数就是翻译后语言的词表大小。这样做:

- 可以并行预测。
- 前面的多分类任务并不会融合序列后面字符的信息。
- 后面的字符可以融合前面字符的信息,并且可以保证前面的字符信息一定是对的。

测试过程就比较好理解,由于必须预测出当前字符,才可以利用当前字符再去预测后面的字符,所以根本就不存在示教力,自然也就不需要遮挡了。

例 6-7　Transformer 模型的解码器训练。训练过程是按单个单词串行进行的,也可以并行进行训练。单个句子训练时,输入解码器的分别是:

\<bos\>

\<bos\>,"I"

\<bos\>,"I","love"

\<bos\>,"I","love ","machine"

\<bos\>,"I","love ","machine","learning"

这就需要将矩阵输入解码器,这样就可以进行并行训练。这个矩阵类似批处理,矩阵的每行是一个样本,只是每行的样本长度不一样,每行输入后,最终得到一个输出概率分布,如果作为矩阵输入,可以同时得到 5 个输出概率分布。

本 章 小 结

Transformer 模型是一种序列到序列转换的模型,主要是使用了基于自注意力的机制和处理方式。Transformer 模型主要应用自注意力机制提取内在特征,其应用席卷自然语言处理(NPL)领域。目前许多最有效的自然语言处理方法都是基于这种架构而构建的。Transformer 模型是大语言模型的引擎(参考第 15 章大语言模型)。本章主要内容包括 Transformer 模型原理、模型结构、模型工作过程及其应用。通过对这些内容的学习,读者可以了解、掌握当下在 NPL 领域应用最广、最先进的 Transformer 模型,为以后进一步应用打下基础。

第7章

生成对抗网络

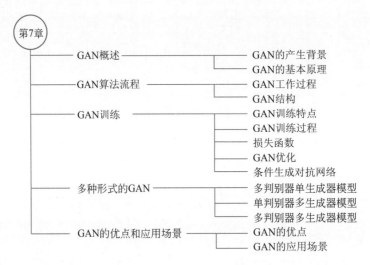

对真实世界建模不仅需要大量的先验知识,而且建模方法的优劣决定了生成模型的性能。复杂模型的获得需要庞大的复杂数据。针对上述问题,生成对抗网络模型是一种新的建模方法。生成对抗网络模型能够自动学习数据的分布规律来构建模型,并可以构造出类似真实世界的图像和文本。

7.1 GAN 概 述

生成对抗网络(generative adversarial network,GAN)是一个新型的生成模型,由 Ian Goodfellow 于 2014 年提出,随后 GAN 的研究与应用发展迅速。

7.1.1 GAN 的产生背景

1. 生成模型的积累

在 GAN 被提出之前,深度学习在计算机视觉领域最令人瞩目的成果基本上都是判别模型,如图像分类、目标识别等。深度生成模型的影响力很小,主要原因是对深度神经网络(如 CNN)使用最大似然估计时,遇到了困难的概率计算问题(如高维计算、复杂度),但是利用生成对抗网络可以绕过困难的概率计算问题。

生成模型不仅在人工智能领域占有重要地位,生成方法本身也具有很大的研究价值。GAN 提出之前,生成模型已经有了一定的研究基础,但是目标函数难以求解、计算复杂度较高、效率较低等是生成模型训练和生成数据过程中的困难问题。

2. 神经网络的深层化

随着深度学习技术在各个领域取得巨大成功,神经网络研究再度崛起。神经网络作为深度学习的典型模型结构,得益于计算能力的提升和数据量的增大,一定程度上解决了自身参数多、训练难的问题,现已广泛应用于解决各类问题中,GAN 中的生成器和判别器都采用神经网络来实现。

7.1.2　GAN 的基本原理

GAN 是使用对抗过程来获得生成模型的新框架。GAN 受博弈论中的零和博弈启发,将生成问题视为判别器和生成器的博弈。生成器从给定噪声(一般是指均匀分布或者正态分布)中产生合成数据,判别器分辨出生成器输出数据和真实数据。前者试图产生更真实的数据,相应地,后者试图更完美地分辨出真实数据。由此,生成器与判别器在对抗中进步,在进步后继续对抗,由生成器产生的输出数据也就越来越完美逼近真实数据,从而可以生成需要得到的数据(如图片、序列、视频等)。

例如,图片对抗生成主要由两个部分组成:一个是生成器 G,另一个是判别器 D。生成器 G 的作用是尽量去拟合真实数据分布,生成以假乱真的图片。其输入参数是一个随机噪声 z,$G(z)$ 代表其生成的一个样本(冒充数据)。判别器 D 的作用是判断一张图片是否是真实的图片,即能判断出一张图片是真实数据,还是生成器 G 生成的样本(冒充数据)。在比拼竞争的过程中,双方都不断提升自己的方法,最终导致假图片与真品无法区分,这时就表明已得到了一个效果好的生成结果。

生成对抗网络的运行步骤:生成器输入一系列随机数字并返回一张图像,将生成的图像和真实数据集中的图像流一起送入判别器,判别器接收真实图像和假图像,并返回概率值(0~1 的数字),其中 1 表示真实性的预测,0 表示假的预测。因此,得到一个双反馈回路:判别器在包含图像真实性的反馈回路中,发生器在判别器的反馈回路中。

例 7-1　输入参数是 x,x 代表一张图片,$D(x)$ 代表 x 是真实图片的概率。具体过程如下:

(1)对于从训练数据中取样出的真实图片样本 x,判别器 D 希望 $D(x)$ 的输出值接近 1,也就是判定训练数据为真实图片。

(2)给定一个随机噪声 z,判别器 D 希望 $D(G(z))$ 的输出值接近 0,认定生成器 G 生成的图片为假;而生成器 G 希望 $D(G(z))$ 的输出值接近 1,即 G 希望能够欺骗 D,让 D 将生成器 G 生成的样本误判为真实图片。这样 G 和 D 就构成了博弈的状态。

(3)在博弈的过程中,生成器 G 和判别器 D 都不断提升自己的能力,最后达到一个平衡的状态。G 可以生成足以以假乱真的图片 $G(z)$。对于 D 来说,它难以判定 G 生成的图片究竟是否真实。当 $D(G(z))=0.5$ 时,这样的目的就达到了,即得到一个生成逼真图片的模型 G,上述过程如图 7-1 所示。

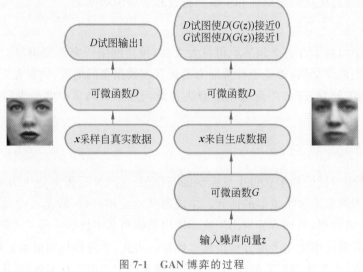

图 7-1   GAN 博弈的过程

7.2   GAN 算法流程

GAN 是一种深度学习模型,模型的生成器和判别器互相博弈学习而产生输出。在原始 GAN 理论中,并不要求生成器 G 和判别器 D 都是神经网络,只需要是生成器和判别器。但是,现在已经使用深度神网络 G 和 D。

7.2.1   GAN 工作过程

GAN 是一种无监督学习的深度神网络学习模型,其结构如图 7-2 所示。基本的 GAN 主要包含生成器和判别器两个互相独立的神经网络。生成器的任务是随机采样噪声 z,然后通过生成器 G 生成数据 $G(z)$。判别器 D 负责辨别数据的真伪,真实数据 x 和生成数据 $G(z)$ 作为判别器的输入,判别器输出是 $G(z)$ 为真的概率。在训练的过程中,生成器努力地欺骗判别器,而判别器努力地学习如何正确区分真假样本,判断一个样本是否是真实的样本,这样两者就形成了对抗的关系,最终的目标就是生成器生成足以以假乱真的伪样本。

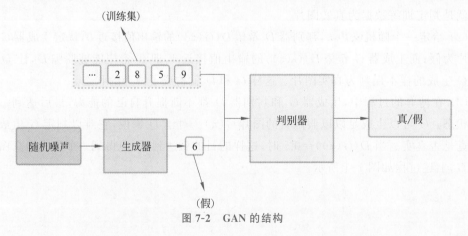

图 7-2   GAN 的结构

基本生成对抗网络的实现方法是生成器 G 与判别器 D 博弈,在训练过程中通过相互竞争使 D 和 G 同时得到增强。由于 D 的存在, G 在没有大量先验知识以及先验分布的前提下也能很好地去学习逼近真实数据,并最终使模型生成的数据达到以假乱真的效果,也就是 D 无法区分 G 生成的样本与真实样本,从而 G 和 D 达到某种纳什平衡。纳什平衡又称为非合作博弈均衡,是博弈论的一个重要术语,以约翰·纳什命名。

在一个博弈过程中,无论对方的策略选择如何,当事人一方选择某个确定的策略,则该策略被称为支配性策略。如果两个博弈的当事人的策略组合分别构成各自的支配性策略,那么这个组合就被定义为纳什平衡。

1. 构建 GAN 的主要工作

构建 GAN 时需要考虑的工作如下:

(1) 定义一个生成器,输入一组随机噪声向量,最好符合常见的分布,一般的数据分布都呈现常见分布规律,例如输出为一张图片。

(2) 定义一个辨别器,用它来判断图片是否为训练集中的图片,是为真,否为假。

(3) 生成器和辨别器可以是卷积神经网络、循环神经网络或者全连接前馈神经网络等。

2. 零和博弈

零和博弈源于博弈论,是指在一项游戏中,游戏者有输有赢,一方赢正是另一方输,而游戏的总成绩永远为零,零和博弈广泛用于有赢家必有输家的竞争与对抗。不难看出,GAN 的工作过程是一种二人零和博弈,博弈双方的利益之和是一个常数。

例 7-2　零和博弈。

两个人掰手腕,假设总的空间一定,A 力气大一点,则 A 得到的空间就多一点,相应地,B 得到的空间就少一点;相反 B 力气大一点,B 得到的空间就多一点,相应地,A 得到的空间就少一点,但总空间一定,这就是二人博弈。在 GAN 中就有两个这样的博弈者,一个是生成模型 G,另一个是判别模型 D,它们各自有各自的功能。两者的相同点是这两个模型都可以看成一个黑匣子,接收输入,然后有一个输出,类似一个函数的输入输出映射。不同点则体现在它们的功能上:生成器是一个样本生成器,输入一个噪声/样本,然后将其包装成一个逼真的样本,也就是输出;判别器是一个二分类器(如同 0-1 分类器),判断输入的样本是真是假,就是输出值是大于 0.5 还是小于 0.5。GAN 零和博弈如图 7-3 所示。

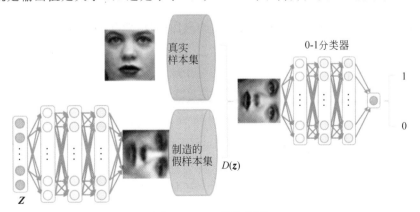

图 7-3　GAN 零和博弈

7.2.2　GAN 结构

1. 生成器

生成器 G 接收随机噪声向量 z，并生成一个伪样本 x^*，数学表述为 $G(z)=x^*$。

2. 判别器

判别器 D 鉴别输入样本是否真实并进行分类输出。对于每个输入，它输出一个 $0\sim1$ 的值，表示输入是真实样本的概率。

3. 对抗的目标

判别器的目标是尽可能精确。对于真实样本 x，$D(x)$ 力求接近 1（正的标签）；对于伪样本，$D(x^*)$ 力求接近 0（负的标签）。

生成器的目标正好相反，它试图通过生成与训练数据集中的真实数据别无二致的伪样本 x^* 来欺骗判别器。从数学角度讲，即生成器试图生成假样本 x^*，使得 $D(x^*)$ 尽可能接近 1。

如图 7-4 所示的生成器，需要输入一个 n 维向量，生成器输出的是图片，所以首先需要获得输入向量。这里的生成器是可以输出任意图片的生成模型，其中可将输入向量看作携带输出的某些信息。

例如，在处理手写数字生成的任务时，对于输出数字的具体信息（如具体是哪个数字、手写的潦草程度）不做要求，只要求其能够最大程度与真实手写数字相似（能骗过判别器），因此使用随机生成的向量来作为输入，其中随机输入最好满足常见的分布，如均值分布、高斯分布等。

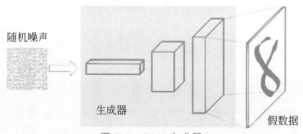

图 7-4　GAN 生成器

判别器的功能是输入图片，其输出为图片的真伪标签，如图 7-5 所示。

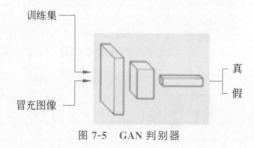

图 7-5　GAN 判别器

7.3　GAN 训 练

由神经网络构成的 GAN 中的生成器和判别器需要进行训练。

7.3.1　GAN 训练特点

传统的建模方法,一般先定义一个模型,然后利用数据去学习。例如,已经知道原始数据属于高斯分布,但不知道高斯分布的参数,这时定义高斯分布,然后利用数据去学习高斯分布的参数,得到最终的模型。又例如,定义一个分类器,然后强行让数据进行各种高维映射,最后变成一个简单的分布,支持向量机(SVM)可以很轻易地进行二分类。

GAN 的生成器最后可以通过噪声生成一个完整的真实数据(如人脸图像),也就是生成器掌握了从随机噪声到人脸数据的分布规律。GAN 一开始并不知道这个规律是什么,也就是 GAN 是通过多次训练后学习到的真实样本集的数据分布。GAN 的强大之处在于它能自动学习原始真实样本集的数据分布,不管这个分布多么复杂,它都可完成训练。训练过程中需要注意下述几点:

(1) 在噪声数据分布中随机采样 z,并输入生成器,得到一组假数据,记为 $G(z)$。

(2) 在真实数据分布中随机采样,作为真实数据,记作 x。

(3) 将前两步中某一步产生的数据作为判别器的输入(判别器的输入为两类数据,真/假),判别器的输出值为该输入属于真实数据的概率,真为 1,假为 0。

(4) 根据得到的概率值计算损失函数。

(5) 根据判别器和生成器的损失函数,可以利用反向传播算法,更新模型的参数。先更新判别模型的参数,然后通过再采样得到的噪声数据更新生成器的参数。

这里需要注意的是,生成器与判别器是完全独立的两个模型,它们之间无联系。训练原则是单独交替迭代训练。

7.3.2　GAN 训练过程

GAN 中的生成器和判别器博弈的交替迭代训练过程如下。

(1) 获得初始的真的和假的数据集。给生成器一个随机的输入(初始化),生成器输出一个假的样本集(未训练时效果非常差),同时已有真实的样本集(标签数据),于是得到了真假数据集。

(2) 有了真假数据集后,生成器的参数固定不变,对判别器进行训练。训练过程是一个有监督的二分类问题,即给定一个样本,训练判别器能判断出其是真样本还是生成器生成的假样本。

(3) 完成判别器的训练后,需要提升生成器的造假能力,将生成器与前一步训练好的判别器串接,固定判别器的参数不变,对生成器进行训练。给生成器一个随机输入,损失函数基于判别器辨别输出是否为真的概率定义,根据损失函数,对生成器的参数进行更新。

(4) 完成生成器的训练后,再次固定生成器的参数不变,对判别器进行训练。给生成器随机输入,得到新的假的数据集,此时的假样本比第(1)步生成的假样本要真一些,因为生成器经过了一轮优化,将最新得到的真假样本输入判别器进行训练,从而完成对判别器的再一次优化训练。

（5）多次更新迭代后，在理想状态下，最终判别器 D 无法区分图片是来自真实的训练样本集合，还是来自生成器 G 生成的样本为止，此时辨别的概率为 0.5。

训练方式：交替的训练 D 和 G，D 训练 k 步，G 训练 1 步。只要 G 变化得足够慢，D 就能保持接近它的最优解。

7.3.3 损失函数

损失函数是必须讨论的问题，因为它涉及模型的训练。

1. 正向传播

（1）正向传播有两种输入：

- 随机产生一个随机向量作为生成模型的数据，然后经过生成模型后产生一个新的向量，作为假图像，记作 $G(z)$。
- 从数据集中随机选择一张图片，将图片转换成向量，作为真实图像，记作 x。

（2）将由正向传播的两种输入而产生的输出，作为判别器的输入，经过判别器后，输出值为一个 0~1 的数，用于表示输入图片为真实图像的概率，真为 1，假为 0。使用得到的概率值计算损失函数，解释损失函数之前，先解释判别模型的输入。根据输入的图片类型是冒充图像或真实图像，将判别模型的输入数据的标签标记为 0 或者 1。即判别模型的输入类型为

$$(x_\text{假},0) \text{ 或者 } (x_\text{真},1)$$

2. 反向传播

GAN 中的 G 和 D 的选择无强制限制。定义一个噪声 $p_z(x)$ 作为先验，用于 G 在训练数据 x 上的概率分布 p_g。$G(z)$ 表示将输入的噪声 z 映射成数据，$D(x)$ 表示 x 来自真实数据分布 p_data 而不是 p_g 的概率。优化的目标函数定义如下：

$$\min_G \max_D V(D,G) = \mathbb{E}_{x \sim p_\text{data}(x)}\big[\log D(x)\big] + \mathbb{E}_{z \sim p_z(z)}\big[\log(1-D(G(z)))\big]$$

左边包含 $\min G$ 和 $\max D$ 两部分。

（1）优化 D：

$$\max_D V(D,G) = \mathbb{E}_{x \sim p_\text{data}(x)}\big[\log D(x)\big]$$

优化 D 即优化判别网络时，不涉及生成网络，公式的第二项的 $G(z)$ 就相当于已经得到的假样本，主要优化公式的第一项，使得真样本 x 输入时，得到的结果越大越好。因为真样本的预测结果越接近 1 越好；对于假样本 $G(z)$，需要优化的是其结果越小越好，也就是 $D(G(z))$ 越小越好，因为它的标签为 0。但是第一项越大，第二项越小，就矛盾了，所以把第二项改为 $1-D(G(z))$，这样就是越大越好。

（2）优化 G：

$$\min_G V(D,G) = \mathbb{E}_{z \sim p_z(z)}\big[\log(1-D(G(z)))\big]$$

在优化 G 时，与真样本无关，所以把第一项直接去掉，这时只有假样本，并希望假样本的标签是 1，所以是 $D(G(z))$ 越大越好，但是为了统一成 $1-D(G(z))$ 的形式，只能最小化 $1-D(G(z))$，这在本质上没有区别，只是为了形式统一。之后这两个优化模型可以合并起来写，就变成最开始的最大最小目标函数了。

已经得到了生成模型和判别模型的损失函数,分开来看,损失函数其实就是两个单独的模型,针对不同的模型可以按照自己的需要去实现不同的误差修正,也可以选择最常用的反向传播算法作为误差修正算法,更新模型参数。

当得到损失函数后就可安装单个模型的更新方法进行修正。

例 7-3 目标函数的优化。

目标函数的优化过程如图 7-6 所示。

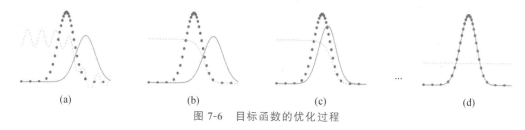

(a)   (b)   (c)   (d)

图 7-6 目标函数的优化过程

在图 7-6 中,GAN 同时更新训练中的判别模型和生成模型。判别模型分布用细虚线表示,D 区分数据生成分布用实线表示,生成模型分布用粗虚线表示。下面的水平线代表 z 采样的区域,在本例中 z 是均匀分布。上面的水平线是 x 的部分区域。向上的箭头代表映射。

(1)考虑接近收敛点的一组对抗对,p_g 和 p_{data} 是相似的,D 是一个部分准确的分类器。在训练开始时,判别模型无法很好地区分真实样本和生成样本。

(2)在算法的内层循环,D 被训练用来区分生成样本和真实数据,收敛于
$$D*(\boldsymbol{x})=p_{data}(\boldsymbol{x})/\left(p_{data}(\boldsymbol{x})+p_g(\boldsymbol{x})\right)$$

(3)当更新 G 时,D 的梯度指导 $G(z)$ 向更可能被判断为真实数据的区域移动。

(4)当训练进行一定次数时,如果 G 和 D 具有足够的容量,则它们会到达一个彼此都不能提升的点,由模型生成的图片分布与真实图片分布更加接近,这样的迭代不断进行,直到最终收敛,生成分布和真实分布重合。因为此时 $p_g=p_{data}$。判别器不能区分两个分布,$D(\boldsymbol{x})=0.5$。

作用到判标器的步数 k 是一个超参数。通常选择 $k=1$。每次迭代的训练数据样本称为小批量(minibatch)[或通常简称为"批次(batch)"],而完整的一轮训练数据称为一个epoch。训练的 epoch 数是网络模型看到每个训练示例的次数。

算法(GAN 的小批量随机梯度下降训练)如下:

---

for 训练迭代数 do

    for k 步 do

         • 来自噪声先验 $p_g(\boldsymbol{z})$ 的小批量,即 m 个噪声样本 $\{\boldsymbol{z}^{(1)},\boldsymbol{z}^{(2)},\cdots,\boldsymbol{z}^{(m)}\}$

         • 来自数据生成分布 $p_{data}(\boldsymbol{x})$ 的 m 个例子 $\{\boldsymbol{x}^{(1)},\boldsymbol{x}^{(2)},\cdots,\boldsymbol{x}^{(m)}\}$

         • 利用随机梯度刷新判别器

$$\nabla_{\theta_d}\frac{1}{m}\sum_{i=1}^{m}\left[\log D(\boldsymbol{x}^{(i)})+\log(1-D(G(\boldsymbol{z}^{(i)})))\right]$$

    End for

     • 来自噪声先验 $p_g(\boldsymbol{z})$ 的小批量,即 m 个噪声样本 $\{\boldsymbol{z}^{(1)},\boldsymbol{z}^{(2)},\cdots,\boldsymbol{z}^{(m)}\}$

     • 利用随机梯度刷新生成器

$$\nabla_{\theta_g} \frac{1}{m} \sum_{i=1}^{m} \log(1 - D(G(z^{(i)})))$$

End for

基于梯度的刷新能够使用任何基于标准梯度的学习规则。

从上述算法可以看出,生成器和判别器是分开训练的。通过增大随机梯度来更新判别器,因为对于判别器,要最大化目标函数。通过减小随机梯度来更新生成器,因为对于生成器,要最小化目标函数。

在实际应用中,GAN 模型可凸显下述优势。数据生成的复杂度与维度线性相关,对于较大维度的样本生成,仅需增加神经网络的输出维度,不会出现传统模型那样的计算量随维度增加而指数级上升问题。

(1) 对数据的分布不做显性限制,从而避免了人工设计模型分布的需要。

(2) GAN 生成的结果更为清晰。

(3) GAN 生成能力突出,应用更为广泛。

GAN 不仅可用于生成各类图像、文本、声音、音乐、结构化数据等自然语言数据,还在数据填报、图像翻译、数据合成、模仿学习等方面取得了突破性进展。

例 7-4   生成手写数字。

如图 7-7 所示,最初随机噪声将提供给生成器,生成器将生成一个手写数字,然后判别器将决定它接收到的输入是否是假的。在该过程开始时,由生成器生成的数字样本并不会很好,并且很容易被判别器丢弃,随着训练的继续,生成器和判别器不断优化。当判别器无法正确区分数据来源时,即判别器输出值 $D(G(z)) = 0.5$ 时,可以认为网络捕捉到的是真实数据样本。

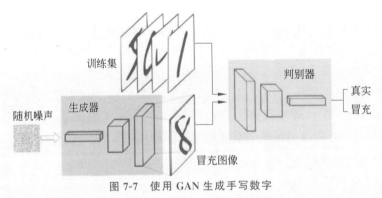

图 7-7   使用 GAN 生成手写数字

7.3.4   GAN 优化

1. 模式崩溃

以手写数字识别为例,0～9 一共 10 个数字,假设有 10 个模式,而 GAN 只能预测出其中几个数字模式,无法识别其他的数字模式,这就是模式崩溃。D 只能预测连续分布,而源数据分布通常是具有间断点的非连续分布,所以在训练过程中,D 无法学习到具有间断点的非连续分布,将导致模式崩溃。如果目标概率测度的支集具有多个连通分支,GAN 训练得到的又是连续映射,则有可能连续映射的值域集中在某一个连通分支上,这将导致模式崩溃。为了解决模式崩溃问题,可以强行用一个连续映射来覆盖所有的连通分支,那么这一连续映射必然覆盖值域之外的一些区域,进而生成一些无意义的图片。

2. 解决模式崩溃问题的方法

GAN 模式崩溃的本质是 GAN 训练优化问题,在理论上,如果 GAN 可以收敛到最优的纳什平衡点,则模式崩溃的问题可得到解决。在图 7-8 中,p_g 线表示生成数据的概率密度函数,p_{data} 线表示训练数据集的概率密度函数,本来 p_g 线只有一个模式,也就是生成器几乎只产生一种样本,但是这时在生成器中采样几乎能得到与训练集的数据表现一致的三种样本。

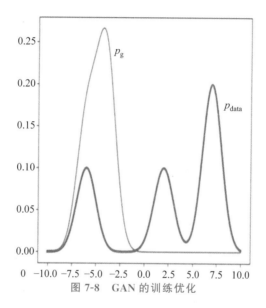

图 7-8　GAN 的训练优化

为了使 p_g 线与 p_{data} 线重合,可采用如下几种方法。

（1）增强数据多样性

可将数据分为小批量样本,然后完成小批量样本识别和特征映射。判别器具有跨越小批量样本比较的能力,以帮助确定该小批量样本是真还是假。特征匹配修改了生成器的成本函数,以将生成的小批量样本的多样性考虑在内。这一过程可通过匹配判别器特征的统计信息来实现。

（2）预计反攻

预测未来可以防止模式跳跃,并在更新参数时预测对策。允许生成器以完全可微的方式进行判别器的更新。现在不是生成器学习欺骗当前的判别器,而是学习最大限度地欺骗它。

（3）使用经验重播

通过每隔一段时间向判别器显示旧的假样本,可以使模式跳跃最小化。这可以防止判别器变得太容易被利用,但这仅限于生成器过去已经探索过的模式。

（4）使用多个 GAN

可以使 GAN 只覆盖数据集中模式的一个子集,并为不同模式训练多个 GAN,而不是对抗模式崩溃。当合并时,这些 GAN 覆盖所有模式。这种方法的主要缺点是训练多个

GAN 需要很多时间。

由于实际中几乎不会达到全局最优解,看似收敛的 GAN 其实只是陷入了一个局部最优解。一般来说,有两种思路解决模式崩溃问题。一种思路是提升 GAN 的学习能力,进入更好的局部最优解,可以一定程度缓解模式崩溃的问题。另一种思路是放弃寻找更优的解,只在 GAN 的基础上,显式地要求 GAN 捕捉更多的模式。

7.3.5　条件生成对抗网络

GAN 能够通过训练学习到数据分布,进而生成新的样本,但是,生成的图像是随机的,不能控制生成图像属于何种类别。例如,事实数据集包含轮船、火车、计算机和飞机等类别,但 GAN 并不能在测试阶段控制输出类别。为了解决这个问题,可使用条件生成对抗网络(conditional generative adversarial network,CGAN)使图像生成过程加入可控条件。

1. 网络结构

CGAN 是在 GAN 基础上的改进,通过给 GAN 的生成器和判别器添加额外的条件信息,实现条件生成模型。CGAN 的额外条件信息可以是类别标签或者其他辅助信息。CGAN 的核心操作是将条件信息 y 加入生成器 G 和判别器 D 中,进而得到生成器 $G(x|y)$ 和判别器 $D(x|y)$。

(1) 原始 GAN 生成器的输入是噪声信号,类别标签可以与噪声信号组合作为隐空间表示。

(2) 原始 GAN 判别器的输入是图像数据(如真实图像和生成图像),同样需要将类别标签与图像数据进行拼接作为判别器输入。

CGAN 相对于原始 GAN 并无变化,改变的仅是生成器 G 和判别器 D 的输入数据,这就使 CGAN 可以作为一种通用策略嵌入其他 GAN 中。

2. 损失函数

原始 GAN 包含一个生成器和一个判别器,其中生成器 G 和判别器 D 进行极大极小博弈,损失函数见 7.3.3 节。

CGAN 添加的额外信息 y 只需要和 x 与 z 进行合并,作为 G 和 D 的输入即可,由此得到了 CGAN 的损失函数如下:

$$\min_{G}\max_{D}V(D,G)=\mathbb{E}_{x\sim p_{\mathrm{data}}(x)}\big[\log D(x|y)\big]+\mathbb{E}_{z\sim p_z(z)}\big[\log(1-D(G(z|y)))\big]$$

7.4　多种形式的 GAN

基本的 GAN 是单判别器单生成器模型,为了获得更好的性能和功能,发展出了多判别器单生成器模型、单判别器多生成器模型和多判别器多生成器模型等。

7.4.1　多判别器单生成器模型

如图 7-9 所示,采用多个判别器($D_1,D_2,\cdots,D_N$)的好处是带来了类似 Boosting 的优势。Boosting 是一种用来提高弱分类算法准确度的方法,它构造一个预测函数系列,然后以一定的方式将这些预测函数组合成一个预测函数。Boosting 是一种提高任意给定学习算法准确度的方法。

训练一个过于好的判别器,会损坏生成器的性能,这是 GAN 面临的一个问题。如果能够训练多个没有那么强的判别器,然后采用 Boosting 方法将它们组合起来,就可以取得不错的效果。

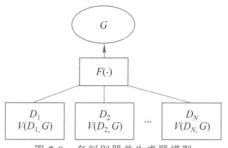

图 7-9　多判别器单生成器模型

多个判别器还可以相互进行分工,例如:在图像分类中,一个进行粗粒度的分类,另一个进行细粒度的分类;在语音任务中,各自用于不同声道的处理。

7.4.2　单判别器多生成器模型

一般来说,生成器比判别器要完成的任务更难,因为它要完成数据概率密度的拟合,而判别器只需要进行判别,导致影响 GAN 性能的一个问题就是模式崩溃,即需要生成高度相似的样本。采用单判别器多生成器的方法,可以有效地缓解这个问题。单判别器多生成器模型如图 7-10 所示。

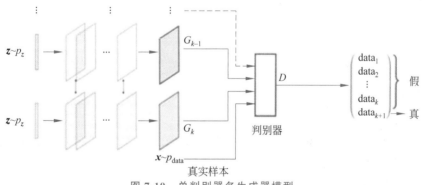

图 7-10　单判别器多生成器模型

从图 7-9 可以看出,多个生成器采用同样的结构,在网络的浅层还可共享权重。

7.4.3　多判别器多生成器模型

实现如图 7-11 所示的两个域互换,它应用了多判别器多生成器模型。

X 和 Y 分别表示两个域的图像;G 和 F 表示两个生成器,分别用于从 X 到 Y 的生成和 Y 到 X 的生成;D_x 和 D_y 表示两个判别器。

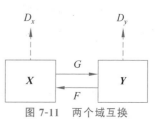

图 7-11　两个域互换

7.5　GAN 的优点和应用场景

7.5.1　GAN 的优点

GAN 对于生成模型的发展有重要的意义,其主要优点如下。

(1) 有效解决了可建立自然性解释的数据生成难题,尤其对于生成高维数据,所采用的神经网络结构不限制生成维度,拓宽了生成数据样本的范围。

(2) 训练过程创新性地将两个神经网络的对抗作为训练准则,不需要做各种近似推理,没有复杂的变分下界,显著降低了生成模型的训练难度,并大幅提升了训练效率。

(3) 生成过程不需要采样序列,可以直接进行新样本的采样和推断,提高了新样本的生成效率,对抗训练方法增加了生成样本的多样性。

(4) 生成的样本易于人类理解。例如,能够生成十分锐利清晰的图像,为创造性地生成有意义的数据提供了可能的解决方法。

(5) 学习过程中不需要数据标签,但是,GAN 训练过程可以用来实施半监督学习中无标签数据对模型的预训练过程。具体来说,先利用无标签数据训练 GAN,基于训练好的GAN 对数据的理解,再利用小部分有标签数据训练判别器,进而完成传统的分类和回归任务。

GAN 采用对抗学习的准则,这是 GAN 最突出的优点。但是,在理论上还不能判断模型的收敛性和均衡点的存在性。训练过程需要保证两个对抗网络的平衡和同步,否则难以得到很好的训练效果。GAN 存在神经网络类模型的一般性缺陷,即可解释性差。另外,GAN 生成的样本虽然具有多样性,但是存在模式崩溃问题。

7.5.2　GAN 的应用场景

GAN 具有多种应用场景,常见的几种场景简述如下。

1. 图像处理

(1) 图像编辑

GAN 可以增强图像滤镜的功能,对一张原始的山水风景图片,可以生成石山、长树木的山。它可以对人物进行定向修改;修改图片中的环境因素;根据一个人小时候的照片,生成其长大后、年老后的照片等。

(2) 图像生成

GAN 是一个生成模型,可以用来生成图像等,且所生成图像的质量逐年提升。

(3) 图像转换或图像翻译

图像转换或图像翻译,是将图像转换为另一种形式的图像,与风格迁移稍有不同。一般的 GAN 的生成器 G 输入的是一个随机向量,输出的是图像。而在图像转换或图像翻译任务中,生成器 G 输入的是图像,输出的是转换后的图像。

(4) 图像合成

图像合成这个任务是通过某种形式的图像描述创建新图像的过程。图像合成的典型工作如下。

- 场景合成

场景合成的核心在于,如何基于部分给定的场景信息还原出真实的场景信息。例如,根据分割图像还原出原始场景信息,这刚好是图像分割的逆过程。只要 GAN 还原的场景足够真实,则该技术完全可以模拟无人驾驶的路况场景,从而在实验室阶段就可以完成无人驾驶汽车的上路测试工作。

- 人脸合成

人脸合成主要是根据一张人脸的图像,合成不同角度的人脸图像。人脸合成可应用于人脸对齐、姿态转换等场景,作为提高人脸识别精度的辅助手段。典型的工作是根据半边人脸生成整张人脸的前向图,这一工作对人脸识别任务有很大的辅助效果。

- 文本到图像的合成

文本到图像的合成是自然语言处理与计算机视觉碰撞的结果,任务描述:利用给定的一段文字描述,生成一张和文字匹配的图像。

- 风格迁移

风格迁移指迁移图像的风格。

- 图像超分辨率

图像超分辨率一直是一个很重要的研究课题,比较重要的是对天文图像和卫星图像做超分辨率处理。不管是在天文方面还是军事方面,图像超分辨率技术都有很重要的应用。在生活中,图像超分辨率技术可将标清的视频变为高清的视频。

- 图像域的转换

GAN 很适合学习连续数据的分布,但对于离散的文本数据,其效果不是很好。尽管如此,GAN 也能完成域转换的任务,即一个域到另一个域的转换。它可以完成多张图像翻译任务,如更换头发颜色、改变表情等。

- 图像修复

在图像修复上,利用 GAN 可以给定一张缺失的图像,修复出完整的图像。

2. 恶意攻击检测

通过向深度神经网络提供特定构造的训练数据,深度学习生成的模型是可以被黑客攻击、利用,甚至控制的。为了对抗这样的逆向攻击,可以训练对抗神经网络去生成更多的虚假训练数据作为假想敌,让模型在演习中去识别出这些虚假数据,就如同人类打疫苗,GAN 生成的虚假数据让正在做分类的模型更加稳健。

还可通过加密传输对抗逆向攻击。在图片中,可以使用额外的像素来加密一段文字,从而以为接收的是一幅普通的图片,但实际上通过解密,却可以发现其中包含了加密的信息。通过在传统的 GAN 模型中增加一个判别器,可以识别出这样加密后的图像,也可以更高效地生成上述加密信息,如图 7-12 所示。

3. 数据生成

在特定的应用场景下,例如医疗领域,缺少训练数据是应用深度学习的最大障碍。数据增强的传统做法是将原图像拉伸、旋转、剪切,但这毕竟还是原来的图像,通过使用 GAN,能够生成更多类似的数据。

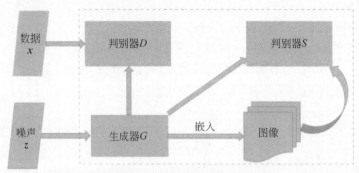

图 7-12　加密后图像的识别

4. 注意力预测

人类在看一张图片时,往往只关注特定的部分,这就是前述的注意力问题。通过 GAN 模型,可以预测出关注的区域。对注意力的预测,可以指导广告的投送,例如在电视节目中植入广告前,可以先预测植入的区域是不是在注意力的热点区。类似的方法还可以反过来用,假设不同类型的人有不同的注意力热点模式,可以根据一个人关注图片中的那部分,来对人群进行分类。

5. 三维结构生成

应用 GAN 工具,能够根据手绘的二维图片,生成对应的三维结构,不仅可以生成对应的形状,还可以生成对应的颜色。有了这样的工具,就能降低 3D 建模的门槛,从而让 3D 打印更容易落地。

标注数据总是少数的,未标注的数据才是待挖掘的石油。GAN 可以通过标注数据,生成模拟数据,也可以用在自监督学习中,让模型具备从部分标记的数据中学习的能力。在视频、有向图及自然语言处理方面,GAN 也有诸多应用。结合贝叶斯网络,GAN 还可以应用在因果推理中。

本 章 小 结

GAN 的基本思想源自博弈论的零和博弈。GAN 由一个生成器和一个判别器构成,通过对抗学习的方式来迭代训练,逼近纳什平衡。GAN 作为一种生成模型,不直接估计数据样本的分布,而是通过模型学习来估测其潜在分布并生成同分布的新样本。GAN 有时陷入了一个局部最优解,这通常被称为模式崩溃问题。解决模式崩溃问题的一种方法是提高 GAN 的学习能力,使其进入最优解;另一种方法是在 GAN 的基础上,显式地要求 GAN 引入更多的模式来避免此问题,例如多 GAN 结构、多判别器单生成器结构、单判别器多生成器结构、多判别器多生成器结构。这些结构从潜在分布中生成无限多的新样本的能力,在图像和视觉计算、语音和语言处理、信息安全等领域具有重大的应用价值。

第 8 章

深度信念网络

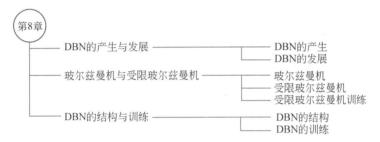

深度信念网络(deep belief network,DBN)于 2006 年被提出,它是一种生成模型,通过训练其神经元间的权重,可以使整个 DBN 神经网络按照最大概率来生成训练数据。除了可以用它来生成数据之外,还可以使用 DBN 神经网络识别特征、分类数据等。

8.1 DBN 的产生与发展

深度信念网络的分层学习机理克服了传统梯度算法在进行深层结构学习时所面临的梯度消失问题,近年来,深度信念网络已成为深度学习领域的研究热点之一。

8.1.1 DBN 的产生

前馈神经网络的局限性及产生原因如下。

(1)传统前馈神经网络一般都是单隐藏层,最多两层,因为当神经网络隐藏层太多时,模型的参数数量迅速增大,模型训练的时间迅速增长。

(2)前馈神经网络随着层数的增加,采用随机梯度下降方法很难找到最优解,容易陷入局部最优解。在反向传播过程中也容易出现梯度消失或梯度爆炸的情况。

(3)当前馈神经网络层数较多时,深度神经网络的模型参数很多,这就要求在训练时有很多带标签的训练数据,也就是说,当训练数据少时,很难找到最优解。

基于以上的限制,多层前馈神经网络训练困难,从而使深度神经网络的发展曾经一度停滞不前。2006 年,Hinton 利用卷积神经网络模型解决了深层神经网络的训练问题,提出了深度学习并推动了其发展。

8.1.2 DBN 的发展

深度信念网络作为深度学习的一种重要模型,其理论基础和算法原理得到了进一步深入研究和阐述。这包括层次预训练和有监督微调等方面。

1. 与传统神经网络的比较

深度信念网络与深度神经网络、深度自编码器等其他深度学习模型在结构和性能上的差异与优缺点得到了更详细的分析。

2. 应用领域的扩展

深度信念网络在图像识别、语音识别、自然语言处理等多个领域得到了广泛应用。例如，在图像识别领域，深度信念网络可以用于识别手写数字、面部表情等；在语音识别领域，深度信念网络用于学习语音信号的特征表示，提高识别精度和效率；在自然语言处理领域，深度信念网络用于学习词向量表示，以更好地理解文本的含义和语义关系。

3. 未来发展趋势

深度信念网络的未来发展包括不同无监督预训练和有监督调优算法的研究，以及模型性能的进一步提升。此外，深度信念网络在处理深层结构时解决了梯度消失问题，使其成为深度学习领域的研究热点之一。

深度信念网络通过逐层训练的方式，解决了深层神经网络的优化问题。逐层训练可为整个网络赋予较好的初始权值，使整个网络只要经过微调就可以获得最优解。而在逐层训练的时起到最重要作用的是受限玻尔兹曼机（restricted Boltzmann machine，RBM）。受限玻尔兹曼机是指受到限制的玻尔兹曼机。

深度信念网络是拥有深层架构的前馈神经网络，由多个受限玻尔兹曼机堆叠而成，其中包含多个隐藏层，而使用深度信念网络的障碍是如何有效地训练这样的深层网络。

8.2　玻尔兹曼机与受限玻尔兹曼机

玻尔兹曼机是一种随机神经网络，受限玻尔兹曼机通过学习数据的概率密度分布来提取特征。

8.2.1　玻尔兹曼机

Hinton、Sejnowski 和 Acldey 等于 1985 年借助统计物理学的概念与方法提出了玻尔兹曼机（Boltzmann machine，BM）模型。由于模型的概率分布采用了统计物理学中的玻尔兹曼分布，因此将这种网络模型称为玻尔兹曼机。玻尔兹曼机是随机神经网络模型的典型代表。

1. 玻尔兹曼机的主要特点

- 玻尔兹曼机中的单元具有 1 或 0 双值状态。
- 具有概率状态转移机制。
- 隐单元用来捕获学习中的高阶规则。
- 其连接是双向的，连接权是单元连接起来的客观要求的一种等价测度。
- 单元受连接权所表示的客观要求的制约并试图与各自的状态保持最大限度的一致性。
- 为了将各单元的状态调节到邻近单元的状态，采用模拟退火算法的控制概率转移机制。

玻尔兹曼机是一种基于能量的模型,其为网络状态定义一个能量,当能量最小化时网络达到理想状态。它由可见层与隐藏层两层结构组成。可见层代表输入也代表输出;隐藏层则被理解为数据的内部表达,神经元是布尔型。图 8-1 所示是玻尔兹曼机的结构,网络中神经元无显式层次连接,网络状态按概率分布而变化。

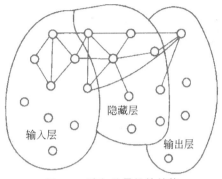

图 8-1　玻尔兹曼机的结构

玻尔兹曼机中的各单元的状态取值为 1 或 0,并且每个单元状态的转换是随机函数。如果将拒绝和接收分别用 0 和 1 来表示,则两个单元间的连接权可看作与两个单元状态相一致的程度,玻尔兹曼机尽量达到最大一致性。

2. 玻尔兹曼机的结构

如果玻尔兹曼机由 N 个神经元(节点)组成,则用无向图 (U,L) 表示如下:

$U=(u_0,u_1,\cdots,u_{N-1})$ 为节点集。

$L=U\times U$ 为节点间的连接集。

$\{u_i,u_j\}\in L$ 为节点 u_i 和 u_j 间的连接。

连接可包括回路及自反馈(偏置),即 $\{\{u_i,u_j\}|u_i,u_j\in U\}\in L$。

玻尔兹曼机的状态由全部神经元的状态所决定。如果玻尔兹曼机的状态为 k,则神经元 u_i 的状态为 S_i^k。状态空间 R 为所有可能系统状态的集合,$|R|=2^k$。如果 $S_i^k S_j^k=1$,则在状态 k 下,(u_i,u_j) 被激活,神经元 u_i 与 u_j 间的连接权 w_{ij} 为其激活程度的度量。如果 $w_{ij}\gg0$,则 (u_i,u_j) 的激活很强,正强度表示为激励,负强度表示为抑制。

3. 玻尔兹曼机的能量函数

玻尔兹曼机在状态 k 下的能量函数 E^k 为

$$E^k=-\sum_{i\neq j}S_i^k S_j^k w_{ij}+\sum_i S_i^k \theta_i$$

其中,$S_i^k,S_j^k\in\{0,1\}$,θ_i 为第 i 个神经元的阈值。

假设神经元之间的连接权是对称的,即权值为

$$w_{ij}=w_{ji},\quad i,j=1,2,\cdots,n$$

在玻尔兹曼机中,当神经元的输入总和发生变化时,将导致神经元状态的变化。各神经元的状态变化是非同步的,用概率分析方法来描述。神经元的状态 S 为 1 的概率为

$$P_i(S_i=1)=\frac{1}{1+\exp(-\Delta E_i/T)}$$

其中,T 为网络的温度,$T\geqslant0$;ΔE_i 表示 i 神经元的状态为 0 和状态为 1 时系统的能量差为

$$\Delta E_i=\sum_{i\neq j}w_{ij}S_j^k-\theta_i$$

概率 P_i 的变化曲线如图 8.2 所示。

4. 马尔可夫过程的平衡分布

从图 8.2 可以看出,在一般情况下,当输入增大时,状态为 1 的概率 $P_i(S_i=1)$ 将提高。同时概率 P_i 还与温度 T 有关,若温度高,则概率变化较平缓。当 $T\rightarrow0$ 时,概率 P_i 的曲线

接近阶跃函数。在某温度下,从某个初始状态出发,网络最终将达到某个平衡态。这种平衡态是概率意义下的平衡态,在平衡态下,网络中各神经元的状态仍在不断地变化,但是系统状态的概率分布保持不变,这就是马尔可夫过程的平衡分布。

5. 模拟退火概念

玻尔兹曼机有两种状态,分别记为 S^α 和 S^β;所对应的能量分别为 $E(S^\alpha)$ 和 $E(S^\beta)$;S^α 出现的概率为 P_α,S^β 出现的概率为 P_β,则

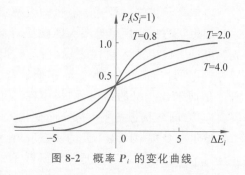

图 8-2　概率 P_i 的变化曲线

$$P_\alpha/P_\beta = e^{-(E(S^\alpha)-E(S^\beta))/T}$$

由上式可以看出网络状态服从统计学的玻尔兹曼分布,两个状态出现的概率之比只与它们的能量有关。温度参数值越大,则状态的变化越容易。为了使网络收敛到低温下的平衡态,可在开始时给定一个较高温度,然后采用模拟退火技术逐渐降低温度,最后系统以相当高的概率收敛到网络的最小能量状态。这就是模拟退火算法在玻尔兹曼机中的概念与应用原理。利用模拟退火算法可以有效地达到全局能量最小状态。图 8-3 给出了快速下降法和模拟退火算法搜索能量最小点的过程。显然,图 8-3(b)中的模拟退火算法更易达到能量的全局最小点。

6. 玻尔兹曼机学习算法

玻尔兹曼机学习算法要完成的任务:通过环境给出的一组输入输出示例,求出玻尔兹曼机中各单元之间的连接权 w_{ij}。

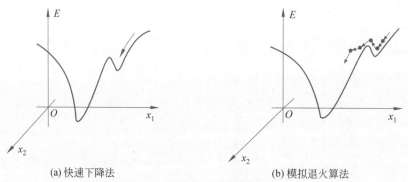

(a)快速下降法　　　　　　　　(b)模拟退火算法

图 8-3　能量最小点的搜索比较

学习算法如下:

(1) 设置高温 T,并随机设置全部权值。

(2) 外加一个输入向量,用当前权值计算目标函数 $G(W)$。

(3) 根据玻尔兹曼分布 $P(x) = \exp(-x^2/T^2)$,随机地改变每个权值。

(4) 重新计算目标函数,如果减小,则转自步骤(5),否则转自步骤(3)。

(5) 根据 $T(n+1) = T(0)(1/\log(1+n))$ 计算新的温度值。

(6) 重复步骤(3)~(6)。

8.2.2 受限玻尔兹曼机

玻尔兹曼机是将模拟退火算法和玻尔兹曼分布结合到传统神经网络中构成的一种随机型神经网络模型,基本解决了由梯度下降法带来的局部最优问题。但是,其训练过程耗时较长,所以在实际中应用不多。为了解决这些问题,Hinton 等提出了 RBM 模型。它是一种可以用于降维、分类、回归、协同过滤、特征学习以及主题建模的算法,本质上是一种可用随机神经网络来解释的概率图模型。随机指网络中的神经元是随机神经元,其输出状态只有两种(未激活和激活),状态的具体取值根据概率统计法则来决定。

1. RBM 的结构

RBM 是 BM 的简化,是一种无向二分图模型,具有两层神经网络:可见层及隐藏层,如图 8-4 所示。

主要特点如下:

(1) RBM 可见层与隐藏层之间是双向全连接,各层内神经元之间无连接。在给定可见层单元状态(输入数据)时,各隐藏层单元的激活条件是独立的(隐藏层内无连接)。同样,在给定隐藏层单元状态时,可见层单元的激活条件也是独立的(可见层内无连接)。BM 和 RBM 的结构如图 8-5 所示。可以看出,两者的主要区别是 BM 层内有连接,而 RBM 层内无连接。

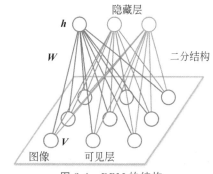

图 8-4　RBM 的结构

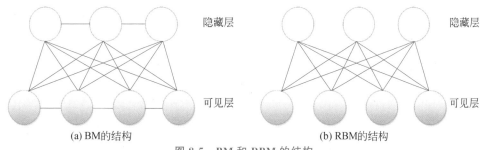

图 8-5　BM 和 RBM 的结构

(2) RBM 中的神经元只有激活和不激活(1 和 0)两种,也就是状态是双值化的。

(3) 可见层和隐藏层之间的权重可以用张量(同等大小的实数矩阵)来表示。

2. RBM 的能量模型

RBM 的能量模型表示每种状态都对应着一个能量 E,这个能量由能量函数来定义,在某种状态的概率可以通过这种状态具有的能量来定义,一种状态对应一个能量值,而且状态的概率 P 可以用 E 来表示,即 $P = f(E)$,其中 f 是能量函数,能量越小,概率值越大,状态越不稳定。也就是说,RBM 采用能量模型来测度系统稳态。因为 RBM 是一种随机网络,其主要特点如下。

(1) 概率分布函数

各个节点的取值状态是随机的、概率的函数,可以用三种概率分布来描述整个 RBM 网络：联合概率密度、条件概率密度和边缘概率密度。

- 联合概率密度：表示两个随机信号同时落入某一指定范围内的概率。
- 条件概率密度：事件 A 在另外一个事件 B 已经发生条件下的发生概率。
- 边缘概率密度：根据变量的范围，对联合概率密度函数进行积分，得到积分的边缘概率密度。

（2）能量函数

随机神经网络的基础是统计力学，能量函数是描述整个系统状态的一种测度。系统越有序，或者概率分布越集中，系统的能量越小；反之，系统越无序，概率分布越发散，系统的能量越大。能量函数的最小值，对应着整个系统最稳定的状态。这点与之前提到的最大熵模型相同。RBM 能量模型的作用如下：

- RBM 是一种无监督学习的网络，可以最大限度地拟合输入数据和输出数据。
- 对于一组输入数据，如果不知道它的分布，难以对这个数据进行学习。例如，如果有其高斯函数，就可以写出其似然函数，进而进行求解，并得知大致的参数。然而，根据统计力学，任何概率分布都可以转换成基于能量的模型，即使这个概率分布是未知的，仍然可以将这个分布改写成能量函数。
- 能量函数能够为无监督学习方法提供目标函数和目标解两个特殊的概念。

使用能量模型可以使数学模型训练变得容易可行。将最优解的求解嵌入能量模型中，能量模型要捕获变量之间的相关性，变量之间的相关程度决定了能量的高低。通过定义求解网络的能量函数，可以得到输入样本的分布，这样就相当于有了目标函数，进而可以对其进行训练。

在 RBM 中，任意两个相连的神经元之间有一个权值 w 表示其连接强度，每个神经元自身有一个偏置系数 b（对可见层神经元）和 c（对隐藏层神经元）来表示其自身权重，可用下述函数表示 RBM 的能量：

$$E(\boldsymbol{v},\boldsymbol{h}) = -\sum_{i,j=1}^{N_v,N} w_{ij}v_i h_j - \sum_{i=1}^{N_v} b_i v_i - \sum_{j=1}^{N_h} c_j h_j$$

在 RBM 中，隐藏层任意一个神经元 h_j 有 0 或者 1 两种状态，h_j 被激活的概率为

$$P(h_j \mid \boldsymbol{v}) = \sigma\left(c_j + \sum_i w_{ij}v_i\right)$$

由于是双向连接，可见层神经元同样也能被隐藏层神经元激活：

$$P(v_i \mid \boldsymbol{h}) = \sigma\left(b_i + \sum_j w_{ij}h_j\right)$$

其中 σ 为 Sigmoid 函数，也可以是其他的函数，因为 BRM 的同一层内神经元之间是独立的，所以概率密度满足独立性条件。

将样本输入模型中，首先将数据赋予可见层，计算可见层神经元被激活的概率，同样可以计算出隐藏层神经元被激活的概率。

3. 重建数据

（1）重建数据的过程

每一个节点在处理是否传递输入时，其参数都是随机初始化的。输入层（即可见层）以数据集样本中的低级特征作为输入。例如，对于一个由灰度图组成的数据集，每个输入节点都将接收图像中的一个像素值。如果数据集中数据有 784 个像素点，那么接收它们的神经

网络必须有 784 个输入节点。

　　一个 $y=f(wx+b)$ 的输入路径如图 8-6 所示。获得输入之后，x 和一个权重相乘，然后再加上一个偏置项，这两个运算的结果可作为非线性激活函数的输入。在给定输入 x 时，激活函数能给出这个隐藏层节点的输出，或者信号通过它之后的强度。

　　因为所有可见（或输入）节点的输入都被传递到所有的隐藏节点了，其中每个隐藏节点都和每个可见节点相连，并且每条边 (i,j) 所关联的两个顶点 i 和 j 分别属于这两个不同的顶点集，即 $i\in A,j\in B$，所以 RBM 可以被定义为对称二分图。

　　多个输入单元汇合于一个隐藏节点，每个输入 x 乘以一个独立的权重，然后相加后再加一个偏置项，最后将结果传递到激活函数来产生输出，如图 8-7 所示。

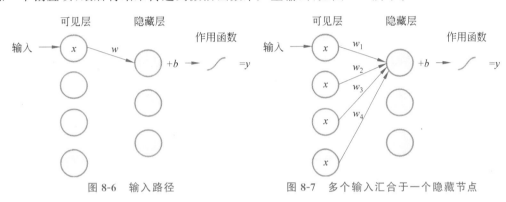

图 8-6　输入路径　　　　　　　图 8-7　多个输入汇合于一个隐藏节点

　　RBM 以无监督的方式来重建数据，这使得在不涉及更深层网络的情况下，可见层和隐藏层之间可以数次前向和反向传播。需要注意的是，每个节点（包括输入节点）都含有偏置。

　　在重建数据阶段，第一个隐藏层的激活状态变成了反向传播过程中的输入。它们与每个连接边相应的权重相乘，就像 x 在前向传播的过程中随着权重调节一样。这些乘积的和在每个可见节点处又与可见层的偏置项相加，这些运算的输出就是一次重建，也就是对原始输入的一个逼近，如图 8-8 所示。

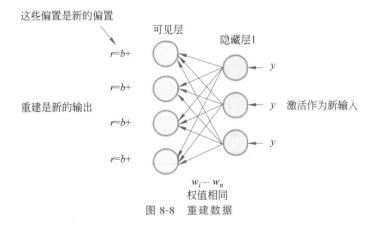

图 8-8　重建数据

　　图 8-8 中的各个 b 值各不相同。因为 RBM 的权重是随机初始化的，所以重建结果和原始输入的差距通常比较大。可以将重建新的输出 r 和输入值之间的差值作为重建误差，然后这个误差会沿着 RBM 的权重反向传播，以一个迭代学习的过程不断反向传播，直到达

到某个误差最小值。

在前向传播过程中,给定权重的情况下,RBM 使用输入来预测节点的激活值,或者输出的概率 $P(y|x,w)$;但是在反向传播的过程中,当激活值作为输入并输出原始数据的重建或者预测时,RBM 将在给定激活值 y 的情况下估计输入 x 的概率,它具有与前向传播过程中相同的权重参数 $P(x|y,w)$。上述两种预测值相结合,这两个概率估计将共同得到关于输入 x 和激活值 y 的联合概率分布,或者 $P(x,y)$。

重构与回归、分类运算不同。回归运算根据许多输入值估测一个连续值。分类运算是猜测应当为一个特定的输入样例添加何种具体的标签。而重构则是猜测原始输入的概率分布,即同时预测许多不同的点的值。这被称为生成学习,必须和分类器所进行的判别学习区分开来,后者是将输入值映射至标签,用直线将数据点划分为不同的组。

（2）输入的概率分布与重构概率分布

如果输入数据和重构数据是形状不同的常态曲线,则两者仅有部分重叠。图 8-9 所示是一组输入的概率分布 p 及其重构概率分布 q。

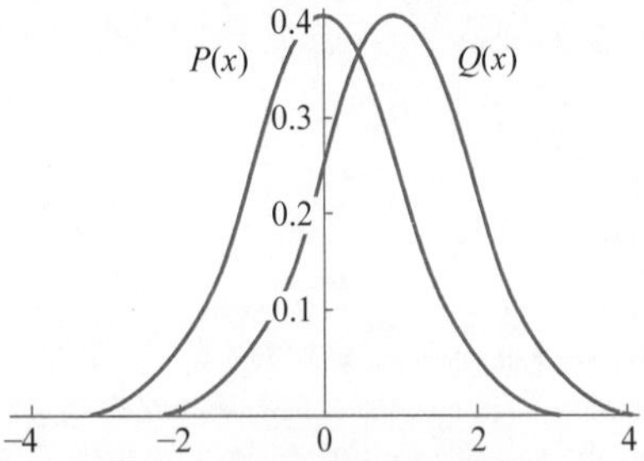

图 8-9　两个分布的相似性

（3）使用 KL 散度来衡量重建效果

可用 KL 散度来衡量重建效果。KL 散度又称 KL 距离、相对熵,其定义为

$$D(P \parallel Q) = \sum P(x) \log \frac{P(x)}{Q(x)}$$

$P(x)$ 和 $Q(x)$ 的相似度越高,KL 散度越小。KL 散度主要有两个性质。

• 不对称性

尽管 KL 散度从直观上是一个度量或距离函数,但它并不是一个真正的度量或者距离,因为它不具有对称性,即 $D(P\parallel Q) \neq D(Q\parallel P)$。

• 非负性

KL 散度是非负值,即 $D(P\parallel Q) > 0$。

例 8-1　KL 散度计算。

假设有四个类别,方法 A 得到四个类别的概率分别是 0.1、0.2、0.3、0.4。方法 B 得到四个类别的概率分别是 0.4、0.3、0.2、0.1,那么这两个分布的 KL 散度为

$D(A,B) = 0.1 x \log(0.1/0.4) + 0.2 x \log(0.2/0.3) + 0.3 x \log(0.3/0.2) + 0.4 x \log(0.4/0.1)$

可以看出 $D(\cdot) \geqslant 0$,$D(A,B) \neq D(B,A)$。

为了衡量输入数据的预测概率分布和真实分布之间的距离,使用 KL 散度来度量两个分布的相似性。KL 散度测量的是两条曲线的非重叠区域,RBM 的优化目的就是最小化这些非重叠区域,所以将共享权重与隐藏层的激活值相乘可以得出原始输入的近似。

4. 多层 RBM

在多层 RBM 中,当学到了与第一个隐藏层激活值有关的输入数据的结构时,那么数据就将沿着网络向下传递一层。第一个隐藏层就成为了新的可见层或输入层。这一层的激活值将和第二个隐藏层的权重相乘,以产生另一组激活,以此类推。对于每一个新的隐藏层,权重都通过迭代反复调整,直至该层能够逼近来自前一层的输入。这是贪婪的、逐层的、无监督的预训练。它不需要使用标签来改善网络的权重,这表明可以在无标签的数据集上

进行训练,而这些数据没有经过人工处理,这是现实中绝大多数的数据。通常,拥有更多数据可产生更准确的结果。

良好的权重初始化可以方便以后任务的完成,因为这些权重早已接近数据的特征,所以在使用深度信念网络进行以后的任务(如图像分类)时,后续的监督学习阶段可以更简单地学习。从某种程度上来说,它们实现了某种类似反向传播的功能,能够很好地调整权重,以对数据进行更好的建模。

8.2.3　受限玻尔兹曼机训练

给定一个 N 维的随机向量 $\boldsymbol{x}=(x_1,x_2,\cdots,x_n)$,直接求取 $\boldsymbol{x}$ 的联合分布 $P(x_1,x_2,\cdots,x_N)$ 非常困难,但在给定其他分量时,求得第 k 个分量的条件分布 $P(x_k|x_{k-})$,其中 $\boldsymbol{x}_{k-}=(x_1,x_2,\cdots,x_{k-1},x_{k+1},\cdots,x_n)$ 是排除 x_k 的其他 $\boldsymbol{x}_{N-1}$ 维的随机向量,则可以从 $\boldsymbol{x}$ 的一个任意状态 $[x_1^{(0)},x_2^{(0)}\cdots,x_k^{(0)}]$ 开始,利用条件分布,对各分量依次迭代采样。随着采样次数增加,随机变量 $[x_1^{(n)},x_2^{(n)},\cdots,x_k^{(n)}]$ 将以几何级数的速度收敛于联合分布 $P(x_1,x_2,\cdots,x_N)$。

1. Gibbs 采样

采样是将一个不太好解决的问题转换为一个可以通过采样来解决的问题,用什么方法来采样比较好,一般没有固定的解法。常见的采样方法有直接采样、接受-拒绝采样、重要性采样等。Gibbs 采样的基本思想是,虽然联合分布难以处理,但能容易地从每个变量的条件分布中采样。Gibbs 采样过程如下。

给定当前状态:

$\boldsymbol{x}^{(t)}=(x_1^{(t)},x_2^{(t)},\cdots,x_d^{(t)})$

(1) 产生 $x_1^{(t+1)}=\pi(x_1^{(t)}|x_2^{(t)},\cdots,x_d^{(t)})$

(2) 产生 $x_2^{(t+1)}=\pi(x_2^{(t)}|x_1^{(t)},x_3^{(t)},\cdots,x_{d-1}^{(t)})$

……

(d) 产生 $x_d^{(t+1)}=\pi(x_d^{(t)}|x_1^{(t)},x_3^{(t)},\cdots,x_d^{(t)})$

对于马尔可夫随机场(Markov random field,MRF),

$$\pi(x_i|x_1,\cdots,x_{i-1},x_{i+1},\cdots,x_d)=\pi(x_i|\boldsymbol{x}_{[-i]})=\pi(x_i|x_c)$$

其中 $x_{[-i]}$ 是除 i 之外所有点,x_c 是 i 的邻居节点。

Gibbs 采样的目的是获得一个样本 π,不是计算概率,但可以通过其他方法来统计概率。

在 RBM 的环境中,只需要考虑可见层和隐藏层的状态,所以整个采样其实考虑的情况是:先从输入得到当前层的结果,相当于得到了当前层的总概率(此时已经更新了当前层),再将当前层得到的结果作为输入传入另一层,所以只有四种情况,分别是可见层的计算结果、以可见层计算结果进行采样的隐藏层结果、隐藏层的计算结果和以隐藏层计算结果进行采样的可见层结果,每次更新时,Gibbs 采样只会产生两种结果:一种是隐藏层对可见层,另一种是可见层对隐藏层。

重构后的可见层也可以向下传播,被随机选择后去重构原始的输入信号,因为它既是本层的可见层,也是下层的隐藏层,上述这种反复过程称为 Gibbs 采样。

Gibbs 采样方法需要知道样本中一个属性在其他所有属性下的条件概率,然后利用这个条件概率来分布产生各个属性的样本值。Gibbs 采样方法具有通用性好的优点,但是由于采样收敛速度缓慢,因此其应用受到了限制。学习 RBM 的目的是求出参数的值,来拟合给定的训练数据。

2. 受限玻尔兹曼机的训练过程

Hinton 提出了对比散度(contrastive divergence,CD)快速学习算法。对比散度能够有效地进行 RBM 学习,而且能够避免求取对数似然函数梯度的麻烦,因此在基于 RBM 构建的深度模型中广泛使用。对比散度学习算法简述如下。

输入:可见层向量 v、隐藏层单元个数 m、学习效率 λ、激励函数 σ。

输出:连接权重矩阵 W、可见层的偏置向量 b、隐藏层的偏置向量 c。

(1) 初始化:连接权重矩阵 W、可见层的偏置向量 b、隐藏层的偏置向量 c 为较小的随机数。

(2) for $i=1,2,\cdots,m$(对所有的隐藏层神经元)
{
       计算使隐藏层神经元被开启的概率:$P(h_i=1|v)=\sigma(c_i+\sum_j w_{ji}v_j)$
       从计算出的概率分布 $P(h_i=1|v)$ 中抽取 $h_i \in \{0,1\}$
}

(3) for $i=1,2,\cdots,d$(对所有的可见层神经元)
{
       计算 $P(v_i{}^*=1|h)=\sigma(b_i+\sum_j w_{ij}h_j)$,重构可见层
       从计算出的概率分布 $P(v_i{}^*=1|h)$ 中抽取 $v_i{}^* \in \{0,1\}$
}

(4) for $i=1,2,\cdots,m$(对所有的隐藏层神经元)
{
       计算 $P(h_i{}^*=1|v^*)=\sigma(c_i+\sum_j w_{ji}v_j{}^*)$
}

(5) 更新各个参数值
$$w \leftarrow w+\lambda[P(h=1|v)v^{\mathrm{T}}-P(h^*=1|v^*)v^{*\mathrm{T}}]$$
$$b \leftarrow b+\lambda(v-v^*)$$
$$c \leftarrow c+\lambda[P(h=1|v)-P(h^*=1|v^*)]$$

上述算法说明:

- 进行多次上述训练后,隐藏层不仅能较精确地显示可见层的特征,同时还能还原可见层,这是训练结束的条件。如果隐藏层神经元数量小于可见层,则将产生数据压缩的效果,类似自编码器。

- 用多次循环可充分训练每一个 RBM,多训练几次隐藏层即可精准地显示可见层的特征且能还原可见层。

- RBM 的唤醒-沉睡(wake-sleep)方法。在唤醒步骤,因为在 RBM 中,可见节点和隐藏节点都是相互独立的,因此 RBM 的唤醒步骤可以直接计算,不需要采样。在沉睡步骤,仍然需要采样,但是有更加结构化的 Gibbs 采样方法:利用可见节点数据采样隐藏节点;利用采样出来的隐藏节点,来采样隐藏节点。每个采样步骤都可以并行。

例 8-2 使用 RBM 的过程。

假设已经得到一个训练好的 RBM,隐藏神经元和可见神经元之间的权重矩阵 W 如下:

$$W = \begin{bmatrix} w_{1,1} & w_{2,1} & \cdots & w_{M,1} \\ w_{1,2} & w_{2,2} & \cdots & w_{M,2} \\ \vdots & \vdots & \vdots & \vdots \\ w_{1,N} & w_{2,N} & \cdots & w_{M,N} \end{bmatrix}$$

M 代表可见神经元个数，N 代表隐藏神经元个数。

当将新来的数据赋给可见层后，RBM 依照权值 W 决定开启或关闭隐藏神经元，具体操作如下：

(1) 首先，(并行)计算出每个隐藏神经元的激励值。

(2) 将每个隐藏神经元的激励值用 S 型函数进行标准化，转换成它们处于开启状态(用 1 表示)的概率值。

(3) 由此得到每个隐藏神经元的开启和关闭概率，此时将开启的概率与从一个 $[0,1]$ 均匀分布中随机抽取的值进行比较，以此决定每个神经元开启或者关闭的概率。

(4) 给定隐藏层，可见层的计算概率一样的。

这时就要进行 RBM 训练，实际上是求一个最能产生训练样本的概率分布。

8.3 DBN 的结构与训练

深度信念网络既可以用于非监督学习，类似一个自编码器；也可以用于监督学习，类似一个分类器。从非监督学习来看，其目的是尽可能地保留原始特征的特点，同时降低特征的维度。从监督学习来看，其目的是使分类错误率尽可能小。而不论是监督学习还是非监督学习，其本质都是特征学习的过程，都是为了得到更好的特征表达。

8.3.1 DBN 的结构

DBN 由若干层神经元构成，RBM 是 DBN 的构建子块。在 DBN 中，相邻两层为一个 RBM，每个 RBM 层以上一个 RBM 层的输出 (h) 为下一层输入 (v)，并向下一层 RBM 提供输入 (v)。像堆积木一样一层层叠加上去，就构成了如图 8-10 所示的深度学习模型 DBN。

DBN 中的神经元又分为可见神经元和隐藏神经元(以下简称显元和隐元)。显元用于接收输入，隐元用于提取特征，隐元又称特征检测器。最底层代表了数据向量，每一个神经元代表数据向量的一维。DBN 是一种概率有向图模型，其图结构由多层的节点构成。每层节点的内部没有连接，相邻两层的节点之间为全连接。网络的最底层为可观测的变量，其他层节点都为隐变量。最顶部的两层间的连接是无向的，其他层之间的连接是有向的。

构建 DBN 的方法是将其作为 RBM 的分层集合。这些 RBM 的功能是作为自编码器，每个隐藏层作为下一个可见层。DBN 将为训练前阶段提供多层 RBM，然后为微调阶段提供一个前馈网络。训练的第一步是从可见单元中学习一层特性。下一步是从以前训练过的特性中获取激活，并使它们成为新的可见单元。然后重复这个过程，这样就可以在第二个隐藏层中学习更多的特性。然后对所有隐藏层继续执行该过程。

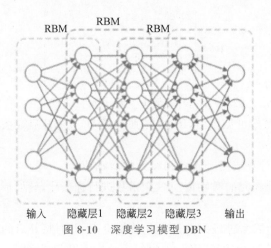

输入　　隐藏层1　隐藏层2　隐藏层3　输出

图 8-10　深度学习模型 DBN

8.3.2　DBN 的训练

DBN 在训练时,采用了逐层无监督的方法来学习参数。DBN 的训练过程是逐层进行的,就是训练好一个 RBM,将这个隐藏层作为下一个 RBM 的可见层,训练好第二个 RBM,如此循环,直至训练好整个网络。如图 8-11 所示,首先将数据向量 x 和第一个隐藏层作为一个 RBM,训练出这个 RBM 的参数(连接 x 和 h_1 的权重,x 和 h_1 各个节点的偏置等),然后固定这个 RBM 的参数,将 h_1 视作可见向量,将 h_2 视作隐藏向量,训练第二个 RBM,得到其参数,然后固定这些参数,训练 h_2 和 h_3 构成的 RBM。

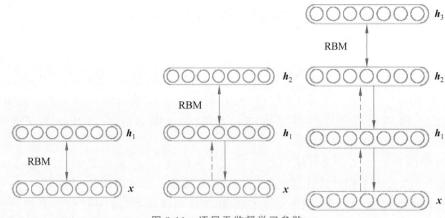

图 8-11　逐层无监督学习参数

DBN 训练的本质是特征学习的过程,也就是得到更好的特征表达。DBN 训练全过程分为预训练和微调两步,如图 8-12 所示。

1. DBN 预训练

使用层次无监督贪婪预训练方法来分层预训练 RBM,将得到的结果作为监督学习训练概率模型的初始值,这样的训练过程使学习性能得到很大改善。通过无监督预训练使网络获得高阶抽象特征,并且提供较好的初始权值,将权值限定在对全局训练有利的范围内,使用层与层之间的局部信息进行逐层训练,注重训练数据自身的特性,能够减小对学习目标过

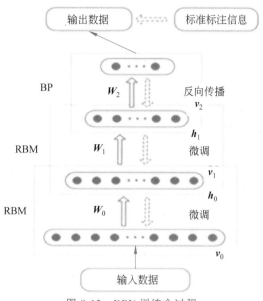

图 8-12　DBN 训练全过程

拟合的风险,并避免误差累积传递过长的问题。

　　DBN 可用于特征提取和数据分类等。DBN 预训练如图 8-13 所示。

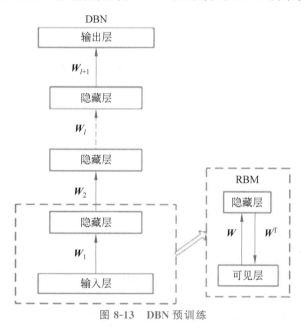

图 8-13　DBN 预训练

　　预训练是分别单独无监督的训练每一层 RBM 网络,确保特征向量映射到不同特征空间时,都尽可能多地保留特征信息。在这个过程中,数据输入到可见层,生成一个向量 v,再通过权值 W 传给隐藏层,得到 h,由于隐藏层之间是无连接的,因此可以并行得到隐藏层所有节点值。隐藏层激活单元和可见层输入之间的相关性差异(通过能量函数来度量网络的稳定性,优化函数是根据能量函数的指数进行归一化处理,然后通过最大似然估计得到)是权值更新的主要依据。

对于单层的 RBM 训练,可见层用来接收输入信号,隐藏层用来提取特征。RBM 通过无监督学习自动找到研究问题的最佳特征。具体的训练过程见 8.2.3 节。

DBN 既可以被看作一个生成模型,也可以被看作一个判别模型(最后一层加标签进行 BP 算法输出训练)。

DBN 预训练过程如下:

(1) 充分训练第一个 RBM。

(2) 固定第一个 RBM 的权重和偏置量,然后使用其隐藏神经元的状态,作为第二个 RBM 的输入向量。

(3) 充分训练第二个 RBM 后,将第二个 RBM 堆叠在第一个 RBM 的上方。

(4) 重复以上三个步骤任意多次。

(5) 如果训练集中的数据有标签,那么在顶层的 RBM 训练时,这个 RBM 的可见层中除了可见神经元,还需要有代表分类标签的神经元,一起进行训练。

当 DBN 用于 BP 网络分类时,RBM 的训练特点会导致训练时间显著减少,因为只需要单个步骤就可以接近最大似然学习。在预训练后,DBN 可以利用带标签数据,通过 BP 算法去对判别性能做调整。一个标签集将被附加到顶层,通过自下向上、学习到的识别权值获得一个网络的分类面。这种方式会比仅利用 BP 算法训练网络,性能更好。其原因显而易见:DBN 的 BP 算法只需要对权值参数空间进行局部搜索,与前向神经网络 BP 算法相比,训练更快,收敛时间更少。

2. DBN 微调

每一层 RBM 网络只能确保自身层内的权值对该层特征向量映射达到最优,并不是对整个 DBN 的特征向量映射达到最优,所以反向传播网络将错误信息自顶向下传播至每一层 RBM,微调整个 DBN 网络。RBM 网络训练的过程可以看作对一个深层 BP 网络权值参数的初始化,使 DBN 克服 BP 网络因随机初始化权值参数而容易陷入局部最优和训练时间长的缺点。

DBN 微调过程如下:

(1) 除了顶层 RBM,其他层 RBM 的权重被分成向上的认知权重和向下的生成权重。

(2) 唤醒阶段:认知过程,通过外界的特征和向上的权重(认知权重)产生每一层的抽象表示(节点状态),并且使用梯度下降法修改层间的下行权重(生成权重)。

(3) 沉睡阶段:生成过程,通过顶层表示(唤醒阶段学得的概念)和向下权重,生成底层的状态,同时修改层间向上的权重。

这个过程在训练 DBN 时反复进行,促进唤醒阶段和沉睡阶段的交替,使网络逐渐学会更好地表示输入数据,并优化生成和表示过程。

例 8-3   通过一个简单的例子来说明 DBN 的训练过程。假设有一个手写数字识别的任务,使用的是 MNIST 数据集,这是一个常用的手写数字数据集,包含 0~9 的灰度图像。

(1) 预训练阶段

① 初始化。

a. 假设设计一个 DBN,包含三个 RBM,每层有 500 个隐藏单元。

b. 初始化每个 RBM 的权重和偏置为小的随机值。

② 逐层训练 RBM。

a. 训练第一个 RBM(RBM1)。

- 输入：原始的 MNIST 图像数据(28×28 像素)。

- 过程：

  ◆ 正向传播：将图像数据作为可见层输入，通过权重和偏置传递到隐藏层。

  ◆ 重构：从隐藏层生成可见层的重构数据。

  ◆ 对比散度(contrastive divergence，CD)算法：使用 CD 算法更新 RBM1 的权重和偏置。

b. 训练第二个 RBM(RBM2)。

- 输入：RBM1 的隐藏层输出。

- 过程：

与训练 RBM1 类似，但输入是 RBM1 的输出。

c. 训练第三个 RBM(RBM3)。

- 输入：RBM2 的隐藏层输出。

- 过程：与训练 RBM1 和 RBM2 类似，但输入是 RBM2 的输出。

③ 堆叠 RBM。

将训练好的三个 RBM 堆叠起来，形成 DBN。将 RBM1 的输出作为 RBM2 的输入，将 RBM2 的输出作为 RBM3 的输入。

(2) 微调阶段

① 添加分类器。

在 DBN 的顶部添加一个 Softmax 回归器，用于将 RBM3 的隐藏层输出分类为 0~9 的数字。

② 反向传播。

使用反向传播算法和梯度下降算法来微调整个 DBN 的参数。

- 输入：原始的 MNIST 图像数据。

- 过程：

  ◆ 正向传播：将图像数据通过 DBN 的各层 RBM 传递到 Softmax 回归器。

  ◆ 计算误差：比较 Softmax 回归器的输出和真实标签之间的差异。

  ◆ 反向传播：将误差反向传播回网络，更新所有 RBM 和 Softmax 回归器的权重和偏置。

③ 迭代优化。

进行多次迭代优化，直到网络的分类准确率达到满意为止。

更具体的步骤如下。

(1) 预训练 RBM1

① 输入：原始的 MNIST 图像数据(28×28 像素)。

② 训练：使用 CD 算法，迭代更新 RBM1 的权重和偏置。

③ 输出：RBM1 的隐藏层特征表示。

(2) 预训练 RBM2

① 输入：RBM1 的隐藏层输出。

② 训练：使用 CD 算法，迭代更新 RBM2 的权重和偏置。

③ 输出：RBM2 的隐藏层特征表示。

（3）预训练 RBM3

① 输入：RBM2 的隐藏层输出。

② 训练：使用 CD 算法，迭代更新 RBM3 的权重和偏置。

③ 输出：RBM3 的隐藏层特征表示。

（4）微调 DBN

① 输入：原始的 MNIST 图像数据。

② 正向传播：图像数据通过 RBM1、RBM2、RBM3 到达 Softmax 回归器。

③ 计算误差：比较 Softmax 回归器的输出和真实标签之间的差异。

④ 反向传播：更新整个网络的权重和偏置。

⑤ 迭代：重复上述过程，直到网络收敛。

通过这个例子，可以看到 DBN 是如何通过预训练和微调两个阶段来学习数据的深层次特征，并最终用于分类任务的。在实际应用中，根据具体任务和数据集的不同，DBN 的结构和训练过程可能会有所调整。

本 章 小 结

深度信念网络通过训练其神经元间的权重，可以使整个深度信息网络按照最大概率来生成训练数据。除了可以用来生成数据之外，还可以使用深度信息网络识别特征、分类数据等。深度信念网络是一个概率生成模型，其分层学习机理缓解了传统梯度算法在进行深层结构学习时所面临的梯度消失问题。本章主要介绍 BM 与 RBM、深度信念网络结构、深度信念网络训练算法等，并对它们的应用做了简单说明。

第9章

胶囊神经网络

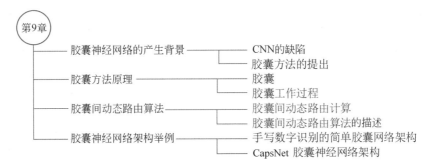

胶囊(capsule)神经网络模型在 2017 年由 Hinton 提出,它使人工神经网络更密切地模仿生物神经组织,是一种新的深度学习方法。

9.1　胶囊神经网络的产生背景

胶囊神经网络和卷积神经网络一样,最初用于解决计算机视觉领域的问题,但是,现在胶囊神经网络的应用已逐渐扩展到其他领域。

9.1.1　CNN 的缺陷

1. CNN 难以识别位置的关系

CNN 的出现开创了深度学习先河,但是 CNN 在学习过程中保持了图像的空间结构,即最后一层的激励值(特征图)总和与原始图像空间上的对应关系。具体对应的位置,可以用感受野来度量,但是 CNN 忽略了对象的朝向和空间上的相对关系,这是 CNN 根本性的缺陷。

2. CNN 没有空间推理的能力

考虑某著名建筑物的图片,尽管所有的图像显示的角度不一样,但人们可以轻易辨识出这是某著名建筑物。原因是头脑中的某著名建筑物的内部表示并不依赖视角,人们虽然从没有见过这些图片,但仍然能立刻知道这是某著名建筑物。也就是说,尽管拍摄的角度不同,人类的视觉系统可以轻松对图片举一反三,只需要看到一两张图片,就可以推测出其他的图片也是某著名建筑物。但是 CNN 却没有这种空间推理的能力,为了实现这种功能,需要对各个方向的图片进行类似蛮力的训练,才能达到较高的辨识准确率。

9.1.2　胶囊方法的提出

计算机图形学基于几何数据内部的分层表示来构造可视图像,这类结构的表示都需要考虑对象的相对位置,并且这些内部表示存储于计算机中。几何化的对象以数组表示,对象间的相对位置关系和朝向以矩阵表示。特定的软件将这些表示作为输入,然后将它们转换为屏幕上的图像,这一过程称为渲染。

人类大脑所做的工作与渲染相反,属于逆图形法。大脑从眼睛接收到的视觉信息中解析出周围世界的分层表示,并将其与已学习到的模式和存储在大脑中的关系进行匹配,这是辨识过程,表明大脑中物体的表示并不依赖视角。

可以利用计算机图形学建模这些分层关系。在三维图形中,三维对象之间的关系可以用位姿表示,位姿的本质是平移、旋转和缩放。为了正确地分类和辨识对象,保留对象部件间的分层位姿关系很重要。胶囊方法与大脑类似,胶囊方法的关键是结合了对象之间的相对关系,这些关系在数学上表示为位姿矩阵。

胶囊方法相较 CNN 的优势是它通过显式建模这些关系弥补了 CNN 的缺陷。与之前最先进的方法相比,胶囊方法能将错误率降低 45%,这体现了它巨大的性能提升幅度;胶囊方法只需要学习小部分数据就能达到最先进的效果,这使它在行为上更接近人脑。

9.2　胶囊方法原理

20 世纪 80 年代中期,误差传播算法的出现使多层网络得以成功地进行训练。同样,基于胶囊方法胶囊间动态路由算法的出现,使胶囊神经网络得以成功地进行训练。

9.2.1　胶囊

胶囊(向量神经元)是一小群神经元集合,它们可以学习在一张图片的一定区域内检查一个特定的对象。胶囊可以对输入执行复杂的内部计算,并将计算结果封装成一个包含丰富信息输出的胶囊向量。胶囊的输出是一个向量(例如,一个八维的向量)。每个向量的长度代表了物体是否存在的估计概率,它的方向记录了物体的姿态参数,例如,精确的位置、旋转等姿态参数。如果物体有微小的变化(如移动、旋转等),胶囊也将输出一个长度相同但是方向稍微变化的向量,这就是胶囊的等变性。

1. 物体姿态

为了正确地识别和分类物体,需要保存物体各部分之间的分层姿态关系,物体姿态主要包括平移、旋转和缩放三种基本形式。

在拍摄人物时调节照相机的角度,可将三维的人生成二维的照片。虽然拍出来的人物照片的角度多种多样,但人是一个整体,脸和身体对人的相对位置不变。因此,可定义一个相对稳定的坐标系,然后仅通过转动相机就可拍出不同角度的照片。

在创建这些图形时,首先定义脸和身体相对人的位置,更进一步,定义眼睛和嘴在脸上的位置,但不是相对人的位置。因为之前已经有了脸相对人的位置,现在又有了眼睛在脸上的位置,那么也可确定眼睛相对人的位置。为了解决这个问题,可有层次地创建一个完整的人的描述,使用姿态矩阵来定义所有对象相对照相机的位置,并表示部件与整体之间的关系。

正确地识别和分类对象的关键是,保持对象部分之间的分层姿态关系。胶囊方法结合了对象之间的相对关系,并以姿态矩阵来表示。图 9-1 所示是旋转矩阵的坐标转换,假设在三维坐标系下绕 Z 轴旋转了一个角度。原来是 $X_1 - Y_1 - Z_1$ 坐标系,绕 Z 轴旋转之后就是 $X_2 - Y_2 - Z_2$ 坐标系了,旋转角为 α。假设在原来的坐标系上有一个向量 **OF**,就可以通过旋转矩阵来描述 **OF** 旋转之后的变化,其实就是对向量进行了线性变换,得到了一个新的向量,模不变,但是基底已改变。

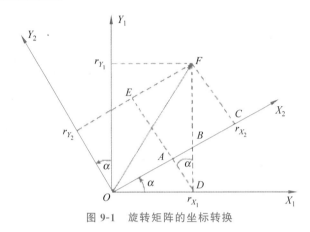

图 9-1　旋转矩阵的坐标转换

物体的平移、旋转和缩放如图 9-2 所示。

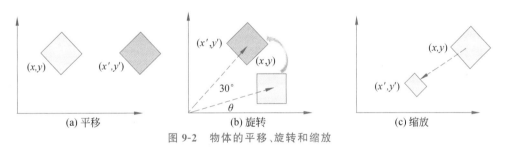

图 9-2　物体的平移、旋转和缩放

利用姿态矩阵来完成对物体平移、旋转和缩放的计算如下。

（1）逆时针旋转 $30°$。

$$x = r\cos\theta \quad y = r\sin\theta$$
$$x' = r\cos(\theta + 30°) = r\cos\theta\cos30° - r\sin\theta\sin30°$$
$$= x\cos30° - y\sin30°$$
$$y' = r\sin(\theta + 30°) = r\sin\theta\cos30° + r\cos\theta\sin30°$$
$$= x\sin30° + y\cos30°$$
$$\begin{bmatrix} x' \\ y' \\ 1 \end{bmatrix} = \begin{bmatrix} \cos30° & -\sin30° & 0 \\ \sin30° & \cos30° & 0 \\ 0 & 0 & 1 \end{bmatrix} \begin{bmatrix} x \\ y \\ 1 \end{bmatrix}$$

（2）平移 2 个单位。

$$x' = x + 2$$

$$y' = y + 0$$

$$\begin{bmatrix} x' \\ y' \\ 1 \end{bmatrix} = \begin{bmatrix} 1 & 0 & 2 \\ 0 & 1 & 0 \\ 0 & 0 & 1 \end{bmatrix} \begin{bmatrix} x \\ y \\ 1 \end{bmatrix}$$

（3）缩放 50%。

$$x' = 0.5x$$

$$y' = 0.5y$$

$$\begin{bmatrix} x' \\ y' \\ 1 \end{bmatrix} = \begin{bmatrix} 0.5 & 0 & 0 \\ 0 & 0.5 & 0 \\ 0 & 0 & 1 \end{bmatrix} \begin{bmatrix} x \\ y \\ 1 \end{bmatrix}$$

用 R、T 和 S 表示旋转、平移和缩放矩阵，那么将 (x, y) 先逆时针转 30°，再向右平移 2 个单位，最后缩放 50% 到 (x', y') 可以由下列矩阵连乘得到。

$$\begin{bmatrix} x' \\ y' \\ 1 \end{bmatrix} = \overset{S}{\begin{bmatrix} 0.5 & 0 & 0 \\ 0 & 0.5 & 0 \\ 0 & 0 & 1 \end{bmatrix}} \overset{T}{\begin{bmatrix} 1 & 0 & 2 \\ 0 & 1 & 0 \\ 0 & 0 & 1 \end{bmatrix}} \overset{R}{\begin{bmatrix} \cos30° & -\sin30° & 0 \\ \sin30° & \cos30° & 0 \\ 0 & 0 & 1 \end{bmatrix}} \begin{bmatrix} x \\ y \\ 1 \end{bmatrix}$$

$$\underbrace{\hspace{8cm}}_{M}$$

在二维平面中，增加了 1 个维度 Z，是为了方便完成平移操作。写出二维平面姿态矩阵 M 的一般形式，并延伸类比到三维空间的姿态矩阵，表示如下：

$$M = \begin{bmatrix} r_{11} & r_{12} & t_x \\ r_{21} & r_{22} & t_y \\ 0 & 0 & 1 \end{bmatrix} \leftarrow 二维姿态矩阵$$

$$M = \begin{bmatrix} r_{11} & r_{12} & r_{13} & t_x \\ r_{21} & r_{22} & r_{23} & t_y \\ r_{31} & r_{32} & r_{33} & t_z \\ 0 & 0 & 0 & 1 \end{bmatrix} \leftarrow 三维姿态矩阵$$

例 9-1　姿态矩阵。

整体是由其各个部分组成的。

- 人（整体）是由脸和身体组成。
- 脸（整体）是由眼睛和嘴组成。
- 身体（整体）是由躯干和手组成。

（1）如果 M 是脸对人姿态矩阵，N 是嘴对脸姿态矩阵，P 是人对相机的帧的姿态矩阵，则有：

- 脸对相机的帧的姿态矩阵由 $M' = PM$ 给出。
- 嘴对相机的帧的姿态矩阵由 $N' = M'N = PMN$ 给出。
- 嘴对人的姿态矩阵为 $O' = MN$。

姿态矩阵 P 表示可以从相机看对象的不同视点。一张脸上所有特征都是一样的，所不同的是看脸的角度，所有其他对象（比如身体、嘴和手）的所有视点都可以由 P 得到。

（2）如果告诉左眼的位置，可以想象脸的位置。同理，可以从嘴的位置估计脸的位置。

- E_v 是眼睛的位置向量。
- E 是眼睛对脸的姿态矩阵。
- M_v 是嘴的位置向量。
- M 是嘴对脸的姿态矩阵。

如果由眼和嘴的位置推出脸的位置相符,数学上可以表示为 $E_vE=M_vM$。

2. 不变性和共变性

不变性是指表示不随变换变化而变化,而同变性是指表示的变换等价于变换的表示。从计算机视觉角度来说,不变性是指不随一些变换来识别一个物体,具体变换包括平移、旋转和缩放等。

在物体识别上不变性必须为,不管雕像怎么平移、二维旋转、三维旋转和缩放,都可以识别出它是雕像。如果任务比物体识别更困难,例如需要知道雕像平移了多少个单位,旋转了多少度,缩放了百分之多少,那么不变性难以满足这种要求,这时需要的是同变性。

图 9-3 给出不变性例子,图 9-4 给出变性的例子。

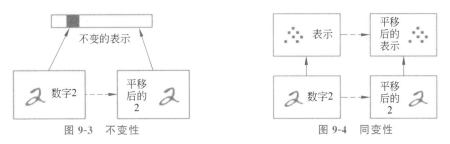

图 9-3　不变性　　　　　　　　　图 9-4　同变性

平移和旋转的不变性丢失了坐标框架信息;而同变性不丢失坐标框架信息,只是对内容做了一种变换。

在图 9-3 中,平移前的 2 和平移后的 2 的表示是一样的(如用 CNN),这样只能识别出 2,根本无法判断出 2 在图像中的位置。

在图 9-4 中,平移前的 2 和平移后的 2 的表示包含位置信息,这样不仅能识别出 2,还能判断出 2 在图像中的位置。胶囊方法就可以完成这一工作。

3. CNN 的不变性

CNN 使用了卷积层,对于每个卷积核,在整个输入图像上复制同一内核的权重,然后输出一个二维矩阵,在这个矩阵中,每个数字是该卷积核对输入图像的一部分的卷积输出。所以可以将这个二维矩阵看作重复特征检测器的输出,然后将所有卷积核的二维矩阵堆叠在一起,以生成卷积层的输出。在神经元的活动中,可以应用最大池化方法来实现视角不变性。最大池化方法持续地搜索上述二维矩阵的区域,选取每个区域中最大的数字。结果得到了想要的活动的不变性。不变性是指,如果略微调整输入,输出仍然是一样的。换句话说,在输入图像上,当稍微变换一下想要检测的对象时,由于最大池化方法可以使神经元的输出保持不变,因此网络仍然能检测到对象。

4. 胶囊检测

因为 CNN 的最大池化方法有可能丢失有价值的信息和编码特征之间的相对空间关系,基于上述问题,研究者提出了胶囊。所有检测中的特征和状态的重要信息都将以胶囊向量的形式被封装。

胶囊将特征检测的概率作为其输出向量的长度进行编码,检测出的特征的状态被编码为该向量指向的方向(实例参数)。所以当检测出的特征在图像中移动或其状态不知如何变化时,概率仍然保持不变(向量长度没有改变),但其方向改变了。

一个胶囊检测图像中的面部,并输出长度为 0.99 的三维向量。接着开始移动面部。向量将在空间上旋转,表示检测出的面部的状态改变了,但其长度将保持固定,因为胶囊仍然确信它检测出了面部。这就是活动等变性:神经活动将随着物体在图像中的外观流形上的移动而改变。与此同时,检测概率保持恒定,这才是所需的那种不变性,而不是 CNN 的基于最大池化的不变性。

9.2.2　胶囊工作过程

1. 向量神经元与标量神经元

数学上的向量是一个有方向和长度的概念,将胶囊类比于数学向量,它也有方向和长度。假设一个胶囊代表眼睛,那么其长度代表眼睛在图像某个位置存在的概率。

将胶囊称为向量神经元(vector neuron,VN),而将传统描述的人工神经元称为标量神经元(scalar neuron,SN)。SN 从其他神经元接收输入标量,然后乘以标量权重再求和,最后将这个总和传递给某个非线性作用函数,产生一个输出标量。该标量将作为下一层的输入变量。

SN 用以下 3 个步骤来描述:

(1) 将输入标量 X 乘上权重 W。

(2) 对加权的输入标量求和成标量 a。

(3) 用非线性作用函数 g 将标量 a 转换成标量 h。

即 $h = g(\Sigma_i x_i w_i + b)$。

VN 的步骤是在 SN 的 3 个步骤前增加一步,总计如下 4 步:

(1) 将输入向量 u 用矩阵 W 加工成新的输入向量 $\tilde{u}$。

(2) 将输入向量 $\tilde{u}$ 乘上权重 c。

(3) 对加权的输入向量求和成向量 S。

(4) 用非线性函数 squash 将向量 S 转换成向量 V。

即 $v_j = \text{squash}(\Sigma_i \tilde{u}_{j|i} c_{ij})$,$\tilde{u}_{j|i} = u_i w_{ij}$。

例 9-2　VN 的计算过程。

假设上一层的 VN 代表眼睛(u_1)、鼻子(u_2)和嘴巴(u_3),称为低层特征,下一层第 j 个的 VN 代表脸,称为高层特征。下一层可能还有很多别的高层特征,脸是其中的一个。VN计算过程如下。

(1) 矩阵转换计算

u_i 低层特征到高层特征 $\tilde{u}_{j|i}$ 的转换的计算为

$$\tilde{u}_{j|i} = w_{ij} u_i$$

其中,u_i 为低层特征,w_{ij} 为低层特征与高层特征的空间关系,$\tilde{u}_{j|i}$ 为高层特征。

如果 u_1 为眼睛的位置,w_{1j} 为眼睛与脸之间的空间关系,$\tilde{u}_{j|1}$ 为由眼睛推出脸的位置。

如果 u_2 为鼻子的位置，w_{2j} 为鼻子与脸之间的空间关系，$\tilde{u}_{j|2}$ 为由鼻子推出脸的位置。

如果 u_3 为嘴巴的位置，w_{3j} 为嘴巴与脸之间的空间关系，$\tilde{u}_{j|3}$ 为由嘴巴推出脸的位置。

则有下属结果：

$$\tilde{u}_{j|1} = w_{1j}u_1$$

$$\tilde{u}_{j|2} = w_{2j}u_2$$

$$\tilde{u}_{j|3} = w_{3j}u_3$$

如果这三个低层特征（眼睛、鼻子和嘴）的预测指向相同脸的位置和状态，那么出现在那个位置的必定是一张脸。

（2）输入加权求和计算

$$s_j = \sum_i c_{ij} \tilde{u}_{j|i}$$

输入加权计算与标量神经元的加权形式类似。在 SN 的情况下，这些权重是通过误差反向传播算法调节确定的，但是在 VN 的情况下，这些权重 c_{ij} 是使用囊间动态路由算法计算确定的。求和计算类似普通的神经元的求和步骤，除了总和是向量而不是标量。加权求和的就是计算出 s_j。

（3）非线性激活计算

$$v_j = \underbrace{\frac{\|s_j\|^2}{1+\|s_j\|^2}}_{\text{压扁}} \underbrace{\frac{s_j}{\|s_j\|}}_{\text{单位化}}$$

非线性激活函数，又叫压缩函数，这个函数的主要功能是使 v_j 的长度不超过 1，而且保持 v_j 和 s_j 同方向。公式中的第一项为压扁函数，如果 s_j 很长，第一项约等于 1；如果 s_j 很短，第一项约等于 0；公式第二项单位化向量 s_j，因此第二项长度为 1。

利用压缩函数处理之后，输出向量 v_j 的长度为 0~1 的一个数，该长度表示 VN 具有给定特征的概率。

2. 胶囊网络的概念

如图 9-5 所示，胶囊网络也由多层构成。处于最底层为基本胶囊层，输入图像，输出胶囊向量。每个胶囊都只用图片的一小部分区域作为感知域输入，然后试图去检测某个特殊的矩形模式是否存在，以及姿态如何。处于最高层的为路由胶囊层，路由胶囊层的输入是胶囊向量，然后试图探测更大和更复杂的物体，例如船、房子等。

在胶囊网络中，首先对输入执行一些相当复杂的内部计算，然后将这些计算的结果封装成一个包含丰富信息的小向量。每个胶囊学习辨识一个有限的观察条件和变形范围内隐式定义的视觉实体，并输出实体在有限范围内存在的概率及一组实例参数，实例参数可能包括相对这个视觉实体的隐式定义的精确的位姿、照明条件和变形信息。当胶囊工作正常时，视觉实体存在的概率具有局部不变性，即当实体在胶囊覆盖的有限范围内的外观流形上移动时，概率不改变。实例参数却是等变的，即随着观察条件的变化，实体在外观流形上移动时，实例参数也相应地变化，因为实例参数表示实体在外观流形上的内在坐标。

胶囊网络的特点概括如下：

（1）向量输入，向量输出（对比 CNN、标量输入、标量输出）。

（2）其参数更新遵循路由协议原则，利用反向传播更新参数。

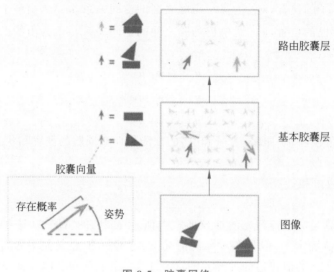

图 9-5　胶囊网络

（3）胶囊网络的优势是更能理解图像，表达能力较强，通过胶囊建立了图像三维之间的关系，输出的向量也可以反映图像状态。

（4）相对于 CNN，使用较少的学习数据，就能达到很好的效果。

9.3　胶囊间动态路由算法

这里所提及的动态路由不是指互联网的路由，而是胶囊神经网络动态参数更新学习算法。首先从高层面来解释动态路由算法功能。

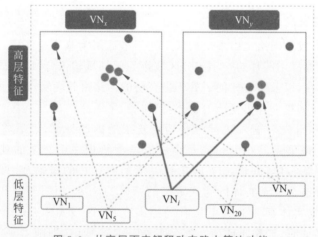

图 9-6　从高层面来解释动态路由算法功能

在图 9-6 中，一个低级别 VN_i 需要决定其输出是传递给更高级别 VN_x 还是 VN_y，这一过程通过调整权重 c_{ix} 和 c_{iy} 来实现。高级别 VN_x 和 VN_y 可以接收许多来自其他低级别 VN_i 的输入向量，所有这些输入都以实心点表示。

• VN_x 和 VN_y 中各有 4 个实心点聚集在一起，表明这些低级别 VN_i 的预测彼此接近。

- 其他点没有聚集在一起，表明这些低级别 VN_i 的预测相差很远。

低别级 VN_i 输出到高级别 VN_x 或 VN_y 的答案就是动态路由的本质，由图 9-6 可以看出：

- VN_i 的输出远离高级别 VN_x 中的正确预测的 4 个实心点。
- VN_i 的输出靠近高级别 VN_y 中的正确预测的 4 个实心点。

动态路由算法根据以上结果来自动调整其权重，即调高 VN_y 相对的权重 c_{iy}，调低 VN_x 相对的权重 c_{ix}。

9.3.1 胶囊间动态路由计算

胶囊神经网络动态路由反向传播的参数更新过程如图 9-7 所示。

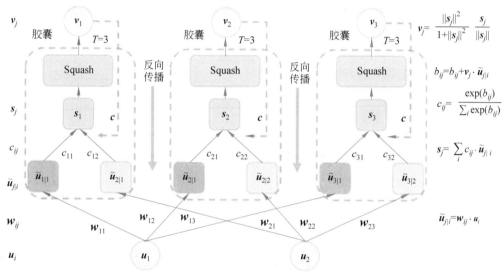

图 9-7 胶囊神经网络动态路由反向传播的参数更新过程

胶囊间动态路由算法的精髓是低层胶囊将输出发送给对此表示"同意"的高层胶囊，低层胶囊 i 决定如何将其输出向量发送给高层胶囊 j。低层胶囊改变标量权重 c_{ij}，输出向量乘以该权重后，发送给高层胶囊，作为高层胶囊的输入。通过这一方式，低层胶囊作出决策。c_{ij} 表示与低层胶囊 i 的输出向量相乘，乘积传递到高层胶囊 j 作为输入的权重。

c_{ij} 的性质如下：

- 权重均为非负标量。
- 对每个低层胶囊 i，所有权重 c_{ij} 的总和等于 1。
- 对每个低层胶囊 i，权重的数量等于高层胶囊的数量。
- 这些权重 c_{ij} 的数值由迭代动态路由算法的计算结果来确定。

前两点可以用概率术语解释权重。胶囊经训练后检测出特征，该特征的存在概率用胶囊输出向量的长度来表示。特征的参数状态则用输出向量的方向表示。所以从某种意义上说，对于每个低层胶囊 i，其权重 c_{ij} 定义了传给每个高层胶囊 j 的输出的概率分布。

9.3.2 胶囊间动态路由算法的描述

1. 胶囊间动态路由算法步骤

1）将低层特征向量映射成高层特征向量

将低层特征向量 u_i 通过权重矩阵 w_{ij} 映射成高层特征空间中的胶囊向量 $\tilde{u}_{j|i}$，其中权重矩阵是线性变换或仿射变换：

$$\tilde{u}_{j|i} \leftarrow w_{ij} u_i$$

例 9-3 权重矩阵。

图像由 A 和背景组成；A 由头部和身体组成；身体由躯干和腿部组成；头部包括眼睛和嘴巴。

权重矩阵表示部分与主体的一种关系，身体的每个分解部分可以通过权重矩阵与其组成的主体相关联。利用权重矩阵，可以根据给定部分推断出主体。P 表示人对整张图片的权重矩阵，A 表示头部对人的权重矩阵，X 表示身体对人的权重矩阵。B 和 C 分别表示眼睛和嘴巴对头部的权重矩阵，Y 和 Z 分别表示腿和躯干对身体的权重矩阵。通过连乘权重矩阵可以提取人对每个部分的基本属性。

- 头部对图片的权重矩阵为 $A^* = PA$
- 身体对图片的权重矩阵为 $X^* = PX$
- 眼睛对图片的权重矩阵为 $B^* = PAB$
- 嘴巴对图片的权重矩阵为 $C^* = PAC$
- 腿部对图片的权重矩阵为 $Y^* = PXY$
- 躯干对图片的权重矩阵为 $Z^* = PXZ$

2）将含有低层特征信息的向量整合到高层的特征向量

（1）计算耦合系数 c_{ij}

$$c_{ij} = \exp(b_{ij}) / \Sigma_i \exp(b_{ij})$$

耦合系数 c_{ij} 并不是通过反向传播学习而来的，而是通过动态路由的方法计算而来的。耦合系数是最大池化方法的改进。最大池化方法通过区域最大化来提取到这个区域中最有用的信息，但是却忽略了其他的信息。动态路由确定耦合系数的目的也是提取有用信息，但并不丢弃任何其他信息。假设一张图片中有一个 A 和一个 B，B 占据了图片的大部分。经过最大池化后丢弃了较少的 A 的信息，而保留了较多的 B 的信息，于是这张图片被识别为 B。耦合系数并不丢弃任何其他信息，属于 A 的信息被更多地输出到检测 A 的高级胶囊中，属于 B 的信息被更多地输出到检测 B 的高级胶囊中，最后再判定图片为 A 或 B。

（2）计算 s_j

将含有低层特征信息的向量通过加权求和的方式整合到高层的特征向量中：

$$s_j = \sum_i w_{ij} \times \tilde{u}_{j|i}$$

这一步完成加权求和，用于衡量低层特征（胶囊）对高层特征（胶囊）的重要程度。例如，一张图像的眼睛更能反映这张图所属的类别，则权重就大一些。初始时，权重 b 为 0，表明每个低层特征对高层特征的影响是相同的，随着训练的继续，参数进行更新。动态路由胶囊算法的核心就在于此处参数 b 的更新方法综合考量了低层特征 $\tilde{u}_{j|i}$ 与输出胶囊特征 v_j，由于二者都是向量，当二者同向时，即二者相似度较高，当前的低层特征更能反映图像特征，乘积为正，b 权

重增加,表示当前低层胶囊更被高层胶囊所接纳;相反,当二者反向时,代表当前低层特征与输出胶囊匹配度并不高,乘积为负,b 权重减小,表示当前低层胶囊被更高层胶囊所排斥。通过这样的权重更新方式建立起了低层特征与高层特征的关联,使模型更能理解图像。

例 9-4 输出的结果是低层特征的某种聚类结果。

如图 9-8 所示,羽毛和嘴属于低层特征,鹦鹉、狗、鱼属于高层特征。已知低层特征羽毛,可以推断出它有较高概率属于鹦鹉。对于每个高层特征,分别对低层特征的特征向量进行加权求和,输出的结果是低层特征的某种聚类结果。

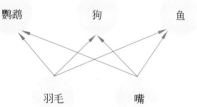

图 9-8 输出的结果是低层特征的某种聚类结果

3) 向量神经网络的非线性的激活

使用向量神经网络的非线性的激活函数 squash 得到输出胶囊 v_j:

$$v_j \leftarrow (\|s_j\|^2/(1+\|s_j\|^2))(s_j/\|s_j\|)$$

这个函数中利用 $\|s_j\|^2/(1+\|s_j\|^2)$ 进行一定的缩放,利用 $s_j/\|s_j\|$ 保留了输出向量的方向,并将向量的模压缩到 $[0,1)$。输出向量的模长代表属于这个类别的概率,模长越大,概率越大,而向量本身可以表示图像中各个特征(如位置、姿态等)的信息。例如,一个图像被检测为猫,输出胶囊向量 v 的模为 0.98;当这张图像进行旋转时,输出胶囊向量的模长仍然为 0.98(因为即使旋转,模型仍然认为该图像是猫,检测概率不变),但是此时向量本身各个维度的值发生了变化,因为图像的特征(如位置、姿态等)发生了变化。

4) 更新 b_{ij}

更新 b_{ij} 是动态路由的重要部分,即将 b_{ij} 初始化为 0,并用 v_j 与 $\tilde{u}_{j|i}$ 的内积来更新 b_{ij}:

$$b_{ij} = b_{ij} + v_j \tilde{u}_{j|i}$$

5) 利用 BP 算法更新参数

利用 BP 算法更新 w_{ij}:

$$w_{ij} \leftarrow \text{BP}(w_{ij})$$

需要注意的是胶囊神经网络中的耦合系数是通过动态路由迭代的方式进行更新的,但是对于权重矩阵参数 w_{ij} 的更新依然需要反向传播来完成。

上述过程如图 9-9 所示。

2. 胶囊神经网络动态路由算法形式化描述

胶囊神经网络动态路由算法如下:

(1) ROUTING($\tilde{u}_{j|i}, r, l$) 过程

(2)   for 层 l 中的所有胶囊 i 和在层 $l+1$ 中的所有胶囊 j:$b_{ij} \leftarrow 0$

(3)   for r 迭代 do

(4)   for 层 l 中的所有胶囊 i:$c_i \leftarrow \text{Softmax}(b_i)$

(5)   for 在层 $(l+1)$ 中的所有胶囊 j:$s_j \leftarrow \sum_i c_{ij} \tilde{u}_{j|i}$

(6)   for 在层 $(l+1)$ 中的所有胶囊 j:$v_j \leftarrow \text{squash}(s_j)$

(7)   for 层 l 中的所有胶囊 i 和在层 $l+1$ 中的所有胶囊 j:$b_{ij} \leftarrow b_{ij} + \tilde{u}_{j|i} v_j$

            return v_j

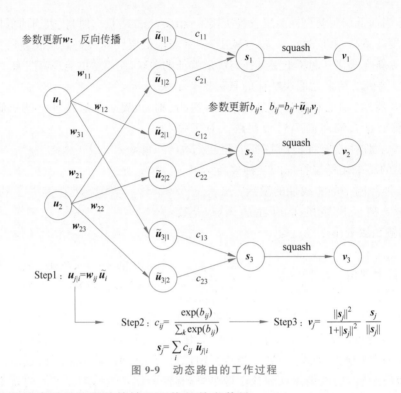

图 9-9 动态路由的工作过程

这个算法描述的是胶囊计算神经网络的前向传导。

第 1 行指明了算法的输入：低层 l 中的所有胶囊输出 $\tilde{u}_{j|i}$，以及路由迭代次数 r。最后一行指明了算法的输出是一个高层胶囊 v_i。

第 2 行的 b_{ij} 是一个临时变量，在训练开始时，b_{ij} 的值初始化为 0，其值将在迭代过程中更新，当整个算法运行完毕后，它的值将被保存到 c_{ij} 中。

第 3 行表明第 4～7 行的步骤将被重复 r 次。

第 4 行计算向量 c_i，也就是低层胶囊 i 的所有权重。这一计算将应用到所有低层胶囊上。Softmax 将确保所有权重 c_{ij} 均为非负数，且其总和等于 1。本质上，Softmax 强制实施了系数 c_{ij} 的概率性质。

由于所有 b_{ij} 的值初始化为 0，第一次迭代后，所有系数 c_{ij} 的值相等。例如，如果有 3 个低层胶囊和 2 个高层胶囊，那么所有 c_{ij} 将等于 0.5。算法初始化时期，所有 c_{ij} 均相等，这表明不确定性达到最大值：低层胶囊不知道它们的输出最适合哪个高层胶囊。当然，随着这一进程的重复，这些均匀分布将发生改变。

计算了所有低层胶囊的权重 c_{ij} 之后，第 5 行那里将涉及高层胶囊。这一步将计算经前一步确定的路由系数 c_{ij} 加权后的输入向量的线性组合。这表明缩小输入向量并将它们相加，得到输出向量 s_j。这一步骤将应用到所有高层胶囊上。

在第 6 行中，来自前一步的向量将通过非线性压缩函数 squash(·) 的作用，确保向量的方向保留下来，且将长度限制在 1 以下。该步骤的生成结果是传递给所有高层胶囊的输出向量 v_j。

步骤(4)～(6)计算了高层胶囊的输出。第 7 行更新了权重，这也是路由算法的主要功能。在这一步中，查看了每个高层胶囊 j，然后检查每个输入并根据公式更新相应的权重

b_{ij}。公式表明,胶囊 j 的当前输出和从低层胶囊 i 处接收的输入的点积,加上旧权重,等于新权重。点积检测胶囊的输入和输出之间的相似性。另外,低层胶囊将其输出发送给具有类似输出的高层胶囊。点积刻画了这一相似性。这一步骤之后,算法跳转到第 3 行重新开始这一流程,并重复 r 次。

重复 r 次后,计算出了所有高层胶囊的输出,并确立了路由权重。之后正向传播就可以推进到更高层的网络。

算法的进一步说明如下:

第 1 行指出的是迭代次数为 3 次。

第 2 行初始化所有 b 为 0。因为从第 4 行可看出,只有这样 c 才是均匀分布的,表明"l 层 VN 到底要传送输出到 $l+1$ 层哪个 VN 是最不确定的"。

第 4 行的 Softmax 函数的产出是非负数而且总和为 1,致使 c 是一组概率变量。

第 5 行的 s_j 就是低层所有 VN 的共识输出。

第 6 行的压缩函数确保向量 s_j 的方向不变,但长度不超过 1,因为长度代表 VN 具有给定特征的概率。

第 7 行是用 $\tilde{\boldsymbol{u}}_{j|i}$ 和 $\boldsymbol{v}_j$ 点积更新 b_{ij},其中前者是 l 层 VN_i 对 $l+1$ 层 VN_j 的单独预测,而后者是所有 l 层 VN 对 $l+1$ 层 VN_j 的共同预测。

3. 点积运算与路由迭代的次数

(1) 点积运算。

- 当两者相似时,点积就大,b_{ij} 就变大,低层 VN_i 连接高层 VN_j 的可能性就变大。
- 当两者相异时,点积就小,b_{ij} 就变小,低层 VN_i 连接高层 VN_j 的可能性就变小。

点积运算接收两个向量,并输出一个标量。对于给定长度但方向不同的两个向量,点积后有几种情况,即 a 最大正值、b 正值、c 零、d 负值、e 绝对值最大的负值,如图 9-10 所示。

在图 9-11 中,两个高层胶囊的输出用向量 $\boldsymbol{v}_1$ 和 $\boldsymbol{v}_2$ 表示。$\tilde{\boldsymbol{u}}_{1|1}$ 向量和 $\tilde{\boldsymbol{u}}_{2|1}$ 向量表示接收自某个低层胶囊的输入,其他向量表示接收自其他低层胶囊的输入。

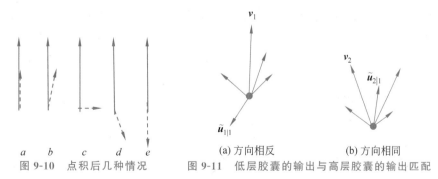

图 9-10　点积后几种情况　　　　图 9-11　低层胶囊的输出与高层胶囊的输出匹配

图 9-11(a) 的输出 $\boldsymbol{v}_1$ 和输入 $\tilde{\boldsymbol{u}}_{1|1}$ 指向相反的方向,也就是说,它们并不相似。这表明它们的点积将是一个负数,并减小路由系数 c_{11}。图 9-11(b) 的输出 $\boldsymbol{v}_2$ 和输入 $\tilde{\boldsymbol{u}}_{2|1}$ 指向相同的方向,它们是相似的。因此,路由系数 c_{12} 将增大。在所有高层胶囊及其所有输入上重复应用该过程,得到一个路由系数的集合,达成了来自低层胶囊的输出与高层胶囊的输出的最佳匹配。

（2）路由迭代的次数。

动态路由算法最关键的思想是，通过胶囊的输入和输出的点积测量输入和输出的相似性，然后相应地更新路由系数。多的迭代往往将导致过拟合，实践中的最佳选择是使用 3 次迭代。

例 9-5 帆船与房子。

假设低层胶囊中有三角形和长方形，而高层胶囊有帆船和房子。找到最有可能组成房子或帆船的三角形或长方形，过程如下。

（1）正向作图和反向作图。

计算机作图通常认为是正向作图，是根据各个物体的参数，例如中心横坐标 x、中心纵坐标 y 和旋转角度，在屏幕中画出（渲染）帆船的图像。而反向作图是根据屏幕中帆船的图像，反推出各个物体的参数。

（2）向量神经元定义。

箭头表示三角形或长方形，箭头的长度表示三角形或长方形出现的概率大小，箭头的方向表示三角形的姿态参数（例如朝向）。

（3）同变性。

CNN 的池化只能带来不变性，使网络只能识别两图中都有帆船，但不能只追求识别率，还需要更多，例如 VN 带来的同变性，使网络不仅能识别出图中有帆船，还能识别出它们的倾斜度。

（4）物体层次。

三角形和长方形可以组成帆船，也可以组成房子。如果将帆船和房子当成一个整体（忽略其组成成分三角形和长方形），那么它们也有自己的 $x\text{-}y$ 坐标和角度。如果识别出图片上有三角形和长方形，那么可以由代表三角形和长方形的低层 VN 来预测代表房子和帆船的高层 VN。

（5）动态路由。

这里动态路由是指通过路由将信息从低层 VN 传输到高层 VN 的活动。动态路由是找到每一个低层 VN 的输出最有可能贡献给哪个高层 VN。例如，找到最有可能组成房子或帆船的三角形或长方形。

用 i 代表低层 VN 中长方形或三角形的索引（$i=1,2$），用 j 代表高层 VN 中房子或帆船的索引（$j=1,2$），定义：

- b_{ij} = 低层 VN_i 连接高层 VN_j 的可能性，初始值为 0。
- c_{ij} = 低层 VN_i 连接高层 VN_j 的概率，总和为 1。
- b_i = 低层 VN_i 连接所有高层 VN_j 的可能性，初始值为 0。
- c_i = 低层 VN_i 连接所有高层 VN_j 的概率。
- $\tilde{u}_{j|i}$ = 由低层 VN_i 预测的高层 VN_j。

c_{ij} 是 b_{ij} 做 Softmax 运算之后的结果，因此初始值为 0.5（j 层只有 2 个 VN）。为了达到以上目的，动态路由在每个回合都做"归一、预测、加总、压缩和更新"5 个操作，然后重复若干回合。

对长方形（$i=1$）和三角形（$i=2$）进行以下操作：

（1）归一。

- 计算概率 $(c_{11}, c_{12}) = (b_{11}, b_{12})$。
- 计算概率 $(c_{21}, c_{22}) = (b_{21}, b_{22})$。

（2）预测。

- 从长方形到房子 $\tilde{u}_{1|1}$ 和小船 $\tilde{u}_{2|1}$。
- 从三角形到房子 $\tilde{u}_{1|2}$ 和小船 $\tilde{u}_{2|2}$。

（3）加总。

- 房子的综合预测 $s_1 = c_{11} \tilde{u}_{1|1} + c_{21} \tilde{u}_{1|2}$。
- 帆船的综合预测 $s_2 = c_{12} \tilde{u}_{2|1} + c_{22} \tilde{u}_{2|2}$。

（4）压缩。

- 单位化房子的综合预测 $v_1 = $ 压缩 (s_1)。
- 单位化帆船的综合预测 $v_2 = $ 压缩 (s_2)。

（5）更新。

- $b_{11} = b_{11} + $ 相似度 $(\tilde{u}_{1|1}, v_1)$。
- $b_{12} = b_{12} + $ 相似度 $(\tilde{u}_{2|1}, v_2)$。
- $b_{21} = b_{21} + $ 相似度 $(\tilde{u}_{1|2}, v_1)$。
- $b_{22} = b_{22} + $ 相似度 $(\tilde{u}_{2|2}, v_2)$。

其中归一函数是 Softmax 函数，压缩函数是 squash 函数，相似度函数是点积运算。

本例子的计算如下。

（1）初始化概率和参数，如图 9-12 所示。

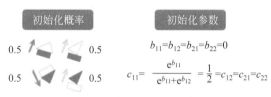

图 9-12　初始化概率和参数

（2）初始化所有 b 为 0。

根据 Softmax 函数计算出所有 c 都是 0.5。该初始化是符合直觉的，一开始"三角形或长方形是帆船还是房子的一部分"，这样一个判断是最不确定的，而 0.5 的概率对应着这种最不确定的情景。

（3）进行预测、加总和压缩操作，如图 9-13 所示。

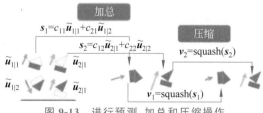

图 9-13　进行预测、加总和压缩操作

预测就是用姿态矩阵做了转换,分别由长方形和三角形的位置预测了房子和帆船的位置;加总就是分别计算房子和帆船的预测位置加权总和,可以理解成房子和帆船的平均位置;压缩就是单位化位置向量。

(4)更新参数,如图 9-14 所示。

参数 b 就是从三角形/长方形推出房子/帆船的可能性。

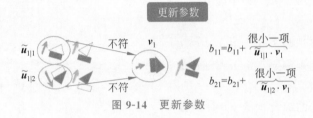

图 9-14　更新参数

最后用以下规则来判断到底从低层 VN 路由到高层 VN:

如果 $b_{11} > b_{12}$,则 $c_{11} > c_{12}$,那么三角形路由到房子的概率大,反之路由到帆船的概率大。

如果 $b_{21} > b_{22}$,则 $c_{21} > c_{22}$,那么长方形路由到房子的概率大,反之路由到帆船的概率大。

9.4　胶囊神经网络架构举例

胶囊神经网络架构是一种新的神经网络架构,对计算机视觉领域产生了深远影响。

9.4.1　手写数字识别的简单胶囊网络架构

手写数字识别的简单胶囊网络架构如图 9-15 所示。

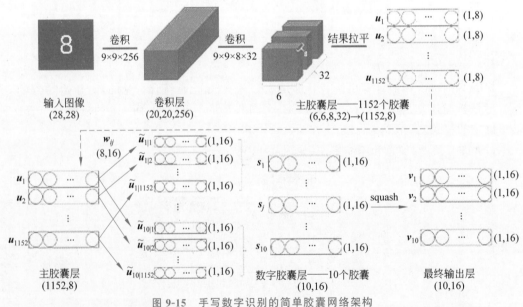

图 9-15　手写数字识别的简单胶囊网络架构

（1）卷积层：输入图像 28×28（此处用黑白图像），首先利用 256 个步长为 1 的 9×9 核进行卷积计算，并利用 ReLU 激活函数得到输出层 20×20×256，作为主胶囊层的输入。

（2）主胶囊层：输入为 20×20×256 的张量，利用 8 组步长为 2 的 9×9×32 核进行卷积计算，然后将输出展开，得到 1152 个胶囊，每个胶囊都是 8 维向量。

（3）数字胶囊层：以 1152 个胶囊（1152×8）作为输入，首先利用矩阵 $\boldsymbol{W}$ 做线性变换，每个 $\boldsymbol{w}_{ij}$ 均为一个 8×16 的矩阵，与对应的 $\boldsymbol{u}_i$ 相乘得到的 $\tilde{\boldsymbol{u}}_{j|i}$ 为 1×16 的向量，由于高层有 10 个胶囊，所以 $\boldsymbol{W}$ 的维度为（8，16，1152，10），对 $\tilde{\boldsymbol{u}}_{j|i}$ 进行加权相加，得到高层胶囊 $\boldsymbol{s}$（10×16 维）。

（4）最后利用 squash 非线性函数得到最终输出（10×16 维）。

9.4.2　CapsNet 胶囊神经网络架构

CapsNet 胶囊神经网络由编码器和解码器两部分组成，总计 6 层，前 3 层是编码器，后 3 层是解码器：

- 第 1 层：卷积层。
- 第 2 层：主胶囊层。
- 第 3 层：数字胶囊层。
- 第 4 层：第 1 全连接层。
- 第 5 层：第 2 全连接层。
- 第 6 层：第 3 全连接层。

1. 编码器部分

编码器架构主要由卷积层、主胶囊层和数字胶囊层组成，如图 9-16 所示。

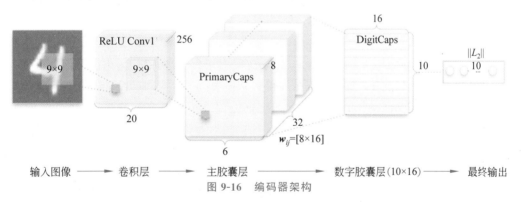

图 9-16　编码器架构

网络的编码器部分接收 28×28 的数字图像作为输入，学习将它编码为由实例参数构成的 16 维向量，预测输出是由数字胶囊输出的长度构成的 10 维向量。

（1）卷积层

输入：28×28 的图像（单色）。

输出：20×20×256 的张量。

参数：20 992 个。

卷积层检测 2 维图像的基本特征。卷积层有 256 个步长为 1 的 9×9×1 的卷积核，使用 ReLU 激活函数。计算参数时，卷积层中的每个核有 1 个偏置项。因此这一层共有（9×9+1）×256＝20 992 个可训练参数。

开始时没有使用胶囊,因为胶囊是用来表征某个物体的实例,所以它更适合表征高级的实例。CNN 擅长抽取低级特征,所以一开始使用 CNN。

（2）主胶囊层

将 capsule Conv2 层的输出称为基本胶囊,简称 PrimaryCaps,主要存储低级特征的向量。

输入：$20 \times 20 \times 256$ 的张量。

输出：$6 \times 6 \times 8 \times 32$ 的张量。

参数：5 308 672 个。

卷积核：8 个步长为 2 的 $9 \times 9 \times 256$ 的核/胶囊。

这一层包含 32 个主胶囊,接收卷积层检测到的基本特征,生成特征的组合。这一层的 32 个主胶囊本质上和卷积层很相似。每个胶囊将 8 个 $9 \times 9 \times 256$ 的卷积核应用到 $20 \times 20 \times 256$ 的输入张量,因而生成 $6 \times 6 \times 8$ 的输出张量。由于总共有 32 个胶囊,因此输出为 $6 \times 6 \times 8 \times 32$ 的张量。

（3）数字胶囊层

输入：$6 \times 6 \times 8 \times 32$ 的张量。

输出：16×10 的矩阵。

参数：1 497 600 个。

这一层包含 10 个数字胶囊,每个胶囊对应一个数字。每个胶囊接收一个 $6 \times 6 \times 8 \times 32$ 的张量作为输入。可以将它看作 $6 \times 6 \times 32$ 的 8 维向量,也就是 1152 个输入向量。在胶囊内部,每个输入向量通过 8×16 的权重矩阵将 8 维输入空间映射到 16 维胶囊输出空间。因此,每个胶囊有 1152 个矩阵,以及用于动态路由的 1152 个系数 c 和 1152 个系数 b,即每个胶囊有 149 760（$1152 \times 8 \times 16 + 1152 + 1152$）个可训练参数,乘以 10 就得到这一层最终的参数数量。

（4）损失函数

数字胶囊层的输出是 10 个 16 维向量,训练时对于每个训练样本,根据下面的公式计算每个向量的损失,然后将 10 个损失值相加得到总损失。

$$L_c = T_c \max(0, m^+ - ||\boldsymbol{v}_c||)^2 + \lambda(1 - T_c)\max(0, ||\boldsymbol{v}_c|| - m^-)^2$$

其中 T_c 表示类是否存在,$m^+ = 0.9, m^- = 0.1, \lambda$ 为超参数,这里设置为 0.5,损失函数为各个胶囊的损失函数之和。

监督学习对每个训练样本都有正确的标签。在这种情况下,它将是一个 10 维 one-hot 编码向量,该向量由 9 个 0 和 1 个 1 组成。在损失函数公式中,正确的标签决定了 T_c 的值：如果正确的标签与特定数字胶囊的数字对应,则 T_c 为 1;否则,为 0。

- c 是分类;
- T_c 是分类的指示函数（c 类存在为 1,不存在为 0）。
- m^+ 为上界,惩罚假阳性（false positive）,即预测 c 类存在,但真实不存在,识别出：结果错误。
- m^- 为下界,惩罚假阴性（false negative）,即预测 c 类不存在,但真实存在,没识别出来。λ 是比例系数,调整两者比重。
- 总的损失是各个样例损失之和,$m^+ = 0.9, m^- = 0.1, \lambda = 0.5$ 是指,如果 c 类存在,$||\boldsymbol{v}_c||$ 不小于 0.9;如果 c 类不存在,$||\boldsymbol{v}_c||$ 不大于 0.1。

- 惩罚假阳性的重要性大约是惩罚假阴性的重要性的 2 倍。

假设正确的标签是 1,这表明第一个数字胶囊编码数字为 1。这一数字胶囊的损失函数的 T_c 为 1,其余 9 个数字胶囊的 T_c 为 0。当 T_c 为 1 时,损失函数的第二项为 0,损失函数的值通过第一项计算。例如,为了计算第一个数字胶囊的损失,可从 m^+ 减去这一数字胶囊的输出向量的长度,其中,m^+ 取固定值 0.9。接着,保留所得值(仅当所得值大于 0 时)并取平方;否则,返回 0。也就是说,当正确数字胶囊预测正确标签的概率大于 0.9 时,损失函数为 0,当概率小于 0.9 时,损失函数不为 0,如图 9-17 所示。

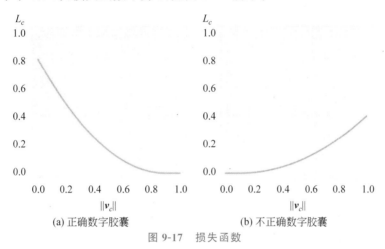

(a) 正确数字胶囊　　　　　　　　　　　(b) 不正确数字胶囊

图 9-17　损失函数

图 9-17(b) 的 L_c 线没有图 9-17(a) 的 L_c 线那么陡峭,这是由等式中的 λ 系数引起的,对不匹配正确标签的数字胶囊,T_c 为 0,因此将演算第二项。在这一情形下,数字胶囊预测不正确标签的概率小于 0.1 时,损失函数为 0;预测不正确标签的概率大于 0.1 时,损失函数不为 0。最后,公式引入了 λ 系数以确保训练中的数值稳定性(λ 为固定值 0.5)。这两项取平方是为了让损失函数符合 L2 正则化的要求,这样正则化后效果更好。

在训练时,对于每个类别得到的分类结果都计算出损失值后取和作为最终的损失值。

2. 解码器部分

鲁棒性强的模型一定具有重构的能力,如果模型能够重构,可以从重构结果中看出模型存在的问题。在重构时,单独取出需要重构的向量,放到后面的 3 层全连接网络中重构。最终输出的维度是 $28 \times 28 = 784$,正好等于最初图像输入的维度。

重构损失就是将最终输出和最初输入的 784 个单元上的像素值相减并平方求和。总体损失计算公式为

$$总体损失 = 间隔损失 + \alpha \, 重构损失$$

其中,$\alpha = 0.005$,因此间隔损失占主导地位。

检验网络特征提取能力的方法是使用提取的特征进行重构,所以在原始的胶囊网络上附加了一个可训练的重构模块,将原胶囊网络所有类别输出向量中模值最大的作为输入图片的解码结果,送入三层全连接层即可编码出复原图片,计算这两张图片的平方误差作为网络训练时的正则约束。

CapsNet 解码器架构主要由第 1 全连接层、第 2 全连接层和第 3 全连接层组成,如图 9-18 所示。

解码器从正确的数字胶囊中接收一个 16 维向量,并学习将其解码为数字图像(它在训练

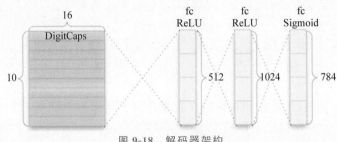

图 9-18　解码器架构

时仅使用正确的数字胶囊向量,忽略不正确的数字胶囊向量)。解码器接收正确的数字胶囊输出作为输入,并学习重建一个 28×28 的图像,损失函数为重建图像与输入图像之间的欧氏距离。解码器强制胶囊学习对重建原始图像有用的特征。重建图像越接近输入图像越好。

(1) 第 1 全连接层

输入:16×10 的矩阵。

输出:512 个向量。

参数:82 432 个。

低层的每个输出加权后传输至全连接层的每个神经元作为输入。每个神经元都具备一个偏置项。16×10 的输入全部传输至这一层的 512 个神经元中的每个神经元。因此,共有 (16×10+1)×512 个可训练参数。

以下两层的计算与此类似。

$$参数数量 =(输入数+偏置)×层中的神经元数$$

(2) 第 2 全连接层

输入:512 个向量。

输出:1024 个向量。

参数:525 312 个。

(3) 第 3 全连接层

输入:1024 个向量。

输出:784 个向量(重整后重建 28×28 解码图像)。

参数:803 600 个。

本 章 小 结

胶囊神经网络模型使用人工神经网络更密切地模仿生物神经组织,是一种新的深度学习方法。胶囊神经网络和卷积神经网络一样,最初用来解决计算机视觉领域的问题,但是,现在也逐渐扩展到其他领域。本章主要包含胶囊神经网络的产生背景、胶囊方法原理、胶囊间动态路由算法和 CapsNet 胶囊神经网络体系结构等。胶囊方法相较 CNN 的优势是它通过显式建模这些关系弥补了 CNN 的缺陷。与之前最先进的方法相比,胶囊方法能将错误率降低 45%,这体现了它巨大的性能提升幅度;胶囊方法只需要学习小部分数据就能达到最先进的效果,这使它在行为上更接近人脑。

第 10 章

自 编 码 器

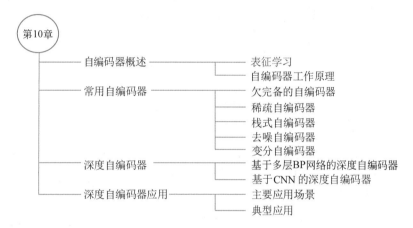

  自动编码器(auto-encoder,AE)简称自编码器。自编码器是一种无监督的神经网络模型,其核心作用是学习输入数据的深层表示。它主要应用在两方面:一个是特征提取;另一个是非线性降维。它可用于高维数据的可视化,支持流形学习。流形学习是一类借鉴了拓扑流形概念的降维方法。

10.1 自编码器概述

  1987 年,自编码器作为新一类神经网络结构(包含编码器和解码器两部分)而正式提出。研究人员使用多层感知机和卷积神经网络构建了自编码器,并将其用于数据去噪与数据降维等领域,也就是自编码器是针对去噪与降维等问题而提出的基于神经网络模型的学习算法。

10.1.1 表征学习

  人类的信息处理过程与长期记忆和短期记忆密切相关。短期记忆是短期存储的记忆,长期记忆就是人类大脑中长期存储的知识,就像在图书馆中存储的海量文献。根据这个相对简单的信息处理模型,再加上计算机更快的计算速度和海量的存储空间,人工智能应该更为强大。但目前并非如此,其中一个重要的原因就是人类还没有破解人类大脑究竟是如何进行数据编码和知识存储的。编码是处理外界信息的第一步,例如,人类仅需要几个例子就可以区分猫和狗的不同,而机器却需要大量数据进行长时间的训练,由此引起一系列探索:人类如何对图像进行编码;提取了哪些特征可使学习通过少量样本进行;为什么人类学习的知识更灵活,可以在更多方面应用,而机器学习的模型通用性往往很差。这些都是表征学习研究的目标。

1. 表征学习的概念

表征学习又称表示学习,是利用机器学习获取每个实体或关系的向量化表达,以便在构建分类器或其他预测变量时更易提取有用信息的方法。在机器学习中,表征学习是特征学习的技术整合,即将原始数据转换为机器学习开发的形式,避免了手动提取特征的烦琐。

表征学习(或表示学习)是一种将原始数据转换成为更容易被机器学习应用的数据的过程,对输入数据进行学习得到新的数据或者对原始数据进行选择得到新的数据都称为表征学习。表征学习的目的是将复杂的原始数据化繁为简,转换成更好的数据表达,使后续的任务事半功倍。

2. 表征学习分类

表征学习主要有两类,分别是监督表征学习和无监督表征学习。

(1) 监督表征学习:将标记过的数据作为特征用于学习,例如神经网络学习、多层感知机学习、监督字典学习等。

(2) 无监督表征学习:未被标记的数据作为特征用于学习,例如无监督字典学习、独立成分分析、自动编码、矩阵分解和聚类分析等。

3. 基于深度神经网络的特征学习

神经网络的反向传播算法可以在网络的隐藏层中学习到有用的关于输入数据的内在表征。贪婪的分层预训练和微调的方法解决了困扰神经网络用于特征学习的两大难题:模型过拟合和梯度扩散。随着计算能力的提升和深度神经网络结构的不断发展,更多地使用深度神经网络来更有效地提取数据的特征,然后再将特征用于分类或预测。例如,对于图像输入数据,先使用训练好的深度神经网络模型提取特征,再将特征用于强化学习等。

自编码器是一种无监督的神经网络模型。它可以学习到输入数据的隐含特征,这称为编码;可以用学习到的新特征重构出原始输入数据,这称为解码。直观来看,自编码器可以用于特征降维,类似主成分分析(PCA),但是其性能更强大,这是由于神经网络模型比 PCA 可以提取更有效的新特征。除了进行特征降维,自编码器学习得到的新特征可以送入有监督学习模型中,所以自编码器可以起到特征提取器的作用。作为无监督学习模型,自编码器还可以用于生成新的训练样本数据,所以基于这一点考虑,自编码器也是一种生成式模型。

10.1.2　自编码器工作原理

1. 自编码器的基本工作过程

自编码器的功能是经过训练后能够将输入复制到输出,也就是说,自编码器是一个试图还原其原始输入的系统,自编码器主要由编码器和解码器两部分组成:编码器(Encoder),即 $y = f(x)$;解码器(Decoder),即 $\tilde{x} = g(y) = g(f(x))$,如图 10-1 所示。

重构误差(RE)是一个度量,它表示了自编码器能够重构输入观测值 x_i 的好坏。最典型的重构误差定义为 MSE(均方误差):

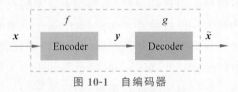

图 10-1　自编码器

$$RE \equiv MSE = \frac{1}{M} \sum_{i=1}^{M} |\boldsymbol{x}_i - \tilde{\boldsymbol{x}}_i|^2$$

当重构误差值较大时,自编码器不能很好地重构输入信号,当 RE 值较小时,重构成功。

自编码器是对输入信号做某种变换,如果自编码器只是单纯地将输入复制到输出中,则无应用价值。但是通过训练的自编码器将输入复制到输出,可以抽取其中有用的属性,这是自编码器的本质与作用。

2. 自编码器的基本框架

自编码器的基本框架如图 10-2 所示,其中编码器的输出代码也是解码器的输入代码。

编码器是一个前馈、全连接的神经网络,它将输入压缩为潜在空间表示(压缩数据的表示,相似的数据点在空间上更靠近),并将输入图像编码为降维的压缩表示。压缩后的图像是原始图像的变形版本,是输入编码器的简化表示。解码器与编码器一样也是一个前馈网络,结构与编码器相似。该网络根据输入重构回原始维度。首先,输入通过编码器进行压缩并存储在代码层中,然后解码器从代码层中解压缩。自编码器的主要目标是获得与输入相同的输出。通常情况下,解码器架构是编码器的镜像,但也不是绝对的,唯一的要求是输入和输出的维度必须相同。

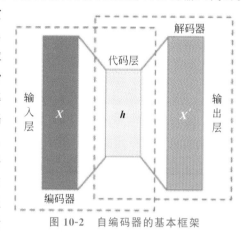

图 10-2 自编码器的基本框架

自编码器是一种常见的操纵潜在空间中数据"紧密度"的深度学习模型,也就是说,自编码器将学习输出任何输入的内容。卷积自编码就更简单了,无非就是将原本的神经网络层,替换成卷积神经网络。

自编码器构建的两个重要概念是设置瓶颈和权重绑定。

(1) 设置瓶颈

自编码器的输入的特征 $\boldsymbol{x}_1$、$\boldsymbol{x}_2$、$\boldsymbol{x}_n$ 之间存在某种特殊的联系,但是这些联系不需要人为地进行特征提取,而是放到网络中进行学习,最终浓缩为更精炼、数量更少的特征 $\boldsymbol{h}_1$、$\boldsymbol{h}_2$、$\boldsymbol{h}_m$,其中 $m < n$。这里的 $\boldsymbol{x}_n$ 是输入数据,$\boldsymbol{h}_m$ 是隐藏层输出,也就是瓶颈数据。基于前馈神经网络构造的自编码器如图 10-3 所示。可以采用未标记数据集和框架的监督学习,输出新的 $\boldsymbol{x}'$,即原始输入 $\boldsymbol{x}$ 的重构。可以通过最小化重构误差(原始输入和重构之间差异的度量)来完成网络训练。瓶颈是网络设计的关键属性,例如,输入层维度为 6,隐藏层维度为 3,输出层维度也为 6,隐藏层维度为 3 就是网络设计的瓶颈。如果没有信息瓶颈,网络在传递这些值时,只会记住输入值,使输出向量与输入向量完全一样,这样的编码器容易实现,但没有任何意义。设置瓶颈可以限制完整网络传递的信息量,使网络学习、压缩输入数据。

从一个 $\boldsymbol{x}$ 出发,经过多次变换得到了一个 $\boldsymbol{x}'$,还要 $\boldsymbol{x}$ 与 $\boldsymbol{x}'$ 尽可能相似,这样做的意义,自编码器构成的神经网络中的输入层和输出层都有很多参数,但唯独隐藏层的变量或参数很少。隐藏层就像是一个瓶口,对输入的特征进行压缩与提取,用很少的参数就能表示输入的数据。当然隐藏层也不是越小越好,过小与过大都影响自编码器能力。

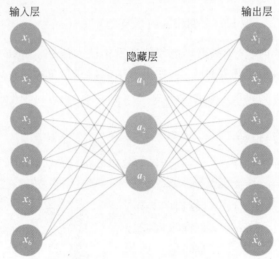

图 10-3 基于前馈神经网络构造的自编码器

（2）权重绑定

自编码器经常使用的方法是权重绑定。权重绑定是指参数共享，这是自编码器特有的概念。由于自编码器的编码层和解码层在结构上互相镜像，因此可以让编码器的某一层与解码器中相对应的一层权重绑定，也就是参数共享，这样在网络学习的过程中只需要学习一组权重，而解码权值是编码权值的转置。权重绑定的优点：一是减少了参数的数量，加速训练过程；二是可以被看作一种正则化形式，在实践中能获得更好的性能。

3. 自编码器与前馈神经网络的比较

（1）自编码器是前馈神经网络的一种，最开始用于数据降维与特征抽取，现也被用于生成模型。

（2）前馈神经网络是有监督学习，其需要大量的标注数据。自编码器是无监督学习，数据不需要标注数据，因此较容易收集数据。

（3）前馈神经网络在训练时主要关注输出层的数据以及错误率，而自编码器更关注中间隐藏层的结果。

4. 自编码器训练特点

（1）自编码器数据相关性表明自编码器只能压缩与训练数据类似的数据。例如，一个使用人脸图像训练出来的自编码器在压缩其他图片时，性能很差。

（2）自编码器是有损的压缩，解压缩的输出与原来的输入相比是退化的，MP3、JPEG 等压缩算法也是如此。

（3）自编码器是从数据样本中自动学习，这表明很容易对指定类的输入训练出一种特定的自编码器。

10.2 常用自编码器

上述介绍的自编码器是最基本的形式，但隐藏层维度、稀疏特征等的选择与确定，可从不同的角度去考量，从而衍生出了不同的自编码器。几种常用自编码器如下。

10.2.1 欠完备的自编码器

在自编码器中,当隐藏层维度大于或等于输入维度时,网络发生完全记忆的过拟合现象。为了避免这种现象,可限制隐藏层维度要比输入维度小,这样可以强制自编码器捕捉训练数据集中最显著的特征。通常将这种编码维度低于输入维度的自编码器称为欠完备自编码器。

欠完备自编码器的学习过程可以简单地描述为最小化一个损失函数:$L(x,g(f(x)))$,其中 x 是自编码器的输入数据,$g(f(x))$ 是编码器的输出数据。$g(f(x))$ 与 x 的差异 L 是损失函数,例如均方误差。

1. 约束隐藏层维度小于输入层维度的方法

欠完备自编码器的训练目标是最小化一个损失函数,即最小化输入数据与经自编码器重构后的输出数据之间的误差。损失函数可以有多种,一般分为经验风险损失函数与结构风险损失函数。经验风险损失函数指预测结果与实际结果之间的差别。结构风险损失函数是在经验风险损失函数上添加一个正则项。常用的损失函数有 0-1 损失函数和平方损失函数。0-1 损失函数是指预测的值和实际的值相等就是无损失,反之为完全损失,也可以使两者的差小于某个值为无损失。

欠完备自编码器通过约束隐藏层维度小于输入维度,可以学习数据分布中最显著的特征,并可防止过拟合,但如果隐藏层神经元数特别少,则其表达能力有限,将导致重构过程困难。

2. 欠完备自编码器与主成分分析的比较

如果解码器是线性的且损失函数为平方损失函数,则欠完备自编码器与主成分分析(PCA)可以学习出相同的生成子空间。如果编码器与解码器是非线性的(即激活非线性函数),欠完备自编码器将比 PCA 学习到更强大的非线性空间。但是如果欠完备自编码器的容量过大,它将专注于复制输入而忽略学习输入的有益特征,从而导致过拟合的情况。

因此,拥有非线性编码器函数 f 和非线性解码器函数 g 的自编码器能够学习出比 PCA 更多的知识,是 PCA 的非线性推广。图 10-4 所示为二维空间中 PCA 和自编码器同时作用在二维点上的映射结果。从图 10-4 可以看出,自编码器具有更好的表达能力,可以映射成非线性函数。

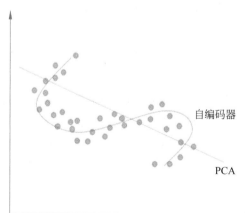

图 10-4　二维空间中 PCA 和自编码器同时作用在二维点上的映射结果

3. 欠完备自编码器的特点

（1）欠完备自编码器可以防止过拟合，并且因为隐藏层维度小于输入维度，所以它可以学习数据分布中最显著的特征。

（2）如果中间隐藏层神经元数量特别少，则欠完备自编码器表达能力有限，重构过程困难。

10.2.2 稀疏自编码器

当隐藏层神经元数量较多时，通过给神经元加入稀疏性限制，来发现输入数据中的结构。此时，编码器为稀疏自编码器。稀疏性限制使隐藏层的表达尽量稀疏，即有大量表达的维度为 0，未被激活。稀疏自编码器是用无监督的方式去提取特征，可以用来为 CNN 提供较好的初始点，同时实现更好的泛化。

1. 约束隐藏层稀疏化方法

为数据增加类别标记是一项烦琐的工作，因此希望机器能够自己学习到样本中的特征。通过对隐藏层施加一些限制，能够使它在恶劣的环境下学习到表达样本的特征，并可以有效地对样本进行降维，这个限制就是约束隐藏层稀疏化。如果给定一个神经网络，假设其输出与输入相同，然后训练调整其参数，得到每一层中的权重，自然地就得到了输入的几种不同表示（每一层代表一种表示），这些表示就是特征。自编码器就是一种尽可能复现输入信号的神经网络。为了实现这种复现，自编码器就必须捕捉可以代表输入数据的最重要的因素，找到可以代表原信息的主要成分。当然，还可以继续加上一些约束条件到新的深度学习方法，例如，在自编码器的基础上加上隐藏层中的节点大部分为 0，只有少数不为 0 的限制，这就是稀疏自编码器。

如果隐藏层神经元的数量较大，可能比输入像素的个数还要多，则无法得到输入的压缩表示。具体来说，如果给隐藏神经元加入稀疏性限制，那么自编码神经网络即使在隐藏神经元数量较多的情况下也可以发现输入数据的一些结构。

稀疏性可以被简单地解释如下：如果神经元的输出接近 1，则认为它被激活；而如果输出接近 0，则认为它被抑制。将使神经元大部分的时间都是被抑制的限制称为稀疏性限制。如果使用 tanh 作为激活函数，当神经元输出为 -1 时，则认为神经元被抑制。

2. 稀疏自编码器的构建

稀疏自编码器具有一层隐藏层，其输出等于输入，其中 $\{x_1, x_2, x_3, \cdots\}$ 表示训练样本集，编码器可以自己发现输入数据中隐含的特征，稀疏自编码神经网络的结钩如图 10-5 所示。

自编码神经网络学习一个 $h_{w,b}(x) \approx x$ 的函数。也就是说，逼近一个恒等函数，从而使输出 $\hat{x}$ 接近输入 x，这样可以发现输入数据的一些有趣特征。当隐藏层神经元数目少于输入的数目时，自编码神经网络可以达到数据压缩的效果。因为最终可以用隐藏层神经元替代原始输入，输入层的 n 个输入转换为隐藏层的 m 个神经元，其中 $n > m$ 之后，隐藏层的 m 个神经元又转换为输出层的 n 个输出，其输出等于输入。当隐藏层神经元数目较多时，仍然可以对隐藏层的神经元加入稀疏性限制来发现输入数据的有趣结构。

使用 $a_j^{(2)}(x)$ 来表示在给定输入为 x 情况下，自编码神经网络隐藏层神经元 j 的激活

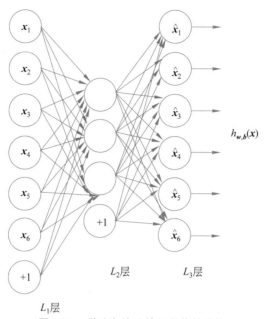

图 10-5　稀疏自编码神经网络的结构

度。隐藏层神经元 j 的平均激活度（在训练集上取平均）为

$$\hat{p}_j = \frac{1}{m} \sum_{i=1}^{m} \left[a_j^{(2)}(\boldsymbol{x})^{(i)} \right]$$

稀疏性限制可以理解为使隐藏层神经元的平均激活度特别小，表示为 $\hat{p}_j = \rho$，其中 ρ 是稀疏性参数，通常是一个接近 0 的较小的值（比如 $\rho = 0.05$），即让隐藏层神经元 j 的平均激活度接近 0.05。为了满足这一条件，隐藏层神经元的激活度必须接近 0。

稀疏自编码器是在自编码器的基础上加上稀疏性限制，是通过对损失函数施加约束来重构自编码器的方法。例如，可对损失函数添加一个正则化约束，使自编码器学习到数据的稀疏表征。

- 稀疏正则化的自编码器反映训练数据集的独特统计特征，以这种方式训练，执行附带稀疏惩罚的复现任务可以得到能学习有用特征的模型。
- 稀疏自编码器的隐藏层中，加入了 L1 正则化作为优化阶段中损失函数的惩罚项，与三层神经网络自编码器相比，这样操作后的数据表征更为稀疏。

在深度学习中，大量的训练参数使训练过程复杂，且训练输出的维数远比输入的维数高，将产生许多冗余数据信息。但是加入稀疏性限制后，将使学习到的特征更加有价值，同时这也符合人脑神经元响应的稀疏性特点。稀疏自编码器在训练时，需要结合编码层的重构误差和稀疏惩罚 $\Omega(h)$：

$$L(\boldsymbol{x}, g(f(\boldsymbol{x}))) + \Omega(h)$$

10.2.3　栈式自编码器

栈式自编码器（stacked auto-encoder，SAE）又称堆叠自编码器，是一种常用的自编码器。栈式自编码器增加隐藏层可以学习更复杂的编码，而且每一层可以学习到不同的信息维度。如果栈式自编码器层数太深，这时可以将输入映射为任意数，然后解码器学习其逆映射。

1. 多个自编码器堆叠

栈式自编码器由多个自编码器堆叠而成。栈式自编码器的编码器和解码器可以采用多层的架构，即增加中间特征层数。栈式自编码器的第 1 个 AE(自编码器)训练完成后，将其编码器的输出(如果有一个隐藏层，则将隐藏层的输出作为编码器输出)，作为第 2 个 AE 的输入，以此类推。最后再对整个网络进行调优。

深层网络的威力在于其能够逐层地学习原始数据的多种表达。每一层都以前一层的表达为基础，提取出的特征往往更抽象，更加适合处理复杂的分类任务等。栈式自编码器实际上就在做这样的事情，如前所述，单个自编码器通过虚构 $x \to h \to x$ 的三层网络，能够学习出一种特征变化 $h = f^\theta(x)$(这里用 θ 表示变换的参数，包括 w、b 和激活函数)。实际上，当训练结束后，输出层已经没什么意义了，一般将其去掉，则自编码器表示为 $x \to$ AE $\to h$。

之前之所以将自编码器模型表示为 3 层的神经网络，那是因为训练的需要，将原始数据作为假想的目标输出，以此构建监督误差来训练整个网络。等训练结束后，输出层就可以去掉了，需要的只是从 x 到 h 的变换。

训练一个自编码器，得到特征表达，可以将这些特征(h)再当作原始信息，训练一个新的自编码器，得到新的特征表达。当将多个自编码器堆积起来之后，构成如下结构：$x \to$ AE$_1 \to h_1 \to$ AE$_2 \to h_2 \to \cdots \to h_{n-1} \to$ AE$_n \to h_n \to \cdots$。

整个网络的训练是逐层进行。先训练网络 $n \to m \to n$，得到 $n \to m$ 的变换，然后再训练 $m \to k \to m$，得到 $m \to k$ 的变换。最终为 $n \to m \to k$ 的变换结果，这便是逐层非监督预训练。

2. 栈式自编码器的训练

栈式自编码器的分类任务的训练过程：先利用无监督预训练，然后再进行有监督微调训练。两个隐藏层和一个 Softmax 输出层的栈式自编码器的训练过程如下。

(1) 用原始输入数据作为输入，训练出第一个隐藏层结构的网络参数，并用训练好的参数算出第一个隐藏层的输出。

(2) 将步骤(1)第一个隐藏层的输出作为第二个栈式自编码器的输入，用同样的方法训练第二个隐藏层的网络参数。

(3) 用步骤(2)的输出作为多分类器 Softmax 的输入，然后使用原始的标签数据的标签训练 Softmax 分类器。

(4) 计算两个隐藏层加 Softmax 分类器的整个栈式自编码器的损失函数，以及整个栈式自编码器对每个参数的偏导函数值。

(5) 用步骤(1)、(2)和(3)的参数作为整个栈式自编码器的参数初始化的值，然后用 BP 算法迭代求出上面损失函数最小值附近处的参数值，进行有监督微调训练，并将结果作为整个网络最后的最优参数值。

关于训练需要注意(设隐藏层为两层)：

- 利用栈式自编码器进行预训练时，需要依次计算出每个隐藏层的输出，如果后面是采用 Softmax 分类器，则同样也需要用最后一个隐藏层的输出作为 Softmax 的输入来训练 Softmax 的网络参数。

- 由步骤(1)可知,在进行参数校正之前是需要对分类器的参数进行预训练的,且在步骤(5)进行参数微调训练时是将所有的隐藏层看作一个单一的网络层,因此每一次迭代都可以更新所有网络层的参数。

3. 栈式自编码器的训练分析

对于上述训练方式,在训练每一层参数时,将固定其他各层参数保持不变。如果需要得到更好的结果,在上述预训练过程完成之后,可以通过 BP 算法同时调整所有层的参数以改善结果,这个过程一般称为微调。

实际上,使用逐层贪婪训练方法将参数训练到快要收敛时,应该使用微调。反之,如果直接在随机化的初始权重上直接使用微调,那么将得到不好的结果,因为参数将收敛到局部最优。常用的做法是丢掉栈式自编码网络的解码层,直接将最后一个隐藏层的 $a^{(n)}$ 作为特征输入到 Softmax 分类器进行分类,这样 Softmax 分类器的分类错误的梯度值就可以直接反向传播给编码层。

例 10-1　训练一个四层的神经网络模型,包括 $h^{(1)}$ 和 $h^{(2)}$ 两个隐藏层,用于分类任务,网络结构如图 10-6 所示。

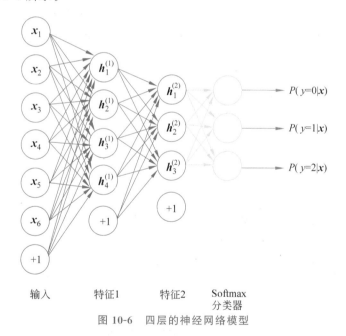

图 10-6　四层的神经网络模型

利用栈式自编码器训练上面这个网络的过程如下。

首先进行无监督预训练。

(1) 采用稀疏自编码网络,训练从输入层到 $h^{(1)}$ 层的参数,如图 10-7 所示。

训练完毕后,去除解码层,只留下从输入层到隐藏层的编码阶段。

(2) 接着训练从 $h^{(1)}$ 层到 $h^{(2)}$ 层的参数。

首先将无标签数据的 $h^{(1)}$ 层神经元的激活值,作为 $h^{(2)}$ 层的输入,然后进行自编码训练,如图 10-8 所示。

训练完毕后,再去除 $h^{(2)}$ 层的解码层。

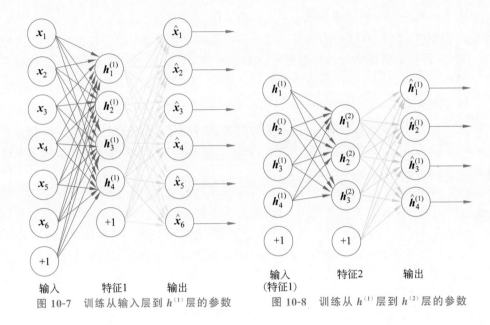

图 10-7　训练从输入层到 $h^{(1)}$ 层的参数　　　图 10-8　训练从 $h^{(1)}$ 层到 $h^{(2)}$ 层的参数

（3）训练完 $h^{(2)}$ 层后，就可以接分类器 Softmax，用于处理多分类任务，如图 10-9 所示。至此参数的初始化阶段就结束了，这个过程就是无监督预训练。

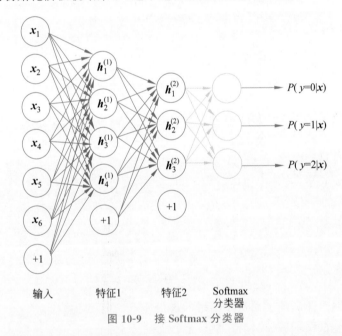

图 10-9　接 Softmax 分类器

利用上面的参数作为网络的初始值，进行神经网络的有监督微调训练。

例 10-2　基于栈式自编码器的手写体识别分类器。

基于栈式自编码器的手写体识别分类器如图 10-10 所示。

其中，输入层有 784 个神经元；两个隐藏层，一个隐藏层有 200 个神经元，另一个隐藏层有 k 个神经元；输出层为支持向量机（SVM）。训练过程如图 10-11 所示。

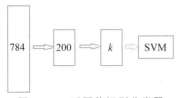

图 10-10　手写体识别分类器

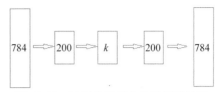

图 10-11　手写体识别分类器训练过程

（1）用原始输入数据作为输入，完成 784→200→784 的训练。训练出第一个隐藏层结构的网络参数，并用训练好的参数算出第一个隐藏层的输出。

（2）将步骤（1）第一个隐藏层的输出作为第二个栈式自编码器的输入，完成 200→k→200 的训练。用同样的方法训练第二个隐藏层的网络参数。

（3）用第二个隐藏层的输出作为多分类器 Softmax 的输入，然后使用原始的标签数据的标签训练 Softmax 分类器。

（4）计算两个隐藏层加 Softmax 分类器的整个栈式自编码器的损失函数，以及整个栈式自编码器对每个参数的偏导函数值。

（5）用步骤（1）、（2）和（3）的参数作为整个栈式自编码器的参数初始化的值，然后用 BP 算法迭代求出上面损失函数最小值附近处的参数值，进行有监督微调训练，并将结果作为整个网络最后的最优参数值。其整体的效果是 784→200→k→200→784。

如果第二个隐藏层神经元数目 $k=100$，那么第一个过程就是训练 784→200→784 这个自编码器，在训练完以后，用从 200 个隐藏层单元出来的特征训练一个 200→100→200 的自编码器，这样两个过程合在一起就是 784→200→100→200→784 的自编码器。这是两层隐藏层自编码，更多层的自编码无非是在后面继续训练。那么这样做的好处是可以使每一层网络的权值都尽可能准确。

在自编码完成以后，可以用从第二个隐藏层出来的 k 个特征去进行分类训练［后接一个支持向量机（SVM）分类器］。

10.2.4　去噪自编码器

去噪自编码器（denoising auto-encoder，DAE）是指在对带有噪声的原始数据进行编码、解码后，还能恢复不带有噪声的原始数据自编码器。

假设原始数据 x 被损坏，比如加入高斯白噪声，或者将某些维度数据抹掉，变成了 $\tilde{x}$，然后再对 $\tilde{x}$ 编码、解码，得到恢复信号 $\tilde{x}=g(f(\tilde{x}))$，去噪自编码器的恢复信号尽可能逼近未被污染的数据 x。此时，监督训练的误差从 $L(x,g(f(x)))$ 变为 $L(x,\tilde{x})$。直观上理解，DAE 希望学到的特征变换尽可能鲁棒，能够在一定程度上对抗原始数据的污染与缺失。

1. 改变损失函数的重构误差

DAE 的目标是最小化 $(x,g(f(\tilde{x})))$，其中 $\tilde{x}$ 是被某种噪声损坏的 x 的副本。因此 DAE 必须撤销这些损坏，也就是消除噪声，而不是简单地复制输入 $\tilde{x}$。

DAE 可以通过重构含有噪声的输入数据来解决该问题。DAE 所要实现的功能就是学习叠加噪声的原始数据，而它学习到的特征与从未叠加噪声的数据学到的特征几乎一样，但

DAE 从叠加噪声的输入中学习得到的特征更具鲁棒性,并且可以避免自编码器简单地学习相同的特征值的问题。

2. DAE 的训练

DAE 的训练过程如图 10-12 所示,该过程引入一个损坏过程 $C(\tilde{x}|x)$,$C(\tilde{x}|x)$ 表示给定数据样本 x 产生损坏样本 $\tilde{x}$ 的概率。

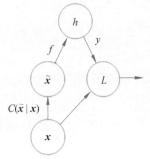

图 10-12　DAE 的训练过程

DAE 是在传统自编码器的基础上,通过向输入中注入噪声,然后利用含噪声的样本去重构不含噪声的输入,这是与传统自编码器的主要区别。同时这种训练策略也使得 DAE 能够学习到更能反映输入数据的本质特征。传统自编码器单纯依靠最小化输入与重构信号之间的误差来得到输入的隐藏层特征表示,但这种训练策略并不能保证提取到数据的本质特征,因为单纯依靠最小化重构误差可能导致编码器学习到的特征仅仅是原始输入的复制。为避免上述问题,引入噪声注入策略。

DAE 仍然通过最小化输入与重构信号之间的误差来对网络参数进行调整,这一点与传统自编码器相同。不同的是,DAE 的隐藏层表示并不是由原始输入直接映射得到,而是由原始输入的“腐坏”版本得到。DAE 按照一定比例将原始输入中的元素随机置 0,对剩余元素不做处理,便得到了原始输入的“腐坏”版本。相当于向原始输入中引入一定比例的“空白”元素,减少了原始输入包含的信息;而 DAE 就是尝试去填补丢失的信息,进而学习到数据结构,使得提取到的特征更能反映原始输入的特点。

多个 DAE 堆叠能够形成具有一定深度的栈式去噪自编码器(stacked denoising auto-encoder,SDAE)。这时的 SDAE 并不能进行模式识别,因为它只是一个特征提取器,并不具有分类功能。为了使 SDAE 具有分类功能,需在其顶层添加分类器,如 SVM、Softmax 等,并使用带标签的数据对 SDAE 进行有监督训练,最后使用 BP 算法对整个网络参数进行微调,便得到具有分类功能的 SDAE。具体步骤如下:

(1) 初始化 SDAE 网络参数。

(2) 训练第一层 DAE,将其隐藏层作为第二个 DAE 的输入,并进行同样的训练,直到第 n 层 DAE 训练完成。

(3) 将训练好的 n 层 DAE 进行堆叠形成 SDAE,向 SDAE 网络顶层添加输出层。

(4) 利用样本数据和标签对整个网络进行有监督的微调。

3. 去噪自编码器构建

去噪自编码器通过改变损失函数的重构误差项来学习有用信息。向训练数据加入噪声,并使自编码器学会去除这种噪声来获得没有被噪声污染过的真实输入。因此,这就迫使自编码器学习提取最重要的特征并学习输入数据中更加鲁棒的表征,这也是去噪自编码器的泛化能力比一般自编码器强大的原因,这种结构可以通过梯度下降算法来训练。

去噪自编码器被训练为从损坏的版本 $\tilde{x}$ 重构干净数据点 x,这可以通过最小化损失 $L = -\log P_{\text{decoder}}(x|h=f(\tilde{x}))$ 实现,其中 $\tilde{x}$ 是样本 x 经过损坏过程 $C(\tilde{x}|x)$ 后获得的损坏

版本。通常分布 $P_{decoder}$ 是因子的分布(由前馈网络 g 给出)。

自编码器根据以下过程,从训练数据对 $(\boldsymbol{x}, \tilde{\boldsymbol{x}})$ 中学习重构分布 $P_{reconstruct}(\boldsymbol{x}|\tilde{\boldsymbol{x}})$。

(1)从训练集中采一个训练样本 $\boldsymbol{x}$。

(2)从 $C(\tilde{\boldsymbol{x}}|\boldsymbol{x}=\tilde{\boldsymbol{x}})$ 提取一个损坏样本 $\tilde{\boldsymbol{x}}$。

(3)将 $(\boldsymbol{x}, \tilde{\boldsymbol{x}})$ 作为训练样本来估计自编码器的重构分布 $P_{reconstruct}(\boldsymbol{x}|\tilde{\boldsymbol{x}})$。

通常可以简单地对负对数似然 $-\log P_{decoder}(\boldsymbol{x}|h=f(\tilde{\boldsymbol{x}}))$ 进行基于梯度法(如小批量梯度下降法)的近似最小化。只要编码器是确定的,去噪自编码器就是一个前馈网络,并且可以使用与其他前馈网络完全相同的方式进行训练。

对于上述描述,简单地说,就是以一定概率分布(通常使用二项分布)去擦除原始输入,即每个值都随机置 0,这样看起来部分数据的部分特征是丢失了。以丢失的数据 $\tilde{\boldsymbol{x}}$ 去计算 $\boldsymbol{y}$ 和 $\boldsymbol{z}$,并将 $\boldsymbol{z}$ 与原始 $\boldsymbol{x}$ 做误差迭代,这样网络就学习了破损数据,如图 10-13 所示。

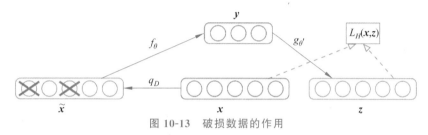

图 10-13　破损数据的作用

破损的数据的作用如下:

- 与非破损数据训练的对比,破损数据训练出来的权噪声比较小。原因不难理解,因为擦除时也将输入噪声擦除了。

- 破损数据一定程度上缩小了训练数据与测试数据的代沟。由于数据的部分被擦除,因此破损数据一定程度上比较接近测试数据。训练、测试肯定有同有异,当然需要求同舍异,这样训练出来的权值鲁棒性提高。

由于具有认知被阻挡的破损图像的能力,根据联想记忆感受机能,人类能以多种形式去记忆图像、声音等,所以即便是数据破损、丢失,人类也能回想起来。

10.2.5　变分自编码器

变分自编码器(variational auto-encoder,VAE)是变分推断与自编码器的组合,是一种非监督的生成模型,VAE 一般用于图像压缩、图像降噪等。

1. VAE 的定义

为了能够将自编码器的解码器用于生成目的,必须确保隐空间足够规则。获得这种规律性的一种可能方案是在训练过程中引入显式的正则化。因此,VAE 可以定义为一种自编码器,其训练经过正则化以避免过度拟合,并确保隐空间具有能够进行数据生成过程的良好属性。

实践中,选择正态分布作为编码的分布,可以训练编码器返回描述高斯分布的均值和协方差矩阵。将输入编码为具有一定方差而不是单个点的分布的原因是可以非常自然地表达隐空间规则化:编码器返回的分布被强制接近标准正态分布。可通过这种方式确保隐空间的局部和全局正则化(局部由方差控制,全局由均值控制)。因此,在训练 VAE 时最小化的损失函数由两项组成：重构项(在最后一层)倾向于使编码解码方案尽可能地具有高性能；正则化项(在隐藏层)通过使编码器返回的分布接近标准正态分布，来规范隐空间的组织。该正则化项为返回的分布与标准高斯分布之间的 KL 散度，两个高斯分布之间的 KL 散度具有封闭形式，可以直接用两个分布的均值和协方差矩阵表示。

2. VAE 结构

首先假设一个隐变量 z 的分布，构建一个从 z 到目标数据 x 的模型，即构建 $x = g(z)$，使学出来的目标数据与真实数据的概率分布相近。VAE 的结构如图 10-14 所示。

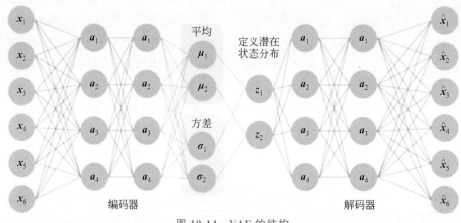

图 10-14　VAE 的结构

VAE 不再将输入映射到固定变量上，而是映射到一个分布上。此时 z 就是一个分布，比如高斯分布等。网络模型中的瓶颈也被分解成了两个向量，一个叫均值向量，另一个叫方差向量。损失函数相对自编码器较复杂，由重构损失(和自编码器一样)与 KL 散度(学习的分布和高斯分布之间的相似性)组成。

给定隐变量的分布 $p(z)$，如果可以学习到条件概率分布 $p(x|z)$(此处实际上是网络的后半部分，由 z 映射到 x)，则通过对联合概率分布 $p(x,z) = p(x|z)p(z)$ 进行采样来生成不同的样本。

从神经网络的角度来看，VAE 相对于自编码器模型，同样具有编码器和解码器两个子网络。解码器接收输入 x，输出为隐变量 z；解码器负责将隐变量 z 解码为重构的 x。不同的是，VAE 对隐变量 z 的分布有显式的约束，希望隐变量 z 符合预设的先验分布 $p(z)$。因此，在损失函数的设计上，除了原有的重构误差项外，还添加了隐变量 z 分布的约束项。

从概率的角度，假设任何数据集都采样自某个分布 $p(x|z)$，z 是隐变量，代表了某种内部特征。比如手写数字的图片 x，z 可以表示字体的属性，如大小、粗细等，它符合某个最大似然估计方法。最大似然估计：利用已知的样本标记结果，反推最有可能或者最大概率导致这些结果出现的模型参数。即环境 x 为多少时结果 y 最有可能发生，即 $L(x|y)$ 取得最大值。

3. VAE 的工作过程

VAE 的工作过程分为编码和解码两部分。首先编码，将真实样本 x_i 经过均值方差计算模块和基于标准正态分布 $N(0,1)$ 看齐得到采样变量 z_i，然后将采样变量 z_i 经过生成器得到生成样本 $\hat{x}_i$，如图 10-15 所示。

图 10-15　VAE 的工作过程

假设潜在分布总是高斯分布，可以用均值和方差(或标准差)两个指标来描述，高斯分布(正态分布)如图 10-16 所示。

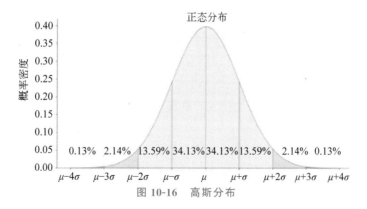

图 10-16　高斯分布

一般设先验分布为标准正态分布，标准正态分布的期望值 $\mu=0$，即曲线图象对称轴为 y 轴，标准差 $\sigma=1$ 条件下的正态分布表示为 $N(0,1)$。

- 标准正态分布曲线下面积分布的规律：在 $-1.96 \sim 1.96$ 范围内曲线下的面积等于 0.9500，在 $-2.58 \sim 2.58$ 范围内曲线下面积为 0.9900。借助统计用表就可以估计出某些特殊值范围内的曲线下面积。

- 正态分布的概率密度函数曲线呈钟形，因此又经常称为钟形曲线。通常所说的标准正态分布是位置参数均数为 0，标准差为 1 的正态分布。
- 密度函数关于平均值对称，平均值与它的众数以及中位数为同一数值。

4. VAE 训练

KL 散度是两个分布之间差异的度量，为了使 $q(z|x)$ 与 $p(z|x)$ 相似，可使 KL 散度最小化。最小化是指相同分布的交点处的 KL 散度为 0。

最后定义的损失函数如下：

$$\mathcal{L}(\boldsymbol{x},\hat{\boldsymbol{x}}) + \sum_j \text{KL}(q_j(\boldsymbol{z}|\boldsymbol{x}) \| p(\boldsymbol{z}))$$

在上式中，第一项是重构损失，即重构输出与输入之间的差值，通常使用均方差；第二项是真实分布 $p(z)$ 与选择分布 $q(z|x)$ 之间的 KL 散度，其中 q 是一个均值为 0 和单位方差为 1 的正态分布 $N(0,1)$，鼓励分布 $q(z|x)$ 在训练中接近真实分布 $p(z)$。

对于 VAE，训练一个模型 $x=g(z)$，这个模型能够将原来的概率分布映射到训练集的概率分布，也就是说，其目的都是进行分布之间的变换。在 VAE 中，没有使用 $p(z)$（先验分布）是正态分布的假设，使用的是 $p(z|x)$（后验分布）是正态分布的假设。具体地说，给定 t 是独立的、多元的和正态分布。

就像标准自编码器一样，变分自编码器经过训练可使编码解码后的数据与初始数据之间的重构误差最小。但是，为了引入隐空间的某些正则化，对编码解码过程进行了一些修改：不是将输入编码为隐空间中的单个点，而是将其编码为隐空间中的概率分布。然后对模型进行如下训练：

（1）将输入编码为在隐空间上的分布。

（2）从该分布中采样隐空间中的一个点。

（3）对采样点进行解码并计算出重构误差。

（4）重构误差通过网络反向传播。

5. AE 与 VAE 的区别

（1）AE 中隐藏层的分布是未知的，而 VAE 中隐藏层隐变量的分布是服从高斯分布的。

（2）AE 中学习的是编码器和解码器，VAE 中还需要学习隐变量高斯分布的参数即均值和方差。AE 只能从一个 x 得到相对应的重构 x，VAE 可以产生新的 z，从而得到新的 x 即新的样本。

（3）损失函数：除了重构误差，由于隐变量 z 符合高斯分布，因此编码器对应的条件概率分布应当和高斯分布尽可能相似。可以用 KL 散度来衡量两个分布的差异。严格地说，距离一般是对称的，而 KL 散度并不对称。

10.3　深度自编码器

10.3.1　基于多层 BP 网络的深度自编码器

深度自编码器含有多个隐藏层，将隐藏层的层数加深，网络结构：10000→4096→1024

→4096→10000,含有 3 个隐藏层;2000→1000→500→100→500→1000→2000,含有 5 个隐藏层。

训练 N 层神经网络的深度自编码器的过程如下。

(1) 原来的网络输入 x,中间只有一层。

可见数据 x 是 4 维,通过第一层后,4 维数据被压缩为 3 维,而这 3 维的数据通过后面一层能够大致地恢复原有的 4 维度数据 x。换句话说,通过这个网络使中间的 3 维度据浓缩了原有的 4 维度据的信息,可以将它看作对原有的 4 维度据的编码。

(2) 可以用反向传播算法来训练这个神经网络,训练好第一层后,接着训练第二层。

假设第一层的输出为 x_1,x_1 是一个 3 维向量。仍然采用自编码器的方法,固定第一层参数不变,将第二层的输出也设定为 x_1,然后用反向传播算法训练第二层。这时反向传播算法仅作用在第二层,而第一层的参数是固定不动的。训练完第二层后,将上层参数原封不动固定,作为第三层训练的基础。

(3) 以此类推,用同样的方法在训练好前 $M-1$ 层的前提下,固定前 $M-1$ 层参数不变,可以用反向传播算法训练第 M 层。

当完成所有 N 层的自编码器训练后,将获得的网络参数作为初始值,然后再次用反向传播算法调整整个网络的参数,如图 10-17 所示。

图 10-17　调整整个网络的参数

由于网络每一层初始值都不同程度地编码了训练样本的信息,因此这样的初始化方式可大概率保证找到非局部极值点。

10.3.2　基于 CNN 的深度自编码器

基于多层 BP 网络的深度自编码器通常使用的是全连接层,对于一维信号并没有什么影响,而对于二维图像或视频信号,全连接层将损失空间信息,但通过卷积操作,在编码器和解码器中使用卷积层抽取和还原特征,能很好地保留二维信号的空间信息。

卷积自编码器是自编码器方法的一种延伸,卷积自编码器利用卷积网络对图像特征抽取和表示的优异性能,来代替自编码器的神经网络。CNN 之所以在处理图像上有优势,是因为可以提取隐藏在图像中的空间信息,因此使用 CNN 构造的编码器和解码器网络,比其他自编码器性能更好。

例 10-3　基于 CNN 的深度自编码器的主要流程。

基于 CNN 的深度自编码器的主要流程如图 10-18 所示。卷积自编码器和普通自编码器的区别在于其编码器和解码器都是 CNN,编码器使用的是卷积操作和池化操作,解码器使用的逆卷积操作和逆池化操作。

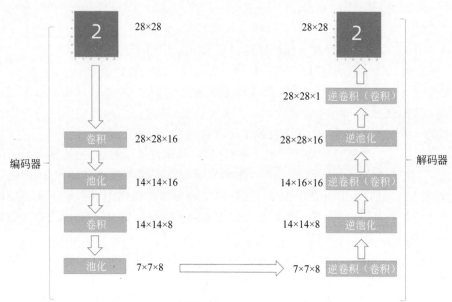

图 10-18 基于 CNN 的深度自编码器的主要流程

10.4 深度自编码器应用

10.4.1 主要应用场景

（1）编码和解码。

（2）对数据进行降维。

（3）抽取图像的特征，包括抽取有标签数据的特征和抽取无标签数据的特征，并利用得到特征计算相似性。

（4）预训练网络，首先通过无标签的数据进行预训练得到初始权重，再用有标签的数据进行调优。

（5）图像去噪或者增强模型的抗噪鲁棒性。

（6）生成数据或者图像。

10.4.2 典型应用

1. 数字识别

卷积自动编码器的编码器和解码器都是 CNN，编码器的卷积网络学习将输入编码为一组信号，然后解码器 CNN 重构来自自编码器的输入。其中 CNN 作为通用特征提取器进行工作，学习如何最好地捕捉输入特征。随着卷积层的添加，传递到下一层的空间信息在减少，但是在自编码器中，重构图像的大小和深度应与输入图片相同，这表明解码器应该以某种方式调整图像大小和卷积来重构原始图像。

卷积自编码器是通用的特征提取器。卷积自编码器采用卷积层代替全连接层，原理和自编码器一样，对输入的特征进行降维以提供较小维度潜在表示，并强制自编码器学习特征的压缩版本。完成数字识别的是卷积自编码器。

2. 数据降噪

噪声是测量中的随机误差或偏差,包括错误值或者偏离期望的孤立点。简单来说就是对任务或者模型没有帮助甚至有误导作用的数据。编码器通过学习将潜在空间中的尽可能多的相关信息保留,丢弃不相关部分。解码器学习潜在空间信息重构与原始输入一致的输入,这样就达到了降噪的目的。

例 10-4　数据降噪。

数据降噪如图 10-19 所示。

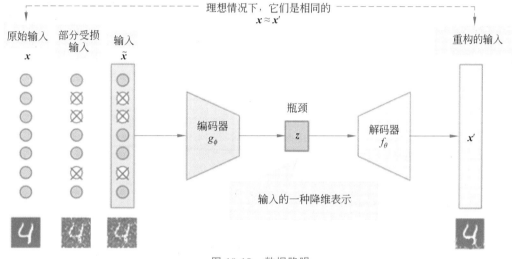

图 10-19　数据降噪

本 章 小 结

自编码器的设计思路独特,它的出现解决了许多问题。自编码器是一种无监督的神经网络模型,其核心作用是学习到输入数据的深层表示。它主要应用在特征提取和非线性降维上。自编码器的编码器将输入转换为内部表示,也就是压缩过程。解码器将内部表示转换为输出,也就是解压缩过程。压缩之后的数据维度要比刚开始的数据维度小很多,达到了数据降维的目的。解压缩可将数据大致恢复到原来的形状。本章介绍了欠完备的自编码器、稀疏自编码器、栈式自编码器、去噪自编码器和变分自编码器等。

第 11 章

强 化 学 习

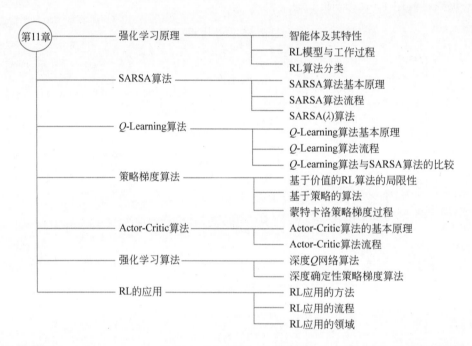

第11章
- 强化学习原理
  - 智能体及其特性
  - RL模型与工作过程
  - RL算法分类
- SARSA算法
  - SARSA算法基本原理
  - SARSA算法流程
  - SARSA(λ)算法
- Q-Learning算法
  - Q-Learning算法基本原理
  - Q-Learning算法流程
  - Q-Learning算法与SARSA算法的比较
- 策略梯度算法
  - 基于价值的RL算法的局限性
  - 基于策略的算法
  - 蒙特卡洛策略梯度过程
- Actor-Critic算法
  - Actor-Critic算法的基本原理
  - Actor-Critic算法流程
- 强化学习算法
  - 深度Q网络算法
  - 深度确定性策略梯度算法
- RL的应用
  - RL应用的方法
  - RL应用的流程
  - RL应用的领域

　　强化学习(reinforcement learning，RL)又称为增强学习,是机器学习的重要学习方式之一。在智能体与环境的交互过程中,强化学习通过学习策略达成奖励最大化或者实现特定目标。强化学习的目的是让智能体通过不断的学习,找到解决问题的最好的步骤序列。强化学习不同于监督学习和非监督学习,不要求预先给定任何数据,而是通过接收环境对动作的奖励获得学习信息并更新模型参数,这是强化学习的精髓。

　　有限理性原理是寻找满意解的理论依据,强化学习可以解释有限理性条件下的平衡态,设计机器人交互系统。一些复杂的强化学习算法在一定程度上具备了解决复杂问题的通用人工智能,是更接近通用人工智能的范式。

　　如图11-1所示,强化学习与计算机科学、工程、数学、经济学、心理学、神经科学、机器学习、最优控制、运筹学、理性博弈论、条件反射、奖励系统等都有内在的联系。强化学习、运筹学、最优控制这些学科都以应用数学、优化、统计为基础,同时为科学工程各方面的应用提供工具。强化学习可以不用模型,直接通过数据进行训练,从而作出接近最优或最优的决策。数据可以来自完美模型、精准仿真器或大数据。强化学习可以处理很复杂的问题。

　　深度学习模型在强化学习中应用形成了深度强化学习(deep reinforcement learning，DRL)。DRL是一种崭新的机器学习方式,这种方式是深度学习与强化学习的结合、感知能力和决策能力的结合,涵盖了算法、规则和框架,并广泛应用于智能机器人控制、多智能体、推荐系统、多任务迁移等领域,具有极高的理论与应用价值。

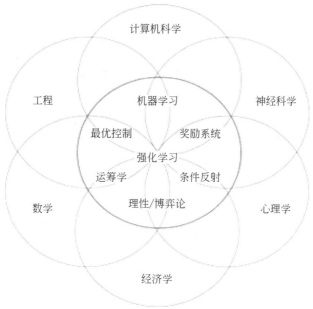

图 11-1　强化学习与各领域的联系

11.1　强化学习原理

强化学习是智能体以试错的方式进行学习,通过与环境交互获得的奖励来指导动作,其目标是使智能体获得最大的奖励。

11.1.1　智能体及其特性

1. 智能体

智能体是具有智能的实体,是一种能够独立的思维并可以与环境交互的实体。智能体是在一定环境下包装的计算机系统,为实现设计目的,智能体可在某环境下灵活地、自主地活动。基于不同的角度,研究者提出了多种智能体的定义,常见的有以下几种。

(1) FIPA(foundation for intelligent physical agents)是一个致力于智能体技术标准化的组织,它提出的智能体定义:智能体是驻留于环境中的实体,它可以解释从环境中获得的反映环境中所发生事件的数据,并执行对环境产生影响的行动。在这个定义中,将智能体定义为既可以是硬件(如机器人),也可以是软件。

(2) Wooldridge 等提出智能体弱定义和智能体强定义两种定义。弱定义智能体是指具有自主性、社会性、反应性和能动性等基本特性的智能体。强定义智能体是指不仅具有弱定义中的基本特性,而且具有移动性、通信能力、理性或其他特性的智能体。

(3) Franklin 和 Graesser 将智能体描述为一个处于环境之中并且作为这个环境一部分的系统,它随时可以感测环境并且执行相应的动作,逐渐建立自己的活动规划以应付未来可能感测到的环境变化。

（4）Hayes-Roth 认为智能体能够持续执行三项功能：感知环境中的动态条件；执行动作影响环境条件；进行推理以解释感知信息、求解问题、产生推断和决定动作。

2. 智能体特性

由以上定义可以归纳出智能体的基本特性如下。

（1）自治性：智能体能根据外界环境的变化，而自动地对自己的动作和状态进行调整，而不是仅被动地接受外界的刺激，具有自我管理和自我调节的能力。

（2）反应性：能够感知环境，并通过动作改变环境，具有对外界的刺激做出自反应的能力。

（3）主动性：对于外界环境的改变，智能体能主动采取活动的能力。

（4）社会性：智能体具有与其他智能体或人进行合作的能力，不同的智能体可根据各自的意图与其他智能体进行交互，以达到解决问题的目的。交互需要信息交流，信息交流的方式是相互通信。

11.1.2　RL 模型与工作过程

RL 模型由智能体、状态、动作、奖励和策略等组成。RL 与其他机器学习的不同之处是没有教师信号，也没有标签数据，只有奖励信号；反馈有时延，但不是能立即返回；数据是序列数据，数据与数据之间相关；智能体当前执行的动作将影响后面的数据。RL 解决的问题是针对一个具体问题得到一个最优的策略，使得在该策略下获得最大的长期奖励。智能体与环境的交互主要包括动作、奖励和状态。

1. 智能体与环境的交互过程

为简单起见，可将智能体与环境的交互看作离散的时间序列，具体步骤如下：

（1）智能体感知到初始环境状态 s_0，产生一个相应的动作 a_0。

（2）环境相应地改变到新的状态 s_1，并反馈给智能体一个即时奖励 r_1。

（3）智能体又根据状态 s_1 产生一个动作 a_1，环境相应改变为 s_2，并反馈奖励 r_2，以此类推，这样的交互可以一直进行下去：$s_0, a_0, s_1, r_1, a_1, \cdots$。

图 11-2 描述了智能体与环境的交互过程。

图 11-2　智能体与环境的交互过程

智能体与环境的交互过程可以看作一个马尔可夫决策过程（Markov decision process，MDP）。在强化学习中，有两个进行交互的对象：智能体和环境。

- 智能体：可以感知外界环境的状态（state）和反馈的奖励（reward），并进行学习和决策。智能体的决策功能是指根据外界环境的状态来做出不同的动作（action），而学习功能是指根据外界环境的奖励来调整策略。

- 环境：指智能体外部的所有事物，并受智能体动作的影响而改变其状态，反馈给智能体相应的奖励。环境将发生改变也就是状态将发生改变。当状态发生改变时，环境将给予一定的奖励。

智能体通过不断尝试发现环境的最大奖励的动作。动作不仅影响瞬时奖励，还将影响下一个状态，并由此影响后续的奖励。

2. RL 的四元组

在交互中学习是 RL 的最大特点。智能体在与环境的交互中，根据获得的奖励，使之更加适应环境。RL 的范式类似人类学习知识的过程，也正因为如此，RL 被视为实现强人工智能的重要途径。

$<a,s,r,p>$ 是 RL 中经典的四元组。a 代表智能体的所有动作；s 代表智能体所能感知的状态；r 代表奖励；p 代表环境的状态转移概率。

（1）策略

策略是指智能体在状态 s 时，所要做出动作的选择，用 π 表示策略。策略可以视为在智能体感知到环境后，状态 s 到动作 a 的一个映射。如果策略是随机的，则根据每个动作概率选择动作；如果策略是确定性的，策略则是直接根据状态 s 选择动作。

（2）奖励信号

奖励信号定义了智能体的学习目标。智能体每次与环境交互，环境返回信息，告诉智能体动作是好的，还是不好的，可以理解为对智能体的奖励，智能体与环境交互的序列流如图 11-3 所示。需要注意的是奖励不等于目标，智能体的目标并非当前奖励最大值，而是平均累积奖励的最大值。

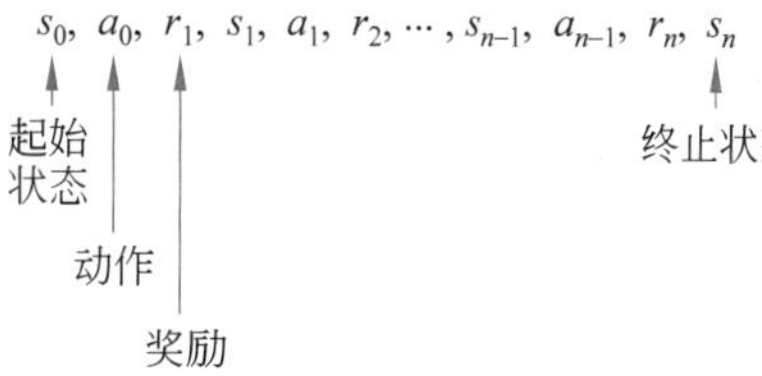

$$s_0,\ a_0,\ r_1,\ s_1,\ a_1,\ r_2, \cdots, s_{n-1},\ a_{n-1},\ r_n,\ s_n$$

起始状态　　动作　　奖励　　终止状态

图 11-3　智能体与环境交互的序列流

（3）价值函数

奖励信号是评判一次交互中的立即奖励，而价值函数是指长期得到的动作平均奖励结果，即一个状态 s 的值表示对其长期期望奖励的高低。$v_\pi(s)$ 表示策略 π 在状态 s 下的长期期望收益，$Q_\pi(s,a)$ 表示策略 π 在状态 s 下，采取动作 a 的长期期望收益。

（4）状态转移概率

状态转移概率 $p(s_{t+1},r_{t+1}|s_t,a_t)$ 表示在 t 时刻，处于 s_t 的状态，选择了 a_t 的动作的情况下，转移到 s_{t+1} 状态，并且获得 r_{t+1} 奖励的概率。

3. 环境描述

使用 p 函数和 r 函数描述环境。

（1）p 概率函数

p 概率函数为 $p(s_{t+1},r_{t+1}|s_t,a_t)$，反映了一个环境的随机性：在一个状态下作出的决策可能有多种结果，不同结果存在不同的概率。

（2）r 函数

奖励功能为 $r(s_t,a_t)$。

在基于模型的情况下，p 函数和 r 函数都为已知，可以根据现有条件作出最优规划。

4. 无模型试错探索

在强化学习的实际环境中，p 函数和 r 函数都为未知。价值函数 $v(s_t)$ 表示在 t 时刻的状态 s_t 的优劣。

5. Q 表格

Q 表格表示状态动作价值，是累积的经验，也是获得成功所需要的知识。

例 11-1 在某一状态 s 下，可以采取 a 和 b 两个动作。

采取 a 动作以后，100% 获得 10 分；采取 b 动作以后，90% 获得 5 分，10% 获得 15 分，则

$$Q(s,a) = 100\% \times 10 = 10$$
$$Q(s,b) = 90\% \times 5 + 10\% \times 15 = 6$$

以上例子中，之所以知道概率分布，是因为这个 Q 表是训练后的结果。

（1）Q 表中的累积知识

Q 表中存储的是学习到的知识的积累，所以很自然地在 s 状态下选择 a 动作，以获得最大的奖励。上面的例子仅是一次选择。在实际中，将面对多次选择，于是要看的是完成了一系列选择以后，最终的奖励最大的才是最优路径。因为后续的所有收益及其对应概率的预估，都累积到当前状态下做计算，所以在强化学习中，利用环境给的奖励反馈非常重要。

（2）Q 表的目标导向型

需要根据总收益，来更新 Q 表。每一步设定的 $Q(s,a)$ 不仅只看当前这一步的收益，还需要看未来总收益 G：

$$G = r_1 + r_2 + r_3 + r_4 + \cdots + r_t$$

例 11-2 快速到达目的地的悬崖问题。

在一张地图上，要从起点 S 到达终点 G，每走一步奖励为 -1（因为希望越快到达越好），掉下悬崖一次奖励为 -100（所以希望避免发生），并回到起点。到达终点 G 时，游戏结束。

设定奖励的衰减因子为 γ，当前时刻 t，可获得的收益预期总计为

$$G_t = r_{t+1} + \gamma r_{t+2} + \gamma^2 r_{t+3} + \cdots$$

γ 取 0 代表目光短浅，γ 取 1 代表目光长远。

选择一条路走完之后，就可以知道这条路径上的每一个状态路径的价值。当多次尝试以后，就可以得出更优的选择。而不断地尝试，即在不断更新 Q 表，这个 Q 表可指导每一步的动作。这个表格的维度是状态总数、每个状态下的动作总数，初始化时都为 0，智能体与环境的交互就是不断更新 Q 表。更新 Q 表用到了时序差分更新方法，由于每一次都用下一个状态来更新这一个状态，因此最后的累积的奖励将向前传递，最终影响整个路径。

模型是对真实环境世界的模拟，建模的是智能体采取动作后环境的反应。使用模型和规划的方法称为有模型方法；反之不使用模型，而是通过尝试来学习策略的方法称为无模型方法。

11.1.3 RL 算法分类

RL 算法可以分为三大类：基于价值的算法、基于策略的算法和基于价值-策略的复合算法。主要的 RL 算法如图 11-4 所示。

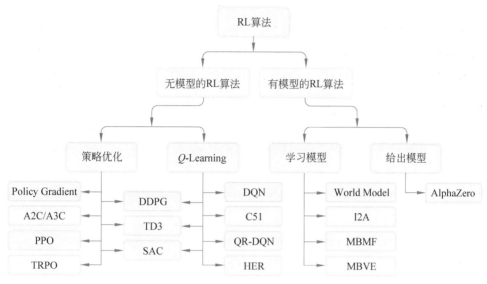

图 11-4 主要的 RL 算法

RL 算法分类的主要依据如下。

1. 无模型和有模型

无模型算法就是不去学习和理解环境,环境给出什么信息就是什么信息,常见的方法是策略梯度(Policy Gradient)和 Q-Learning 算法。有模型是去学习和理解环境,学会用一个模型来模拟环境,通过模拟的环境来得到反馈。有模型算法比无模型多了模拟环境环节,通过模拟环境预判接下来将发生的所有情况,然后选择最佳的情况。

有模型的 RL 算法与无模型的 RL 算法的共同点是通过与环境交互获得数据,不同点是利用数据的方式不同。有模型的 RL 算法利用与环境交互建立数据学习系统或者环境模型,再基于模型进行序贯决策(用于随机性或不确定性动态系统最优化的决策方法)。无模型的 RL 算法则是直接利用与环境交互获得的数据改善自身的动作。两类方法各有优缺点,有模型的 RL 算法效率要比无模型的 RL 算法效率更高,因为智能体在探索环境时可以利用模型信息。无模型的 RL 算法不需要建模,所以与有模型的 RL 算法相比,更具有通用性。

2. 策略与值

基于策略的算法直接输出下一步动作的概率,根据概率来选取动作。但不一定概率最高就将选择该动作,还需从整体进行考虑,常见的算法有策略梯度算法。基于价值的算法输出的是动作的价值,选择值最高的动作,适用于非连续的动作。常见的方法有 Q-Learning 和 SARSA 算法。将策略和值两者结合提出了 Actor-Critic(演员-评论家)算法,Actor 根据概率做出动作,Critic 根据动作给出值,从而加速学习过程。

3. 回合更新和单步更新

回合更新的方法是指整个学习过程全部结束后再进行更新。单步更新的方法是指学习过程中的每一步都在更新,不用等到回合全部结束后再进行更新。常见的单步更新方法有 SARSA、Q-Learning 和升级版的策略梯度方法,单步更新的方法效率更高。

4. 在线控制与离线控制

时序差分法的控制问题可以分为两类：一类是在线控制，另一类是离线控制。在线控制是始终使用一个策略来更新价值函数和选择新的动作。离线控制则使用两个控制策略：一个策略用于更新价值函数，另一个策略用于选择新的动作。

5. 正向 RL 和逆向 RL

根据奖励函数是否已知进行分类。正向 RL 是已知奖励函数，寻找策略。逆向 RL 则是在给定一个专家策略后，学习寻找最佳的奖励函数，即根据专家实例学习奖励函数。

6. 强化学习的要素

状态集 S、动作集 A、即时奖励 R、衰减因子 γ、探索率 ϵ 是求解最优的动作价值函数 q^* 和最优策略 π^* 的要素。

11.2　SARSA 算法

目前主流的强化学习求解问题的方法是时序差分法，现在绝大部分强化学习的求解都以时序差分的思想为基础。时序差分在线控制算法最常见的是 SARSA 算法，时序差分的离线控制算法最常用的是 Q-Learning 算法。

11.2.1　SARSA 算法基本原理

时序差分法直接从智能体与环境交互的经验中学习，即可以边交互边学习。预测就是在给定强化学习的 5 个要素（状态集 S、动作集 A、即时奖励 R、衰减因子 γ 和给定策略 π）下，求解最优的动作价值函数值 $v(\pi)$。

1. 时序差分

当自变量 x 变到 $x+1$ 时，函数 $y=y(x)$ 的改变量为

$$\Delta y_x = y_{x+1} - y_x, \quad x=0,1,2,\cdots$$

将 Δy_x 称为函数 $y(x)$ 在点 x 的一阶差分。

例 11-3　差分。

某统计数据的值与计算的差分值如表 11-1 所示。

表 11-1　统计数据的值与差分值

时　　间	值	差　分　值
2015/1/2	20	
2015/1/5	60	40
2015/1/6	130	
2015/1/7	150	20
2015/1/8	160	
2015/1/9	150	−10

续表

时 间	值	差 分 值
2015/1/12	130	
2015/1/13	60	−70
2015/1/14	20	
2015/1/15	20	0

一阶差分值是将值的后项减去前项的值。例如,值中的前两项之差(60−20＝40)成为差分后的第一项。以此类推,可使得到的值序列趋于平稳。

2. 基于时序差分的 SARSA 算法

SARSA 的名称来源于图 11-5 所示的序列描述:给定一个状态 s,智能体通过动作策略产生一个动作 a,即产生一个状态动作对 (s,a),环境收到智能体的动作后将返回即时奖励 r 以及后续状态 s';智能体在状态 s' 时遵循当前的动作策略产生一个新动作 a',智能体此时并不执行该动作,而是通过动作价值函数得到后一个状态动作对 (s',a') 的值,利用这个新的值和即时奖励 r 来更新前一个状态动作对 (s,a) 的值。SARSA 算法在单个状态序列内的每一个时间步,在状态 s 下采取一个动作 a 到达新状态 s' 时需要更新状态动作对 (s,a) 的值 $Q(s,a)$,其中,价值函数 Q 是一个表格。

图 11-5　SARSA 算法示意图

SARSA 算法采用的是时序差分单步更新的方式,每一步都更新 Q 表。Q 表的更新是 SARSA 算法最核心的部分,它是将 Q 值不断逼近目标值,这个目标值也就是总收益。

(1) 问题求解是值迭代

SARSA 算法的问题求解不需要将环境的状态转换为模型,也就是说,SARSA 是无模型的 RL 算法。它的问题求解是值迭代,即通过价值函数的更新来更新当前的策略,再通过新的策略来产生新的状态和即时奖励,进而再更新价值函数,周而复始进行下去,直到价值函数和策略都收敛为止。

(2) 更新计算

SARSA 算法的目的是学习特定状态下,特定动作的值 Q,最终建立和优化一个 Q 表,以状态为行,动作为列,根据与环境交互得到的奖励来更新 Q 表,更新采用了下式进行差分计算:

$$Q(s_t,a_t) \leftarrow Q(s_t,a_t) + \alpha[r_{t+1} + \gamma Q(s_{t+1},a_{t+1}) - Q(s_t,a_t)]$$

其中,γ 是衰减因子。在训练中为了更好地探索环境,采用 ϵ-贪婪选择策略来训练,获得输出动作。

(3) ϵ-贪婪选择

在智能体作决策时,ϵ-贪婪选择是一种常用的选择方式,以一个很小的正数 $\epsilon(\epsilon<1)$ 的概率随机选择未知的一个动作,以剩下 $1-\epsilon$ 的概率从已有动作中选择动作值最大的动作。假设当前智能体所处的状态为 $s_t \in S$,可以选择的动作集为 A_t。智能体在执行某一个动作之后,将达到下一个状态 s_{t+1},此时也将得到对应的收益 r_{t+1}。在决策过程中,有 ϵ 概率随

机选择动作,即每个动作被选择的概率为$\epsilon/|A|$,其中$|A|$表示动作总数量;也就是说,每个动作有同样的概率($\epsilon/|A|$)被随机选择,另外还有$1-\epsilon$的概率选择动作值最大的动作,如果两种概率选中了同一动作,则被选择的概率为$1-\epsilon+\epsilon/|A|$两项的和。在包含所有动作的集合A中,在某一个时刻,总有一个动作是最优动作,即$a^*=\text{argmax}_a(Q(a,s))$。

某一动作被选择的概率可以表示为

$$\pi(a\,|\,s)=\begin{cases}\epsilon/|A|+1-\epsilon, & a^*=\text{argmax}_{a\in A}Q(s,a)\\ \epsilon/|A|, & \text{其他}\end{cases}$$

在迭代时,首先使用$\epsilon/|A|$概率在当前状态s_t选择一个动作a_t,这样系统将转到一个新的状态s',同时给一个即时奖励r_{t+1},在新的状态s',将基于$1-\epsilon$概率在状态s'选择一个最优动作a',但是这时并不执行这个动作a',只是用来更新价值函数,价值函数的更新计算如下:

$$Q(s,a)=Q(s,a)+\alpha(r+\gamma Q(s',a')-Q(S,a))$$

其中,α是迭代步长,γ是衰减因子。

11.2.2 SARSA 算法流程

SARSA 算法流程如下。

初始化 Q 表(令其值为 0)

对于每个回合:

  1. 初始化状态 s

  2. 在当前状态 s 下的所有可能动作中采用ϵ贪婪选择策略选取一个动作 a

  3. 如果当前状态 s 不是终止状态,则回合的每一步重复执行以下步骤:

    (1)执行动作 a,并观察得到的下一个状态 s' 和相应的奖励 r

    (2)在当前状态 s' 的所有可能动作中选取一个动作 a'(ϵ-贪婪选择)

    (3)更新 Q 表:

$$Q(s,a)\leftarrow Q(s,a)+\alpha(r+\gamma Q(s',a')-Q(s,a))$$

    (4)更新状态和动作:$s=s',a=a'$

  4. 直到 s 是终止状态为止

保障收敛的措施如下:

- 步长 α 一般需要随着迭代的进行逐渐变小,这样才能保证动作价值函数 Q 可以收敛。当 Q 收敛时,ϵ-贪婪策略也就收敛了。

- ϵ探索率随着迭代的进行逐渐减小。

例如,一个 9 格子寻路过程,即从左下角到右上角。

在 9 格子问题中,创建一个 3×3 的网格,如图 11-6 所示。

智能体需要从左下角的格子(记为 S)移动到右上角的格子(记为 G)。智能体在每个格子上的移动可以选择上、下、左、右四个方向,但智能体不能移出网格边界。如果智能体移动到目标格子 G,它将获得 $+1$ 的奖励并结束当前回合。每次移动到非目标格子都会获得 -0.1 的奖励。现在通过以下步骤来详细说明 SARSA 算法的寻路过程。

1	2	3
4	5	6
7	8	9

图 11-6 3×3 的网格

1. 环境设置

(1) 网格: 一个 3×3 的网格, 共有 9 个格子, 从左上角开始顺时针编号为 1~9。

(2) 起点: 左下角, 编号为 7 的格子。

(3) 终点: 右上角, 编号为 3 的格子。

(4) 奖励: 到达终点获得 +1 的奖励, 每次移动到其他格子获得 −0.1 的奖励。

2. SARSA 算法寻路过程

假设使用 ϵ-贪婪选择策略来进行探索和利用。

(1) 初始化

① Q 表初始化为 0, 对于每个状态(格子)和可能的动作(上、下、左、右), Q 值都是 0。

② 设定 $\epsilon = 0.1$, 学习率 $\alpha = 0.1$, 衰减因子 $\gamma = 0.99$。

(2) 迭代过程

① 初始状态: 智能体位于格子 7。

② 选择动作: 根据 ϵ-贪婪选择策略, 以 ϵ 的概率随机选择动作, 或者选择具有最大 Q 值的动作。假设智能体选择向上移动。

③ 执行动作: 智能体从格子 7 移动到格子 4。

④ 观察奖励和下一个状态: 智能体在格子 4, 获得 −0.1 的奖励。

⑤ 选择下一个动作: 在格子 4, 智能体再次使用 ϵ-贪婪选择策略选择动作。假设智能体选择向右移动。

⑥ 更新 Q 值: 使用 SARSA 算法更新规则。

$$Q(s,a) = Q(s,a) + \alpha[r + \gamma Q(s',a') - Q(s,a)]$$

其中, s 是当前状态(格子 7), a 是执行的动作(上移), s' 是下一个状态(格子 4), a' 是下一个动作(右移)。

$$Q(7,上) = Q(7,上) + 0.1[-0.1 + 0.99Q(4,右) - Q(7,上)]$$

⑦ 重复步骤③~步骤⑥, 直到智能体到达终点。

经过多次迭代, 得到最短路径如下:

第 1 步: 智能体在格子 7, 选择向上移动到格子 4, 获得 −0.1 奖励, 更新 $Q(7,上)$。

第 2 步: 智能体在格子 4, 选择向右移动到格子 5, 获得 −0.1 奖励, 更新 $Q(4,右)$。

第 3 步: 智能体在格子 5, 选择向上移动到格子 2, 获得 −0.1 奖励, 更新 $Q(5,上)$。

第 4 步: 智能体在格子 2, 选择向右移动到格子 3, 获得 +1 奖励, 更新 $Q(2,右)$。

通过多次迭代, 智能体将逐渐学习到最佳策略, 即从格子 7 向上移动到格子 4, 然后向右移动到格子 5, 再向上移动到格子 2, 最后向右移动到终点格子 3。

例 11-4　智能体在网格中寻路。

如图 11-7 所示, 在一个 10×7 的网格, 起始位置为 S, 终止目标位置为 G, 格子下方的数字表示对应列的风强度。当智能体进入该列的某个格子时, 将按图中箭头所示的方向自动移动数字表示的格数, 借此来模拟风的作用。格子有边界, 智能体任意时刻只能处在网格内部的一个格中。智能体并不清楚这个网格世界的构造, 也就是它不知道网格是长方形的, 也不知道边界在哪里, 也不知道自己移步后下一个格子与之前格子的相对位置关系, 当然它也不清楚起始位置和终止目标位置。但是智能体能够记住曾经经过的格子, 下次再进入这个格子时,它能准确地辨认出这个格子是否来过。

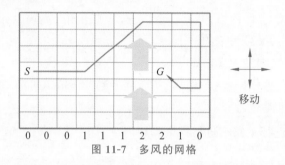

图 11-7 多风的网格

格子移动策略如下:

智能体能尽快地从起始位置到达目标位置的策略如下:由于智能体的每一步移动都将受到风的影响,因此在移动时需要考虑风的影响。

(1)正常移动情况下,坐标(1,1)向右动作将移动到坐标(2,1),但如果受到由下向上的风影响,则可能移动到坐标(2,3)。虽然风速场可固定不变,但其具体影响却是未知的,这种存在影响状态转换的未知因素的模型很难构建,所以使用基于统计方法的 SARSA 算法求解。

(2)先给出环境设定:四周都是围墙,也就是不可能被风吹出环境之外,即设定跳出网格之外的格子风速场为0。如图 11-7 所示,智能体从 S 出发,要到达 G,有上、下、左、右四个方向可以走,0、1、2 表示风力,也就是智能体在不同的列将受到不同风力的影响,导致其实际的移动方向和其走的方向有区别。智能体每移动一步,只要不是进入目标位置都给予一个"-1"的奖励,直到进入目标位置后获得奖励0,同时永久停留在该位置。

(3)要求解的问题是智能体如何在存在风的网格中尽快从起始位置到达目标位置。箭头指向为智能体处于每个格子中的最优选择,格子(1,4)为起始点,(8,4)为目标点,线段表示最优路线为 15 步。

(4)S 为起点,G 为终点,每次能前、后、左、右、左前、左后、右前、右后移动。当到达第4~9列的某一列时,将在某一状态的基础上向上被风吹移动一格。如某一时刻到达了第4行第4列,则被风吹移动到第3行第4列。在第4行第7列则被风吹移动到第2行第7列。设每步的奖励都为-1,无衰减,更新步长 α 为 0.1,对于所有状态 s 和动作 a,初始价值函数 $Q(s,a)=0$,ϵ-贪婪选择策略的 $\epsilon=0.1$,求起点到终点的最优路径。

(5)将每个状态标号,从左到右,从上到下,为 1~70。从起点 S 状态开始,用 SARSA 算法更新每个状态-动作的价值函数 Q,选择 ϵ-贪婪策略,直到到达终点 G。这为一条完整的采样,再循环以上过程 N 次,N 可以为 2000、5000、10000 等,N 越大,值函数 Q 越接近真实值。最后得到完整的价值函数 Q 表,从起点开始,每步都选择使 Q 最大的动作,直到终点 G,这样智能体走过的路径即为最优路径。

11.2.3 SARSA(λ)算法

1. SARSA(λ)算法基本原理

SARSA 算法都是在得到奖励后只更新上一步状态和动作对应的 Q 值,是单步更新算法。但是在得到当前奖励之前所走的每一步(即一个轨迹)都与最终得到的奖励有关,所以不应该只更新上一步状态对应的 Q 值,应该更新多步状态对应的 Q 值。于是就有了多步更新算法——SARSA(n)。对于多步更新的 SARSA 算法用 SARSA(λ)来表示,其中 λ 的取值范围是[0,1],其本质是一个衰减因子。轨迹就是指状态、动作和奖励的一个历史序列。

2. SARSA(λ)算法流程

SARSA(λ)算法比 SARSA 算法多了一个跟踪矩阵 E,它用来保存在路径中所经历的每一步,并且其值不断地衰减。该矩阵的所有元素在每个回合的开始会初始化为 0,如果状态 s 和动作 a 对应的 $E(s,a)$ 值被访问过,则其值加 1。同时矩阵 E 中所有元素的值在每步后都会进行衰减,这保证了距离获得当前奖励越近的步骤越重要,如果前期智能体在原地打转,经过多次衰减后其 E 值接近 0,对应的 Q 值几乎没有更新。

值得注意的是,在更新 $Q(s,a)$ 和 $E(s,a)$ 时,是对全表进行更新,但是因为矩阵 E 的初始值是 0,只有智能体走过的位置才有值,所以并不是真正地对全表更新,而是仅更新获得奖励值之前走过的所有步骤。那些没有走过的步骤因为对应的 $E(s,a)$ 值为 0,所以 $Q(s,a)=Q(s,a)+\alpha\delta E(s,a)$,保持原值不变。

SARSA(λ)算法流程如下:

(1) 算法初始化

① 初始化 Q 表,对于所有的状态-动作对 (s,a),设置 $Q(s,a)$ 为 0。

② 对于所有的状态-动作对 (s,a),初始化资格迹 $E(s,a)$ 为 0。

③ 选择一个初始状态 s 和初始动作 a,根据策略从状态 s 中选择动作 a。

④ 设置奖励衰减因子 γ 和学习率 α。

⑤ 设置迹衰减因子 λ,$0\leqslant\lambda\leqslant1$。

(2) 算法循环

对于每个时间步 t:

① 执行动作 a,观察奖励 r 和新状态 s'。

② 根据当前策略从状态 s' 中选择动作 a'。

③ 更新资格迹:$E(s,a)=E(s,a)+1$。

④ 对于所有的状态-动作对 (s,a),更新 Q 值:$Q(s,a)=Q(s,a)+\alpha\delta E(s,a)$。

其中,δ 是 TD 误差:$\delta=r+\gamma Q(s',a')-Q(s,a)$。

⑤ 对于所有的状态-动作对 (s,a),衰减资格迹:$E(s,a)=\gamma\lambda E(s,a)$。

⑥ 设置 $s=s'$ 和 $a=a'$,并继续下一个时间步。

3. 矩阵 E 的两种更新方式

(1) 累积跟踪:每次走到当前状态,则将当前的矩阵 E 的元素值加 1,即

$$E(s,a)=E(s,a)+1$$

(2) 替换跟踪:给矩阵 E 的元素值设置上限,使得其所有值在[0,1]之间,所以每次更新时先将当前状态所在的行清 0,再将对应的 $E(s,a)$ 置 1。

上述的第二种更新方式更好,更常用。

SARSA 算法可用 SARSA(0)表示。因为走完一步直接更新,所以无间隙。

SARSA(λ)是基于 SARSA 算法的一种提速算法。

SARSA(λ)的 λ 类似之前提到的奖励衰减因子 γ。可以通过它了解到距离奖励越远的

步可能并不是最快能拿到奖励的步。从目标角度来看，离目标越近的步，看得越清楚，因此离奖励越近的步越重要，越需要更新 Q。

- $\lambda=0$，就是单步更新，为 SARSA 算法。
- $\lambda=1$，就是回合更新。
- $0<\lambda<1$，表示离奖励越近的步，动作准则更新力度越大。

（3）在 RL 中，时序差分法用于求解多步时序差分 TD(λ) 的价值函数迭代问题，同样地，SARSA(λ) 算法用于求解多步时序差分在线控制问题。

在 SARSA 算法中，使用一个大表来存储 $Q(s,a)$ 的值，如果状态和动作都达到百万乃至千万级，需要在内存里保存的这张大表超级大，甚至溢出，因此不适合解决规模很大的问题。当然，对于不是特别复杂的问题，使用 SARSA 算法还是一种好的选择。

11.3　Q-Learning 算法

Q-Learning 是一种基于价值的无模型 RL 算法。

11.3.1　Q-Learning 算法基本原理

1. 行为准则与决策

如果现在处于状态 s_1，有两个行为 a_1、a_2，在 s_1 状态下，a_2 带来的潜在奖励要比 a_1 高，所以判断要选择 a_2 作为下一个行为。更新状态为 s_2 后，还是有两个选择，重复上面的过程。在 Q-Learning 算法中，潜在奖励用一个关于 s 和 a 的 Q 表代替。在 Q 表中，如果 $Q(s_1,a_1)=-2$ 小于 $Q(s_1,a_2)=1$，可在 Q 表中找到 $Q(s_2,a_1)$ 和 $Q(s_2,a_2)$ 的值，并比较它们的大小，选取比较大的一个。接着根据 a_2 到达 s_3 并在此重复上面的决策过程。

2. Q-Learning 更新

例 11-5　在使用 Q-Learning 算法时，虽然会观测到在 s_2 上选取哪一个动作将带来最大的奖励，但是在真正要作决策时，却不一定会选取到那个带来最大奖励的动作。Q-Learning 在这一步只是估计了一下接下来的动作值，而 SARSA 算法则是在 s_2 这一步估计的动作也是接下来要做的动作。Q-Learning 的 $Q(s_1,a_2)$ 现实的计算值也将改动，去掉最大的 Q 值，取而代之的是在 s_2 选取的 a_2 的 Q 值，求出现实值和估计值的差距并更新 Q 表中的 $Q(s_1,a_2)$。

在 Q-Learning 中，行为准则 Q 表是可以通过更新来修改和优化的。如例 11-5 所述，根据 Q 表的估计，因为在 s_1 中，a_2 的值比较大，通过决策，在 s_1 采取了 a_2，并到达 s_2，这时开始更新用于决策的 Q 表，但接着并没有在实际中采取任何行为，而是再想象自己在 s_2 上采取了两个行为，分别检测两个行为对应的 Q 值，如果 $Q(s_2,a_2)$ 的值比 $Q(s_2,a_1)$ 的值大，可将 $Q(s_2,a_2)$ 乘上一个衰减因子 γ（比如 0.9）并加上到达 s_2 时所获取的奖励 r（这里奖励为 0），因为会获取实实在在的奖励 r，将这个计算出的值作为现实中 $Q(s_1,a_2)$ 的值，但是之前是根据 Q 表估计 $Q(s_1,a_2)$ 的值。所以有了现实值和估计值，就能更新 $Q(s_1,a_2)$，将现实值与估计值的差距乘以一个学习效率 α 累加上旧的 $Q(s_1,a_2)$ 的值变成新的值。但是，虽然用 $\max Q(s_2)$ 估计了一下 s_2 的状态，但还没有在 s_2 上采取任何行为，s_2 的行为决策要等到更新完了以后再重新作。这就是无策略的 Q-Learning，它是决策和学习优化决策的过程。

3. 使用 ϵ-贪婪选择策略选择动作

ϵ-贪婪选择策略选择动作的流程：智能体观测到状态 s 时，首先以 $1-\epsilon$ 的概率在 Q 表里选择最大 Q 值所对应的动作，然后以 ϵ 的概率随机选择动作。不再使用完全贪婪的算法，而是有一定的动作选择的随机性，这样就可以保证在迭代次数足够多的情况下 Q 表中的所有动作都会被更新到。

4. Q 表结构

$Q(s,a)$ 是在状态 s 时采取动作 a 之后可以获得的奖励期望值。$Q(s,a)$ 越大，则智能体采取的动作更好。Q 表如表 11-2 所示。

表 11-2 Q 表

状态 s	动作 a_1	动作 a_2	动作 a_3
s_1	$Q(s_1,a_1)$	$Q(s_1,a_2)$	$Q(s_1,a_3)$
s_2	$Q(s_2,a_1)$	$Q(s_2,a_2)$	$Q(s_2,a_3)$
s_3	$Q(s_3,a_1)$	$Q(s_3,a_2)$	$Q(s_3,a_3)$
s_4	$Q(s_4,a_1)$	$Q(s_4,a_2)$	$Q(s_4,a_3)$

Q 表可以间接决定智能体的决策，因为 Q 表记录了所有的状态和动作的组合情况，例如，智能体在状态 s_2 时，就将在状态 s_2 所在的行选取最大的 Q 值所对应的动作。

假设表 11-3 是已经更新完的 Q 表。

表 11-3 已经更新完的 Q 表

状态	动作 a_1	动作 a_2	动作 a_3
s_1	-1	1	3
s_2	2	0	1
s_3	1	5	7
s_4	5	6	3

智能体根据 Q 表完成决策的过程：当 $t=1$ 时，智能体观测到状态 s_2，于是查找状态 s_2 所在的行，发现 $Q(s_2,a_1)>Q(s_2,a_3)>Q(s_2,a_2)$，因此选择动作 a_1。如果此时环境发生变化，则智能体观测到环境的状态 s_4，接着查找状态 s_4 所在的行，发现 $Q(s_4,a_2)>Q(s_4,a_1)>Q(s_4,a_3)$，于是选择动作 a_2。

5. 更新公式

有了 Q 值就可以进行学习，即进行 Q 表的更新（采用时序差分法更新），更新公式如下：

$$Q(s,a)\leftarrow Q(s,a)+\alpha[r+\gamma\max_{a'}Q(s',a')-Q(s,a)]$$

其中，α 为学习率，γ 为奖励衰减因子。根据下一个状态 s'，选取最大的 $Q(s',a')$ 值乘以衰减因子 γ，再加上最大真实奖励值 r 即为 Q 现实值。可将旧 Q 表（见表 11-4）中的 $Q(s,a)$ 作为 Q 估计值。

例 11-4   旧 Q 表

状　　态	动作 a_1	动作 a_2
s_1	-2	-1
s_2	-4	2

$Q(s_1, a_2)$ 现实值：$r + \gamma \max Q(s_2)$

$Q(s_1, a_2)$ 估计值：$Q(s_1, a_2)$

差距 = 现实 − 估计 = $r + \gamma \max Q(s_2) - Q(s_1, a_2)$

新 $Q(s_1, a_2)$ = 旧 $Q(s_1, a_2)$ + $\alpha \times$ 差距

$$= 旧\ Q(s_1, a_2) + \alpha(r + \gamma \max Q(s_2) - Q(s_1, a_2))$$

6. 更新 Q 表的方法

算法开始时，需要随机初始化 Q 表，更新 Q 表是一件非常关键的事情。

首先随机初始化一个 Q 表，然后任意初始化一个状态 s，也可以理解为智能体观测到的环境的状态，根据 Q 表使用 ϵ 贪婪选择策略选择状态 s 对应的动作 a，因为智能体做出了一个动作，将从环境中获得一个奖励 r，环境发生变化，智能体又观测到一个新的状态 s'，查询 Q 表中状态 s' 所在的行，获得最大值，然后按照公式更新 Q 表。

当 $r + \gamma \max_a Q(s', a') = Q(s, a)$ 时，迭代收敛，也就是 Q 表的更新完成。

11.3.2　Q-Learning 算法流程

SARSA 算法中 Q 表的更新公式如下：

$$Q(s_t, a_t) \leftarrow Q(s_t, a_t) + \alpha[r_{t+1} + \gamma \cdot Q(s_{t+1}, a_{t+1}) - Q(s_t, a_t)]$$

其中，$Q(s_{t+1}, a_{t+1})$ 是下一时刻的状态和实际采取的行动对应的 Q 值。而在 Q-Learning 中是下一时刻的状态对应的 Q 值的最大值，但是在实际中可能不采用该最大值对应的动作。SARSA 算法和 Q-Learning 算法除了在目标 Q 值上有所不同，其他的都一样。

SARSA 是策略学习方法，因为它始终只有一个策略，即使用 ϵ 贪婪选择策略选择出 $Q(s_t, a_t)$ 和 $Q(s'_{t+1}, a'_{t+1})$。而 Q-Learning 算法是无策略算法，选择 $Q(s_t, a_t)$ 时使用 ϵ 贪婪选择策略，计算 $Q(s', a')$ 时使用最大值算法，学习和行动分别采用了两个不同的策略。

利用 Q-Learning 算法，可以通过训练来得到一个尽量完美的 Q 表。Q-Learning 算法流程描述如下：

输入：迭代轮数 t，状态集 S，动作集 A，步长 α，衰减因子 γ，探索率 ϵ。

输出：所有的状态和动作对应的 Q 值。

随机初始化 $Q(s, a)$

对于每一个回合重复如下：

　　初始化 s

　　对回合的每一步重复：　　　　　　　　　$Q(s_2)$ 最大估计

　　　　使用 Q 策略，从 s 中选择 a（ϵ-贪婪选择）

　　　　动作 a' 后，检测 r, s'

　　　　$Q(s, a) \leftarrow Q(s, a) + \alpha[r + \gamma \max_{a'} Q(s', a') - Q(s, a)]$

　　$s = s'$；

　　直到 s 终止。

　　　　　　　$Q(s_1, a_2)$ 的现实值　　　　　　$Q(s_1, a_2)$ 的估计值

其中，在 $r + \gamma\max_{a'}Q(s',a') - Q(s,a)$ 中，$Q(s',a')$ 是 $Q(s_2)$ 最大估计值，$Q(s,a)$ 是 $Q(s_1,a_2)$ 的估计值，$r + \gamma\max_{a'}Q(s',a')$ 是 $Q(s_1,a_2)$ 的现实值。

说明如下：

首先从一个回合开始，随机选择（初始化）第一个状态 s_1。

进入第一次循环：基于 ϵ-贪婪选择策略在状态 s_1 下选择动作。选择并执行 a_1 之后，观察下一个状态 s_2，并得到 s_2 的即时奖励。此时，立即进行 Q 函数的更新。

更新完成后，进入第二次循环：基于 ϵ-贪婪选择策略，在状态 s_2 下选择动作与环境互动（此前在状态 s_2 时并未采取动作与环境互动）。值得注意的是，在第一次循环中，更新所选取 s_2 的动作 a_2 是唯一的（人为强制选择），即具有最大 Q 值的动作 $\max_a Q_k(s_2,a_2)$；而第二次循环中作为需要与环境互动的第二动作 a_2，则是基于 ϵ-贪婪选择策略的，这点与 SARSA 算法一致。

11.3.3　Q-Learning 算法与 SARSA 算法的比较

1. Q-Learning 算法

Q-Learning 是强化学习算法中基于价值的一种算法，Q 即为 $Q(s,a)$，就是在某一时刻的 $s(s \in S)$ 状态下，采取动作 $a(a \in A)$ 能够获得收益的期望，环境会根据智能体的动作反馈相应的奖励 r，所以算法的主要思想就是将状态与作用构建成一张 Q 表来存储 Q 值，然后根据 Q 值来选取能够获得最大收益的动作。

更简单的理解就是基于状态 s，利用 ϵ 贪婪选择策略选择出动作 a，然后执行动作 a，得出下一状态 s' 以及回报 r。

2. SARSA 算法

SARSA 算法和 Q-Learning 算法一样，都采用 Q 表的方式进行决策，在 Q 表中挑选值比较大的动作实施在环境中来换取奖励。但是更新不同，SARSA 算法在进行当前这一步操作时已经估计出当前 s 对应的 a，并且估计出下一个 s' 和 a'。

3. 两种算法的比较

Q-Learning 算法和 SARSA 算法都是从状态 s 开始，根据当前的 Q 表使用一定的策略（ϵ-贪婪选择）选择一个 a'，然后观测到下一个状态 s'，并再次根据 Q 表选择动作 a'。只不过两者选取 a' 的方法不同。根据算法描述，在选择新状态 s' 的动作 a' 时，Q-Learning 使用 ϵ 贪婪选择策略，即选取 Q 值最大的 a'，此时只是计算出哪个 a' 可以使 $Q(s,a)$ 取到最大值，并没有真正采用动作 a'；SARSA 也使用 ϵ 贪婪选择策略，并真正采用了动作 a'，如图 11-8 所示。

由于更新方法不同，Q-Learning 是一个贪婪、勇敢的算法，不在乎陷阱；SARSA 则是一个保守的算法，对于错误和失败十分敏感。在不同的场景中，应使用不同的算法。

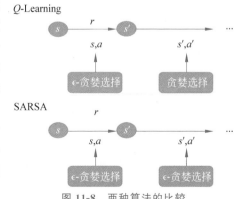

图 11-8　两种算法的比较

11.4   策略梯度算法

11.4.1   基于价值的 RL 算法的局限性

基于价值的 RL 算法的局限性如下：

（1）对连续动作的处理能力不足，建模困难。

（2）对受限状态下的问题处理能力不足，当使用特征描述状态空间的某个状态时，智能体观测或建模的局限，有可能导致真实环境下本来不同的两个状态却在建模后有相同的特征描述，进而无法找到最优解。

（3）无法解决随机策略问题。基于价值的 RL 算法对应的最优策略通常是确定性策略，因为它是从众多动作中选择一个最大价值的动作，但是某些问题的最优策略为随机策略，无法通过基于价值的 RL 算法来求解。

11.4.2   基于策略的算法

基于价值的 RL 算法是根据当前的状态，计算采取每个动作的值，然后根据贪婪选择策略选择动作。但是，基于策略的算法不必计算值，省略中间的步骤，直接根据当前的状态来输出动作或动作的概率。

在基于策略的算法中，对策略 π_θ 近似表示如下：

$$\pi_\theta(s,a)=P(a\,|\,s,\theta)\approx\pi(a\,|\,s)$$

其中 θ 为参数，在训练神经网络时，使用最多的就是反向传播算法，则需要一个误差函数，通过梯度下降来使损失最小。但对于 RL，由于不知道动作正确与否，只能通过奖励值来判断这个动作的相对好坏。如果一个动作得到的奖励多，那么就使其出现的概率增大；如果一个动作得到的奖励少，则使其出现的概率减小。

根据这个思想构造损失函数：$\text{loss}=-\log(\text{prob})v_t$

$\log(\text{prob})$ 表示概率越小，反向的 $\log(\text{prob})$ 越大。v_t 表示当前状态 s 下采取动作 a 所能得到的奖励（当前的奖励和未来奖励值的求和），也就是说策略梯度算法必须完成一个完整的回合才可以进行参数更新，而不是像基于价值的 RL 算法那样，每一个 (s,a,r,s') 都可以进行参数更新。如果概率很小，得到了一个大的奖励，也就是大的 v_t，则损失更大。

11.4.3   蒙特卡洛策略梯度过程

最简单的策略梯度算法是使用价值函数 $v(s)$ 来近似代替策略梯度公式中的 $Q_\pi(s,a)$，算法流程如下：

输入：N 个蒙特卡洛完整序列，训练步长 α
输出：策略函数的参数 θ
for 每个蒙特卡洛序列：
    （1）用蒙特卡洛方法计算序列每个时间位置 t 的状态价值 v_t
    （2）对序列每个时间位置 t，使用梯度上升法，更新策略函数的参数 θ：

$$\theta=\theta+\alpha\,\nabla_\theta\log\pi_\theta(s_t,a_t)v_t$$

返回策略函数的参数 θ

策略梯度算法输出的是动作概率,而不是 Q 值;需要一次完整的回合才可进行参数的更新。

强化的目的是策略的优化,可通过学习获得最优策略。策略指的是一个函数,函数输入为一个当前状态,函数输出为一个动作的分布,这相当于给智能体指明了一条路线,告诉智能体在这个状态下应该如何行动。显然,为了求得这个最优策略,可对这些算法及算法之间的关系进行大致的分类,重点关注策略的本质(给定状态后进行动作选择)。首先对策略进行评估,获得遵循该策略时全空间的价值函数,然后根据评估的结果按照贪婪的原则对策略进行修正,直到收敛为止。应说明的是,RL 的最终目标并不是完整的环境信息,而是一个优秀的策略,所以策略优化才是最终目标。策略优化算法直接基于策略优化。

蒙特卡洛(Monte Carlo,MC)算法是一种基于随机采样来估计期望值的算法,利用蒙特卡洛算法采样其实就相当于构建了一个状态转移概率矩阵,状态与状态之间通过采样的形式转移。在已知状态转移概率矩阵时,通过贝尔曼公式可以得到状态-动作价值函数:

$$v_\pi(s) = \Sigma_a \pi(a \mid s) Q_\pi(s, a)$$

其中,$v_\pi(s)$ 为状态值,$Q_\pi(s, a)$ 为动作值。

基于价值的 RL 算法首先计算每个状态对应的动作的 Q 值,再选择 Q 值最大的动作执行。基于策略的算法是直接计算每个状态对应的动作或者动作的概率。策略梯度算法就是对策略函数进行建模,然后通过梯度下降更新网络的参数。但是在 RL 中并没有实际的损失函数,而策略梯度算法的目的是最大化累计奖励的期望值,因此将累计奖励的期望值作为损失函数,使用梯度上升算法来进行计算。基于策略的算法具有两个基本要素:目标函数和策略优化。

- 目标函数用于衡量选择策略的好坏。目标函数可以采用开始价值和平均价值衡量,价值又可以通过 MC 或 TD 采样获得。
- 策略优化的目标是指执行策略后,得到目标函数的最大值。目前已有多种优化算法。如果选择梯度下降作为策略优化算法,则通过梯度下降算法优化,以使该策略能够获得最大的价值。

11.5 Actor-Critic 算法

Actor-Critic(演员-评论者)算法吸收了基于策略和基于价值两类 RL 算法的特点。

11.5.1 Actor-Critic 算法的基本原理

基于策略的算法和基于价值的算法都是无模型 RL 算法。前者是直接学习策略,不学习价值函数;后者是学习价值函数。随着 RL 的不断发展,这两类算法不断交汇融合,催生了既学习价值函数又学习策略的 Actor-Critic 算法,该算法推动了 RL 的发展。三种算法的关系如图 11-9 所示。

Actor-Critic 算法分为两部分。Actor 的前身是策略梯度,可以在连续动作空间内选择合适的动作,但是因为基于回合更新,所以学习效率比较低。基于价值的算法在完成这些工作时,因为空间过大,易产生组合爆炸问题。这时可以使用基于价值的算法作为 Critic,以实现单步更新。Actor 使用策略函数负责生成动作,并与环境交互。这样便形成了两种算法互补的 Actor-Critic。Critic 使用价值函数评价 Actor 的表现,并指导 Actor 后续动作。

基于价值和基于策略是 RL 的两种不同学习方式。基于价值需要先学习价值评估,再根据价值选择最优动作。基于策略则是直接学习策略,再按策略选择最优动作。

Actor 基于概率选择动作,Critic 基于 Actor 的动作评判动作的得分,Actor 根据 Critic 的评分修改选择动作的概率。Actor-Critic 的优点是可以进行单步更新,相较于传统的基于回合更新更快;Actor-Critic 算法的缺点是 Actor 的动作取决于 Critic 的值,但是因为 Critic 本身就很难收敛,所以与 Actor 一起更新更难收敛。可以融合 DQN 的优势解决收敛难的问题。

为了得到尽量高的奖励,需要一个输入状态和输出动作的策略。可以用神经网络来近似这个函数。剩下的任务就是如何训练神经网络得到更高的奖励,可以将这个网络称为 Actor。

因为 Actor 是基于策略的,Critic 是基于价值的,所以需要 Critic 来计算出对应 Actor 的价值来反馈给 Actor,并告诉它表现如何,这就需要使用 Q 值。Q 函数也可以用神经网络来近似,可将这个网络称为 Critic,如图 11-10 所示。

图 11-9 三种算法的关系　　　　图 11-10 Actor-Critic 算法

策略 $\pi(s)$ 表示智能体的动作,其输出不是单个动作,而是选择动作的概率分布,所以一个状态下的所有动作概率之和应当为 1。

$\pi(a\,|\,s)$ 表示策略。

首先来看 Critic 的策略价值函数:

$$V_\pi(s) = E_\pi[r + \gamma V_\pi(s')]$$

策略的动作价值函数如下:

$$Q_\pi(s, a) = R_s{}^a + \gamma V_\pi(s')$$

此处提出了优势函数 A,优势函数表示在状态 s 下,选择动作 a 的优劣。如果动作 a 的表现比平均好,那么优势函数就是正的;否则,就是负的。

$$A_\pi(s, a) = Q_\pi(s, a) - V_\pi(s) = r + \gamma V_\pi(s') - V_\pi(s)$$

11.5.2　Actor-Critic 算法流程

Actor-Critic 算法的流程总结:该算法基于 TD 误差进行评估,Critic 使用神经网络来计算 TD 误差并更新网络参数,Actor 也使用神经网络来更新网络参数。

算法输入:迭代轮数 T,状态特征维度 n,动作集 A,步长 α,衰减因子 γ,探索率 ϵ,Critic 网络结构和 Actor 网络结构。

算法输出:Actor 网络参数 θ,Critic 网络参数 w。

1. 随机初始化所有的状态和动作对应的价值 Q。

2. 对于每一次迭代重复:

(1) 初始化 s 为当前状态序列的第一个状态,得到其特征向量 $\boldsymbol{\varphi}(s)$。

(2) 在 Actor 网络中以 $\boldsymbol{\varphi}(s)$ 作为输入,输出动作 a,基于动作 a 得到新的状态 s' 和反馈 r。

(3) 在 Critic 网络中分别以 $\boldsymbol{\varphi}(s)$、$\boldsymbol{\varphi}(s')$ 作为输入,得到 Q 值,输出 $V(s)$、$V(s')$。

(4) 计算 TD 误差 $\delta = r + \gamma V(s') - V(s)$。

(5) 使用均方差损失函数 $\sum(r + \gamma V(s') - V(s, w))^2$ 进行 Critic 网络参数 w 的梯度更新。

(6) 更新 Actor 网络参数 θ:

$$\theta = \theta + \alpha \, \nabla_{\theta} \log \pi_{\theta}(s_t, a) \delta$$

对于 Actor 的分值函数 $\nabla_{\theta} \log \pi_{\theta}(s_t, a)$,可以选择 Softmax 或者高斯分值函数。

上述 Actor-Critic 算法已经是一个算法框架,但是离实际应用还比较远。主要原因是这里有两个神经网络,都需要梯度更新,而且这两个网络互相依赖。理解这个算法过程后,就可以很好地理解其他基于 Actor-Critic 的算法。

11.6　强化学习算法

深度强化学习是人工智能的一种途径,因为它通过探索和接收来自环境的反馈来反映人类的学习。深度学习具有较强的感知能力,但是缺乏一定的决策能力,而强化学习具有决策能力,但对感知问题束手无策。因此,可将两者结合起来,实现优势互补,为复杂系统的感知决策问题提供一种新的解决算法。

强化学习系统是一种端对端的感知与控制系统,具有很强的通用性,其学习过程可以描述如下:

(1) 在每个时刻,智能体与环境交互以得到一个高维度的观察结果,然后利用深度学习算法来感知观察结果的结构,并以具体的状态特征表示观察结果。

(2) 基于预期奖励来评价各动作的价值,并通过某种策略将当前状态映射为相应的动作。

(3) 环境对此动作做出反应,并得到下一个观察结果。

通过不断循环以上过程,最终可以得到实现目标的最优策略。

11.6.1　深度 Q 网络算法

深度 Q 网络(deep Q network,DQN)算法的基本思路来源于 Q-Learning。但是与 Q-Learning 不同的地方在于,它的 Q 值的计算不是直接通过状态和动作来计算,而是通过 DQN 来计算的。

经典 Q-Learning 算法和神经网络结合形成 DQN 算法，可以有效解决 Q-Learning 算法计算效率低和数据内存受限的问题。DQN 算法是一个基于价值的 DRL 算法，其结构如图 11-11 所示。DQN 算法的网络由目标网络和估计网络组成，这两个网络的结构相同，但参数不同。估计网络具有最新的网络参数，计算当前状态-动作对的价值，并且定期更新目标网络的参数，完成目标 Q 值的计算。双网络结构打破了数据之间的相关性，使得 DQN 算法具有更好的泛化性。经验回放部分存储了智能体历史动作信息，解决了经验池中的数据相关性和非静态分布问题。

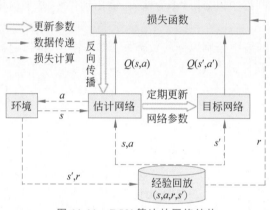

图 11-11　DQN 算法的网络结构

DQN 算法的 Q 更新方式如下：

$$Q(s,a) \leftarrow Q(s,a) + \alpha(r + \gamma \max_{a'} Q(s',a') - Q(s,a))$$

s' 和 a' 分别表示下一时刻的状态和动作，r 和 γ 分别表示动作奖励和衰减因子。

DQN 算法的损失函数为

$$L(\theta) = E\big[(r + \gamma \max_{a'} Q(s',a';\theta) - Q(s,a;\theta))^2\big]$$

DQN 算法的动作策略为

$$a_t = \text{argmax}_a Q(\boldsymbol{\varphi}(s_t), a; \theta)$$

$\boldsymbol{\varphi}(s_t)$ 表示状态的特征向量，θ 为网络参数。

11.6.2　深度确定性策略梯度算法

深度确定性策略梯度（deep deterministic policy gradient，DDPG）算法是一种基于策略的 DRL 算法，其结构如图 11-12 所示。

DDPG 算法的网络分为 Gritic 模块和 Actor 模块，包含 4 个神经网络。Gritic 模块采用 TD 误差更新网络参数 w，并且定期复制 w 到目标网络。Actor 模块采用 DDPG 算法更新网络参数 θ，并且动作策略根据其策略网络的输出结果来选择动作作用于环境。DDPG 算法与 DQN 算法、Actor-Gritic 算法相比具有良好的稳定性，而且能够处理连续动作空间任务。但是 DDPG 算法对超参数的变化很敏感，需要经过长时间的参数微调才能实现较好的性能，而且 Critic 的 Q 函数存在高估 Q 值的问题，将导致动作策略学习不充分而收敛到非最优状态。

在 DDPG 算法的基础上，研究者提出了下述改进算法。

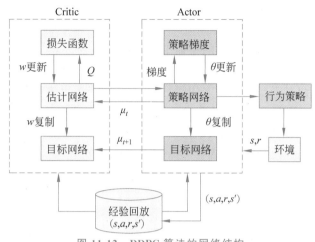

图 11-12 DDPG 算法的网络结构

1. 双延迟深度确定性策略梯度算法

DDPG 算法的优化包括 3 部分：采用双 Q 网络的方式解决了 Critic 中 Q 函数高估 Q 值的问题；通过延迟 Actor 的策略更新使得 Actor 的训练更加稳定；利用目标策略平滑化的算法在 Actor 的目标网络计算 Q 值的过程中加入噪声，使网络准确且鲁棒性强。

2. MA-BDDPG（model-assisted bootstrapped DDPG）算法

将 DDPG 算法中的经验池分为传统经验池和想象经验池。想象经验池中的数据来自动力学模型生成的随机想象转换。训练前智能体计算当前状态动作序列 Q 值的不确定性。Q 值的不确定性越大，则智能体从想象经验池中采集数据的概率越大。该方法通过扩充训练数据集显著加快了训练速度。

11.7　RL 的应用

应用 RL 时首先需要明确问题的定义，包括环境、智能体、状态、动作、奖励等核心元素。如果监督学习更适合需要解决的问题，那么 RL 则不是最好的解决方案。RL 的应用需要一定的资源，包括计算力、大数据等。

11.7.1　RL 应用的方法

监督学习一般解决一次性的问题，关注短期效益，考虑即时奖励。RL 则解决序列问题，具有长远眼光，考虑长期奖励。RL 的这种长远眼光对问题找到最优解非常重要。例如，在最短路径的问题中，如果只考虑最近邻居节点，则可能无法找到最短路径。计算机科学中任何可以计算的问题，都可以表达成 RL 问题，所以研究者对 RL 寄予厚望。

RL 应用的方法如下：

（1）成功的 RL 应用一般需要有足够的训练数据，这些数据可能来自完美的模型、很接近真实系统的仿真程序，或是通过与环境交互收集到的大量数据。收集到的数据可以根据问题进行相应处理。

（2）一个模型或好的仿真程序可以产生足够的数据进行训练。如果数据不充足，可以采用动作策略产生的数据来学习目标策略。

（3）特征工程一般需要大量的手工处理,并结合了很多相关行业知识。随着深度学习特别是端到端学习模式的兴起,手工的特征工程已过时。

（4）需要考虑 RL 的表征问题,例如:需要什么样的神经网络来表达价值函数和策略;是否考虑线性模型;而对于规模并不大的问题,甚至可以考虑以表格的方式来表征。

（5）有了数据、特征和表征,需要考虑选取什么算法来计算最优价值函数和最优策略。RL 算法可以选择是在线的或离线的、同策略的或异策略的、无模型的或有模型的等。可根据问题的具体情况,选择几种算法,然后选择性能最好的算法。

11.7.2　RL 应用的流程

当训练的 RL 算法性能足够好时,就可将它部署到实际系统中,通过监控性能,不断调优算法。可能需要多次迭代前面几步调优系统性能。RL 应用的流程如图 11-13 所示。

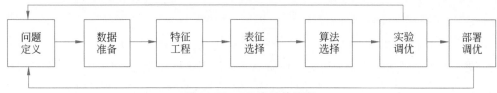

图 11-13　RL 应用的流程

（1）定义问题:定义环境、智能体、状态、动作、奖励这些核心元素。

（2）数据准备:收集数据,并进行预处理。

（3）特征工程:一般根据领域知识手动生成,也可能以端到端的方式自动产生。

（4）表征选择:主要有深度神经元网络,以及其他非线性、线性,甚至表格等表征方式。

（5）算法选择:根据问题选择几种算法。

（6）实验调优:可能要多次迭代前面几步。

（7）部署调优:可能要多次迭代前面几步。

RL 是学习、预测、决策方法的框架。如果一个问题可以被描述成或转换成序列决策问题,并且状态、动作、奖励已被定义,那么应用 RL 可以解决这个问题。

11.7.3　RL 应用的领域

RL 已在推荐系统、游戏、计算机系统、医疗、教育、金融、商业管理、机器人、交通、能源、制造等领域及方向广泛应用,如图 11-14 所示。

RL 在计算机系统中的各个方向,从底层的芯片设计、硬件系统,到操作系统、编译系统、数据库管理系统等软件系统,到云计算平台、通信网络系统等基础设施,到游戏引擎、推荐系统等应用程序,都有广泛的应用。RL 的基本思想是通过最大化智能体从环境中获得的累计奖励值,来学习到完成目标的最优策略。因此 RL 更侧重于学习解决问题的策略,被认为是迈向强人工强智能的重要途径。

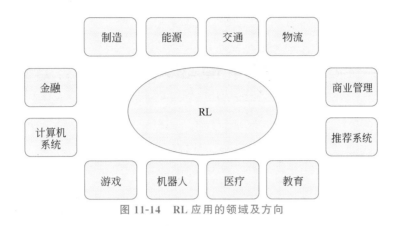

图 11-14　RL 应用的领域及方向

本 章 小 结

RL 针对序列决策问题,通过试错的方式学习最优策略。在每一个时间步,智能体接收一个状态,根据策略选择一个动作,获得奖励,然后根据环境的动态模型转移到下一个状态。在 RL 中,策略就是状态到动作的映射,经验是指状态、动作、奖励、下一个状态等一系列数据。RL 的适用范围非常广泛:状态和动作空间可以是离散的或连续的,RL 问题可以是确定性的、随机性的、动态的或者对抗性的。本章主要介绍了 SARSA 算法、SARSA(λ)算法、Q-Learning 算法、策略梯度算法和 Actor-Critic 算法,通过对这些内容的学习,可为 RL 的应用打下基础。

第 12 章

脉冲神经网络

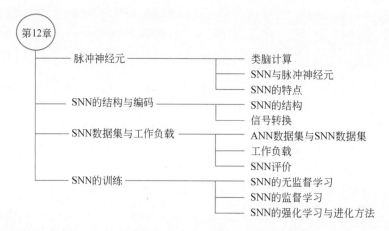

脉冲神经网络(spiking neural network,SNN)源于脑启发的新一代人工神经网络模型,具有较强的生物支撑基础。由于深度卷积神经网络没有采用基于速率的编码,因此其硬件实现能量消耗大,而 SNN 中每个脉冲神经元最多使用一个脉冲,大多数神经元基本不放电,所以能量消耗小。

12.1 脉冲神经元

SNN 模型与神经科学的结合更为紧密,它使用拟合生物神经元机制的模型来进行计算,因此它的工作机理更接近人脑的工作机理。

12.1.1 类脑计算

当前,神经科学与人工智能之间存在着巨大鸿沟,神经科学侧重于重构大脑内部的精细结构和生理细节,而人工智能则侧重于通过对神经结构进行数学抽象来实现高效计算的数理模型。

类脑计算定义为"受人脑信息处理方式启发,以更通用的人工智能和高效智能边缘端/云端为目标构建信息系统的技术总称"。类脑计算融合了脑科学、计算神经科学、认知科学和统计物理等学科的知识来解决传统计算技术的某些问题,进而构建更加通用、更加高效、更加智能的新型信息系统。

人类大脑活动过程是复杂而连续的动力学过程,其复杂程度远超当前算力资源所能模拟的上限。大脑约有 1000 亿个神经元,100 万亿个突触,平均突触连接的长度为 10~1000μm。假设 1μm 连接用 1 个微分方程近似,则人类大脑有 1000 万亿~10 亿亿个参数。

类脑计算的核心在于借鉴生物神经系统的信息处理模式或结构,构建计算理论、芯片体系结构以及应用模型与算法。类脑计算是后摩尔时代最为重要的发展方向之一,并有可能成为未来智能计算的突破口。

1952 年,Alan Lloyd Hodgkin 和 Andrew Huxley 提出了 SNN 模型。在 SNN 中,脉冲并不是在神经元之间直接传播,神经元的当前状态是指当前被激活水平,一个输入脉冲将使当前这个激活水平升高,并持续一段时间,然后该水平逐渐衰退。对于这一规律,研究者提出了很多编码方式将这些输出脉冲序列解释为一个实际的数字,这些编码方式同时考虑到了脉冲频率和脉冲间隔时间。SNN 采用脉冲编码,通过捕捉脉冲发生的精确时间,可以获得更多的信息和更强的计算能力。

在多层感知机中的神经元在每次迭代传播中都被激活,但是在 SNN 中,脉冲神经元在它的膜电位达到某一个特定阈值时才被激活。当一个脉冲神经元被激活后,它将产生一个脉冲信号传递给其他神经元,然后提高或降低自身的膜电位。

人工神经网络由 SNN 与非 SNN 共同组成,如图 12-1 所示。以放电率为信息承载主体的 CNN、DNN 属于非 SNN 模型。与之相比,SNN 更加强调以具有精确放电时间、事件驱动特性的脉冲动作为信息运算的基本载体。SNN 还强调了高动态-复杂动力学的神经元节点(产生时序脉冲)、强可塑性-稳定信息表征的突触结构(脉冲学习)、复杂功能特异性的网络环路(脉冲功能表达)等。

图 12-1　SNN 与非 SNN

随着脑科学和人工智能的快速发展,具有交叉学科特点的类脑智能受到日益广泛的关注。类脑智能算法的本质是期望从生物科学研究结果中得到结构、机制或功能等方面的启发,来完善人工智能算法或引领未来人工智能的发展方向,使得人工智能能够扩展、融合多种认知能力,逐步逼近类人水平的强人工智能。因此,人工智能和神经科学交叉融合成为艰巨挑战。在类脑计算中,SNN 具有生物合理性和计算高效性,可以为人工智能提供新范式:SNN=非 SNN+神经元动力学。寻找与构建生物合理性与计算高效性的脉冲神经元模型,以及建立脉冲神经元模型与人工智能任务之间的关系是类脑计算领域的核心问题。

12.1.2　SNN 与脉冲神经元

1. SNN 简介

SNN 属于第三代神经网络模型,实现了更高级的生物神经模拟水平。除了神经元和突触状态之外,SNN 还将时间概念纳入其操作之中,是一种模拟大脑神经元动力学的模型。

第一代神经网络又称为感知机,在 1950 年左右被提出来,它的算法只有两层,即输入层和输出层,主要呈现为线性结构。它不能解决线性不可分的问题,对稍微复杂一些的函数都无能为力,如异或操作。

第二代神经网络为 BP 神经网络。和第一代神经网络相比,第二代神经网络在输入层之间有多个隐藏层的感知机。第二代神经网络让科学家们发现,神经网络的层数直接决定了它对现实的表达能力,但是随着层数的增加,优化函数容易陷入局部最优解,并且由于存在梯度消失的问题,深层网络往往训练困难,有时其总体效果还比不上浅层网络。

目前的人工神经网络是第二代神经网络。它们通常是全连接的,接收连续的值,输出连续的值。尽管当代神经网络已经在很多领域中实现了突破,但它们在生物学上是不精确的,并不能模仿生物大脑神经元的运作机制。

第三代神经网络即 SNN 与传统的神经网络有着根本上的不同。SNN 使用脉冲,这是一种发生在时间点上的离散事件,而非常见的连续值。每个峰值由代表生物过程的微分方程表示出来,其中最重要的是神经元的膜电位。在本质上,一旦脉冲神经网络的神经元达到了某一电位,脉冲就会出现,随后达到电位的神经元会被重置。此外,SNN 通常是稀疏连接,并使用特殊的网络拓扑。

脉冲是二进制事件,可以理解为仅含有 0 或者 1 的一串数组,在一个时间步内只会放出一个脉冲,是一种相当简单的数据。通常的数据格式都不是脉冲格式,而训练脉冲神经网络又一定需要脉冲数据作为输入,所以需要将数据编码为脉冲数据。从生物学角度来看,一个物体的图像首先映射在眼角膜上,然后经过某种编码过程变成脉冲信号,才能传入大脑进行分析。

2. 脉冲神经元

脉冲神经元是组成脉冲神经网络的基本细胞。脉冲神经元的结构如图 12-2 所示。

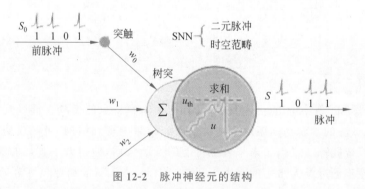

图 12-2　脉冲神经元的结构

脉冲神经元的结构与人工神经网络神经元相似,但是脉冲神经元之间通过二元事件进行交流,而不是连续的激活值。S_0 代表输入的脉冲序列,这些脉冲通过突触传递到树突的位置,并且最终由细胞体来处理,处理的表示如下:

$$\tau \mathrm{d}u(t)/\mathrm{d}t = -[u(t)-u_{\mathrm{r1}}] + \sum_j w_j \sum_k K(t-t_j^k), \quad t_j^k \in S_j^{T_w}$$

如果 $u(t) \geqslant u_{\mathrm{th}}$,则 $s(t)=1, u(t)=u_{\mathrm{r2}}$,如果 $u(t) \leqslant u_{\mathrm{th}}$,则 $s(t)=0$。
其中:

- t 是时间步长度。
- τ 是常数。
- u 和 s 是膜电位和输出峰值。
- u_{r1} 和 u_{r2} 分别是静息电位和重置电位。
- w_j 是第 j 个输入突触的权重。
- T_w 是积分时间窗口。
- u_{th} 是一个阈值,代表点火一次的阈值。
- $K(\cdot)$ 是时延效应的核函数。
- t_j^k 是第 j 个输入突触的第 k 个脉冲在 T_w 内激发,也就是状态为 1 的时刻。

上述方程的进一步解释如下:

(1) 当膜电位 $u(t)$ 高于阈值 u_{th} 时,可以点火一次,此时输出电位 $s(t)$ 置为 1,同时膜电位 $u(t)$ 回归到重置电位 u_{r2}。

(2) 当膜电位 $u(t)$ 低于阈值 u_{th} 时,不点火,此时输出电位 $s(t)$ 保持为 0。

(3) 在每个时间步,膜电位 $u(t)$ 的更新过程都满足上述方程。

(4) 在每个时间步,膜电位 $u(t)$ 应下降 $u(t) - u_{r1}$。

(5) 在每个时间步,膜电位 $u(t)$ 应上升一个值,这个值的大小与这个神经元的 j 个输入突触有关,每个输入突触的权值是 w_j,这个突触对膜电位上升的贡献值是 $\sum t_j^k \in S_j^{T_w} K(t - t_j^k)$,即在 $S_j^{T_w}$ 个脉冲中,如果 t_j^k 时刻的输入脉冲是点火状态(即 1 状态),那么计算一次 $K(t - t_j^k)$,并累积起来。

在 SNN 中,神经元传递的是脉冲,每个神经元有一个膜电位,一个 SNN 神经元接收输入脉冲,导致膜电位变化。当膜电位达到一个阈值时,便发放一个脉冲,这个脉冲再向后传递,如图 12-3 所示。

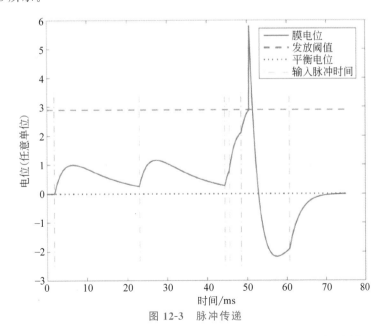

图 12-3　脉冲传递

如图 12-4 所示,一个生物神经元通过其大量的树突接收其他突触前神经元发放的各不相同的脉冲序列作为输入,通过突触的作用和神经元胞体的信息整合,神经元发放的一定时间间隔的脉冲序列,又通过轴突成为其他神经元的输入。

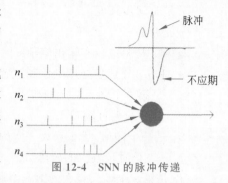

图 12-4　SNN 的脉冲传递

由于 SNN 传递的是脉冲,而且由多个脉冲组成了脉冲序列,单个脉冲之间的时间间隔不确定。脉冲序列中蕴含了时间信息,这是 SNN 的精髓。除此之外,SNN 中的每个神经元只有接收到一个脉冲时,才进行计算,所以功耗更低,计算更快;而传统人工神经网络需要逐层计算,计算量大,功耗更高。

SNN 主要关注生物神经元底层的性质,以及非脉冲网络不具备的特性,例如脉冲时序依赖可塑性。SNN 将神经科学和机器学习结合进行脑皮层规模的模拟。因为脉冲网络不连续和不可微,所以学习算法的效率、计算量等不如非脉冲网络模型。

例 12-1　脉冲神经元工作过程。

在图 12-5 中,脉冲前向传播的过程:Pre_1、Pre_2 和 Pre_3 为输入脉冲序列;t_1、t_2 和 t_3 为三个离散时刻,任意两个离散时刻(如 t_2 到 t_3)的时间间隔 dt 为 0.1ms;$post_1$ 初始电压 v 为 0,平衡电压 a 为 0,发放阈值 v_{th} 为 1,静息电位 v_{rest} 为 0,控制电压指数下降速率 τ 为 10ms。

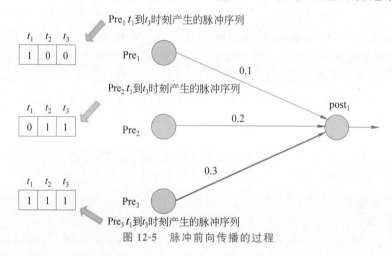

图 12-5　脉冲前向传播的过程

脉冲神经元中的脉冲传递过程如下。

计算:$\beta = e^{-dt/\tau} = e^{-0.1/10} = 0.99$

① 在 t_1 时刻:

$post_1$ 输入 $x = 1 \times 0.1 + 0 \times 0.2 + 1 \times 0.3 = 0.4$

$$v = \beta(v-a) + a + x = \beta v + x = 0.4$$

② 在 t_2 时刻:

$post_2$ 输入 $x = 0 \times 0.01 + 1 \times 0.2 + 0 \times 0.3 = 0.5$

$$v = \beta v + x = 0.99 \times 0.4 + 0.5 = 0.396 + 0.5 = 0.896$$

③ 在 t_3 时刻:

$post_1$ 输入 $x = 1 \times 0.1 + 1 \times 0.2 + 1 \times 0.3 = 0.6$

$$v = \beta v + x = 0.99 \times 0.896 + 0.6 = 1.487$$

此时 $v > v_{th}$,在 t_3 时刻,$post_1$ 释放一个脉冲,随后 $v = v_{rest} = 0$。所以 t_1 到 t_3 时刻 $post_1$ 释放的脉冲序列为 0,0,1。

3. 脉冲信息传递

SNN 使用脉冲序列传递信息,每个脉冲神经元都经历动态行为。具体地说,除了空间域中的信息传播外,时间域中的过去历史也将对当前状态产生影响。因此,与主要通过空间传播和连续激活的神经网络相比,SNN 具有更多的时间通用性,但精度较低。由于只有当膜电位超过一个阈值时才激发尖峰信号,因此整个尖峰信号稀疏。此外,由于脉冲值是二元的,即 0 或 1,如果积分时间窗口 T_w 调整为 1,输入和权重之间的乘法运算就可以消除。由于上述原因,与计算量较大的 ANN 相比,SNN 通常可以获得较低的功耗。

例 12-2 SNN 数据集与 ANN 数据集。

由于 SNN 处理和传输的是脉冲,因此 SNN 数据集与 ANN 数据集不同。在图 12-6 中,ANN 可以接收的输入数据是视频框架图片,而 SNN 可以接收的输入数据是脉冲流。

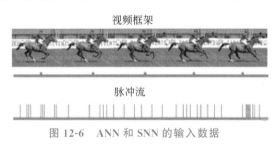

图 12-6 ANN 和 SNN 的输入数据

12.1.3 SNN 的特点

SNN 完全模拟了生物的神经网络系统。除了引入了神经元和突触状态等生物神经网络中的重要元素,其计算模型也模拟了一般生物神经网络中基于时间的脉冲触发与膜电位变化的机制。其特点简述如下。

(1) SNN 基于时序数据的信息传递。在 SNN 中,信息基于离散型时序数据进行传递,即脉冲序列。脉冲序列的传递与非脉冲网络的高精度浮点型数据的传递不同。

(2) SNN 是基于阈值(指两个像素之间的差值)与生物充放电过程的神经元模型。SNN 以神经元膜电位作为衡量标准,这个值在无输入脉冲情况下将持续衰减至静息电位,但随着输入脉冲刺激,这个值增加,直至达到触发阈值,则将产生输出脉冲,而膜电位将被重置到一个较低值。这与之前的神经网络中的基于加乘运算的非线性激活函数的计算模型完全不同。

(3) SNN 中的输入信息是具有更强的稀疏性的脉冲序列,在传播过程中,不对每个输入脉冲产生输出脉冲,所以输出脉冲序列也是稀疏的。这些稀疏的输入输出脉冲序列可使神经元能量消耗显著减少,所以在理论上,SNN 具有低能耗和高效率等优点。

(4) SNN 适用于基于时序数据的识别推断场景,更适用于动态场景的连续识别推断,即基于时序数据的应用场景。这一类场景匹配 SNN 的信息传递特征,而且由于这一类场景属于高功耗场景,因此可以更加充分地利用 SNN 的低能耗和高效率等优点。

(5) 当算法被设定在离散时间框架下时,SNN 的动力学特征相当容易观察。

12.2 SNN 的结构与编码

12.2.1 SNN 的结构

SNN 分为前馈 SNN、递归 SNN 和混合 SNN 三种结构。

1. 前馈 SNN

在多层前馈 SNN 结构中,网络中的神经元是分层排列的,输入层各神经元通过脉冲序列对具体问题输入数据进行编码,并将脉冲序列输入 SNN 的下一层。最后一层为输出层,该层各神经元输出的脉冲序列构成网络的输出。输入层和输出层之间可以有一个或者多个隐藏层,如图 12-7 所示。

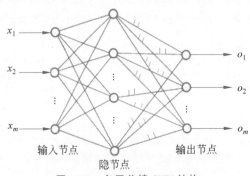

图 12-7 多层前馈 SNN 结构

此外,在传统的前馈人工神经网络中,两个神经元之间仅有一个突触连接,而 SNN 两个神经元之间可以有多个突触连接,每个突触具有不同的时延和可修改的连接权值。多突触的不同时延使得突触前神经元输入的脉冲能够在更长的时间范围对突触后神经元的脉冲发放产生影响。突触前神经元传递的多个脉冲再根据突触权值的大小产生不同的突触后电位,如图 12-8 所示。

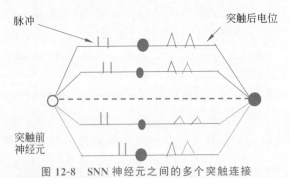

图 12-8 SNN 神经元之间的多个突触连接

2. 递归 SNN

递归神经网络是两种人工神经网络的总称:一种是时间递归神经网络,另一种是结构递归神经网络。时间递归神经网络的神经元间连接构成有向图,而结构递归神经网络利用相似的神经网络结构递归构造更为复杂的深度网络。这些网络反馈回路的分布方式,分为全局反馈、局部反馈、仅隐藏层内反馈、输出反馈到隐藏层等。时间递归神经网络和结构递归神经网络的训练算法不同,但都是同一算法的变体。

递归神经网络不同于多层前馈神经网络和单层神经网络,网络结构中具有反馈回路,即网络中神经元的输出是以前时间步上神经元输出的递归函数。递归神经网络可以模拟时间序列,用来完成控制、预测等任务,其反馈机制一方面使得它能够表现更为复杂的时变系统;另一方面也使得有效学习算法的设计及其收敛性分析更为困难。传统递归人工神经网络的两种经典学习算法分别为实时递归学习算法和随时间演化的反向传播算法,这两种算法都是递归地计算梯度的学习算法。

递归 SNN 是指网络中具有反馈回路的 SNN,由于其信息编码及反馈机制不同于传统递归人工神经网络,因此网络的学习算法构建及动力学分析较为困难。递归 SNN 可应用于多复杂问题的求解中,如语言建模、手写数字识别以及语音识别等。递归 SNN 可分为两大类:全局递归 SNN 和局部递归 SNN。

3. 混合 SNN

混合 SNN 是由前馈 SNN 和递归 SNN 构成的 SNN。

12.2.2　信号转换

ANN 接收图像,而 SNN 接收事件驱动的脉冲信号。因此,有时需要将某域中的数据转换为另一域中的数据来处理,这就需要信号转换技术。

SNN 采用精确定时的脉冲序列来编码神经信息。神经网络内部的信息传递是由脉冲序列完成的,脉冲序列是由离散的脉冲时间点组成的时间序列,因此,在进行 SNN 的模拟与计算时,包含以下内容:

- 当输入数据或 SNN 神经元受到外界刺激时,经过特定的脉冲序列编码方法,可将数据或外界刺激编码成特定的脉冲序列。
- 脉冲序列在 SNN 神经元之间传递并经过一定的处理,处理之后将输出的脉冲序列通过特定的解码方法进行解码并给出具体的响应。

频率编码主要考虑脉冲发放率。一般强烈的刺激将导致更为高频的脉冲序列,序列内部时间结构(如内部脉冲间隔)不被考虑。频率编码被视为对神经元输出的一种量化衡量,在经由训练好的 ANN 向 SNN 转换的相关工作中,可将脉冲发放率与 ANN 中连续的输出值等价,这也是该神经编码方式得到大量使用的原因。在 SNN 中,信息用脉冲编码来表达。如图 12-9 所示,SNN 引入了时序相关的处理形式,将信息编码于时间序列中。高频率的一组脉冲序列可以代表一个较高值,而低频率的脉冲序列则代表较低值,这种编码方式称为频率编码。其中,$s_{1,\leqslant t-1}$ 表示 s_1 脉冲系列中 $t-1$ 时刻的脉冲。

脉冲频率编码又分为脉冲计数的频率编码、脉冲密度的频率编码和群体活动的频率编码三种类型。

1. 脉冲计数的频率编码

脉冲计数的频率编码方法是在单个神经元上进行实值编码,如图 12-10 所示。应保证时间窗内的脉冲发放数与实值相对应,但受脉冲本身特性影响,其脉冲发放频率存在上限。这种编码在时长 T 内等间隔分布脉冲,这样不仅简单,而且鲁棒性好,在间隔内的脉冲可以

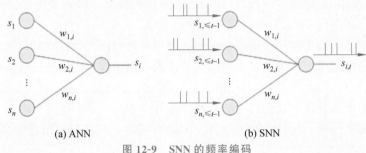

(a) ANN　　　　　　　(b) SNN

图 12-9　SNN 的频率编码

很容易被判断为噪声。

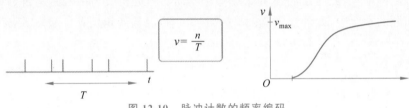

$$v = \frac{n}{T}$$

图 12-10　脉冲计数的频率编码

2. 脉冲密度的频率编码

脉冲密度的频率编码方法如图 12-11 所示。该方法是解码方法,通过重复运行多次,并对运行次数取平均来实现。一般地,Δt 取 1 毫秒至几毫秒。

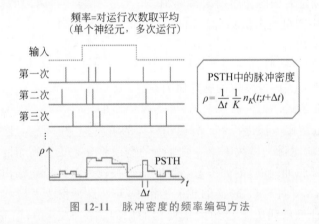

频率=对运行次数取平均
(单个神经元,多次运行)

PSTH中的脉冲密度
$$\rho = \frac{1}{\Delta t} \frac{1}{K} n_K(t; t + \Delta t)$$

图 12-11　脉冲密度的频率编码方法

3. 群体活动的频率编码

群体活动的频率编码方法如图 12-12 所示。将实值在 N 个神经元上进行编码,保证时间窗内的所有神经元的脉冲发放数与实值相对应。该方法与脉冲计数的频率编码方法相比,可以将时间窗设置得非常小,因此可以对动态变化的刺激进行快速响应。但是,这要求群体内的神经元具有同一性,这在生物上是不太现实的。

例 12-3　泊松脉冲编码。

由于 SNN 接收的是脉冲信号,因此需要对初始输入数据进行脉冲编码,其中泊松脉冲编码是一种比较常用的输入数据脉冲编码方式,如图 12-13 所示。

泊松脉冲编码首先需要设置脉冲速率 ρ_0,ρ_0 可以是常数,也可以是时间函数。编码过

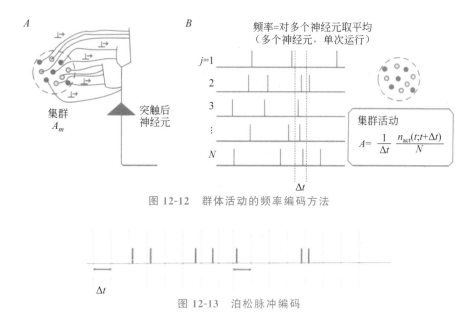

图 12-12　群体活动的频率编码方法

图 12-13　泊松脉冲编码

程：取时间间隔为 Δt，则每个时间间隔脉冲发放的概率为 $p_\mathrm{F}=\rho_0\Delta t$，计算机在每个时间间隔生成一个 $(0,1)$ 范围内均匀分布的随机数，如果随机数小于 $\rho_0\Delta t$，则在该时间间隔内产生一个脉冲。

泊松脉冲编码的应用：把输入时间序列值看成脉冲速率 ρ_0，如 t_1 时刻输入为 a，t_2 时刻输入为 b，t_3 时刻输入为 c，如果 t_1 时刻随机数大于或等于 $a\Delta t$，则 t_1 时刻神经元不发放脉冲，t_2 时刻随机数小于 $b\Delta t$，则 t_2 时刻神经元发放脉冲，t_3 时刻随机数大于或等于 $c\Delta t$，则 t_3 时刻神经元不发放脉冲，所以 a，b，c 编码后的脉冲序列为无脉冲，脉冲，无脉冲。

12.3　SNN 数据集与工作负载

12.3.1　ANN 数据集与 SNN 数据集

1. ANN 数据集

以 CIFAR-10 为例说明 ANN 数据集，CIFAR-10 是一个非常流行的图像分类数据集。这个数据集包含了 60000 张 32×32 的小图像。每张图像都属于 10 种分类中的一种。这 60000 张图像被分为包含 50000 张图像的训练集和包含 10000 张图像的测试集。图 12-14 中所示的是 10 种分类的 10 张随机图像。

例 12-4　现有 CIFAR-10 的 50000 张图像（每种分类 5000 张）作为训练集，希望将余下的 10000 张作为测试集并给它们打上标签。邻近算法将测试图像和训练集中每一张图像去比较，然后将最相似的那个训练集图像的标签赋给这张测试图像。在本例中，是比较 32×32×3 的像素块。最简单的方法就是逐个像素比较，最后将差异值全部加起来，也就是将两张图像分别转换为两个向量，然后计算它们的曼哈顿距离，获得向量差异值。

2. SNN 数据集

以 DVS-CIFAR-10 为例说明 SNN 数据集。DVS 是动态视觉传感器，DVS-CIFAR-10

图 12-14　CIFAR-10 的 10 种分类的 10 张随机图像

表示使用动态视觉传感器扫描每张图像得到的脉冲数据。它除了具有与 ANN 数据集相似的空间信息外,还包含更多的动态时间信息,而且尖峰事件与神经网络中的信号格式自然兼容,因此称为 SNN 数据集。

DVS 产生两个通道的脉冲事件(On 事件和 Off 事件)。因此,DVS 将每张图像转换为列×行×2×T 的时空脉冲模式。

如图 12-15 所示,在 DVS-CIFAR-10 中,时空脉冲模式为 $128\times128\times2\times T$,训练集为9000 张图像,测试集为 1000 张图像。

图 12-15　DVS-CIFAR-10

12.3.2　工作负载

神经网络工作负载是指在神经网络中识别目标时经常使用的数据集。

1. ANN 工作负载

ANN 工作负载主要有下述三种基本模型。

(1) ANN 训练→ANN 推理

ANN 训练→ANN 推理是指利用数据集训练ANN,然后识别输入数据集,如图 12-16 所示。

(2) SNN 训练→SNN 推理

如图 12-17 所示,这种方案是直接使用由ANN 转换的 SNN 数据集和 BP 算法启发方法训练一个 SNN。在每个时刻和位置的梯度直接由

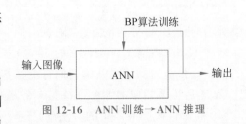

图 12-16　ANN 训练→ANN 推理

时空反向传播(spatio-temporal back propagation,STBP)方法得到。

(3) ANN 训练→SNN→SNN 推理

如图 12-18 所示,这种方案是先在 ANN 数据集上使用 BP 算法训练一个 ANN,再将这

个训练好的 ANN 转换成 SNN。这个 SNN 与 ANN 拥有相同的结构,但是它们的神经元不同。这个 SNN 在推理时使用的是由 ANN 数据集转换的 SNN 数据集。

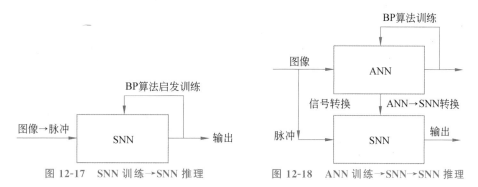

图 12-17　SNN 训练→SNN 推理　　　　图 12-18　ANN 训练→SNN→SNN 推理

2. SNN 工作负载

SNN 工作负载是指在 SNN 中使用的脉冲数据集(例如 DVS-CIFAR-10)。SNN 工作负载主要有下述两种基本模型。

(1) 脉冲数据集转换为图像

如图 12-19 所示,将脉冲数据集转换为图像,即 ANN 数据集,然后使用 BP 算法训练 ANN 并运行。

(2) SNN 数据集训练

如图 12-20 所示,这种方案是直接使用 SNN 数据集训练一个 SNN,训练时使用 BP 算法启发方法。在每个时刻和位置的梯度直接由 STBP 方法得到。

图 12-19　将脉冲数据集转换为图像　　　图 12-20　直接使用 SNN 数据集训练一个 SNN

12.3.3　SNN 评价

ANN 和 SNN 各有不同的特点。在数据精度上,ANN 比 SNN 更高,这就使得在网络大小相同的情况下,通常 ANN 比 SNN 更容易获得更高的识别精度。但是,基于 SNN 的模型在操作效率等指标上表现更好。为了更全面地度量模型,除了通常的识别精度比较之外,还可以将内存存储消耗和计算消耗作为互补的评估指标。

1. 识别精度

在 ANN 中,精度是指正确识别样本的百分比。如果标签类别与模型预测的最大激活值相同,则表明识别结果对当前样本是正确的。在 SNN 中,首先计算每一个输出神经元的脉冲率,在给定的时间窗 T 内,取脉冲率最高的那个神经元作为输出,计算公式为

$$V = \mathrm{argmax}_i \left\{ (1/T) \sum_{t=1}^{T} o_i^{t,N} \right\}$$

其中, $o_i^{t,N}$ 代表网络的第 N 层,第 i 个神经元在第 t 时刻的输出。

2. 内存存储消耗

内存存储消耗和计算消耗都是针对运行过程来说的。一方面,时空梯度传播相对运行过程非常复杂;另一方面,大多数支持 SNN 的神经形态学设备只执行运行阶段。

在嵌入式设备上部署模型,内存存储消耗非常重要。在 ANN 中,内存存储包括权重内存存储 M_w 和激活值内存存储 M_a。激活记忆的消耗被忽略,但是如果使用查找表来实现,则这部分消耗应该被计算在内。在 SNN 中,内存存储包括权重内存存储 M_w、膜电位内存存储 M_p 和脉冲内存存储 M_s。其他参数如点火阈值 u_{th} 和时间常数 τ 等可以忽略,因为它们可以被同一层或整个神经网络的所有神经元共享。只有当脉冲触发时,脉冲内存存储消耗才会出现。ANN 和 SNN 的内存存储消耗可以通过下式计算:

$$\text{ANN:} \quad M = M_w + M_a$$

$$\text{SNN:} \quad M = M_w + M_p + M_s$$

其中, M_w、M_a 和 M_p 由网络结构决定,而 M_s 由每个时间戳最大脉冲数动态地决定。

3. 计算消耗

计算消耗对于运行延迟和能量消耗至关重要。

在 ANN 中,计算消耗主要由方程中的 MAC 运算决定。

在 SNN 中,主要的计算消耗来自脉冲输入的这个积分的过程,与 ANN 有下述不同:

(1) 可以省去代价高昂的乘法运算,假设 $T_w = 1$, $K(\cdot) = 1$。此时树突的这个积分运算就变成了 $\sum_j w_j s_j = \sum_{j'} w_{j'}$,成为了一个纯加法运算。

(2) 积分是事件驱动的,这表明如果没有收到脉冲信号就不进行计算。计算消耗可以通过下式计算:

$$\text{ANN:} \quad C = C_{mul} + C_{add}$$

$$\text{SNN:} \quad C = C_{add}$$

在细胞体中的计算消耗(例如 ANN 中的激活函数消耗和 SNN 中的膜电位更新和触发活动消耗)被忽略,这是神经网络设备中的一种常见处理方式。在 SNN 中, C_{add} 与脉冲事件的总数成正比。

12.4　SNN 的训练

学习是人工智能领域的核心问题,SNN 必须通过理论模型来验证生物神经系统的信息处理和学习机制。可通过生物可解释的方式建立人工神经系统,将大脑中的学习理解为突触连接强度随时间的变化过程,并将这种能力称为突触可塑性。

SNN 训练的方法主要有无监督学习和监督学习。

12.4.1　SNN 的无监督学习

人工神经网络无监督学习算法主要是针对无标签数据集的训练,要求应用无监督学习规则对神经网络中的连接权值或者结构进行自适应的调整。也就是说,在无导师监督信号下,神经网络必须自己从输入数据中发现规律性,例如统计特征、相关性或类别等,然后实现分类或决策。无监督学习只有当输入数据集中存在冗余性时,才有意义;否则,无监督学习不能很好地发现输入数据中的模式或特征。

1. STDP 学习机制

SNN 的无监督学习算法借鉴了非 SNN 的无监督学习算法,是在 Hebb 学习规则不同变体的基础上提出的。生物神经系统中的脉冲序列不仅可引起神经突触的持续变化,而且还满足脉冲时间依赖可塑性机制。在时间窗口内,能够根据突触前神经元和突触后神经元发放的脉冲序列的相对时序关系,应用脉冲时序依赖可塑性(spike timing dependent plasticity,STDP)学习机制对突触权值进行无监督学习方式的调整。

STDP 是对 Hebb 学习规则的拓展。

经典 STDP 机制的具体描述:在一定时间内,如果突触前神经元发放脉冲后突触后神经元也发放了脉冲,则认为这两个脉冲的触发有因果关系,它们之间的突触连接将增强,增强的程度与两者的时间差有关;相反,如果突触前神经元在突触后神经元之后发放脉冲,则认为两者没有因果关系,两者间的突触连接会减弱,减弱的程度也与两者的时间差有关。

2. SNN 无监督学习算法

SNN 有两种常用无监督学习的训练方法。

(1)Hebb 学习方法

同步的突触前与突触后神经元电活动可造成突触加强或稳固,也就是若突触前神经元的活动 y_i 和突触后神经元的活动 y_j 同号,则突触权重 w_{ij} 变大;若两者异号,则 w_{ij} 变小。η 为训练速率。

$$w_{ij}^{(t+1)} = w_{ij}^{(t)} + \eta y_i y_j$$

Hebb 学习规则有一个变体,即 Oja 学习规则,它在 Hebb 学习规则的基础上增加一项:

$$w_{ij}^{(t+1)} = w_{ij}^{(t)} + \eta(y_i y_j - y_j^2 w_{ij}^{(t)})$$

(2)突触可塑性学习方法

在应用脉冲神经元内部的电动力学特性及其方程生成脉冲序列之后,接下来更新脉冲神经网络的连接权重。区别于传统的梯度下降方法,SNN 通常使用更具生物学特性的 STDP 学习机制。

如图 12-21 所示,脉冲神经元连接有前突触和后突触之分。j 神经元称为前突触,如果神经元 j 产生了一个脉冲,则称神经元 j 产生了一个突触前脉冲。i 神经元称为后突触,同理,神经元 i 产生的脉冲称为突触后脉冲。j 与 i 的连接权重为 w_{ji},神经元 i 接收来自神经元 j 的一个脉冲后,要累积该脉冲到电压中,即神经元 i 当前的电压加上某个值,该值的大小与 w_{ji} 有关。

图 12-21 前突触和
后突触

在 SNN 中更新 w_{ji} 最常用的方法是 STDP:如果突触前脉冲比突触后脉冲到达时间早,将导致长时程增强(long-term potentiation,LTP)效应,即权重 w_{ji} 会增大。反之,如果突触前脉冲比突触后脉冲到达时间晚,将引起 LTD 效应,即权重 w_{ji} 会减小。在神经科学实验中,人们多次发现和验证了 STDP 是大脑突触权重更新的方法,突触权重表明学习和信息的存储,也表明大脑发育过程中神经元回路的发展和完善。

STDP 更新权重的公式可写成

$$\Delta w = \sum_{t_{\text{pre}}} \sum_{t_{\text{post}}} W(t_{\text{post}} - t_{\text{pre}})$$

也就是说,突触权重 w_{ji} 的变化是某个函数 W 的所有突触前尖峰时间 t_{pre} 和突触后尖峰时间 t_{post} 差的总和。一个常用的函数 W 是

$$W(\Delta t) = \begin{cases} A_{\text{pre}} \mathrm{e}^{-\Delta t / \tau_{\text{pre}}}, & \Delta t > 0 \\ A_{\text{post}} \mathrm{e}^{\Delta t / \tau_{\text{post}}}, & \Delta t < 0 \end{cases}$$

例 12-5　前后突触脉冲发放时间表如图 12-22 所示。

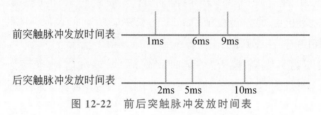

图 12-22　前后突触脉冲发放时间表

由图 12-22 可知:

$$\Delta w = w(2-1) + w(5-1) + w(10-1)$$
$$+ w(2-6) + w(5-6) + w(10-6)$$
$$+ w(2-9) + w(5-9) + w(10-9)$$

由于使用以上更新方式需要事先知道前突触脉冲和后突触脉冲一段时间内各自发放脉冲的时间表,因此直接使用这个公式更新权重将非常低效,这是因为必须对每个神经元先记录好它的脉冲发放时间表,然后对所有尖峰对时间差求和。这在生物学上也是不现实的,因为神经元无法记住之前的所有尖峰时间。事实证明,有一种更有效、生理上更合理的方法可以达到同样的效果,该方法可以在突触前脉冲发放或突触后脉冲发放时就立刻更新权重。

先定义两个新变量 a_{pre} 和 a_{post},它们分别为突触前脉冲发放后的活动"痕迹"变量和突触后脉冲发放后的活动"痕迹"变量,如图 12-23 所示。

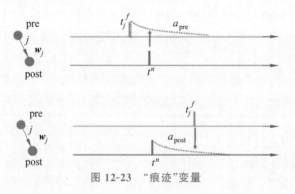

图 12-23　"痕迹"变量

痕迹变化由带泄漏整合发放(leaky integrate-and-fire,LIF)模型控制:

$$\tau_{\text{pre}} \frac{\mathrm{d}}{\mathrm{d}t} a_{\text{pre}} = -a_{\text{pre}}$$

$$\tau_{\text{post}} \frac{\mathrm{d}}{\mathrm{d}t} a_{\text{post}} = -a_{\text{post}}$$

当发放突触前脉冲时,会更新突触前活动痕迹变量并根据规则修改权重 w:

$$a_{\text{pre}} \rightarrow a_{\text{pre}} + A_{\text{pre}}$$

$$w \rightarrow w + a_{\text{post}}$$

同理,当突触后脉冲发放时:

$$a_{\text{post}} \rightarrow a_{\text{post}} + A_{\text{post}}$$

$$w \rightarrow w + a_{\text{pre}}$$

更新公式表明:当突触前脉冲到达时,突触后脉冲痕迹还未衰减到 0,说明突触后脉冲是比突触前脉冲早到达的,所以权重应该削弱,削弱量为 a_{post},需要说明的是通常 a_{post} 为负数(a_{post} 为负数的原因是在更新痕迹时,初始 $a_{\text{post}} = 0$,突触后脉冲发放时,a_{post} 会加 A_{post},A_{post} 通常是某个较小的负数常数);同理,当突触后脉冲到达时,突触前脉冲痕迹还未衰减到 0,说明突触前脉冲是比突触后脉冲早到达的,所以权重应该增强,增强量为 a_{pre},这里 a_{pre} 通常为正数。

12.4.2　SNN 的监督学习

SNN 的监督学习是指对于给定的多个输入脉冲序列和多个目标脉冲序列,在 SNN 中寻找合适的突触权值矩阵,使神经元的输出脉冲序列与对应的目标脉冲序列尽可能接近,即两者的误差评价函数最小。对于 SNN 来说,神经信息以脉冲序列的形式表示,神经元内部状态变量及误差函数不再满足连续可微的性质。根据监督学习所采用的基本思想不同,可以将现有的监督学习算法分为三类。

1. 基于梯度下降的监督学习算法

SNN 梯度下降学习算法的基本思想是利用神经元目标输出与实际输出之间的误差以及误差反向传播过程,得到梯度下降结果作为突触权值调整参考量。

$$\Delta w = -\eta \nabla E = -\eta \frac{\partial E}{\partial w}$$

基于梯度下降的监督学习算法主要有下述几种。

(1) SpikeProp 算法

① 为了克服神经元内部状态变量由于脉冲发放而导致的不连续性,限制网络中所有层神经元只能发放一个脉冲。

② 仅输出层神经元限制发放一个脉冲。

对 SNN 输入层和隐藏层神经元的脉冲发放没有限制,可对一些复杂的刺激信号进行脉冲序列编码,单输出神经元仍然限制只能发放一个脉冲。

(2) 多 SpikeProp 算法

在一定时间内,可以使得输出层神经元不限制发放一个脉冲。

(3) Tempotron 算法

使用 Tempotron 算法解决一个分类问题,步骤如下:

① 将样本编码成与时间相关的脉冲序列。

② 构建一个神经元的模型。

③ 确定一个学习算法,用于训练样本。

在 Tempotron 算法中神经元后突触膜电位是所有与之相连的上一层脉冲输入的加权之和。膜电位计算公式为

$$V(t) = \sum_i w_i \sum_{t_i} K(t - t_i) + V_{\text{rest}}$$

其中，t_i 表示第 i 个输入神经元的脉冲发放时刻（输入神经元在一个时间窗口内可能发放多个脉冲，也可能没有脉冲发放）。$K(t - t_i)$ 为输入神经元的第 i 个发放脉冲对后突触膜电位的贡献：

$$K(t - t_i) = V_0 (\exp[-(t - t_i)/\tau] - \exp[-(t - t_i)/\tau_s])$$

其中，τ 和 τ_s 为时间常数。为使 $K(t - t_i)$ 的幅值为 1，先设定 $V_0 = 1$，然后求导得到最大膜电位时间代入 $K(t_{\max} - 0)$，求其倒数得到归一化因子：

$$V_0 = 1/K(((\tau \tau_s \log(\tau/\tau_s))/(\tau - \tau_s)) - 0)$$

有监督学习的重点是更新突触连接权重 w_i，获得期望输出脉冲。Tempotron 算法的核心如下：

$$\Delta w_i = \lambda \sum_{t_i < t_{\max}} K(t_{\max} - t_i)$$

以二分类问题为例，以上更新规则为，首先分别求取类别 1 和类别 2 的最大膜电位时刻 $t_{\max}$。假定样本为类别 1 时，输出神经元发放脉冲；而当样本为类别 2 时，输出神经元不发放脉冲。那么只需要判断最大膜电位 $V(t_{\max})$ 与阈值电位 V_{th} 的关系即可进行权重更新。

- 如当样本的真实类别为类别 1，输入 SNN 之后，输出神经元在当前窗口时间范围内的最大膜电位大于阈值电位，则发放一个脉冲且无须更新突触连接权重。而当最大膜电位小于阈值电位时，需要根据如上公式更新连接权重，且 λ 大于 0，以增强贡献比较大的连接权重。

- 如当样本的真实类别为类别 2，输入 SNN 之后，输出神经元在当前窗口时间范围内的最大膜电位小于阈值电位，则不发放脉冲且无须更新突触连接权重。而当最大膜电位大于阈值电位时，需要根据如上公式更新连接权重，且 λ 小于 0，以削弱贡献比较大的连接权重。

该算法较为简单，其主要缺点为输出单个脉冲，所以无法直接作为下一层神经元的输入，进而不易扩展为深层 SNN；输出的单个脉冲不便于做序列预测。

脉冲神经元通过对目标输出膜电位和实际输出膜电位误差的最小化实现突触权值的优化，仅适用于单神经元。

2. 基于突触可塑性的监督学习算法

基于突触可塑性的监督学习算法的基本思想是利用神经元发放脉冲序列的时间相关性所引起的突触可塑性机制。神经元突触权值调整的学习规则是一种具有生物可解释性的监督学习规则。

Hebb 最先提出一个突触可塑性的假说：如果两个神经元同时兴奋，则它们之间的突触得以增强。当突触后神经元脉冲出现在突触前神经元脉冲之后时，总是引起长时程增强；反之，总是引起长时程抑制。基于突触可塑性的监督学习算法主要有如下几种。

（1）监督 Hebbian 学习算法

该类方法的学习过程是通过教师信号使突触后神经元在目标时间发放脉冲。教师信号可以表示为脉冲发放时间，也可以转换为神经元的突触电流形式。

- 基于脉冲发放时间的 Hebbian 学习算法在每个学习周期中，学习过程由 3 个脉冲决定,包括两个突触前脉冲和一个突触后脉冲。第一个突触前脉冲表示输入信号,第二个突触前脉冲表示突触后神经元的目标脉冲。

- I-Learning 算法通过注入外部输入电流使学习神经元发放特定的目标脉冲序列,并通过神经元目标和实际输出突触电流的误差进行计算。

（2）远程监督学习算法

将 STDP 和反-STDP 两个过程结合可构造远程监督方法(remote supervised method, ReSuMe)。应用 ReSuMe 算法训练 SNN,突触权值的调整仅依赖输入输出的脉冲序列和 STDP 学习机制,与神经元模型和突出类型无关,因此该算法可用于各种神经元模型(但仅适用于单层神经网络的学习)。

（3）其他 STDP 监督学习算法

将 BCM(Bienenstock-Cooper-Munro)学习规则和 STDP 结合可构造突触权重关联训练(synaptic weight association training,SWAT)算法。SNN 由输入层、隐藏层和输出层构成,网络中隐藏层神经元作为频率滤波器,输入和目标输出表示为具有固定频率的脉冲序列。隐藏层突触包含兴奋性和抑制性两类。输出层包含一个训练神经元和多个输出神经元。

3. 基于脉冲序列卷积的监督学习算法

基于脉冲序列卷积的监督学习算法通过脉冲序列内积的差异构造 SNN 的监督学习算法,突触权值的调整依赖特定核函数的卷积计算,可实现脉冲序列时空模式的学习。脉冲序列卷积学习算法的基本思想如下。

选择特定的核函数 $k(t)$,应用卷积将脉冲序列唯一地转换为一个连续函数:

$$\widetilde{S}(t) = S(t) * k(t) = \sum_{f=1}^{F} K(t - t^f)$$

通过对脉冲序列基于核函数进行卷积计算,可将脉冲序列解释为特定地神经生理信号。两个脉冲序列的内积:

$$\langle \widetilde{S}_i(t), \widetilde{S}_j(t) \rangle = \int_0^\infty \widetilde{S}_i(t) \widetilde{S}_j(t) \mathrm{d}t$$

几种典型的基于脉冲序列卷积的监督学习算法如下:

（1）基于线性代数的方法:不具备误差反向传播机制,仅适用于单神经元或单层 SNN。

（2）脉冲模式关联神经元(spike pattern association neuron,SPAN)算法:应用 LIF 神经元模型。其主要特点是应用核函数将脉冲序列转换为卷积信号。SPAN 算法可利用转换后的输入脉冲序列、神经元目标和实际输出脉冲序列,依据 Widrow-Hoff 学习规则调整突触权值。

（3）精确脉冲驱动(precise-spike-driven,PSD)算法:突触权值的调整根据目标输出脉冲与实际输出脉冲的误差来判断,正的误差将导致长时程增强,负的误差将导致长时程抑制。

12.4.3　SNN 的强化学习与进化方法

1. SNN 的强化学习

强化学习是从环境状态到行为映射的学习,以使智能体行为从环境中获得的累积奖励值最大。基于生物启发的学习机制,人工神经网络强化学习在于探索智能体的自适应优化策略,是神经网络和智能控制领域的主要方法之一。强化学习关注的是智能体如何在环境中采取一系列行为。通过强化学习,一个智能体可知道在什么状态下应该采取什么行为。

强化学习主要考虑下述两点。

① 强化学习是试错学习:由于没有直接的教师指导信息,智能体要不断与环境交互,通过试错的方式来获得最佳策略。

② 延迟回报:强化学习的指导信息很少,而且往往是在事后(最后一个状态)才给出的,这就导致了一个问题,即获得正回报或者负回报以后,如何将回报分配给前面的状态。

2. SNN 的进化方法

进化算法是模拟生物进化过程的计算模型,是一类基于自然选择和遗传变异等生物进化机制的全局性概率搜索算法,主要包括遗传算法、进化规划和进化策略等。虽然这些算法在实现方面具有一些差别,但它们具有一个共同的特点,即都是借助生物进化论的原理来解决实际问题的。将进化算法与 SNN 有机结合,开辟了进化 SNN 的研究领域,以提高对复杂问题的求解能力。进化 SNN 可以作为自适应系统的一种一般性框架,在无人为干预的情况下,系统可以自适应调整神经元的参数、连接权值、网络结构和学习规则。如果直接使用梯度和 BPTT 算法训练,则忽略了脉冲神经元的特性。脉冲神经元有其自身的特性,如达到阈值才会释放脉冲,释放脉冲后膜电位才会重置,只有释放脉冲的神经元才会参与权重的更新等。因此,直接将反向传播算法应用于 SNN 训练既不能发挥反向传播的优势,又无法发挥使用脉冲神经元进行智能信息处理的作用。

本 章 小 结

SNN 是源于脑启发的新一代人工神经网络模型。SNN 模型与神经科学的结合更紧密,它使用拟合生物神经元机制的模型来进行计算,具有较强的生物支撑基础,因此它的工作机理更接近人脑的工作机理。本章的主要内容包括脉冲神经元、SNN 的结构与编码、SNN 数据集与工作负载和 SNN 的训练等。通过对这些内容的学习,可以了解最新的神经学习模型以及发展趋势,为向更深入研究与应用 SNN 打下基础。

第13章

迁移学习

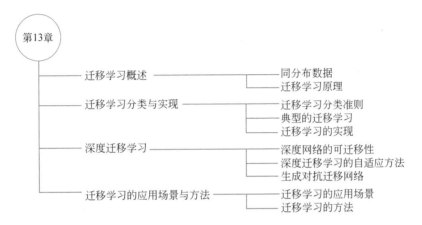

由于深度迁移学习(deep transfer learning,DTL)直接对原始数据进行学习,因此它可以自动地提取更具表现力的特征,满足直接输入原始数据,直接得到端到端可用结果的需求。

13.1 迁移学习概述

在机器学习、深度学习和数据挖掘的大多数任务中,假设训练和推理的数据都采用相同的分布(简称同分布)且来源于相同的特征空间。但在实际应用中,这个假设很难成立,主要遇到下述问题。

(1) 带标记的训练样本数量有限。例如,处理 A 领域(目标域)的分类问题时,缺少足够的训练样本。同时,与 A 领域相关的B(源域)领域,却拥有大量的训练样本,但 B 领域与 A 领域处于不同的特征空间或样本服从不同的分布。

(2) 数据分布将发生变化。数据分布与时间、地点或其他动态因素相关,随着动态因素的变化,数据分布将发生变化,以前收集的数据已经过时,需要重新收集数据,重建模型。

对于上述这些情况,如果将 B 领域中的知识迁移到 A 领域中来,优化 A 领域分类推理效果,就不需要用大量时间去标注 A 领域数据。

13.1.1 同分布数据

1. 拟合的基本要素

在概率统计理论中,随机过程中的任何时刻的取值都为随机变量,如果某些随机变量服从同一分布,则称这些随机变量是同分布变量。如果某些随机变量不仅服从同一分布,还相互独立,则称为独立同分布变量。例如,如果 x_1 和 x_2 随机变量是独立同分布的,则表明 x_1 的值不影响 x_2 的值,x_2 的值也不影响 x_1 的值,而且 x_1 和 x_2 是同分布的。

拟合就是将平面上一系列的点,用一条光滑的曲线连接起来。如果待定函数是线性的,则称为线性拟合或者线性回归;否则,称为非线性拟合或者非线性回归。机器学习的目的是通过样本数据、模型和优化算法拟合特征和标签之间的函数关系,即 $y = f(x_1, x_2, \cdots, x_k, \cdots, x_n)$,然后再用得到的 f 去做预测。

拟合的三个基本要素为高质量的样本数据、对 f 形式的合理预设、合适的优化算法。

(1) 高质量的样本数据

高质量的样本数据是拟合的基础,如果样本数据质量低下,再好的模型也无能为力。高质量的样本数据是指噪声尽量少的数据,此外,在保证质量的前提下,样本数据量越多越好,这有助于对 f 的正确估计。

(2) 对 f 形式的合理预设

一个好的模型,如果不对 f 的形式做任何的假设,那么在理论上模型可以通过数据拟合出真实的 f。也就是说,只要数据量足够大,在理论上,神经网络就可以逼近任何函数。

(3) 合适的优化算法

一个优化算法的优劣是指优化的效率、避免陷入局部最优等。因为理论上,一个优化算法的基本要求就是在凸优化问题下可以找到全局最优解,因此,对不同的优化算法,就可在优化效率上进行对比。针对不同的问题,不同的优化算法具有不同的优势。

2. 过拟合和欠拟合出现的原因

过拟合和欠拟合是不完美拟合,不完美拟合的出现的原因主要有三个:数据噪声、样本数量不足和训练方式选择不当。

(1) 数据噪声

在现实中,数据噪声总是存在的。噪声主要来源于两方面。一方面是数据的测度和采集误差,即错误的记录样本数据、错误的记录标签等,这些都会导致数据中加入噪声。另一方面是因子数不足或者不全,这种情况下,即使相同的样本,也会呈现出一种随机性,从而产生噪声。

(2) 样本量不足

样本量越多,分布越稠密,拟合越准确,越不容易欠拟合,但是,样本太少就容易受噪声影响,容易欠拟合。

(3) 训练方式选择不当

在一定的样本量下,不同的训练方式将得到不同的结果。这涉及模型、样本数据处理、优化算法、正则化、早停等。不同的模型,尽管理论上可以拟合,但是训练效率不一样。训练方式将影响学习效率,从而影响预测结果。

3. 弱化同分布假设

弱化同分布假设需要尽量逼近完美拟合,并调整训练集的分布。当然,实现这些目标的共同方法是,提高数据质量、增加数据量和调整分布,以使分布均衡一些。如果已知预测集分布,则调整分布靠近预测集分布。

13.1.2　迁移学习原理

如果拥有大量数据资源,则机器学习系统可以从大数据中学习到一个很稳健的模型,自然不需要迁移学习。但为了克服数据量不足的缺点,以及减少时间成本和计算资源,可以利用迁移学习解决标签数据缺乏、从头建立模型复杂和耗时等问题。迁移学习就是利用数据、任务或模型之间的相似性,将在旧领域学习过或训练好的模型,应用于新领域的过程。不难看出,迁移学习的关键点是新任务系统与旧任务系统在数据、任务和模型之间的相似程度。

1. 迁移学习的定义

给定一个源域 D_s 和学习任务 T_s,一个目标域 D_t 和学习任务 T_t,迁移学习致力于通过使用源域 D_s 和源任务 T_s 中的知识,帮助提升目标域 D_t 中的目标预测函数 f 的学习能力,其中 $D_s \neq D_t$,或者 $T_s \neq T_t$。

2. 实现迁移学习的手段

(1) 冻结预训练模型的全部卷积层,只训练自己定制的全连接层。

(2) 先计算出预训练模型的卷积层对所有训练和测试数据的特征向量,然后抛开预训练模型,只训练自己定制的简配版全连接网络。

(3) 因为靠近输入的多数卷积层保留了大量底层信息,所以冻结预训练模型的部分卷积层,甚至不冻结任何网络层,训练剩下的卷积层(通常是靠近输出的部分卷积层)和全连接层。

3. 域

域由数据特征及其分布组成,域是学习的主体,是某个时刻的某个特定领域,例如大数据和人工智能可以看作两个不同的域。在迁移学习中,将域又分为源域和目标域。源域是指现在已有的域,目标域是指需要进行学习的域。

4. 任务

任务就是指模型要完成的工作,例如数据挖掘和确定性推理就是两个不同的任务。任务由目标函数和学习结果组成。

5. 迁移学习条件

显然,并不是所有的任务都可以用迁移学习完成,迁移学习是有条件的。迁移学习的目标是利用源域和源域任务来学习目标域的预测函数,迁移学习条件是源域和目标域不同,或者源任务和目标任务不同,如果都相同,则直接复用,不需要迁移学习。

6. 域适应

域适应是指将具有不同分布的源域和目标域的数据,映射到同一个特征空间,寻找某一种度量准则,使其在这个空间上的距离尽可能近。然后,在源域(带标签)上训练好的分类器,就可以直接用于目标域数据的分类,如图 13-1 所示。

7. 迁移学习中的关键问题

(1) 需要确定不同域之间可以进行迁移的共有知识。

(2) 当找到了迁移对象之后,需要确定针对具体问题所采用的迁移学习算法,也就是需

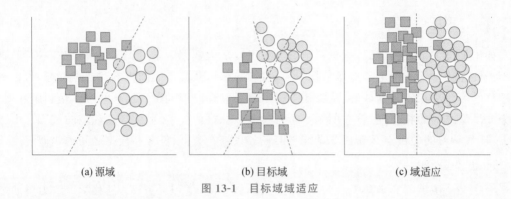

(a) 源域   (b) 目标域   (c) 域适应

图 13-1　目标域域适应

要设计出提取和迁移共有知识的算法。

（3）需要明确在什么情况下迁移,迁移是否适合具体应用,这就涉及负迁移的问题。当领域间的概率分布差异很大时,同分布假设难以成立,将出现负迁移问题。负迁移是指旧知识对新知识学习的迁移的阻碍,如果源域和目标域之间相似度不高,迁移结果不理想,就将出现负迁移情况。例如,一个人会骑自行车,可类比学电动车,但是如果类比学开飞机,那可是相差甚远。

8. 迁移学习的基本思想

在深度学习中,需要基于同分布假设来标注数据,然而实际使用过程中不同数据集可能存在数据分布差异、标注数据过期、训练数据过期等问题。在有些应用中,需要快速构建机器学习模型,但大部分数据没有标签。所以收集标签数据和从头开始构建一个模型代价大,解决这一问题的一种方法是重用模型和带有标签的数据。

源域是有知识和大量数据标注的域,是需要迁移的对象。目标域就是最终要赋予知识和标注的对象。将知识从源域传递到目标域就完成了迁移。

（1）对不同分布的数据快速构建模型

迁移学习的目标是将某个域或任务上学习的知识或模式应用到不同的但相关的域中。其主要思想是从相关域中迁移标注数据或者知识结构,完成或改进目标域或任务的学习效果。

（2）利用相关域的标注数据

迁移学习的本质是运用已具有的知识来学习新的知识,其核心是找到已有知识和新知识之间的相似性。在迁移学习过程中,源域与目标域在数据分布、特征维度以及模型输出变化条件方面存在不同,但有一定关联,需要减小源域和目标域的分布差异,进行知识迁移,从而实现数据标注。另外,在目标域标注数据缺乏的情况下,迁移学习可以很好地利用相关域的标注数据来完成数据标注。

（3）避免负迁移

找到相似度尽可能高的源域与目标域,避免负迁移,是完成迁移过程的最重要的前提。

9. 迁移学习的优势

（1）适应小数据

迁移学习能够将基于大数据所训练的学习器迁移到小数据的领域。

（2）提升可靠性

迁移学习所训练的模型具有适应性，可以迁移到多个域而不产生显著的性能下降，提升可靠性。

（3）满足个性化

满足个性化是适应性的体现。例如，每个人的个性化样本可能是小数据，但是在大数据训练出的迁移学习模型上，就能很好地满足个性化的需求。监督学习、无监督学习、迁移学习和强化学习的成功应用情况如图13-2所示。从图中的统计结果可以看出，迁移学习在成功应用后效果显著。

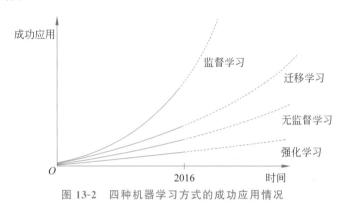

图 13-2　四种机器学习方式的成功应用情况

（4）迁移学习需要寻找共性知识，从而快速适应新的条件。迁移学习的共性知识（或者不变量）是源域与目标域学习模型之间进行迁移的桥梁。

13.2　迁移学习分类与实现

当前的大多数迁移学习工作都隐含了源域和目标域彼此相关这一假设。迁移学习主要可分为基于实例（样本）的迁移学习、基于特征的迁移学习、基于参数（模型）的迁移、基于关系的迁移学习四种类型。

13.2.1　迁移学习分类准则

迁移学习可以基于迁移学习设置、目标域有无标签数据、学习方法、特征属性和离线在线学习形式等分类准则进行分类。

1. 基于迁移学习设置

根据迁移学习的定义，表13-1总结了传统机器学习与各种迁移学习设置之间的关系，其中根据源域和目标域与任务之间的不同情况，将迁移学习分为三类：归纳式迁移学习、无监督迁移学习和直推式迁移学习。

表 13-1　传统机器学习与各种迁移学习设置之间的关系

学 习 设 置	源域与目标域	源任务和目标任务
传统机器学习	同一个	同一个

续表

学 习 设 置	源域与目标域	源任务和目标任务
归纳式迁移学习	同一个	不同,但相关
无监督迁移学习	不同,但相关	不同,但相关
直推式迁移学习	不同,但相关	同一个

（1）归纳式迁移学习

在归纳式迁移学习中,无论源域和目标域是否相同,目标任务都与源任务不同。算法利用来自源域的归纳偏差帮助改进目标任务。根据源域中数据的情况,归纳式迁移学习进一步分为两种情况:

- 在源域中有很多带标签数据的情况下,归纳式迁移学习设置类似多任务学习设置。但是,归纳式迁移学习设置仅通过迁移源任务中的知识来实现目标任务中的高性能,而多任务学习设置则尝试同时学习目标任务和源任务。
- 在源域中没有标签数据的情况下,归纳式迁移学习设置类似自学习设置。在自学习设置中,源域和目标域之间的标签空间可能不同,这表明不能直接使用源域的信息。

（2）无监督迁移学习设置与归纳式迁移学习设置类似,其目标任务不同于源任务,但与源任务有关。然而,无监督迁移学习侧重于解决目标域中的无监督学习任务,例如聚类、降维和密度估计。在这种情况下,源域和目标域中都没有可用的标签数据。

（3）在直推式迁移学习设置中,源任务和目标任务是相同的,而源域和目标域是不同的。在这种情况下,目标域中没有可用的标签数据,而源域中有许多可用的标签数据。另外,根据源域和目标域之间的不同情况,可以将直推式迁移学习分为下述两种情况:

- 源域和目标域之间的特征空间不同。
- 源域和目标域之间的特征空间相同,但输入数据的边际概率分布不同。

2. 基于目标域有无标签数据

基于目标域有无标签数据分类如下:

（1）监督迁移学习:目标域有标签数据。

（2）半监督迁移学习 :目标域部分有标签数据,部分无标签数据。

（3）无监督迁移学习:目标域无标签数据。

3. 基于学习方法

基于学习方法分类如下:

（1）基于样本的迁移学习:相似的样本,赋予高权重。

（2）基于特征的迁移学习:源域与目标域特征不在同一空间,通过对特征空间进行变换使其在某一空间相似。

（3）基于模型的迁移学习:通过模型参数共享实现迁移。

（4）基于关系的迁移学习:通过关系实现迁移。

4. 基于特征属性

（1）同构迁移学习:特征语义维度相同,如图片→图片。

（2）异构迁移学习：特征语义维度不同，如图片→文字。

5. 基于离线在线学习形式

（1）离线迁移学习：源域和目标域均是给定的，迁移一次即可。

（2）在线迁移学习：随着数据的动态加入，迁移学习算法也可以不断地更新。

13.2.2　典型的迁移学习

下面介绍几种典型的迁移学习。

1. 基于实例（样本）的迁移学习

在机器学习中，假设训练数据和测试数据来自同一个域，即处于同一个特征空间，服从同样的数据分布。但是，在实际应用中测试数据与训练数据可能来自不同的域。基于实例的迁移学习对应的假设：源域和目标域有很多交叠的特征，源域和目标域具有相同或相近的支持集。

例如，在评论分析客户情感的任务中，源域 A 和目标域 B 属于不同域，但是可能存在一些域 A 的评论适用于域 B 的评论的分类任务。这就是源域和目标域存在交叠的特征的表现，如图 13-3 所示。

基于实例的迁移学习只是从实际数据中进行选择来获得与目标域相似的部分数据，然后直接学习。需要从源域的训练数据中找出那些适合目标域的实例，并将这些实例迁移到目标域中。基于实例的迁移学习的迁移方法是，从源域中挑选出对目标域的训练有用的实例，例如对源域的有标记数据实例进行有效的权重分配，让源域实例分布接近目标域实例分布，从而在目标域中建立一个分类精度较高的、可靠的学习模型。

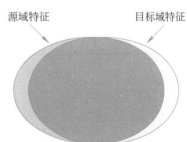

图 13-3　源域和目标域存在交叠的特征的表现

如果在目标域中的标注数据稀少，不足以训练一个可靠的分类器，则可以找到更多的辅助数据，训练出一个高精度的分类器，如图 13-4 所示。

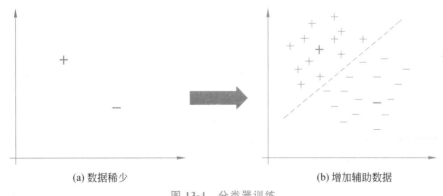

(a) 数据稀少　　　　　　　　(b) 增加辅助数据

图 13-4　分类器训练

如果源域和目标域数据分布不同，则可能存在一些数据误导分类，得到错误的分类结果。这时可通过增加误分类的目标域训练数据的权重，同时减少无分类的源域训练数据的权重，来使分类面向正确的方向移动，如图 13-5 所示。

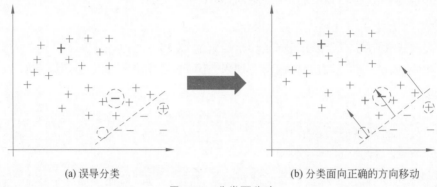

(a) 误导分类　　　　　　　　　(b) 分类面向正确的方向移动

图 13-5　分类面移动

2. 基于特征的迁移学习

基于特征的迁移学习是找出源域与目标域之间共同的特征,然后利用这些共同的特征进行知识迁移。基于特征的迁移学习需要进行特征变换来使源域数据和目标域数据映射到同一特征空间中,然后直接学习,如图 13-6 所示。

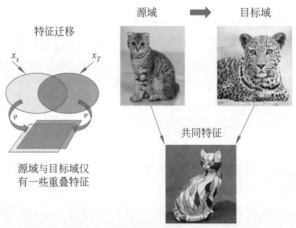

图 13-6　基于特征的迁移学习

基于特征的迁移学习算法是,将源域和目标域的数据从原始特征空间映射到新的特征空间中。在新的特征空间中,源域和目标域的数据分布相同,从而可以在新的空间中,更好地利用源域已有的标记数据样本进行分类训练,最终对目标域的数据进行分类测试,如图 13-7 所示。

针对源域的大量数据进行训练的过程中,网络的前几层可以看作特征提取器。该特征提取器提取两个域的特征,然后输入对抗网络。对抗网络尝试对特征进行区分,如果对抗网络对特征较难区分,则表明两个域的特征区分度小,具有很好的迁移性;反之,如果对抗网络对特征较易区分,则表明两个域的特征区分度大,具有较差的迁移性。

实际上,源域和目标域的特征空间很难很好地重叠。所以需要在特征空间的基础上找到有用的特征。一般需要通过下列两阶段的判断完成域标签工作。

(1) 最小化域间差异

域之间的差异很可能由特征空间中某一个子集所导致。需要找到那些不导致域间差异

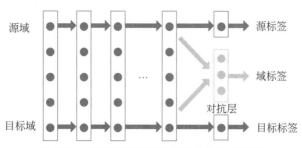

图 13-7 原始特征空间映射到新的特征空间

的特征,并用它们来表示跨域的样本,这些样本就可以用于目标域的分类器。

（2）最大均值差异

最大均值差异（maximum mean discrepancy,MMD）的作用是度量数据分布之间的距离,类似的有欧氏距离、马氏距离和 KL 散度等。最大均值差异首先将样本数据通过核函数映射到一个新的特征空间。基于特征的迁移学习通常涉及优化问题,其求解困难。

3. 基于参数（模型）的迁移学习

基于参数（模型）的迁移学习的前提是在源域和目标域的学习任务中,假设相关模型共享一些相同的参数或者先验分布,使得源域和目标域的任务之间可以共享部分模型结构和与之对应的任务。可将之前在源域中通过大量数据训练好的模型应用到目标域上进行预测推理。这种方法比较直接,可以充分利用模型之间存在的相似性。

利用上千万张图像来训练好一个图像识别的系统,当遇到一个新的图像领域问题时,就不用再去找几千万张图像来训练了,只需将原来训练好的模型迁移到新的领域,在新的领域只需几万张图像来训练就够,同样可以得到很高的精度。

例 13-1 源域中含有大量未标记的 A 和 B 的图像,而目标域中有少量的标记 A 和 B 的图像。可以利用深度神经网络对源域中的 A 和 B 图像进行无监督学习。之后将训练好的深度神经网络模型的前几层和参数直接代入新的深度神经网络,使前几层和参数复用在目标域 A、B 的分类任务中去。此时源域的深度神经网络模型的前几层的输出可以看作对图像特征的提取器,这些特征能有效地代表图像的信息,如图 13-8 所示。

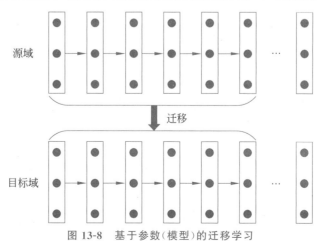

图 13-8 基于参数（模型）的迁移学习

4. 基于关系的迁移学习

将源域和目标域映射到一个新的数据空间。在这个新的数据空间中,来自两个域的实例相似且适用于联合深度神经网络。假设源域和目标域尽管不同,但是在精心设计的新数据空间中,可以存在相似关系,如图 13-9 所示。

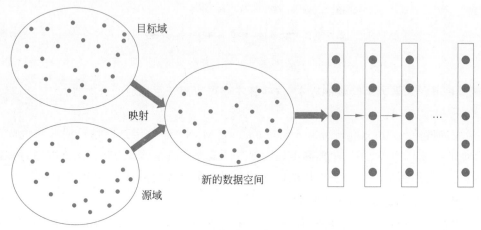

图 13-9 基于关系的迁移学习

当两个域相似时,它们之间将共享某种相似关系,将源域中学习到的逻辑网络关系应用到目标域中可实现迁移,例如,从生物病毒传播规律迁移到计算机病毒传播规律,典型的实现方法就是映射。

有时需要采用多源迁移学习,常用的实现方法是利用 Boosting 技术过滤掉多个源域中与目标域不相似的样本,然后进行基于实例的迁移学习。这时不仅要考虑源域和目标域样本的相似度,还可以采用多视图学习的方法来进行统一的迁移。然后在源域和伪标注的目标域上训练分类器,利用一致性约束进行知识的迁移。

13.2.3 迁移学习的实现

通常的迁移学习可以分为预训练和微调两步完成。

1. 预训练

预训练的本质是无监督学习,栈式自编码器和多层神经网络都能得到有效的参数,使用大量数据将其训练之后的参数作为神经网络的参数初始值即预训练。预训练由于是无监督学习,无须对样本进行标记,可以省去大量人工时间,并且将预训练后的参数直接代入其他任务模型中,可以使模型更快地收敛。

2. 微调

此步将复用预训练的部分模型结构和参数,并根据具体任务,对模型参数进行微调。由于模型绝大部分参数是已经训练好的,因此无须大量数据进行微调,并且由于参数已经是经过训练的,因此模型收敛得很快。

例 13-2 基于共享参数的迁移学习假设学习任务中的每个相关模型将共享一些相同的参数或者先验分布。如图 13-10 所示,通过共享相同的参数或者先验分布,再经过微调,可获得新的模型。

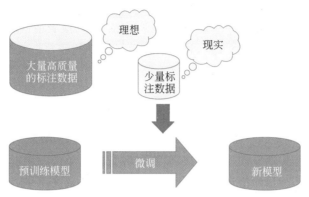

图 13-10 基于共享参数的迁移学习

13.3 深度迁移学习

深度迁移学习相对非深度迁移学习的两个优势是自动化地提取使其更具表现力的特征和满足了实际应用中的端到端需求。深度迁移学习相对非深度迁移学习,功能更为强大。图 13-11 所示为深度迁移学习与非深度迁移学习的比较结果,其中 BA、DDC、DAN 为深度迁移学习方法,TCA、GFK 为非深度迁移学习方法。由图 13-11 可以看出,深度迁移学习的精度远比非深度迁移学习高。

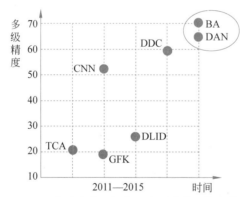

图 13-11 深度迁移学习与非深度迁移学习的比较结果

13.3.1 深度网络的可迁移性

由于深度神经网络具有明显的层次结构,前面几层学习到的都是通用的特征,随着网络层次的加深,后面的层次更偏重于学习任务特定的特征。如果可以得知哪些层能够学习到通用的特征,哪些层能够学习到特定的特征,则可以决定迁移哪些层、固定哪些层,这也表明深度神经网络具有可迁移性。

1. 需要已训练的网络

在深度神经网络应用中,其特点是训练数据量巨大,通常不是对一个新任务,就去从头开始训练一个神经网络。这样的做法代价大。迁移学习可以利用之前已经训练的模型,将它迁移到新任务上完成一个神经网络的训练。

例如,对于一个计算机视觉的应用,相于从头训练权重,或者说从随机初始化权重开始,不如下载已训练好的网络结构的权重,利用迁移学习将公共的数据集的知识迁移到自己的问题上。

2. 微调

如果将已训练好的模型直接使用,可能并不完全适用于新任务。主要原因可能是训练数据和新数据之间不服从同分布假设;也可能是因为已训练好的模型能做比新任务更多的事情;还可能是已训练好的模型比较复杂,但新任务比较简单等。为此,需要将已训练好的模型进行微调,对卷积神经网络进行微调的具体处理过程是冻结预训练模型的部分卷积层,通常是冻结靠近输入的卷积层,然后训练剩下的卷积层(通常是靠近输出的部分卷积层)和全连接层。不微调的迁移学习是冻结预训练模型的全部卷积层,只训练自己定制的全连接层。这是微调与不微调的区别。

例如,训练一张图像二分类的神经网络,那么很有参考价值的做法就是在已训练好的神经网络上训练。CIFAR-100 有 100 个类别,目前只需要两个类别。此时,就需要针对新任务 CIFAR-100,固定原始网络的相关层,只修改网络的输出层。但对于上述任务,可以采用微调技术,以使结果更符合新需要。

3. 微调的优势

在深度神经网络训练中,不需要针对新任务从头开始训练网络,这样节省了时间成本。预训练好的模型通常都是在大数据集上进行训练的,无形中扩充了训练数据,使得训练出的模型鲁棒性、泛化能力更强。微调是利用已经训练好的模型,针对新任务再进行调整。微调是迁移学习的一部分,主要优势如下:

(1) 深度神经网络的前几层基本都是通用的特征层,进行迁移效果比较好。

(2) 在深度迁移网络中加入微调,其效果提升比较大,比原网络的效果还好,这样做可以克服数据之间的差异性。

(3) 深度迁移网络要比随机初始化权重效果好。

(4) 网络部分层数的迁移可以加速网络的学习和优化。

(5) 微调实现简单,仅需要关注新任务数据。

4. 设计深度迁移网络的基本准则

设计深度迁移网络的基本准则:决定自适应层,然后在这些层加入自适应度量,最后对网络进行微调。

使用深度网络进行迁移学习,大多数采用了卷积神经网络模型,在已训练好的模型(如AlexNet、Inception、ResNet 等)基础上进行迁移。但是,深度网络自适应层可以很简单地嵌入现有的深度网络中,实现自动自适应学习,使深度网络的迁移更便捷。深度学习需要大量的高质量标注数据,预训练加微调是现在深度学习中一个非常流行的方法,尤其在图像领域,很多时候选择预训练的 ImageNet 对模型进行初始化。

例 13-3   在迁移学习中,通常根据源任务 A 和目标任务 B 之间的相似性来划分数据集。

（1）划分方式

① 相似数据集

- 源域数据集：这是源任务 A 的数据集，通常较大，包含了丰富的信息。
- 目标域数据集：这是目标任务 B 的数据集，与源域数据集在某些特征或分布上相似。

② 不相似数据集

- 源域不相似数据集：这部分数据集来自源任务 A，但其特征或分布与目标域数据集差异较大。
- 目标域不相似数据集：这部分数据集来自目标任务 B，但其特征或分布与源域数据集差异较大。

迁移学习的目的是利用源域数据集的知识来提高目标域数据集的性能。在进行迁移学习时，正确划分相似数据集和不相似数据集对于提高迁移学习的效果至关重要。通过这种方式，可以更好地利用源任务的知识来辅助目标任务的学习。

③ 分割为两个各有 500 个类别的数据集

这种分割方法将 ImageNet 的 1000 个类别分为两个数据集，每个数据集包含 500 个类别。具体操作如下：

- 类别选择：从 1000 个类别中选择 500 个类别作为一个数据集，剩下的 500 个类别作为另一个数据集。
- 数据分配：根据选择的类别，将相应的图片分配到两个数据集中。

这种分割方法的一个关键点是确保两个数据集在视觉内容和概念上具有一定的平衡性和代表性，以便进行迁移学习或其他类型的分析。

④ 分割为两个各有 645 000 个样本的数据集

这种分割方法不是基于类别数，而是基于样本数。ImageNet 数据集中大约有 120 万张图片，因此可以尝试将数据集分割为两个各有 645 000 个样本的数据集。具体操作如下：

- 样本选择：从每个类别中随机选择一定数量的样本，直到两个数据集分别达到 645 000 个样本。
- 类别平衡：在分割时，需要确保每个类别在两个数据集中都有代表性，避免某个类别在某个数据集中过少或没有。

需要注意，这种分割方法可能会导致类别不平衡，因为每个类别中的样本数量不同，所以达到每个数据集 645 000 个样本的要求可能会导致某些类别在两个数据集中的样本数量不一致。

在进行这种类型的分割时，需要考虑以下因素：

- 类别分布：确保两个数据集在类别分布上相似，以便进行公平的比较。
- 样本多样性：每个数据集应包含足够多样的样本，以保持数据集的泛化能力。
- 数据集用途：分割数据集的方法应与实验目的相匹配，例如，如果用于迁移学习，源域和目标域的数据集应在某些方面相似。

无论采用哪种分割方法，都需要确保分割后的数据集能够满足特定的研究或应用需求。

模型层数总计 8 层，取前 n 层中的 $n=3$，将这个第 n 层称为示例层。但是 $n=3$ 只是这里为了更直观地举例，之后实验中仍然用未知数 n 来标记，即 BnB、AnB 等。

基 A：在 A 上训练的神经网络。

基 B：在 B 上训练的神经网络。

$B3B$：表示前 3 层从基 B 中的前 3 层得到，且前 3 层是冻结层，后 5 层随机初始化，并在 B 上进行训练。这个网络可以作为之后要提到的迁移网络的对照网络。

迁移 $A3B$：前 3 层从基 A 中的前 3 层得到，且前 3 层是冻结层；后 5 层随机初始化，且在 B 上进行训练。如果 $A3B$ 和基 B 的效果差不多，说明第 3 层对 B 来说仍然是通用的；如果相差多了，那第 3 层对 A 就是特殊的，不适合迁移到 B。

$B3B^+$ 与 $B3B$ 一样，不同的是不用冻结前 3 层，而是学习所有层数，即它是微调的。

转移 $A3B^+$ 与 $A3B$ 一样，不同的是不用冻结前 3 层，而是将学习所有层数，即它是微调的。

深度学习中各层特征的可迁移性有四种模型，如图 13-12 所示。

- 域 A 上的基本模型 A。
- 域 B 上的基本模型 B。
- 域 B 上前 n 层使用 B 的参数初始化，后续有冻结和微调两种方式。
- 域 B 上前 n 层使用 A 的参数初始化，后续有冻结和微调两种方式。

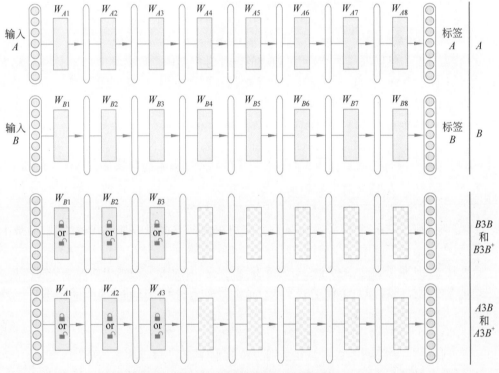

图 13-12　各层特征的可迁移性

将深度学习应用在图像处理领域中，第一层中提取的特征基本上类似 Gabor 滤波器和色彩斑点。通常情况下第一层与具体的图像数据集关系不是特别大，而网络的最后一层则与选定的数据集及其任务目标紧密相关；将第一层特征称为一般特征，并将最后一层特征称为特殊特征。

特征迁移可提高模型的泛化性能,随着参数被固定的层数 n 的增长,两个相似度小的任务之间的可迁移性差距的增长比两个相似度大的两个任务之间的可迁移性差距的增长更快。两个数据集越不相似,特征迁移的效果就越差。即使从不是特别相似的任务中进行迁移也比使用随机的参数要好。使用迁移参数初始化网络能够提升泛化性能,即使目标任务经过了大量的调整依然如此。

5. 域间距离损失

将目标域的迁移学习所产生的损失分解为两部分:源域分类损失和域间距离损失。源域分类损失的量化是传统问题,但域间距离损失是新问题。对域间距离损失问题得出不同的迁移学习范式如下。

(1)差异损失和基于差异的范式:直接度量和最小化两个域之间的差异。

(2)对抗损失和基于对抗的范式:基于对抗目标,构建共同的特征空间,设计域鉴别器。

(3)重建损失和基于共享的范式:结合无监督学习和监督学习,建立介于源域和目标域之间的共享域,后者承载着知识迁移。

如图 13-12 所示,利用最大均值差异进行学习,使源域和目标域的区别最小化。

(1)冻结浅层:多个域共享浅层权值,浅层权值是具有强适应性的共性知识。

(2)区分深层:深层权值代表了域知识,因此要将多个域之间的距离刻画出来。

(3)微调中层:微调中层介于浅层共性知识和深层域知识之间,通过微调权值以满足对应域的需求。

13.3.2 深度迁移学习的自适应方法

1. 自适应方法的基本思想

在深度迁移学习中,微调可以节省训练时间,提高学习精度。但是,微调无法处理训练数据和测试数据不同分布的情况。而这一现象在实际应用中经常遇到。因为微调的基本假设也是训练数据和测试数据服从同分布,所以对于异分布的情况,微调方法的应用困难。

在深度迁移学习中,通过在特征提取层和分类层之间加入自适应层,可以解决源域和目标域数据的不同分布的问题。具体做法:在添加的自适应层计算源域和目标域的距离,并将其加入网络的损失中进行训练,使得源域和目标域中的数据分布更加接近,从而可使网络的源域和目标域的距离变小。

网络的最终损失为

$$\ell = \ell_c(D_s, y_s) + \lambda \ell_A(D_s, D_t)$$

其中,$\ell_c(D_s, y_s)$ 表示网络在有标注的数据(大部分是源域)上的常规分类损失(这与普通的深度网络完全一致);$\ell_A(D_s, D_t)$ 表示网络的自适应损失,这是仅深度迁移学习所特有的,此部分描述了源域和目标域的分布差异;λ 是权衡以上两部分的权重参数。

(1)深度迁移网络的基本准则:决定添加自适应层,然后在这些层加入自适应度量,最后对网络进行微调。

(2)通过迁移成分分析,进行最小化距离计算和比较,将源域和目标域映射到相同空间,其中优化目标是源域和目标域差异最小化。

2. DDC 算法

最大均值差异(MMD)可用于衡量两个样本是否是来自同分布。如果均值差异达到最大,就说明采样的样本来自完全不同的分布。在迁移学习中,MMD 是一种常用的度量准则,用于衡量源域和目标域之间的相似性。也就是 MMD 用来计算源域和目标域投影后的均值差异,可将 MMD 作为损失函数进行优化。

MMD 度量了在再生希尔伯特空间中两个分布的距离,是一种核学习方法。通过寻找在样本空间上的连续函数 $f:x \rightarrow \mathbf{R}$ 随机投影后,分别求这两个分布的样本在 f 上的函数值均值,并求这两个均值的差值,即得到这两个分布对应于 f 的均值差。MMD 的目标是寻找一个 f 使得均值差最大,即得到 MMD。

MMD 的表达式是

$$MMD^2(p,q) = \sup_{f \in F}(E_p[f(x)] - E_q[f(x)])^2$$

其中:

- p 和 q 是两个概率分布。
- f 是一个在特征空间 F 中的函数。
- $E_p[f(x)]$ 和 $E_q[f(x)]$ 分别是函数 f 在分布 p 和 q 下的期望值。
- sup 表示取上确界,即寻找使得 $E_p[f(x)] - E_q[f(x)]$ 最大的函数 f。

因此,MMD 的平方可以理解为在特征空间 F 中,寻找一个函数 f,使得两个分布在这个函数下的期望值之差的平方最大。

正确的表达式应该是

$$MMD^2(p,q) = \sup_{f \in F}(E_p[f(x)] - E_q[f(y)])^2$$

这里的 f 是一个在特征空间 F 中定义的函数,而 x 和 y 是从分布 p 和 q 中抽取的独立同分布的样本。

多核最大均值差异(multi-kernel maximum mean discrepancy,MK-MMD)距离是一种用于衡量两个分布之间差异的非参数统计方法。它经常被用于迁移学习、域适应和无监督学习等领域,以判断两个数据集是否来自相同的分布。

MK-MMD 距离基于以下概念:

- 均值差异:如果两个分布相同,那么它们在任意函数上的均值应该相同。均值差异越大,两个分布的差异越大。
- 最大均值差异(MMD):MMD 是一种衡量两个分布之间差异的方法,它寻找一个函数集,使得两个分布在这个函数集上的均值差异最大。
- 核方法:为了计算 MMD,通常会使用核方法将数据映射到高维空间,这样即使数据在原始空间中不可分,在映射后的空间中也可能会变得可分。

MK-MMD 距离的计算步骤如下:

① 选择一个核函数(如高斯核、多项式核等)。

② 对于两个数据集,分别计算它们在核空间中的均值。

③ MK-MMD 距离等于两个数据集在核空间中的均值之差的绝对值。

数学上,给定两个数据集 X 和 Y,MK-MMD 距离可以表示为

$$MK\text{-}MMD^2(X,Y) = \left\| \frac{1}{n} \sum_{i=1}^{n} \phi(x_i) - \frac{1}{m} \sum_{j=1}^{m} \phi(y_j) \right\|_H^2$$

其中，ϕ 是将数据映射到高维空间的函数，H 是由核函数诱导的再生希尔伯特空间，n 和 m 分别是数据集 X 和 Y 的大小。

在实际应用中，MK-MMD 距离可以通过核矩阵来计算，不需要显式地知道映射函数 ϕ。使用核技巧可以避免在高维空间中的直接计算，从而简化了问题。

MK-MMD 距离在机器学习领域有着广泛的应用，尤其是在处理数据分布不匹配问题时。通过最小化源域和目标域之间的 MK-MMD 距离，可以有效地实现域适应。

希尔伯特空间是 n 维欧氏空间的推广，可视为无限维的欧氏空间，是泛函分析的重要研究对象之一。希尔伯特空间在分析数学的各个领域中有着深厚的根基，是描述量子物理的基本工具之一。

深度域混淆（deep domain confusion，DDC）算法如图 13-13 所示，该算法固定了 AlexNet 的前 7 层，在第 8 层（分类器前一层）上加入了自适应的度量 fc_adapt（全连接适应）。自适应度量方法采用了 MMD 准则。

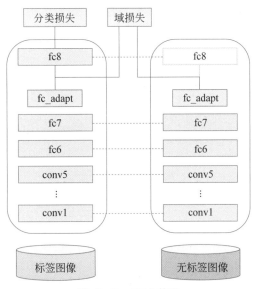

图 13-13　DDC 算法

得到源数据（标签图像）和目标数据（无标签图像）后，首先对它们执行同样的操作，即依次通过前 7 层神经网络，然后，将得到的特征向量执行一个操作，即求此时两类数据的分布差异，通常用 MMD 来衡量这个差异，并将其加入最后的损失中用于优化这个差异，所以最后的损失其实是由两部分组成的：一部分是源数据经过训练后进行分类的交叉熵损失，另一部分是由 MMD 求得的差异。

$$\ell = \ell_c(D_s, y_s) + \lambda \mathrm{MMD}^2(D_s, D_t)$$

DDC 算法在最接近输出的前一层多计算了一部分损失，用于优化源数据和目标数据的分布差异，解决了前面提到的目标数据和源数据由于分布差异无法使用微调的问题。

在最后一层的前一层计算这部分损失而不在更前面计算的原因是使用的是 AlexNet 作为模型，模型倒数第二层得到的是最终的特征，前几层都是对特征的处理，在处理完特征之后，再计算得到的特征损失才最好，这样优化的参数就是前七层对特征的处理过程中的参数，优化它们才能得到更小的损失，从而使目标数据通过前七层后得到的特征和真正的源数据通过前七层后得到的特征的差异更小,相当于使源数据和目标数据的分布尽可能相同,然后后面的分类器根据特征分布更新参数,从而减小分类的交叉熵损失。

3. 深度适配网络

深度适配网络(deep adaptation network,DAN)是龙明盛提出来的一种深度迁移学习方法,DAN 解决的也是迁移学习的域适配问题,是以深度网络为载体来进行适配迁移的,如图 13-14 所示。

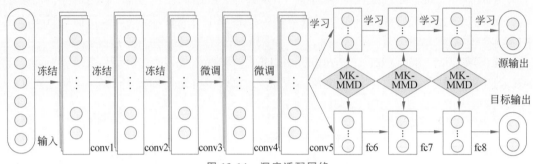

图 13-14　深度适配网络

对于一个深度网络,随着网络层数的加深,网络越来越依赖特定任务。浅层相对来说只是学习一个基本的特征。在不同任务的网络中,浅层的特征基本是通用的。如果要适配一个网络,重点是要适配那些特定于任务的高层。

DAN 是在 DDC 的基础上发展起来的算法,主要进行了下述改进:

- DDC 只适配了一层网络,而 DAN 同时加入了三个适配层。
- DDC 是用了单一核的 MMD,但是,单一固定的核可能不是最优的核。DAN 用了多核的 MMD(MK-MMD),效果比 DDC 更好,尤其在多个任务上,取得了比 DDC 算法更好的分类效果。

(1) 多核最大均值差异

Gretton 在 2012 年提出多核最大均值差异(简称 MK-MMD),MK-MMD 是基于 MMD 发展而来的。在 DDC 算法中,MMD 将源数据和目标数据映射到一个再生核希尔伯特空间(RKHS)中,然后求映射后两部分数据的均值差异,就当作两部分数据的差异。在 MK-MMD 中,总的核 k 是固定的,它是用多个核去构造的。对于 p、q 两个概率分布,它们的 MK-MMD 距离就是

$$d_k^2(p,q) \triangleq \| E_p[\phi(x_s)] - E_q[\phi(x_t)] \|_H^2$$

总的核 k 为

$$K \triangleq \{k = \sum_{u=1}^m \beta_u k_u : \beta_u \geqslant 0, \forall u\}$$

上式中,原来 k 就是一个固定的函数,现在将其用 m 个不同的核进行加权(权重为 β_u),加权后其表征能力比单个核好。

(2) 多层适配

DAN 基于 AlexNet,适配最后三层(第 6~8 层)。适配最后三层的原因是,网络的迁移能力在这三层针对特定的任务。至于别的网络确定是哪三层,需要逐层地计算相似度。

DAN 基于 AlexNet,探索源数据和目标数据之间的适配关系。任何一个方法都有优化

的目标。DAN 也不例外,它的优化目标由两部分组成:损失函数和分布距离。所有的机器学习方法都定义了一个损失函数,它可用来度量预测值和真实值的差异。分布距离即 MK-MMD 距离。于是,DAN 的优化目标由两部分组成:

$$\min_{\theta} \frac{1}{n_a} \sum_{i=1}^{n_a} J\left(\theta(x_i^a), y_i^a\right) + \lambda \sum_{l=l_1}^{l_2} d_k^2(D_s^l, D_t^l)$$

上式中,θ 表示网络的所有权重和偏置参数,是用来学习的目标。其中 l_1、l_2 分别是 6 和 8,表示网络适配是从第 6 层到第 8 层,前面的不进行适配。x^a、n_a 表示源数据和目标数据中所有有标签数据的集合。λ 是惩罚系数。$J(\cdot)$ 定义了一个损失函数,在深度网络中一般都是交叉熵。

(3) 学习策略

在 DAN 学习中,参数分为两大类:网络参数 θ 和 β 参数。

① 网络参数 θ。

对 θ 的学习依赖 MK-MMD 距离的计算。通过核(类比以前的 MMD 距离)可以将 MK-MMD 展开成一堆内积的形式。然而,两两数据之间计算内积的时间复杂度为 $O(n^2)$,在深度学习中的开销非常大。在这里采用了 MK-MMD 的无偏估计:

$$d_k^2(p, q) = \frac{2}{n_s} \sum_{i=1}^{n_s/2} g_k(z_i)$$

其中,z_i 是一个四元组:$z_i \triangleq (x_{2i-1}^s, x_{2i}^s, x_{2i-1}^t, x_{2i}^t)$。将核作用到 z_i 以后,变成

$$g_k(z_i) \triangleq k(x_{2i-1}^s, x_{2i}^s) + k(x_{2i-1}^t, x_{2i}^t) - k(x_{2i-1}^s, x_{2i}^t) - k(x_{2i}^s, x_{2i-1}^t)$$

上面这些变换是只计算了连续的一对数据的距离,再乘以 2,这样就可以把时间复杂度降低到 $O(n)$,在具体进行随机梯度下降时,需要对所有的参数求导:对 θ 求导。

② β 参数。

学习 β 参数主要是为了确定多个核的权重。学习目标是确保每个核生成的 MMD 距离的方差最小,即

$$\max_{k \in K} d_k^2(D_s^l, D_t^l) \sigma_k^{-2}$$

其中,$\sigma_k^{-2} = E[g_k^2(z)] - [E(g_k(z))]^2$ 是估计方差。实际求解时,问题可以被规约成一个二次规划问题。

DAN 充分利用了深度网络的可迁移特性,然后又把统计学习中的 MK-MMD 距离引入,取得了完美的效果。

13.3.3　生成对抗迁移网络

1. 基本原理

生成对抗网络(GAN)可以用到域适应中,在域适应中存在一个源域和目标域。生成对抗迁移网络与生成对抗网络相比,域适应中去掉了生成样本的过程,也就是说,直接将目标域中的数据作为生成的样本。因此,生成器的目的不再是生成样本,而是一个提取特征。如何从源域和目标域中提取特征,使得判别器无法区分提取的特征是来自源域,还是来自目标域。

传统的域适应问题一般选用固定的特征,但是这里提出的对抗迁移网络则在不同域之

间选择可供迁移的特征。一个好的可迁移特征,应该满足两个条件:面对这些特征,判别器无法区分它们是来自目标域还是源域;利用这些特征可以很好地完成分类任务。

因此,域适应问题的网络损失由训练损失(标签预测器损失)和域判别损失两部分构成。

基于对抗的深度迁移学习是指引入受生成对抗网络启发的对抗技术,以找到适用于源域和目标域的可迁移表征。基于这个假设,为了有效迁移,良好的表征应该为学习任务提供辨判别力,并且在源域和目标域之间不可区分。

2. 域对抗迁移网络的组成

域对抗迁移网络主要由特征提取器、类预测器和域分类器三部分组成,如图 13-15 所示。

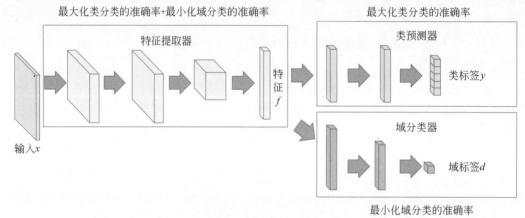

图 13-15　域对抗迁移网络

（1）特征提取器

特征提取器的功能如下:

- 将源域样本和目标域样本进行映射和混合,使域分类器无法区分数据来自哪个域。
- 后续网络完成任务所需要的特征,使标签预测器能够分辨出来自源域的数据的类别。

（2）类预测器

类预测器对来自源域的数据进行分类,尽可能分出正确的标签。

（3）域分类器

域分类器对特征空间的数据进行分类,尽可能分出数据来自哪个域。其中特征提取器和类分类器由前馈神经网络构成。然后,在特征提取器后面,加上一个域分类器,中间通过一个梯度反转层连接。在训练的过程中,对来自源域的带标签数据,网络不断最小化标签预测器的损失。对来自源域和目标域的全部数据,网络不断最小化域分类器的损失。

3. 域对抗迁移网络的工作过程

特征提取器提取的信息传入域分类器,之后域分类器判断传入的信息是来自源域还是目标域,并计算损失。域分类器的训练目标是尽量将输入的信息分到正确的域类别(源域还是目标域),而特征提取器的训练目标却恰恰相反(由于梯度反转层的存在),即使域分类器不能正确地判断出信息来自哪个域,因此形成一种对抗关系。

特征提取器提取的信息也将传入类预测器,因为源域样本是有标记的,所以在提取特征时不仅要考虑后面的域分类器的情况，还要利用源域的带标记样本进行有监督训练从而兼顾分类的准确性。

在反向传播和参数更新的过程中，梯度下降用于最小化目标函数，而特征提取器的任务是最大化标签分类准确率，但最小化域分类准确率，因此要最大化域分类器目标函数。在域分类器和特征提取器中间有一个梯度反转层，在域分类器的参数向 L_d 减小的方向优化，在特征提取器的参数向 L_d 增大的方向优化。用一个网络一个优化器就实现了两部分有不一样的优化目标，形成对抗的关系，如图 13-16 所示。

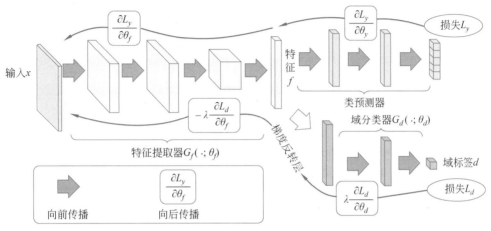

图 13-16　梯度反转层

梯度反转层就是将传到本层的误差乘以一个负数，这样就使得梯度反转层前后网络的训练目标相反，以实现对抗的效果。

4. 损失函数

域对抗迁移网络的总损失由两部分构成：网络的训练损失（类预测器损失）和域判别损失。域对抗迁移网络的总目标函数为

$$E(\boldsymbol{W},\boldsymbol{V},\boldsymbol{b},\boldsymbol{c},\boldsymbol{u},z)=\frac{1}{n}\sum_{i=1}^{n}L_y^i(\boldsymbol{W},\boldsymbol{b},\boldsymbol{V},\boldsymbol{c})-\lambda\left(\frac{1}{n}\sum_{i=1}^{n}L_d^i(\boldsymbol{W},\boldsymbol{b},\boldsymbol{u},z)+\right.$$
$$\left.\frac{1}{n'}\sum_{i=n+1}^{N}L_d^i(\boldsymbol{W},\boldsymbol{b},\boldsymbol{u},z)\right)$$

其中，可通过最小化目标函数来更新类预测器的参数，最大化目标函数来更新域分类器的参数。

$$(\boldsymbol{W}^*,\boldsymbol{v}^*,\boldsymbol{b}^*,\boldsymbol{c}^*)=\mathrm{argmin}E(\boldsymbol{W},\boldsymbol{v},\boldsymbol{b},\boldsymbol{c},\boldsymbol{u}^*,z^*)$$
$$(\boldsymbol{u}^*,z^*)=\mathrm{argmax}E(\boldsymbol{W}^*,\boldsymbol{v}^*,\boldsymbol{b}^*,\boldsymbol{c}^*,\boldsymbol{u},z)$$

13.4　迁移学习的应用场景与方法

机器学习的价值在于应用，它可以从针对特定任务的大量标记数据中学习。对于很多任务来说，特定垂直领域的数据并不足以支持系统建构，因此，迁移学习将是一个很有活力的领域。机器可以学会执行不同的任务。例如，首先学会大体上识别物体，然后用迁移学习

的技术,完成识别人脸的训练。之所以对迁移学习感到兴奋,其原因在于现代深度学习的巨大价值体现在解决拥有海量数据的问题上。很多问题领域没有足够的数据,或者数据不够庞大,则可以先在有许多数据的领域进行学习,然后将训练结果迁移到较少数据的领域进行微调来完成学习。迁移学习领域的进步让人工智能有能力解决更多的问题。

13.4.1 迁移学习的应用场景

当拥有海量的数据资源时,机器学习系统可以很容易地从海量数据中学习到一个很稳健的模型,自然不需要迁移学习。但通常情况下,很少有人从头到尾训练一个深度卷积网络,原因主要有两个:一是数据量的问题;二是时间成本和计算资源的问题。迁移学习的应用场景如下:

(1)假设有两个任务系统 A 和 B,任务 A 拥有海量的数据资源且已经训练好,但任务 B 才是目标任务,这种场景便是典型的迁移学习的应用场景。

(2)新任务系统和旧任务系统必须在数据、任务和模型等方面存在一定的相似性。

具备良好层次的深度卷积网络通常在最初的前几层学习到图像的通用特征,但随着网络层次的加深,卷积网络便逐渐开始检测到图像的特定特征,两个任务系统的输入越相似,深度卷积网络检测到的通用特征就越多,迁移学习的效果就越好。

13.4.2 迁移学习的方法

迁移学习的方法如下:

(1)微调,简单而言就是将别人训练好的网络拿来进行简单修改用于自己的学习任务中。在实际操作中,通常用预训练的网络权值对自己的网络权值进行初始化,以代替原来的随机初始化。

(2)将预训练的网络作为新任务的特征提取器,在实际操作中通常将网络的前几层进行冻结,只训练后面的全连接层,这时预训练网络便是一个特征提取器。

迁移学习的优点如图 13-17 所示。可以看出,迁移学习具有更高的起点、更高的斜率和更高的渐进。在微调之前,原模型的初始性能要比不使用迁移学习更高;在训练的过程中,原模型性能提升的速率要比不使用迁移学习更快;训练得到的模型的收敛性能要比不使用迁移学习更好。

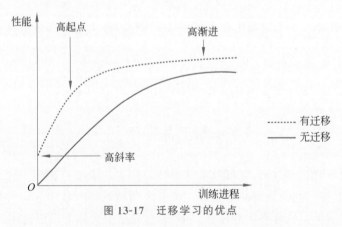

图 13-17 迁移学习的优点

本 章 小 结

迁移学习是一个有效的学习方式。它与强化学习和元学习方式一样,是一种新的机器学习方式。迁移学习就是利用数据、任务或模型之间的相似性,将在旧领域学习过或训练好的模型,应用于新领域的过程。本章内容主要包括迁移学习概述、迁移学习分类与实现、深度迁移学习等。掌握迁移学习和应用迁移学习,可以直接提升在不同任务上的学习效果。

第 14 章

元　学　习

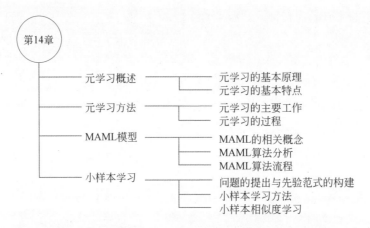

元学习(meta-learning,ML)是机器学习领域中最活跃的研究领域之一,是开启人工通用智能(artificial general intelligence,AGI)的垫脚石。元学习已在图像分类、自然语言处理和智能机器人等领域成功应用,并备受重视,前景远大。

14.1　元学习概述

元学习类比于人类的学习,也就是可使神经网络学会如何学习,更具体地说,元学习可以利用先验知识和经验来指导新任务的学习,使之具有学会学习的能力,这是"元"的含义。

14.1.1　元学习的基本原理

元学习的目标是通过对不同的任务进行训练,以在新的学习任务上只需要使用很少的训练样本,通过微调就能在新任务上达到令人满意的性能。

在传统机器学习中,针对每个任务都从头开始进行训练、调节参数、测试效果,这个过程耗费了大量的时间。深度学习是学习一个预测模型,解决一对一映射问题;强化学习不要求预先给定任何数据,而是通过接收环境对动作的奖励获得学习信息并更新模型参数,但需要巨量的训练和精确的奖励;迁移学习利用数据、任务或模型之间的相似性,将在旧领域学习过或训练好的模型应用于新领域,提高了训练效率,并解决了数据不足的问题。

元学习可让机器自己学会调节参数,在遇到相似任务时能够触类旁通,举一反三,不用从头开始调节参数,也不用大量标签数据重新进行训练。通常的机器学习是针对一个特定的任务找到一个能够实现这个任务的函数;而元学习的目标是首先找到一个函数让机器自动学习原来人为确定的一些超参数,如初始化参数、学习速率和网络架构等,然后再根据具体的问题对模型进行微调,获得满意的结果。

例如,读英语时,可以直接模仿 apple、banana 的发音。但是很快又将遇到新的单词,例如 orange,这时就需要听 orange 的发音,才能正确地读出 orange 这个新单词。可以换一种学习方式,不学习每个单词的发音,而是学习音标的发音。此后遇见新单词,只要根据音标标注,就可以正确地读出这个单词。学习音标的过程是一个元学习的过程。学习音标的发音是元学习的第 1 步,根据音标标注读出这个单词是元学习的第 2 步。

元学习方法的核心思想是让机器学会学习,在学习了很多个任务之后,能够在面对新的任务时,借助以往的学习知识以及少量的新样本就可快速地适应到新的任务中去。例如,对于神经网中权值与阈值的初始选择方法是随机初始化,如果通过学习来训练出模型的初始化参数,则模型在新的任务上使用很少的样本,进行一次或几次梯度下降就可以取得最优化的表现。

14.1.2　元学习的基本特点

下面通过传统机器学习与元学习过程的比较,进一步说明元学习的特点。

1. 传统机器学习

在监督机器学习中,选择一个学习算法 f,f 不是针对某一个特定任务,而是针对一群类似任务的算法。通过训练数据调整一组参数 θ,完成 f_θ 的训练。输入测试数据获得输出结果。如图 14-1 所示,输入猫和狗的图像作为训练数据,并通过调整神经网络参数来完成训练。当输入猫的测试数据时,模型可输出判断结果"猫"。

2. 元学习

元学习训练任务要准备许多子任务来进行学习,其目的是学习出一个较好的超参数,测试任务是利用训练任务学习出的超参数对特定任务进行训练。训练任务中每个任务的数据都分为支持集和查询集;测试任务中数据分为训练集

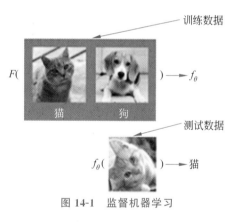

图 14-1　监督机器学习

和测试集。元学习首先通过其他任务训练出一个较好的模型,然后再对特定任务进行训练。多任务的元学习如图 14-2 所示。

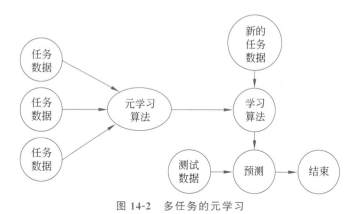

图 14-2　多任务的元学习

例如，A 是元学习算法，ω 是可以学习的算法参数，通常称为原知识。得到最适用的 F_{ω} 之后，再将测试数据输入，得到 f_{θ} 最终输出结果。多任务的元学习不仅可以区分猫与狗图像，而且还能区分苹果与橘子、自行车与小汽车等。ω 是对所有分类任务都比较好的超参数，超参数就是机器学习模型中的框架参数、神经网络的初始权值和阈值。得到超参数之后，可以让它完成新的任务。多任务的元学习可找到初步适合所有任务的算法，并且这个算法能够处理新的任务。例如，三个任务的元学习如图 14-3 所示。

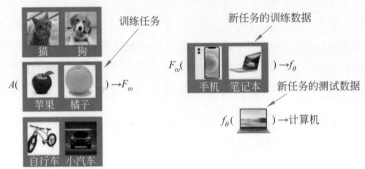

图 14-3　三个任务的元学习

元学习是针对传统神经网络模型的泛化性能不足、适应性较差的特点而提出的一种学习方法。元学习的主要思想：通过少量的计算就可使模型实现与使用海量数据训练一样的识别准确度，也就是在一个泛化性能较强的初始化网络上，完成对新任务的快速适应学习。元学习模型经过不同的训练任务训练之后，就能很好地适应和泛化一个新的任务，它可以使用少量的数据样本快速学习新的概念。

3. 传统机器学习和元学习的比较

在传统机器学习中，训练单位是一条数据，通过数据来对模型进行优化；数据可以分为训练集、测试集和验证集。在元学习中，训练单位分层级了，第一层训练单位是任务，也就是说，元学习中要准备许多任务来进行学习，第二层训练单位才是每个任务对应的数据。二者的目的都是找一个函数，只是两个函数的功能不同，要做的事情不一样。传统机器学习中的函数直接作用于特征和标签，去寻找特征与标签之间的关联；而元学习中的函数用于寻找新的 f，新的 f 才会应用于具体的任务。传统机器学习和元学习的比较如表 14-1 所示。

表 14-1　传统机器学习和元学习的比较

比较项目	学 习 目 的	输入	函数	输出	流　　　　程
传统机器学习	通过训练，学习到输入 x 和输出 y 之间的映射关系，找到函数 f	x	f	y	1. 初始化 f 参数 2. 提供 $<x,y>$ 数据集 3. 计算损耗，优化 f 参数 4. 得到 $y=f(x)$
元学习	通过很多训练任务 T 及对应的训练数据 D 找到函数 F，F 可以输出一个函数 f，f 可用于新任务	很多训练任务及其对应的训练数据	F	f	1. 初始化 F 参数 2. 提供训练任务 T 及其对应的训练数据 D，优化 F 参数 3. 得到 $f=F^{*}$ 4. 新任务中 $y=f(x)$

在传统机器学习中,数据可以分为训练集、测试集和验证集。在元学习中,训练单位分层级,外层训练单位是任务,内层训练单位才是每个任务对应的数据。元学习与监督学习的目的都是找一个函数,只是两个函数的功能不同,要做的事情也不一样。传统机器学习中的函数直接作用于特征和标签,去寻找特征与标签之间的关联;而元学习中的函数是用于寻找新的 f,新的 f 才可以应用于具体的任务。

例 14-1　多任务学习与元学习的比较。

如图 14-4 所示,多任务学习的学习任务为 6 个,执行的任务为已学习过的 6 个任务。

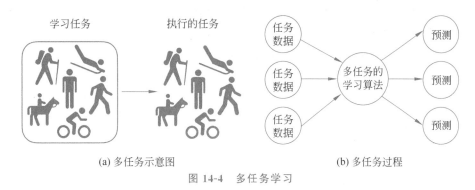

图 14-4　多任务学习

如图 14-5 所示,元学习的学习任务为 6 个,执行的任务是已快速学习过的新任务。

图 14-5　元学习

14.2　元学习方法

按照元学习的基本思想,可以构造多种元学习方法,下面以一种构建自动寻找神经网络初始权值与阈值的元学习算法为例,说明元学习的基本过程。

在元学习中,学习任务是多任务的,这些任务又分为训练任务和测试任务。例如,总计有 10 个任务,可将其中的 7 个任务作为是训练任务,剩余的 3 个任务作为测试任务。为了解决训练时间长的问题,元学习中每个任务设置的数据不多。元学习中的测试任务可以与训练任务相同,也可以不相同,这是元学习的特点之一。

14.2.1　元学习的主要工作

在机器学习的过程中,超参数通常是在学习之前,人为设置好的参数,如卷积神经网络中的卷积核大小,深度 BP 神经网络中隐藏层的数量等。超参数的设置影响了学习效果,随机设置超参数不是最好的选择。

通常情况下,通过对超参数进行优化,选择一组最优超参数,以提高学习的性能和效果。元学习需要使模型获取一种学会学习调参的能力,使模型可以在获取先验知识的基础上快速学习新的任务。具体做法是先通过其他任务训练出一个较好的超参数,然后在较好的超参数下再对特定任务进行训练。这点是元学习与传统机器学习的本质区别,如图 14-6 所示。

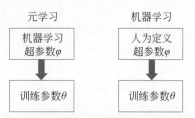

图 14-6　元学习通过学习获得超参数

训练一个神经网络的一般步骤:预处理数据集→选择网络结构→设置超参数→初始化参数→选择优化器→定义损失函数→通过梯度下降更新参数。

用 φ 表示需要设置的超参数,θ 表示神经网络训练的参数。元学习的目的就是在训练任务中自动训练出超参数 φ,再以这个先验知识 φ 在测试任务中训练特定任务下模型中的参数 θ,但在机器学习中是人为设置超参数 φ。在元学习中将训练和测试称为元训练和元测试。元训练分为外层优化和内层优化,外层用于学习超参数 φ,内层用于学习神经网参数 θ。元测试是已经学到最好的 φ 后,在测试集上去学习一个模型,通过损失函数去更新 θ,不断迭代,最终获得 f_{θ^*}。

集合 Φ 为所有的参数集合,φ 表示需要学习的超参数:
$$\varphi \in \Phi = \{D, N, \gamma, \theta_0, O, L\}$$

机器学习与元学习的具体步骤比较如图 14-7 所示。

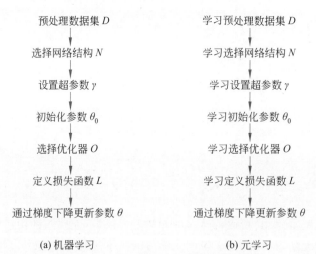

图 14-7　机器学习与元学习的具体步骤比较

元学习的过程如图 14-8 所示。

$$F_{\varphi, \theta} \xrightarrow{\text{训练任务}} (F_{\varphi^*}, \theta \Longleftrightarrow f_\theta) \xrightarrow{\text{测试任务}} (F_{\varphi^*, \theta^*} \Longleftrightarrow f_{\theta^*})$$

图 14-8　元学习的过程

通过训练任务找到 φ^*,通过测试任务找到 θ^*,学习集合 Φ 中的不同元素,相应地出现了不同的元学习方法。

1. 学习预处理数据集

对数据进行预处理时,增加数据将增加模型的鲁棒性,一般的数据增加方式只是对图像进行旋转、颜色变换、伸缩变换等。元学习可以自动地、多样化地增加数据。

2. 学习初始化参数

权重参数初始化的好坏将影响模型最后的分类性能,元学习可以通过学习出一个较好的权重初始化参数来帮助模型在新的任务上进行学习。学习初始化参数的典型元学习算法是 MAML(model-agnostic meta-learning)算法。它专注提升模型整体的学习能力,而不是专注解决某个具体问题的能力。在训练时,它不停地在不同的任务上切换,从而达到初始化网络参数的目的。这样最终得到的模型在面对新的任务时可以学习得更快。

3. 学习选择网络结构

神经网络的结构设定是一个困难的问题,网络的深度是多少,每一层的宽度是多少,每一层的卷积核有多少个,每个卷积核的大小又该怎么定,需不需要 dropout 等,到目前为止还没有一个理论能够清晰准确地回答出以上问题,所以神经网络结构搜索技术应运而生。归根结底,神经网络结构其实也是元学习的一个子类领域。值得注意的是,网络结构的探索不能仅通过梯度下降法来获得,如果出现不可导问题,一般情况下可采用强化学习或进化学习来解决。

4. 学习选择优化器

神经网络学习的目的就是寻找合适的参数,使损失函数的值尽可能小。解决这个问题的过程称为最优化。解决这个问题使用的算法称为优化器。在神经网络训练的过程中,很重要的一环就是优化器的选择,不同的优化器在优化参数时对梯度的走向有重要的影响。Adam、SGD 等是常用的神经网络优化器。

Adam 优化器是关联所有样本的梯度,便于求解全局最优解,始终含有前面梯度的信息,把前面的梯度传到后面。其优点是自动调节学习速率,收敛速度快且进行梯度传导。

随机梯度下降(SGD)优化器主要分为三种:批量梯度下降,即使用所有的样本更新参数,计算量大;随机梯度下降,即每次使用一个数据更新参数,更准确,但是计算量大;小批量随机下降,即按批来更新参数,前两者的折中。SGD 优化器的缺点:训练速度慢,容易陷入局部最优。

(1)随机梯度下降

$$\theta \leftarrow \theta - \alpha \nabla_{\theta} L$$

这个是最常用的,α 是学习速率,L 是损失函数。

(2)Nesterov 动量

虽然随机梯度下降是常用的优化方法,但其学习过程可能会较慢,特别是在处理高曲率但小而一致的梯度,或是带噪声的梯度时,动量方法可以加速学习。动量算法积累了之前梯度指数级衰减的移动平均,并且继续沿该方向移动。从形式上看,动量算法引入了变量 v 充当速度角色,它代表参数在参数空间移动的方向和速率。速度被设为负梯度的指数衰减平均。在动量学习算法中,假设是单位质量,因此可将速度向量 v 看作粒子的动量。超参数 $\alpha \in [0,1)$ 决定了之前梯度的贡献衰减得有多快。更新规则如下:

$$v \leftarrow \beta v - \alpha \nabla_{\theta} L(x; \theta + \beta v)$$

v 是当前的动量,计算下一步 $\theta + \beta v$ 处的动量,这样步子迈得更大,速度更快。

14.2.2　元学习的过程

元学习训练分为两个阶段：第 1 阶段为训练任务的训练，第 2 阶段为测试任务的训练。训练任务的训练在外循环中，测试任务的训练在内循环中。

1. 训练任务的训练

在训练任务中，给定 h 个子训练任务。首先通过这 h 个子任务的支持集训练，分别训练出针对各个子任务的模型参数 θ_k^*。然后用不同子任务中的查询集分别去测试 θ_k^* 的性能，并计算出预测值 P_i^{kq} 和真实标签 Y_i^{kq} 的损失 l_k。接着整合这个损失函数为

$$L(\varphi) = l_1 + \cdots + l_k + \cdots + l_h$$

最后利用梯度下降法去更新参数，从而找到最优的超参设置；如果不可求，则可以采用强化学习或者进化算法去解决。

训练任务 k 的训练过程如图 14-9 所示。

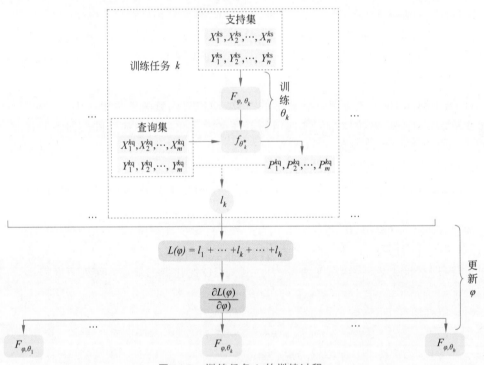

图 14-9　训练任务 k 的训练过程

2. 测试任务的训练

训练任务的训练目的是找到一个好的超参数 φ^*，将该超参数 φ^* 作为先验知识，可以对特定的测试任务进行更好的训练，获得对特定的测试任务的网络权重 θ^*。测试任务的训练过程如图 14-10 所示。

例 14-2　自动寻找初始化权重参数 φ。

初始化权重参数 φ，通过元学习让模型学习出一个优化的初始化权重。假设有两个子任务，第 1 个子任务的支持集是

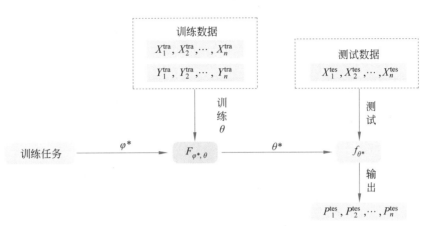

图 14-10　测试任务的训练过程

$$(X_1^{1s}, X_2^{1s}, \cdots, X_n^{1s})$$
$$(Y_1^{1s}, Y_2^{1s}, \cdots, Y_n^{1s}), \quad i=1,2,\cdots,n$$

第 1 个子任务的查询集是

$$(X_1^{1q}, X_2^{1q}, \cdots, X_m^{1q})$$
$$(Y_1^{1q}, Y_2^{1q}, \cdots, Y_m^{1q}), \quad j=1,2,\cdots,m$$

第 2 个子任务的支持集是

$$(X_1^{2s}, X_2^{2s}, \cdots, X_n^{2s})$$
$$(Y_1^{2s}, Y_2^{2s}, \cdots, Y_n^{2s}), \quad i=1,2,\cdots,n$$

第 2 个子任务的查询集是

$$(X_1^{2q}, X_2^{2q}, \cdots, X_m^{2q})$$
$$(Y_1^{2q}, Y_2^{2q}, \cdots, Y_m^{2q}), \quad j=1,2,\cdots,m$$

网络权重参数为 θ_i，如图 14-11 所示，自动寻找超参数 φ 的具体过程如下：

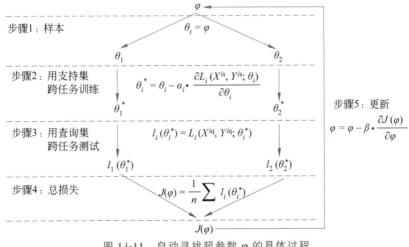

图 14-11　自动寻找超参数 φ 的具体过程

（1）两个子任务分类器的网络结构设置相同，从两个子任务中随机采样一个子任务，并对这个分类器的网络结构权重赋初值。

（2）采样出的两个子任务分别在各自的支持集上进行训练并更新参数。

（3）利用上一步训练出的 φ 在查询集中进行测试，计算出各自任务下的损失函数。

（4）将不同子任务下的损失函数进行整合得到 $J(\varphi)$。

（5）利用损失函数 $J(\varphi)$ 更新 φ。

循环以上个步骤，直到达到要求为止。

更新超参数 φ 的梯度的表达式如下：

$$
\begin{aligned}
\frac{\partial J(\varphi)}{\partial \varphi} &= \frac{1}{n} \sum_{i=1}^{n} \frac{\partial l_i(\theta_i^*)}{\partial \varphi} \\
&= \frac{1}{n} \sum_{i=1}^{n} \frac{\partial L_i(X^{iq}, Y^{iq}; \theta_i^*)}{\partial \varphi} \\
&= \frac{1}{n} \sum_{i=1}^{n} \frac{\partial L_i(X^{iq}, Y^{iq}; \theta_i^*)}{\partial \theta_i^*} \frac{\partial \theta_i^*}{\partial \varphi} \\
&= \frac{1}{n} \sum_{i=1}^{n} \frac{\partial L_i(X^{iq}, Y^{iq}; \theta_i^*)}{\partial \theta_i^*} \left(\frac{\partial \varphi}{\partial \varphi} - \alpha_i \cdot \frac{\partial^2 L_i(X^{is}, Y^{is}; \varphi)}{\partial \varphi^2} \right) \\
&= \frac{1}{n} \sum_{i=1}^{n} \frac{\partial L_i(X^{iq}, Y^{iq}; \theta_i^*)}{\partial \theta_i^*} \left(1 - \alpha_i \cdot \frac{\partial^2 L_i(X^{is}, Y^{is}; \varphi)}{\partial \varphi^2} \right)
\end{aligned}
$$

这个公式已经考虑了所有的变量，通过梯度下降法，元学习可自动学习权重参数。

14.3　MAML 模型

现在已经提出了很多元学习模型，它们大致上可以分为学习权重初始化元模型、生成其他模型参数的元模型等。MAML 学习一个初始化权重，从而在新任务上实现快速适应，在小规模的训练样本上迅速收敛并完成微调。其主要特点是需要学习多个任务，计算量大，但可以在任务分布更广泛的情况下获得较优性能。MAML 与预训练模型计算损失函数的方式不同，MAML 不要求初始化的模型完美，但却要求训练后的模型性能优异。

14.3.1　MAML 的相关概念

1. 模型不可知

模型不可知（model-agnostic）是指其与模型无关。MAML 是一个深度学习框架，提供一个用于训练基础学习器的元学习器。元学习器是 MAML 的精髓，用于学会学习。将基础学习器无缝嵌入 MAML 中，MAML 可以应用强化学习方式。

2. N-way K-shot

N-way K-shot 是指利用很少的标记数据训练模型的过程，这是 MAML 算法擅长的解决问题的方法。N-way 表示训练数据中有 N 个类别，K-shot 表示每个类别下有 K 个被标记数据样本。N-way K-shot 表明训练集中有 N 个类别，每个类别中有 K 个样本，总计 NK 个样本，要求模型通过 NK 个样本的训练来完成 N 个类别的分类。

3. Epoch 与 Batch

（1）Epoch

Epoch 是一个单位。一个 Epoch 是指将所有训练样本训练一次的过程。也就是说，一个完整的数据集通过了神经网络并且返回了一次的过程称为一个 Epoch。对于 BP 算法，所有训练样本在神经网络中都进行了一次正向传播和一次误差反向传播的过程。当完成一个完整的 Epoch 之后，再去计算模型的损失函数、调整权值等。

在神经网络中，需要将完整的数据集在同样的神经网络中传递多次。这里使用的是有限的数据集，并且使用梯度下降来优化学习过程。因此仅使用一个 Epoch 更新一次是不够的，需要多次使用 Epoch。随着使用 Epoch 次数的增加，神经网络中的权重的更新次数也在增加，拟合曲线从欠拟合变为过拟合。选择多少次 Epoch 才合适，取决于不同的数据集。

（2）Batch

当一个 Epoch 样本（也就是所有的训练样本）数量过于庞大时，需要将其分成多个小块，也就是分成多个 Batch（批）。使用 Batch_Size（批大小）表示每批样本的大小，训练一批就是一次迭代。

$$Batch 数 = 训练集大小/Batch\_Size（批大小）$$

例 14-3 Epoch 与 Batch。

如果数据集有 60000 张图像作为训练数据，10000 张图像作为测试数据，选择 Batch_Size = 100 对模型进行训练，迭代 30000 次，则

- 每个 Epoch 训练的图像数量：60000（训练集上所有的图像）。
- 训练集具有的 Batch 数：60000/100 = 600。
- 每个 Epoch 需要完成的 Batch 数：600。
- 每个 Epoch 具有的迭代次数：600（完成一个 Batch 训练，相当参数迭代一次）。
- 每个 Epoch 中发生模型权重更新的次数：600。
- 训练 10 个 Epoch 后，模型权重更新的次数：600×10 = 6000。
- 不同的训练使用的是统一训练集的数据。第 1 个 Epoch 和第 10 个 Epoch，虽然使用的都是训练集的 60000 张图像，但是，对于模型的权重更新值却是完全不同的，因为不同 Epoch 的模型处于代价函数空间上的不同位置，模型的训练代越靠后，则越接近于谷底，其代价就越小。
- 总计完成 30000 次迭代，相当完成了 30000/600 = 50 个 Epoch。

4. 任务

在 MAML 模型中，每一个任务都有自己的独立的训练集和测试集，将其分别称为支持集和查询集。MAML 模型的训练过程是基于任务而展开的，而不是基于数据而展开的。

例 14-4 利用 MAML 算法训练一个能对带标签的图片进行分类的模型 $M_{fine-tune}$。

分类类别为 $P_1 \sim P_5$ 五类，每类有 5 个已标注样本用于训练。另外每类有 15 个已标注样本用于测试。训练数据除了 $P_1 \sim P_5$ 中已标注的样本外，还包括另外 10 个类别的图片 $C_1 \sim C_{10}$（每类有 30 个已标注样本），用于帮助训练元学习模型 M_{meta}。

训练过程如下：

- 首先利用 10 个类别的图片 $C_1 \sim C_{10}$（每类有 30 个已标注样本）训练元模型 M_{meta}；
- 在 $P_1 \sim P_5$ 的数据集上，使用 5-way 5-shot 方法，并微调，获得最终的所需模型 $M_{fine-tune}$。

$C_1 \sim C_{10}$ 为元训练类，$C_1 \sim C_{10}$ 共计 30×10 = 300 个样本，这 300 个样本组成了用于训

练元模型 M_{meta} 的数据集 $D_{\text{meta-train}}$。

与之相对的 $P_1 \sim P_5$ 是元测试类,$P_1 \sim P_5$ 共计$(5+15) \times 5 = 100$ 个样本,这 100 个样本组成了 $D_{\text{meta-test}}$,$D_{\text{meta-test}}$ 是用于训练和测试的 $M_{\text{fine-tune}}$ 的数据集。

根据 5-way 5-shot,在训练元模型 M_{meta} 阶段,从 $C_1 \sim C_{10}$ 中随机取 5 个类别,每个类别再随机取 20 个已标注样本,组成一个任务 T。将其中的 5 个已标注样本称为 T 的支持集,另外 15 个样本称为 T 的查询集。这个任务 T 就相当于普通深度学习模型训练过程中的一条训练数据。需要组成一个 Batch,才能进行随机梯度下降,所以反复在训练数据分布中抽取若干这样的任务 T,组成一个 Batch。

在训练 $M_{\text{fine-tune}}$ 阶段,任务、支持集、查询集的含义以及训练与元模型 M_{meta} 阶段一致。

14.3.2　MAML 算法分析

MAML 使用元学习的学习机制获得好的初始化参数,从而可快速适应新的任务。在从 $p(T)$ 提取的新任务上使用基于梯度下降的微调方式可快速训练模型,且不发生过度拟合。

目标是找到模型的参数,使模型的参数对于任务的改变是敏感的,即模型参数小的改变可以给新任务的损失带来巨大的调整。使用 f 来表示模型,θ 表示参数。对于某一个任务(元训练任务)T_i,模型的参数梯度下降后变为 θ',其中梯度下降的次数为一次或者多次。为了简洁,使用一次梯度:

$$\theta_i' = \theta - \alpha \nabla_\theta L_{T_i}(f_\theta)$$

其中,α 为学习步长,又称任务学习速率,可以是一个超参数,也可以是一个学习来的参数。$L_{T_i}(f_\theta)$ 是使用参数 θ 在任务 T_i 上的损失函数,损失函数相对于参数的梯度为

$$\nabla_\theta L_{T_i}(f_\theta)$$

上面的计算过程只是在一个任务上更新了参数 θ',但是,目标是训练模型的初始化参数,使得模型在新的任务上即使使用很少的样本,进行一次或几次梯度下降也可以取得最大化的表现。学习的初始化参数(内在特征表示)应该适用于各种任务,而不是仅适用于某一个任务。所以模型参数 θ 的更新公式为

$$\theta \leftarrow \theta - \beta \nabla_\theta \sum_{T_i \sim p(T_i)} L_{T_i}(f_{\theta_i'})$$

其中,β 为元学习步长,又称为学习速率。$p(T_i)$ 是元学习任务的任务分布,其实就是在元训练任务中采样出任务来进行元训练,因为一次可以采样多个,所以进行求和。模型参数 θ 的更新如图 14-12 所示。

比如一次学习 3 个任务,然后用最开始的参数 θ 分别在这三个任务(T_1、T_2 和 T_3)上进行梯度下降:

$$\theta_i' = \theta - \alpha \nabla_\theta L_{T_i}(f)$$

得到分别对应三个任务的参数 θ_1'、θ_2' 和 θ_3',然后使用

$$\theta = \theta - \beta \nabla_\theta \sum_{T_i \sim p(T_i)} L_{T_i}(f_{\theta_i'})$$

进行梯度的更新,得到新一轮的初始化参数 θ,反复进行多次,最终元训练的结果就是初始化参数 θ。在面对新的任务时,还需要对 θ 进行一次或几次的梯度更新。

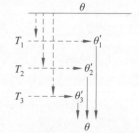

--→:梯度下降;——→:SGD

图 14-12　模型参数 θ 的更新

图 14-12 描述了 MAML 需要寻找的参数 θ 的位置,首先在训练的任务上计算每个任务的损失,然后将一个 Batch 中所有的任务(多个任务)的损失求和作为损失再进行优化,这

个过程结束后,可以获得参数 θ,之后模型可以快速适应新的任务。

14.3.3　MAML 算法流程

MAML 的损失函数为

$$L(\varphi) = \sum_{n=1}^{N} I^n(\theta^n)$$

损失中每个任务的 $l^n(\theta^n)$ 是用 φ 训练完之后的参数 θ 计算的。使用 MAML 算法时,并不考虑 φ 在这些训练任务上表现如何,而关注的是经过训练以后的表现。例如,φ 在当前的 task_1 和 task_2 上表现不是很好,但是可将这个位置的 φ 作为任务 i 的初始参数,经过训练后的 θ_1、θ_2 可以达到极值点,也就是达到最好的参数。

对任何任务 i 的模型参数刷新,内循环:

$$\theta'_i \leftarrow \theta - \beta \nabla_\theta L(\theta, D_{\text{train}}^{\text{support}(i)})$$

通过在查询集上的任何 θ'_i 的计算刷新,外循环:

$$\theta \leftarrow \theta - \alpha \nabla_\theta \sum_{i=1}^{M} L(\theta'_i, D_{\text{train}}^{\text{query}(i)})$$

φ 是模型参数 θ 本身,损失函数相同:$L = L^{\text{meta}} = L^{\text{task}}$。

θ'_i 由 θ 得出。

下述是 MAML 预训练阶段的算法,目的是找到元模型 M_{meta},MAML 算法流程如下:

输入:$p(T)$ 任务的分布
输出:α、β 超参数
1. 随机初始化参数 θ
2. 循环(相当于所有的批集合,也就是在整个训练集上)
3. 　　从任务分布 $p(T)$ 上采样一批任务
4. 　　for 循环,对这批上的所有任务 T 执行以下过程:
5. 　　　　计算每个 T 上 K 个样本的损失函数的梯度 $\nabla_\theta L_{T_i}(f_\theta)$
6. 　　　　通过梯度下降来更新每个任务的参数 θ',也就是 $\theta'_i = \theta - \alpha \nabla_\theta L_{T_i}(f_\theta)$
7. 　　for 循环结束
8. 　　通过这一批中 T 的损失之和来更新参数 θ
　　　　(也就是通过每个 T 的参数 θ'_1、θ'_2 和 θ'_3 来更新参数)
$$\theta = \theta - \beta \nabla_\theta \sum_{T_i \sim p(T_i)} L_{T_i}(f_{\theta_i}')$$
9. 结束循环

模型的参数更新过程的概括:首先使用初始化的参数 θ 在某个任务上计算损失函数,通过梯度下降更新为 θ',然后在使用更新后的新参数 θ' 计算一下损失,以检测梯度下降是否有效,是否改善了效果,即 $\nabla_\theta \sum_{T_i \sim p(T_i)} L_{T_i}(f_{\theta_i}')$,然后知道了需要如何调整这个初始化参数 θ,以便在遇到新的任务时,只需几步梯度下降就可以显著改善效果。这样执行多次,初始化参数 θ 被反复优化,最后模型真的可以在新的任务上通过几步梯度下降就显著改善效果。

无论是在学习过程中,还是在元训练完成后,θ 都是相对于任务的初始化参数,它是适用于大量的任务,但是对于某一个确定的任务,还需要进行微调。在元测试时,要用新任务上的少量的样本通过 $\theta'_i = \theta - \alpha \nabla_\theta L_{T_i}(f_\theta)$ 进行梯度下降,得到 θ',这才是用来测试模型在

新任务上的学习能力的参数,所以在 MAML 分类中,这个过程称为学习微调。

逐行地分析 MAML 算法:

第 1 个要求:指明 $D_{\text{meta-train}}$ 中的任务分布。例如,反复随机抽取任务 T,形成一个由若干任务 T 组成的任务池,作为 MAML 模型的训练集。由于训练样本有限,要组合成多个任务,因此不同任务之间存在重复样本,或者某些任务的查询集成为其他任务的支持集。MAML 的目的是通过对大量任务的学习获得足够强的泛化能力,从而当面对新的、从未见过的任务时,通过微调就可以快速拟合,因此,各任务之间需要存在一定的差异。MAML 的训练是基于任务的,而这里的一个任务就相当于深度学习模型中的一条训练数据。

第 2 个要求:指明超参数步长就是学习速率,MAML 是基于二重梯度的,每次迭代包括两次参数更新的过程,所以需要调整 α 和 β 两个学习速率。

第 1 步随机初始化模型的参数 θ。

第 2 步是一个当循环,一轮迭代过程是一个 Epoch,预训练的过程可以有多个 Epoch。

第 3 步加载数据,随机采样若干任务,形成一批任务。

第 4~7 步是第一次梯度更新的过程。这里可以理解为复制了一个原模型,计算出新的参数,用在第二轮梯度的计算过程中(第 8 步)。MAML 是逐个渐变的,有两次梯度更新的过程。第 4~7 步利用批中的每一个任务,分别对模型的参数进行更新(如果有 4 个任务,则更新 4 次)。这个过程在算法中可以反复执行多次,上述描述中没有体现这一层循环,但可使用多个梯度渐变更新直接扩展。

第 5 步利用一批任务中的某一个任务的支持集,计算每个参数的梯度。在 N-way K-shot 的设置下,这里的支持集应该有 NK 个样本。在算法中,默认对每个类别下的 K 个样本进行计算。实际上参与计算的总计有 NK 个样本。这里的损失计算方法:在回归问题中,使用 MSE(均方误差);在分类问题中,使用交叉熵。

第 6 步第一次梯度的更新。

第 4~7 步结束后,MAML 完成了第一次梯度更新。接下来要做的是,根据第一次梯度更新得到的参数,通过梯度渐变,计算第二次梯度更新。第二次梯度更新时计算出的梯度,直接通过 SGD 优化器作用于原模型上,也就是模型用于更新其参数的梯度。换句话说,第一次梯度更新是为了第二次梯度更新,而第二次梯度更新才是为了更新模型参数。

关于以上过程,假设原模型是 θ_a,复制了它之后,得到 θ_b。在 θ_b 上,做了反向传播及参数更新,得到第一次梯度更新的结果 θ_b'。接着,在 θ_b' 上,将进行第二次梯度更新。此时需要先在 θ_b' 上计算梯度(计算方法如接下来的第 8 步所述),但是梯度更新的并非是 θ_b',而是原模型 θ_a。这就是二重梯度在代码中的实现。

第 8 步即对应第二次梯度更新的过程。这里的损失计算方法,大致与第 5 步相同,但是不同点有两处。一处是不再是分别利用每个任务的损失更新梯度,而是像常见的模型训练过程一样,计算一批任务的损失总和,对梯度进行随机梯度下降。另一处是这里参与计算的样本是任务中的查询集,在例 14-4 中,就有 $5 \times 15 = 75$ 个样本,目的是增强模型在任务上的泛化能力,避免过拟合支持集。第 8 步结束后,模型结束在该批任务上的训练,开始回到第 3 步,继续采样下一批任务。

以上即 MAML 预训练得到元模型 M_{meta} 的全部过程。事实上,MAML 正是因为其思路简单与效果惊人,在元学习领域迅速流行了起来。接下来,应该是面对新的任务,在元模

型 M_{meta} 的基础上,微调得到 $M_{\text{fine-tune}}$ 的方法。

微调的过程与预训练的过程大致相同,不同的地方主要在于以下几点:

- 第 1 步中,微调不用再随机初始化参数,而是利用训练好的 M_{meta} 初始化参数。
- 第 3 步中,微调只需要抽取一个任务进行学习,自然也不用形成批。微调利用这个任务的支持集训练模型,利用查询集测试模型。实际操作中,将在 $D_{\text{meta-test}}$ 上随机抽取许多个任务(例如 500 个),分别微调模型 M_{meta},并对最后的测试结果进行平均,从而避免极端情况。
- 微调没有第 8 步,因为任务的查询集是用来测试模型的,标签对模型是未知的。因此微调过程没有第二次梯度更新,而是直接利用第一次梯度计算的结果更新参数。

在 MAML 学习中,对任务的定义采用 N-way K-shot 的形式。考虑图像分类场景,如果有 10 个类别,每个类别有 10 张图像,则共计 $10 \times 10 = 100$ 张图像。那么 MAML 学习的过程就是,首先进行设置,比如设置为 10-way 5-shot,用 ImageNet 数据集进行预训练,然后元测试时在自己的数据(100 张图像)上进行微调,最后得到参数 θ。在推理时,每次就基于 θ 进行计算和分类。

可以看出,MAML 是多域知识拟合,也就是选择多域中整体表现不错的参数(单一域不一定表现好),具有更强的泛化能力。

14.4　小样本学习

大数据是深度学习的瓶颈,因为数据本身具有收集成本昂贵,甚至根本无法采集的弊端。真正能够收集到大量样本的是极少数情况。数据本身收集就很难,加之难以跨越一些隐私和伦理等障碍,数据收集就更难了。小样本学习就是使用远小于深度学习所需要的数据样本,达到接近甚至超越大数据深度学习的效果,这也是小样本学习的本质,即学习的效果与数据比较的提升,或者说单位数据产生的模型收益增大了。

14.4.1　问题的提出与先验范式的构建

1. 小样本学习的提出

(1) 需要大量数据

自从深度学习出现与发展起来之后,智能化的各种设备也逐渐增多,但是对于智能化的程序来说,需要数以万计甚至百万千万的数据进行训练。但有时并不能找到如此多的训练数据。如果训练数据较少,将导致过拟合,为此,研究者提出了小样本学习,小样本学习针对样本量较少的任务,能够成功进行好的训练,以实现所需的功能。

(2) 人类具有从小样本中学习的能力

因为人类可以仅通过一个或几个示例就轻松地建立对新事物的认知,而机器学习算法通常需要成千上万个有监督样本来保证其泛化能力,所以小样本学习(few-shot learning,FSL)在机器学习领域具有重大意义。

(3) 小样本学习也是一种元学习

小样本学习也是一种学会学习的元学习,可提高模型泛化性能。这种方法的本质是在不对数据使用量进行限定的情况下,让同一模型适应更广泛的数据分布和更多的任务。如果先验知识充足,那么即使数据不足,也可用知识来补充。还有一种方法是提高单位数据的使用效率,如果每个数据对模型的改进都有效,则可远离随机游走。

（4）基本能力

复杂能力由各种基本能力组成,如记忆能力、想象力和推理能力都为基本能力。有的人具有很好的视觉工作记忆,能够过目不忘;有的人对数字敏感,这是基本能力的不同。这些基本能力组合成综合能力,使学习新的任务变得迅速。

2. 自监督学习构建先验的范式

从模型训练的角度出发,利用先验知识来限制假设空间的复杂性。一旦有了这些先验知识,大脑就可以根据基本概念和关系构成新的概念,新的概念和旧的概念连成网络,构成很快可以根据一两个数据来学习的基础。

（1）基于预训练的范式

自监督学习是一类通过某种方式将无监督学习问题转换为有监督问题的方法。自监督学习主要利用辅助任务从大规模的无监督数据中挖掘自身的监督信息,随后通过这种构造的监督信息对网络进行训练,从而可以学习到对下游任务有价值的表征。也就是说,自监督学习不需要任何的外部标记数据,这些标签是从输入数据自身中得到的。自监督学习的模式仍然是预训练微调的模式,即先进行预训练,然后将学习到的参数迁移到下游任务网络中,进行微调得到最终的网络。

无监督的主要目标集中于检测特定的数据模式,而自监督学习的目标是重构输入,这仍然是处于监督学习的范式中。

（2）基于元学习的范式

基于元学习的范式则更加精准地靶向少拍的问题。元学习指的是通过学习一系列任务集,而不是一个个数据来构建一个基本模型,使模型可以在新的任务。到来时,用最少的数据完成训练过程。

3. 提高数据利用效率的范式

（1）改善优化方法

深度学习速度慢的主要原因就是采用随机梯度下降法进行优化。随机梯度下降法本质上是利用梯度函数,在非凸的复杂曲面上摸索寻找最优参数。小批量数据对整个目标的优化非常有限,但是在传统机器学习中,已有很多学习方法可以更充分地利用每个数据。例如,直接求最优解的递归最小二乘法等。

（2）减少模型的参数数量

通常情况下,模型的参数越多,收敛速度就越慢。因此,如果模型在达到类似效果的同时有效减少模型的参数数量,将对小样本学习起到非常大的助力作用。

14.4.2 小样本学习方法

在小样本学习中,为了弥补输入数据量不足的缺陷,需要借助先验知识。这些先验知识可归纳为数据、模型、算法三方面,因此,可以将小样本学习方法分为基于数据增强的方法、基于模型改进的方法、基于算法优化的方法。

1. 基于数据增强的方法

基于数据增强的方法就是增加数据,扩充样本。通常使用平移、裁剪、翻转、加噪声等操作来增加数据,但是这些操作虽然在特定数据集表现很好,但不具有普适性,而且需要操作者对所处理的领域有足够的了解。

小样本学习所使用的数据增强方法如图 14-13 所示,主要从下述三方面完成数据增强。

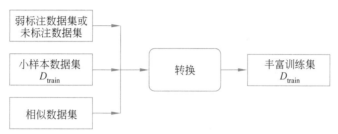

图 14-13 小样本学习所使用的数据增强方法

(1) 小样本数据集

通过转换训练集中的样本来丰富训练集。

(2) 小样本数据集+弱标注数据集或未标注数据集

从弱标注数据集或未标注数据集中挑选样本来扩充小样本数据集。

(3) 小样本数据集+相似数据集

对相似数据集中的样本进行汇总或改编来丰富训练集。

虽然基于数据增强的方法比较容易理解,但是在很多场景下,该方法并不具备普适性,难以实现数据增强。

2. 基于模型改进的方法

每个模型经过多次迭代都可以得到近似解,但当样本数量有限时,在假设空间搜索解会变得困难。可以采用多任务学习、嵌入学习、基于外部记忆的学习和生成模型等方法缩小假设空间。

(1) 多任务学习

多任务学习模型可以处理多个任务,因此也就兼备了模型的普适性和一般性。在处理多个任务时,模型的参数可以共享,也可以相关联。参数共享模型如图 14-14 所示。

(2) 嵌入学习

嵌入学习通过将样本映射到一个低维度空间,达到缩小假设空间的效果,进而通过少量的样本求出模型在该假设空间下的近似解。

(3) 基于外部记忆的学习

基于外部记忆的学习通过对小样本数据集进行学习得到知识,然后将知识存储到外部。对于新样本,模型都使用存储在外部的知识进行表示,并根据表示来完成匹配。这种方法可以显著缩小假设空间。

(4) 生成模型

生成模型可以学习小样本数据集的数据分布,并可将其用于各种任务,其结构如图 14-15 所示。

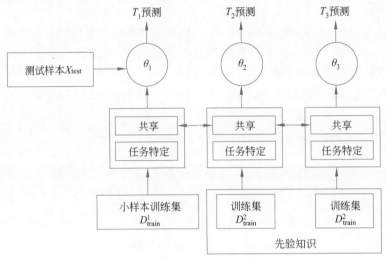

图 14-14　参数共享模型

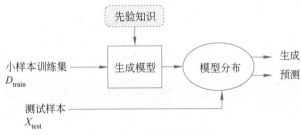

图 14-15　生成模型的结构

3. 基于算法优化的方法

这类方法的核心是通过优化算法来快速地搜索到合适解,下面主要介绍三种方法。

（1）改善已有参数

改善已有参数的方法（见图 14-16）是从参数初始化入手,其主要思路是借助已训练好的模型参数来调整小样本模型的参数,例如,用大数据集训练好的模型来初始化小样本模型;聚合其他已训练好的模型到一个模型;给已训练好的模型加一些用于小样本任务的参数等。

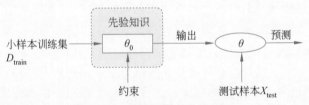

图 14-16　改善已有参数的方法

（2）改善元学习参数

元学习是学习如何学习,其结构一般由一个底层模型和一个顶层模型组成。底层模型是模型的主体,顶层模型负责更新元参数。学习器（见图 14-17）除了要更新底层模型,还要更新元参数。改善元学习参数的策略大致有下述三类。

① 结合不同特定任务模型参数来对新任务的参数进行初始化。

② 对模型不确定性建模,以备后续提升。

③ 改进参数调整流程。

（3）学习优化器

如图 14-17 所示,每次优化迭代都会更新上一次的模型参数。在学习小样本数据集中每个迭代的更新值后,可将这些更新值应用在新的测试数据上。

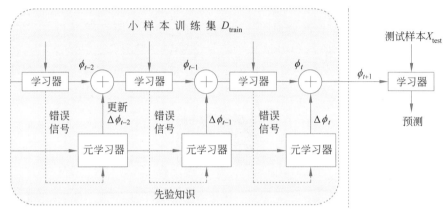

图 14-17　学习器

小样本学习中最重要的是利用了先验知识,如果能够妥善利用先验知识,并进行很好的迁移,则更能突出小样本学习的优势。

14.4.3　小样本相似度学习

K-way N-shot 是典型的小样本学习问题,例如,4-way 2-shot 的支持集如图 14-18 所示,4 个类别是松鼠、兔子、仓鼠和水獭,每类中有两个样本。

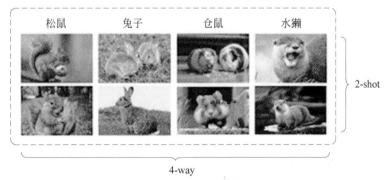

图 14-18　4-way 2-shot 的支持集

1. 基于数据相似性的分类

通常来说,如果类别数越多,样本数越少,则分类准确度越低。求解这个问题的基本思路:首先以相似数据训练神经网络模型,相似度函数为 $\mathrm{sim}(\boldsymbol{x}, \boldsymbol{x}')$。

例 14-5　基于数据相似性的分类。

如图 14-19 所示，$\mathrm{sim}(\boldsymbol{x}_1, \boldsymbol{x}_2) = 1$，$\mathrm{sim}(\boldsymbol{x}_1, \boldsymbol{x}_3) = 0$，$\mathrm{sim}(\boldsymbol{x}_2, \boldsymbol{x}_3) = 0$。

图 14-19　相似度函数测试集

用已训练过的神经网络模型做预测时，可以给定一张查询图片，将其与支持集的图片逐一对比，计算它们之间的相似度，得出相似度最高的图片，并将其作为预测结果。如图 14-20 所示，查询图片中的动物与水獭的相似度为 0.7，这是相似度（sim）值最高的一个，所以断定查询图片中的动物是水獭。

查询：

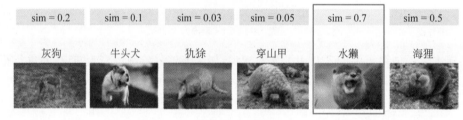

图 14-20　查询

2. 孪生网络

孪生网络是一种特殊的神经网络，是最简单、最常用的单样本学习神经网络模型之一。

（1）问题的提出

建立一个人脸识别模型，识别人数几百人。如果用卷积神经网络（从零开始建立人脸识别模型），那么需要这几百个人的图像来训练网络并获得良好的精度，但显然没有几百个人的图像数据，因此除非有足够的数据，否则使用卷积神经网络或任何深度学习算法来建立模型都不可行。

假设有两张图像 $\boldsymbol{x}_1$ 和 $\boldsymbol{x}_2$，想知道这两张图像是否相似。这两个网络的作用都是为输入图像生成嵌入，即特征向量。因此，可以使用任意产生嵌入的网络。因为输入是一张图像，所以可以使用卷积神经网络来完成特征提取。

在这里卷积神经网络的作用只是提取特征而不是分类，这些网络应该有相同的权重和架构，如果网络 A 是一个三层卷积神经网络，那么网络 B 也应该是一个三层卷积神经网络，这两个网络使用相同的权重。因此，网络 A 和网络 B 将分别给出输入图像的输出。

然后，对这些输出计算损失函数，得到两个输入的相似程度。损失函数基本上是任何相似度度量，例如欧氏距离和余弦相似度。

（2）孪生神经网络结构

孪生神经网络结构包括两个子网络,两个子网络权重共享,如图 14-21 所示。可以看出,孪生神经网络有输入 1 和输入 2 两个输入,因此孪生神经网络可通过比较两个输入特征向量的距离来衡量两个输入的相似度。孪生神经网络可应用于人脸识别。孪生神经网络的优点:对于类别不平衡问题更具鲁棒性,更易于集成学习,可以从语义相似性上学习来估测两个输入的距离。孪生神经网络的缺点:由于有两个输入,两个子网络,其训练相对于常规网络运算量更大,需要的

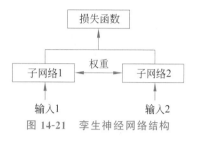

图 14-21　孪生神经网络结构

时间更长。孪生神经网络是成对输入,其输出的不是概率,而是两个类间的距离。

3. 孪生神经网络训练的方法

每次取两张图片作为训练样本,标签为 0(不同类)或 1(同类),孪生神经网络输出一个 0～1 的相似度数值。训练目标是使预测尽量接近标签,这样训练出的网络可以判别两个样本间的相似度。两张图像越相似,神经网络的输出值越接近 1。若两张图像属于不同类别,则输出值接近 0。将标签与预测之间的差别作为损失函数,如图 14-22 所示。

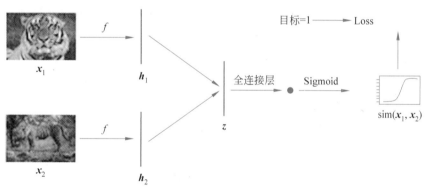

图 14-22　孪生神经网络训练的方法

（1）方法 1

- 构建正负样本

正样本的构建:首先从训练数据集中随机抽取一张图像,然后从随机选择出图像的类别下再随机抽取一张图像,构成正样本,并将标签设置为 1,代表相似度为 100%。

负样本的构建:从训练集中随机抽取一张图像,然后删除该类别,从剩余的类别中再抽取一张图像,构成负样本,并将标签设置为 0。

- 训练神经网络

如果是正样本,将两张正样本图像分别用 x_1、x_2 来表示。x_1 和 x_2 分别通过卷积神经网络(参数共享的同一个神经网络)进行特征提取,输出特征向量为 $h_1=f(x_1)$,$h_2=f(x_2)$。$z=h_1-h_2$ 用于表示两个特征向量之间的区别。将特征向量 z 通过全连接层(fc)输出一个标量,标量通过 Sigmoid 激活函数得到 0～1 的数(网络的最终输出)。这个数(网络的输出)用于衡量输入的两张图像之间的相似度(相同类别输出应接近 1,不同类别输出应接近 0)。这里将网络的输出与标签之间的差别记作损失函数。可以使用交叉熵来衡量标

签与网络的输出之间的差别,然后使用梯度下降来更新模型中的参数。

负样本训练过程同上,负样本之间的标签为 0。

- 预测

构建支持集(K-way N-shot),其中的类别不包含在训练数据集中。输入查询图像,其类别必须属于支持集中的任意一个类别。将查询图像与支持集中的图像分别作为上面已训练好的孪生神经网络的输入,计算其相似度。逐一将查询图像与支持集中的所有图像做对比,选择出相似度最大的支持集中对应的图像的类别,作为预测的类别。

(2) 方法 2

- 训练集

从训练集中每次选择三张图像。第一张图像是从训练集中随机选择一张,作为锚图像。第二张图像是从锚所对应的类别中随机选取一张图像,作为正的图像。第三张图像是从排除掉锚所对应类别的剩余图像中任意选择一张图像,作为负的图像。

- 将正的图像、锚图像、负的图像分别记作 x^+, x^a, x^-,并输入神经网络中,得到特征向量 $f(x^+), f(x^a), f(x^-)$,分别计算正的图像、负的图像与锚图像在特征空间上的距离,即计算距离 $d^+ = ||f(x^+) - f(x^a)||$ 二范数的平方,距离 $d^- = ||f(x^a) - f(x^-)||$ 二范数的平方。

希望网络可以使相同类别的特征向量在特征空间中尽可能接近,而不同类别的特征向量在特征空间中尽可能远离,因此求得的距离 d^+ 应尽可能小,而 d^- 应尽可能大。

- 损失函数

正的图像在特征空间中应尽可能接近锚图像,即 d^+ 应尽可能小。

负的图像在特征空间应尽可能远离锚图像,即 d^- 应尽可能大。

可通过设定一个超参数(margin,用于设定正负样本之间的最小距离阈值)来区分正负样本。

若 $d^- \geq d^+ + \text{margin}$,即认为这组样本的分类结果正确,Loss=0;否则,Loss=$d^+ + \text{margin} - d^-$。

整体损失函数为 $\text{Loss}(x^a, x^+, x^-) = \max\{0, d^+ + \text{margin} - d^-\}$。

训练过程:在每个训练批次中,随机选择三元组(锚点、正样本、负样本),计算每个三元组的损失值。通过梯度下降算法优化模型参数,使得整体损失最小化。

本 章 小 结

元学习是通过学习一系列任务集,而不是一个个数据,来构建一个基本模型,使模型可以在新的任务到来时,用最少的数据完成训练过程。在元学习中,模型学习的不仅是通用的特征,而且是可以迅速用少量数据提取模型的方法,它是一个训练模型的模型。本章主要内容包括元学习方法、MAML 模型和小样本学习等。通过对这部分内容的学习,读者可以掌握元学习的基本思想、基本方法,为应用元学习和发展元学习打下基础。

第 15 章

大语言模型

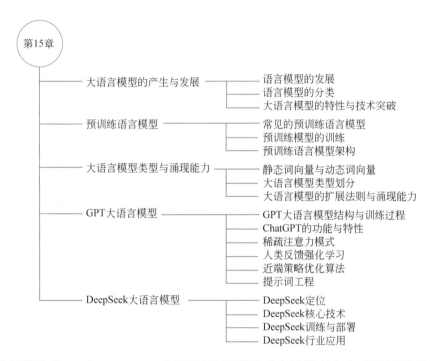

大语言模型(large language model,LLM)可以生成自然语言文本或理解语言文本的含义。大语言模型可以处理多种自然语言任务,如文本分类、问答、翻译等,是通向人工智能的重要途径之一。

15.1 大语言模型的产生与发展

2023 年 2 月,随着微软公司推出由 ChatGPT 支持的 Bing 搜索引擎,谷歌公司推出与 ChatGPT 正面竞争的对话式程序 Bard,国内的百度公司、360 公司等也加入这场大语言模型的竞争中,引发了人们对大语言模型未来所能带来变革的广泛思考。

15.1.1 语言模型的发展

语言模型的历史发展主要分为四个阶段,从基于规则,到基于统计、基于神经网络,再到大语言模型,呈现出这样的趋势,即语言模型架构越来越趋近于人脑思考的方式,在处理大量数据的过程中不断地优化学习过程和训练方法,模型准确度持续提高。语言模型的发展的标志性过程如图 15-1 所示。

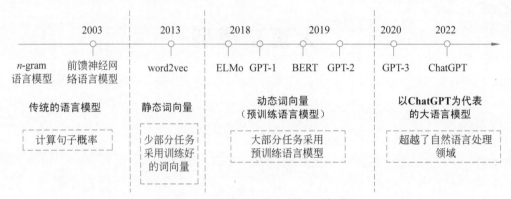

图 15-1　语言模型的发展的标志性过程

1. 基于规则的语言模型阶段（1970 年以前）

在该阶段，自然语言处理主要基于手写规则，只能处理少量数据。

2. 基于统计的语言模型阶段（1970—2000 年）

在该阶段，自然语言处理从数学统计的角度预测下一个词的出现概率，以 n-gram 等模型为代表，其推理过程非常直观，但是推理结果主要依赖数据集，容易出现数据稀疏（即空值）等问题。

统计语言模型（statistical language model，SLM）是基于统计方法，或基于马尔可夫假设建立的词预测模型。要判断一段文字是不是一句自然语言，可以通过确定这段文字的概率分布来表示其存在的可能性。语言模型中的词是有顺序的，给定 m 个词看这句话是不是一句合理的自然语言，关键是看这些词的排列顺序是不是正确的。所以统计语言模型的基本思想是计算条件概率。例如，一段文字由 m 个词组成，可以通过计算其联合概率来判断这段文字是不是一句话。但在实际操作中，通常文本较长，计算量大，求解困难，为此提出了 n-gram 语言模型，这种模型的基本思想是当前词只和它前面的 n 个词有关，与更前面的词无关。

- n-gram 模型针对较长文本仍存在估计困难问题。

语言模型的任务是根据语料训练模型参数，根据词典中存在的词自动生成一句自然语言，为了保证生成的句子是通顺的，n-gram 中的 n 选取得比较大，例如，$n=5$，那每个当前词的估计都和前面的 5 个词有关，在生成第 6 个词时，需要计算概率：

$$P(w_6 \mid w_1, w_2, w_3, w_4, w_5)$$

前面的 5 个词并不是确定的，需要将所有的可能性都列出来一个一个比较，选择概率最大的那个，如果词典里有 1 万个词，那每个词都有 1 万种选择，这 5 个词可组成 10000^5 个序列，这是一个非常大的数字，在训练语料中寻找每种序列出现的次数，也就是序列频率，这只是计算出了条件概率的分母。分子是 6 个词所有可能性中每种可能性出现的次数，这将得到 10000^6 个序列，计算公式如下：

$$P(w_6 \mid w_1, w_2, w_3, w_4, w_5) = \text{count}(w_1, w_2, w_3, w_4, w_5, w_6) / \text{count}(w_1, w_2, w_3, w_4, w_5)$$

根据上面的分析，每个词的预测都得到 10000^6 个这样的概率，如果不约束文本的长度，那后面的条件概率几乎无法计算,因为数量太多。此外,如果 w_1,w_2,w_3,w_4,w_5,w_6 组成的序列不是一个常用的序列,在语料中找不到这样的词序组合,那对应序列算出来的概率很小,甚至接近 0,而这些接近 0 的概率还不能舍弃,这样就会出现数据稀疏的问题。

- n-gram 模型没有解决数据稀疏的问题。

n-gram 语言模型解决了用普通的条件概率计算句子概率参数太多难以训练的问题,在理论上,n 取得越大,保留的词序信息就越多,生成的句子越合理,但如果 n 取得比较大,同样会面临数据稀疏的问题,因为 n 太大会导致这个序列在语料中很少出现或者根本不出现。根据经验也可知,太长的一句话在语料中出现的次数不是多,要远远小于二三个词构成的短语出现的次数,这样会造成计算出的条件概率接近 0,进而使整个句子出现的概率也接近 0。这就是数据稀疏导致训练出的语言模型无法使用的原因。

为了 n 取得大一点以保留更多的词序信息,同时避免数据稀疏的问题,神经网络语言模型应运而生。

3. 基于神经网络阶段(2000 年至今)

在该阶段,自然语言处理将神经网络引入了连续空间的语言建模中。神经网络的前馈神经网络、循环神经网络可以自动学习特征和连续的表征。因此,将神经网络应用于语言模型与其他 NLP 任务中。神经网络语言模型(neural network language model,NNLM)的基本功能如图 15-2 所示,提问"天空的颜色是",语言模型输出"蓝色"。

图 15-2　NNLM 的基本功能

第一个神经网络语言模型由 Bengio 等于 2003 年提出,它通过学习一个单词的分布式表征,将单词表征为一个嵌入的低维向量来克服维数困难。前馈神经网络语言模型(FFNNLM)的性能要优于 n-gram 语言模型。随后,Mikolov 等于 2010 年提出了循环神经网络语言模型(RNNLM)。从那时起,神经网络语言模型逐渐成为主流的语言模型,并得到了迅速发展。

Bengio 等于 2003 年提出的原始前馈神经网络语言模型架构如图 15-3 所示,其中,H、U 和 W 是层与层之间连接的权重矩阵;d 和 b 是隐藏层和输出层的偏置。

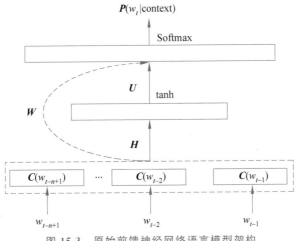

图 15-3　原始前馈神经网络语言模型架构

神经网络语言模型的结构分为输入层、隐藏层和输出层,如果生成 5 个词组成的句子,已经生成了前面的 4 个词,则要在以前面 4 个词为条件的情况下输出第五个词。输入层将原始文字映射成向量,当然,这个向量是随机初始化得到的,需要在训练过程中调整参数(权重)。在输入层将词向量拼接起来输入隐藏层。隐藏层是一个非线性激活函数。输出层得到的是一个词典大小的向量,这个向量表示词典中的每个词作为语言模型生成的第五个词的可能性。

模型的输入是 $w_{t-n+1}, \cdots, w_{t-2}, w_{t-1}$,即前 $t-1$ 个词。现在需要根据已知的这 $t-1$ 个词预测下一个词 w_t。用 $C(w)$ 表示 w 所对应的词向量。整个模型中使用的是一套唯一的词向量,存在一个大小为 $|V| \times m$ 的矩阵 C 中,V 表示语料中的总词数,m 表示词向量的维度。w 到 $C(w)$ 的转换就是从矩阵 C 中取出一行。

网络的第一层(输入层)将 $C(w_{t-n+1}), \cdots, C(w_{t-2}), C(w_{t-1})$ 这 $n-1$ 个向量首尾拼接起来形成一个 $(n-1) \times m$ 大小的向量,记作 X。

网络的第二层(隐藏层)如同普通的神经网络,直接使用一个全连接层(用 $d + HX$ 计算得到,其中 d 表示偏置,H 表示对应向量的权重)。向量通过全连接层后再使用 tanh 这个激活函数进行处理。

网络的第三层(输出层)一共有 V 个节点,本质上这个输出层也是一个全连接层。每个输出节点 y_i 表示下一个词语为 i(词表中的索引)的未归一化概率。最后使用 Softmax 激活函数将输出值 y 进行归一化,计算如下:

$$y = b + WX + U\tanh(d + HX)$$

式中,U 是一个 $|V| \times H$ 的矩阵,是隐藏层到输出层的参数,整个模型的多数计算集中在 U 和隐藏层的矩阵乘法中。式中还有一个大小为 $|V| \times (n-1)m$ 矩阵 W,主要是将输入层的数据结果也放到输出层进行计算的线性变换,称为直连边。如果不考虑直连边,则可将 W 置为 0。

利用随机梯度下降法把这个模型优化出来就可以了。需要注意的是,一般神经网络的输入层只是一个输入值,而在这里,输入层 X 也是参数,存在于 C 中,也是需要优化的。

4. 大语言模型阶段

大语言模型指的是包含超大规模参数(通常在 10 亿个以上)的神经网络模型,它们在自然语言处理领域得到广泛应用。模型越大和数据集训练集越大,效果越好。

事实表明,大语言模型在执行各种任务时的有效性在很大程度上受人工神经网络架构大小的影响。神经网络中的参数是可调的,并且它们在训练过程中得到迭代更新,以使模型预测与实际目标值之间的差异最小化。

在大语言模型的上下文中,具有更多参数的更大网络可以获得更好的性能。直观地说,参数越多,其存储容量就越大,语言模型存储信息的方式与计算机(硬盘驱动器)中存储内存的标准工作方式不同。

大语言模型规模随时间的变化如图 15-4 所示。

2017 年以前主要是小模型阶段,在 2017 年 Transformer 发布之后,模型开始大量数据的训练学习,进入大语言模型阶段。

2003 年,神经网络语言模型和词向量的概念被提出。

2010 年,循环神经网络模型将上一个位置的词语输出作为下一个位置词语预测的输

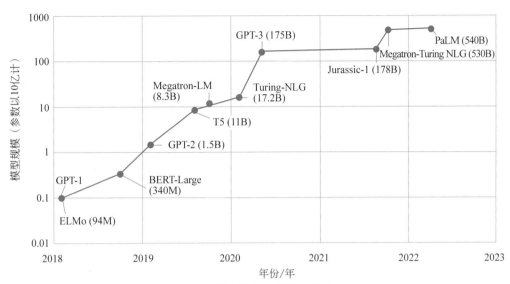

图 15-4　大语言模型规模随时间的变化

入,获取全面文本信息。

2013 年,word2vec 采用嵌入的词语训练方法,根据上下文学习词语的语义语法信息。

2017 年,Transformer 架构被提出,引入注意力机制,关注重点而非全局。

2018 年:

- ELMo 模型被提出,解决了同一词语在不同语境中含义不同的问题。
- GPT-1 模型被提出,基于多层 Transformer 架构,采用预训练和微调两阶段的模型训练形式。
- BERT-Large 模型被提出,基于多层 Transformer 架构,对训练集进行双向训练。

2019 年:

- GPT-2 模型被发布。
- T5 模型被提出,同时含有编码器和解码器,善于翻译、知识问答等给定话题的输入输出。

2020 年,GPT-3 模型被发布,其参数达到 1750 亿个。

例 15-1　模型参数数量计算。

假设多层感知机有以下结构。输入层有 2 个神经元(对应 2 个特征)。隐藏层有 2 层:第一层有 3 个神经元,第二层有 2 个神经元。输出层有 1 个神经元。

权重矩阵参数如下:

首先是输入层到第一隐藏层的权重矩阵,其形状为 (2,3),共有 $2 \times 3 = 6$ 个权重参数。

接着是第一隐藏层到第二隐藏层的权重矩阵,其形状为 (3,2),共有 $3 \times 2 = 6$ 个权重参数。

最后是第二隐藏层到输出层的权重矩阵,其形状为 (2,1),共有 $2 \times 1 = 2$ 个权重参数。

偏置参数如下:

第一隐藏层有 3 个神经元,因此有 3 个偏置参数。

第二隐藏层有 2 个神经元,因此有 2 个偏置参数。

输出层有 1 个神经元,因此有 1 个偏置参数。

将所有权重参数与偏置参数相加,该多层感知机共有 $6+6+2+3+2+1=20$ 个参数。这是一个相对较小的模型。

15.1.2 语言模型的分类

1. 语言模型的定义

语言模型是一个单纯的、统一的、抽象的形式系统,语言客观事实经过语言模型的描述,比较适合计算机进行自动处理,因而语言模型对于自然语言的信息处理具有重大的意义。语言模型是 NLP 中的经典模型。给定文本序列 $x_1,\cdots,x_T$,x_1 可能是词也可能是字符,语言模型可以对一段文本的概率进行估计,在信息检索、机器翻译、语音识别等任务发挥着重要的作用。

2. 语言模型的类型

语言模型主要有生成性模型、分析性模型、辨识性模型三种类型。

(1) 生成性模型

生成性模型从一个形式语言系统出发,生成语言的某一集合,如 N.乔姆斯基的形式语言理论和转换语法。

(2) 分析性模型

分析性模型从语言的某一集合开始,根据对这个集合中各个元素的性质的分析,阐明这些元素之间的关系,并在此基础上用演绎的方法建立语言的规则系统,如苏联数学家 O.C.库拉金娜和罗马尼亚数学家 S.马尔库斯用集合论方法提出的语言模型。

(3) 辨识性模型

在生成性模型和分析性模型的基础上,把二者结合起来,便产生了一种很有实用价值的模型,即辨识性模型。辨识性模型可以从语言元素的某一集合及规则系统出发,通过有限步骤的运算,确定这些元素是一堆杂乱无规的词还是语言中合格的句子。例如 Y.巴尔-希列尔用数理逻辑方法提出的句法类型演算模型。

15.1.3 大语言模型的特性与技术突破

1. 大模型的特性

(1) 更好的性能和泛化能力

大语言模型通常具有更强大的学习能力和泛化能力,能够在各种任务上表现出色,包括自然语言处理、图像识别、语音识别等。

(2) 语义理解和生成能力

大语言模型可以更好地理解人类语言的语义,并生成更流畅、自然的文本、图像和音频内容。

(3) 多模态学习

大语言模型能够处理多种类型的数据,如文本、图像、声音等,并实现跨模态的学习和生成。

(4) 迁移学习和预训练

大语言模型可以通过在大规模数据上进行预训练,然后在特定任务上进行微调,从而提高模型在新任务上的性能。

（5）对话和交互能力

大语言模型可以进行更自然、流畅的对话和交互，实现更智能的人机交互体验。

（6）创造性和创新

大语言模型可以生成创新性的内容，如艺术作品、音乐、故事等，有助于推动创意产生。

（7）自监督学习

大语言模型可以通过自监督学习在大规模未标记数据上进行训练，从而减少对标记数据的依赖，提高模型的效能。

（8）领域知识融合

大语言模型可以从多个领域的数据中学习知识，并在不同领域中进行应用，促进跨领域的创新。

（9）个性化和适应性

大语言模型可以根据用户的需求和偏好生成个性化的内容，提供更符合用户期望的服务。

（10）自动化和效率

大语言模型可以自动化许多复杂的任务，提高工作效率，如自动编程、自动翻译、自动摘要等。

尽管大语言模型具有许多优点，但也存在一些挑战，如计算资源要求高、数据隐私、模型的解释性等问题。因此，在应用大语言模型时需要综合考虑这些因素。

2. 问题的提出

在 ChatGPT 大语言模型出现之前，经常碰到对话助手所了解内容的边界十分有限、无法联系上下文、答非所问等问题。出现这些问题的主要原因是语言模型本身不够智能。而不够智能的两个主要底层原因是：

（1）数据信息容量有限

语言模型所使用的训练数据不够丰富全面，数据质量不够高，以致模型对通用知识定理和特定场景信息都不够了解。

（2）推理难以递进发散

模型底层架构不具备发散的因果推理和学习能力，模型只能回答训练过的特定问题，而不能回答开放性问题。

3. 大语言模型底层技术进步

ChatGPT 在推出之后引起了广泛关注，其对话主题无限制、能够联系上下文、支持反复多轮对话、信息和用户意图理解准确度大幅提升的优异表现，与过往的对话助手形成了强烈反差。ChatGPT 能够达到如此智能的程度，其主要是因为以 GPT-3/GPT-3.5 为代表的大语言模型实现了以下三方面的关键突破。

（1）数据信息容量巨大

当今大语言模型本身的参数量增长迅速，使用的预训练数据量和对应算力达到历史罕见的规模，这些成为模型能够理解对话内容的基础。例如，2020 年发布的 GPT-3，算力消耗费用达到千万美元级别，预训练数据量达到 45TB（包括了全网页爬虫数据集、维基百科文章、书籍文章等）。对比来说，10 年前部分典型的 LTSM 具有的参数数量还远不到 5000

万个。

（2）底层模型结构优秀

相比于之前的 RNN 模型，目前大语言模型普遍使用 Transformer 模型，其优点在于可以理解距离较远但是联系密切的词汇关系，关注文本重点而非全文，且并行计算处理速度快。Transformer 模型已成为大部分模型的引擎。对比之下，小模型时代流行的 RNN 架构，机械地假设了距离较近的词语之间的关系更密切，也不能同时处理大批量的语言数据。

（3）模型训练方法完善

在模型训练中加入更多的人类反馈强化学习（reinforcement learning from human feedback，RLHF），可使模型具备更智能的语言指令理解能力。例如，GPT-3.5 所使用的 RLHF 训练方法，通过使用人工标注数据微调模型、训练奖励模型并以奖励模型来更新预训练模型参数三个步骤反复迭代，大大提升了 GPT-3.5 模型的性能表现。在加入人工干预反馈的基础上，模型效果攀上新的台阶。

15.2　预训练语言模型

引入神经网络之前，NLP 领域的处理方法是，提取出自然语言语料库中的一些特征，利用特定的规则或数学、统计学的模型来对特征进行匹配和利用，进而完成特定的 NLP 任务。常见的方法有贝叶斯、Veterbi 算法、隐马尔可夫模型等，应用这些方法可完成序列分类、序列标注等任务。在引入神经网络之后，尤其是深度学习的出现，这类方法自动获取特征，完成端到端的分类任务，但需要大量训练数据。虽然不用手动设置特征和规则，节省了大量的人力资源，但仍然需要人工设计合适的神经网络架构来对数据集进行训练。

15.2.1　常见的预训练语言模型

随着算力的不断增强，出现了越来越多的通用语言表征的预训练模型（pre-trained model，PTM）。这对下游的 NLP 任务非常有帮助，可以避免大量从零开始训练新的模型。PTM 大致可以分为下述两代：

第一代 PTM 旨在学习词嵌入。由于下游任务不再需要这些模型，因此为了计算效率，这些模型往往采用浅层模型，例如 skip-gram、GloVe 等模型。尽管这些模型可以捕获词的语义，但由于未基于上下文环境，因此不能捕捉到更深层次的概念，例如：句法结构、语义角色、指代等。

第二代 PTM 专注于学习基于上下文的词嵌入，例如 CoVe、ELMo、OpenAI GPT 和 BERT 等模型。这些模型学习到的编码器在下游任务中仍会用于词在上下文中的语义表示。

1. 预训练任务与优势

（1）预训练任务

预训练任务对于学习语言的通用表示来说至关重要。通常情况下，预训练任务具有挑战性，同时需要大量训练数据。可以将预训练任务划分为 3 类：

- 监督学习，即从包含输入输出对的训练数据中学习一个由输入到输出的映射函数。
- 非监督学习，即从无标签数据获取一些固有的知识，如聚类、密度、潜在表征等。

- 自监督学习是监督学习和非监督学习的混合体,其核心思想是对于输入的一部分利用其他部分进行预测。

（2）预训练的优势

对于大多数的 NLP 任务,构建一个大规模的有标签的数据集是一项很大的挑战。相反,大规模的无标签语料相对容易构建,为了充分利用这些无标签数据,可以先利用它们获取一个好的语言表示,再将这些表示用于其他任务。预训练的优势如下:

- 预训练可以从大规模语料中学习得到通用的语言表示,并用于下游任务。
- 预训练可以提供更优的模型初始化方法,有助于提高模型的泛化能力和加速模型收敛。
- 预训练可以当作是在小数据集上一种避免过拟合的正则化方法。

2. 预训练语言模型的分类

（1）基于特征抽取对预训练语言模型进行分类

PTM 中的特征抽取器通常采用 LSTM 和 Transformer（Transformer-XL）,其中 Transformer 又依据其注意力-遮罩的方式分为 Transformer-Encoder 和 Transformer-Decoder 两部分。NLP 特征抽取器如表 15-1 所示。

表 15-1　NLP 特征抽取器

特征抽取器	预训练模型	计算方式	特　　点
MLP	NNLM/word2vec	前馈＋并行	• 不考虑位置信息 • 不能处理变长序列
RNN	ELMo	循环＋串行	• 适合处理位置信息 • 不能处理长距离依赖
Transformer	GPT（解码器）BERT（编码器）	前馈＋并行	• 自注意力机制解决长距离依赖、无位置偏差 • 自注意力机制可看作权重动态调整的全连接网络
Transformer-XL	XLNet	循环＋串行	基于 Transformer 引入循环机制＋相对位置编码,增强长距离建模能力

（2）基于上下文目标对预训练语言模型进行分类

基于上下文目标,可以将预训练语言模型分为自回归语言模型（autoregressive language model,ARLM）、自编码语言模型（autoencoder language model,AELM）和排列语言模型（permuted language model,PLM）等。表 15-2 为基于上下文目标的预训练语言模型的说明。

表 15-2　基于上下文目标的预训练语言模型的说明

模　　型	语言模型	编　码　器	主　要　特　点
ELMo	ARLM	LSTM	两个单向语言模型（前向和后向）的拼接
GPT-1	ARLM	Transformer-Decoder	首次将 Transformer 应用于预训练语言模型
GPT-2	ARLM	Transformer-Decoder	没有特定模型的精调流程,生成任务取得很好效果
BERT	AELM：MLM	Transformer-Encoder	MLM 获取上下文相关的双向特征表示

续表

模　型	语言模型	编　码　器	主　要　特　点
MASS	AELM：Seq2SeqMLM	Transformer	改进 BERT 生成任务：统一为类似 Seq2Seq 的预训练模型
UniLM	AELM：E-MLM	Transformer-Encoder	改进 BERT 生成任务：3 个 Mask 矩阵，LM/MLM/Seq2Seq LM
RoBERTa	AELM：E-MLM	Transformer-Encoder	预训练过程中采取动态 Mask，不像 BERT 在预处理时做静态 Mask
SpanBERT	AELM：E-MLM	Transformer-Encoder	采取随机 Mask
ENRIE-BAIDU	AELM：E-MLM	Transformer-Encoder	引入知识：将实体向量与文本表示融合
ENRIE-THU	AELM：E-MLM	Transformer-Encoder	采用 Seq2Seq 框架和 5 种 DAD 方式
XLNet	PLM	Transformer-XL	双向上下文表征＋双注意力流

3. 部分主要代表模型

（1）基于上下文目标的代表模型如图 15-5 所示。

图 15-5　基于上下文目标的代表模型

（2）基于网络结构的代表模型如图 15-6 所示。

图 15-6　基于网络结构的代表模型

（3）基于任务类型的代表模型如图 15-7 所示。

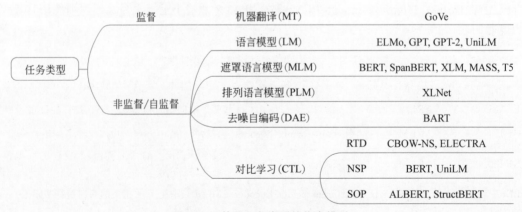

图 15-7　基于任务类型的代表模型

这些预训练语言模型在自然语言处理领域取得了重要的突破,成为了各种自然语言处理任务的代表模型;同时,也促进了自然语言处理的发展和应用。

15.2.2　预训练模型的训练

预训练模型的训练过程分为预训练和微调两个基本阶段。预训练是通过自监督学习在大量非结构化文本数据上训练大语言模型,而微调是一种有监督学习过程,利用标签数据来更新模型的权重。

1. 预训练阶段

预训练模型首先在大量的无标签数据上进行训练,预训练的最终目的是让模型学习到语言的统计规律和一般知识。在这个过程中,模型能够学习到词语的语义、句子的语法结构,以及文本的一般知识和上下文信息。预训练本质上是一个无监督学习过程,得到的预训练模型也称为基座模型(base model),模型具备通用的预测能力。

预训练的优点:在大规模语料上通过预训练学习通用语言表示,对下游任务很有帮助;预训练提供了更好的模型初始化参数,使得在目标任务上有更好的泛化性能和更快的收敛速度;预训练是一种有效的正则化方法,能够避免在小数据集上过拟合。

预训练阶段完成的任务:模型使用大规模的数据集(通常是无标签数据集)进行训练,通过训练学习通用的特征表示。这些通用特征可以应用于各种任务,因为它们反映了数据中的一般模式,而不是特定任务的信息。预训练的主要作用如下。

(1)加速训练过程:通过预训练,在大规模数据上学习到的通用特征表示可以作为初始化参数,加速模型在特定任务上的训练过程。这是因为预训练的参数已经接近最优,并且已经捕捉到了输入数据中的一些通用模式,这样在目标任务上的微调优化过程更容易收敛。

(2)提高性能:预训练的模型通常在具体任务上表现更好。这是因为在预训练阶段,模型学习到了大量的数据中的通用特征,这些特征对于许多任务都是有用的。在目标任务中,预训练的模型能够更好地利用这些通用特征,从而提高性能。

(3)解决数据不足问题:在许多实际任务中,数据往往是有限的,特别是深度学习模型需要大量的数据进行训练。通过预训练,可以利用大规模数据集进行通用特征的学习,然后将这些学到的特征应用于目标任务,从而克服数据不足的问题。

(4)迁移学习:预训练的模型可以作为迁移学习的基础。可以将预训练模型的参数应用于新的相关任务,利用预训练模型在大规模数据上学习到的通用特征,提高在新任务上的性能。这对于目标任务数据较少的情况特别有用。

(5)提高泛化能力:预训练有助于提高模型的泛化能力,即在未见过的数据上表现良好。通过在大规模数据上学习通用特征,模型更能够从输入数据中捕捉普遍的模式,而不是过度拟合训练集。

例如,在训练过程中,向大语言模型提供大量文本语料库(数据集),并负责预测句子中的下一个单词。在实践中,通常通过随机截断输入句子的最后部分并训练模型来填充缺失的单词来实现。当模型遍历大量示例时,它会学习识别和内化各种语言模式、规则以及单词与概念之间的关系。可以说,通过这个过程,模型创建了语言的内部表示。预训练模型如图 15-8 所示。

这个训练过程的结果是一个预训练的语言模型。通过接触不同的语言模式,该模型为

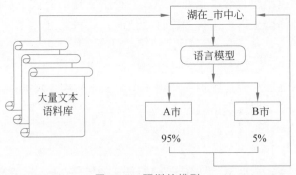

图 15-8　预训练模型

理解自然语言和生成上下文适当且连贯的文本奠定了基础,通常将这种预训练模型称为基础模型。

2. 微调阶段

然后预训练好的模型在特定任务的数据上进行进一步的训练。这个过程通常涉及对模型的权重进行微小的调整,以使其更好地适应特定任务,得到最终能力各异的模型。

在微调阶段,基础模型使用特定任务的有标签数据集进行微调,目标是根据该任务的特定目标函数调整模型参数,使其在该任务上表现更为良好。

微调技术是一种在自然语言处理中使用的技术,用于将预训练的语言模型适应于特定任务或领域。微调的基本思想是采用已经在大量文本上进行训练的预训练语言模型,然后在小规模任务的特定文本上继续训练它。微调的概念已经存在很多年,并在各种背景下被使用。微调在自然语言处理中最早的已知应用是研究人员在神经机器翻译的背景下,使用预训练的神经网络来初始化一个更小的网络的权重,然后对其进行了特定的翻译任务的微调。

经典的微调方法包括将预训练模型与少量特定任务数据一起继续训练。在这个过程中,预训练模型的权重被更新,以更好地适应任务。所需的微调量取决于预训练语料库和任务特定语料库之间的相似性。如果两者相似,可能只需要少量的微调。如果两者不相似,则可能需要更多的微调。

在自然语言处理中,大语言模型在大量文本上进行了预训练,然后在各种任务(如语言建模、问答和摘要等)上进行了微调,经过微调的模型在这些任务上取得了更好的性能。

在图 15-9 中,使预训练模型适应新任务或领域的过程应用了迁移学习。迁移学习是深度学习中的一种学习方式(参见第 13 章)。迁移学习允许模型利用从一项任务中获得的知识应用于另一项任务,其特点是只需最少的额外训练。

图 15-9　预训练模型的微调训练

微调的另一个常见用途是使预训练模型适应技术或专业知识领域,这样可使该预训练模型变得精通特定领域中普遍存在的独特词汇、语法和文本惯例,例如医疗领域如图 15-10

所示。

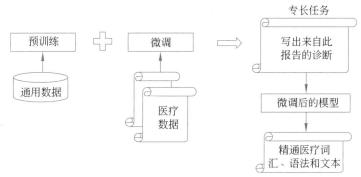

图 15-10　微调使预训练模型适应技术或专业知识领域

大语言模型预训练和微调过程如图 15-11 所示。

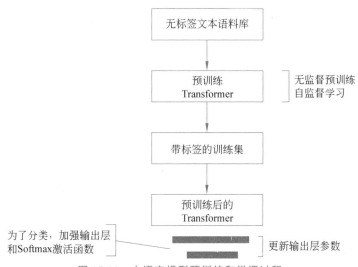

图 15-11　大语言模型预训练和微调过程

流行的大语言模型训练方法是将除了输出层以外的所有权重"冻结"(固定不变)。然后随机初始化输出层参数,再以迁移学习的方式训练,仅更新全连接输出层,其他层的权重不变。

(1) 高效微调

微调一般指全参数微调,又称全量微调,这是一类较早诞生的微调方法。全参数微调需要消耗大量算力,随着模型变得越来越大,在硬件上对模型进行全参数微调变得不可行。全参数微调实际使用起来并不方便,因此不久之后又诞生了只围绕部分参数进行微调的高效微调方法。此外,为每个下游任务独立存储和部署微调模型已变得非常昂贵,因为微调模型(调整模型的所有参数)与基座模型的大小相同。在微调阶段,基座模型使用特定任务的有标签数据集进行微调,目标是根据该任务的特定目标函数调整模型参数,使模型能够完成该任务。

在大语言模型训练中,高效微调(parameter-efficient fine-tuning,PEFT)是指在预训练模型的基础上,使用较少的数据和计算资源进行精确调整,以适应特定的任务或领域。由于大语言模型通常包含数十亿甚至更多的参数,从头开始训练需要大量的计算资源和时间,因此高效微调成了一个重要的应用方向。高效微调的策略和方法如下。

- 迁移学习。迁移学习是高效微调的核心思想。通过在特定任务上微调一个在大规模数据集上预训练的模型,可以利用预训练模型学到的通用语言特征,从而在新任务上获得更好的性能。

- 参数冻结。在微调过程中,可以冻结模型的某些层或参数,只更新部分层的参数。这样可以减少需要训练的参数数量,从而加快训练速度并降低过拟合的风险。

- 学习率调度。使用适当的学习率调度策略可以在微调过程中更有效地更新模型参数。例如,可以使用较小的学习率开始微调,以避免破坏预训练得到的特征。

- 选择性微调。只对模型中与任务最相关的部分进行微调,例如只微调输出层或者任务特定的注意力机制,而其他部分保持不变。

- 知识蒸馏。使用一个大型模型(教师模型)来训练一个较小的模型(学生模型)。学生模型尝试模仿教师模型的输出,从而在保持性能的同时减小模型的大小。

- 多任务学习。在多个相关任务上同时训练模型,可以使模型学习到更通用的特征,从而在新任务上微调时能够更快地适应。

- 使用辅助数据。在微调过程中,可以使用额外的辅助数据来增强模型的表现,例如使用未标注的数据进行无监督预训练或者使用相关的任务来增强模型的能力。

- 插入适配器模块。在模型的现有层之间插入小的适配器模块,这些模块包含少量的参数,可以训练这些参数来适应新任务,而保持模型的主体结构不变。

通过这些方法,可以高效地利用大语言模型来解决特定的问题,同时减少训练成本和资源消耗。随着研究的深入,未来可能会出现更多高效微调的策略和方法。

（2）参数微调

参数微调旨在在尽可能减少所需的参数和计算资源的情况下,实现对预训练语言模型的有效微调。它是自然语言处理中一种用于将预训练语言模型适应特定任务的方法,其所需参数和计算资源比传统的微调方法更少。通过微调少量参数就可以达到接近微调全量参数的效果,这使得在 GPU 资源不足的情况下也可以微调大语言模型。

参数微调主要是使预训练基础模型适应下游任务,例如用任务 A 的数据进行参数微调,如图 15-12 所示。

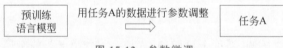

图 15-12　参数微调

（3）指令微调

指令微调是将语言模型在一系列以指令为描述的任务上进行微调,它能显著地提升模型在未知任务零样本(zero-shot)条件下学习的表现。

将下游任务转换为指令(任务描述),然后将预训练模型在多个任务上进行微调,使得预训练任务与下游任务互相适应,即

指令微调＋多任务学习

可以人工构建多任务指令数据集,来训练预训练语言模型。预训练语言模型进行指令

微调后,可以具备处理未知任务的能力。例如,预训练语言模型在 A、B、C 任务上进行微调后,能够处理任务 D,如图 15-13 所示。

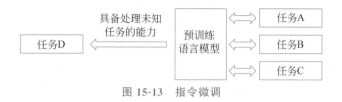

图 15-13　指令微调

（4）prompt 微调

传统预训练模型中的两阶段学习方法很难适用于参数量达到数万亿的巨大模型,即使在微调时使用了较大的数据集,也无法保障模型能够快速记住微调样本。同时,传统微调方法需要对每一个下游任务进行全模型微调,并存储一份该任务的模型样本。这会对存储资源造成巨大压力,对计算机算力提出更高的要求。

prompt(提示)微调方法的主要思想是通过模板将不同的下游任务转换为模型预训练时常见的形式,缩小预训练与微调时训练数据的差异,降低预训练模型在下游任务微调时对存储和运算的资源要求,提升模型在下游任务中的表现。

因为预训练模型的知识已经足够,所以不需要改动模型参数,但可让下游任务靠近预训练模型。prompt 微调就是下游任务靠近预训练语言模型的学习方法。例如,将任务 A 利用提示语转换为模型能够处理的形式。也就是说,采用 prompt 方法的模型,大部分都不去改动预训练模型的参数,而是将下游任务的输入输出形式改造成适合预训练模型期望的形式。

例 15-2　对电影可以给出正向或负向的评价,并在评论前加上"看完觉得"的提示。提示是伴随着输入一起,给予模型的一种上下文,它指导模型接下来应当做什么任务。如果预训练模型是 GPT 模型,下游任务是句子的情感分类问题,则 GPT 模型的参数微调和 prompt 的比较如图 15-14 所示。

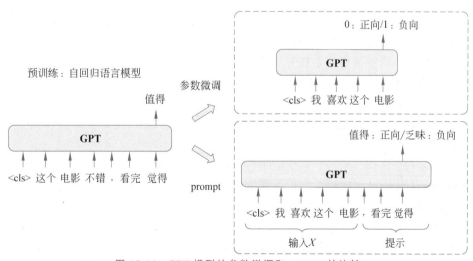

图 15-14　GPT 模型的参数微调和 prompt 的比较

对于下游任务[判断"我喜欢这个电影"这句话的情感("正面"或者"负面")]来说:
输入 X:我喜欢这个电影。

输出 Y：正面 $y+$ 或者负面 $y-$。

使用 prompt 方法去改造下游任务，让预训练模型可以完成这个任务，即可以将这句话变成一个完形填空的形式。

在"我喜欢这个电影"这个输入后面，加上一个模板"[X]整体上来看，这是一个[Z]的电影"，即"我喜欢这个电影，整体上来看，这是一个＿＿＿的电影"。

在这里面，[Z]是预训练模型要预测的内容，"我喜欢这个电影，整体上来看，这是一个[Z]的电影"这种完形填空形式的输入是预训练模型喜欢且擅长处理的输入形式。之后，给出两个选项，让模型预测。

A：无趣的

B：有趣的

其中，选项 A 是无趣的，对应的是负面情感；选项 B 是有趣的，对应的是正面情感。

$Z=A \rightarrow X=y+$

$Z=B \rightarrow X=y-$

这样，一个下游情感分类的任务就改造成了预训练模型可以处理的形式。

对于上面这个例子，总体上，因为预训练的语言模型，在之前的训练当中很有可能看过类似"我喜欢这个电影，它太有趣了"的话，所以会给选项中的 A 一个很高的概率，由此判断出，"我喜欢这个电影"是一个具有正面情感的句子。

以此来设计模型的提示是让下游任务能够更加适配预训练模型。提示并不会提升模型本身的性能，而是找到一个方法来激发模型的潜力，找到模型能力的上界。使用提示方法的好处：只要找到了一个合适的提示，就可以用一个预训练模型完成大量任务，不需要对每个特定的任务再进行训练和微调。同时，提示对小样本学习效果提升明显，甚至能够使模型在没有看过任何样本的情况下也能够有优良的性能。

3．数据集与数据特征表示

（1）数据集

① 预训练阶段：预训练通常使用大规模无标签通用数据集进行无监督或自监督训练，因为其目标是学习通用特征表示，无需特定标签信息。

② 微调阶段：训练使用特定任务的有标签数据集，因为需要根据任务的特定标签进行监督式训练，优化模型在该特定任务上的性能。

（2）特征表示

① 预训练阶段：预训练的目标是学习数据的通用特征表示，使得模型能够捕捉数据中的一般模式和结构。

② 微调阶段：在训练阶段，预训练的模型参数（通用特征表示）可以作为初始化参数，然后根据特定任务的目标函数进一步微调模型参数，使模型更适应该任务。

（3）任务目标

预训练和微调在目标上有所区别。

① 预训练阶段：预训练的目标是促使模型学习更加泛化的特征，使其能够在各种任务上有良好的表现。

② 微调阶段：微调的目标是针对特定任务，最小化损失函数并优化模型参数，使其能够在该任务上达到最佳性能。

15.2.3　预训练语言模型架构

基于 Transformer 的预训练语言模型在自然语言理解（natural language understanding，NLU）与自然语言生成（natural language generation，NLG）两种不同训练目标上分化。利用预训练语言模型（pre-trained language model，PLM）可使原本无法针对各种语境变化的静态词向量表征，向着真正基于语境的语义特征表示演进。

Transformer 的提出，最早是为了解决循环神经网络在神经机器翻译（neural machine translation，NMT）中无法有效地并行计算的效率问题。而 Transformer 的结构也天然地具有 NMT 任务中的编码器-解码器结构，其编码器用于生成原始文本的语义表征，而解码器则利用原始文本的语义表征，获得翻译文本，其中语义表征是指通过语义的理解来获得概念的内在本质属性。

Transformer 编码器具有将文本序列转换为特征表示的能力，且编码高效，语义信息的编码不因序列长度而衰减，因此成为后续问世的预训练语言模型的标配。例如，OpenAI 的 GPT 语言模型和 Google 的 BERT 语言模型，都是基于 Transformer 编码器的语言模型。由于自然语言理解和自然语言生成预训练的原理不同，衍生出了针对两种训练目标的预训练语言模型。一个是适用于自然语言生成任务的自回归（autoregressive，AR）语言模型，另一个是适用于自然语言理解任务的自编码（autoencoder，AE）语言模型。

1. 解码器自回归语言模型结构

解码器自回归语言模型是一种具有先后解码顺序的语言模型。例如，从左往右，根据前文预测当前 token（字符）的概率 $P(x_i|x_1,x_2,\cdots,x_{i-1})$。GPT 大语言模型使用了自回归语言模型的框架，从左往右编码，使用 Transformer 编码器作为编码器。Transformer 利用自注意力机制，使得每个位置的 token，都有机会注意到任意位置的 token。为了避免下文信息泄露，使用了注意力屏蔽方法。

注意力屏蔽矩阵 M 经过配置，将矩阵对应位置元素设置为负无穷，可以让 x_i 屏蔽来自 x_j 的注意力。注意力权重加上 M 经过 Softmax 规整后对应权重 A_{ij} 为 0，从而避免 x_j 指向 x_i 的信息泄露。下面的公式中，$\boldsymbol{H}^{l-1}$ 代表 $l-1$ 层的输出向量，$\boldsymbol{Q}$、$\boldsymbol{K}$、$\boldsymbol{V}$ 分别代表自注意力中的输入序列在 l 层的 Query、Key、Value 特征向量：

$$\boldsymbol{Q}=\boldsymbol{H}^{l-1}\boldsymbol{W}_l^Q,\quad \boldsymbol{K}=\boldsymbol{H}^{l-1}\boldsymbol{W}_l^K,\quad \boldsymbol{V}=\boldsymbol{H}^{l-1}\boldsymbol{W}_l^V$$

$$M_{ij}=\begin{cases}0, & \text{允许注意}\\ -\infty, & \text{屏蔽注意}\end{cases}$$

$$\boldsymbol{A}_l=\text{Softmax}\left(\frac{\boldsymbol{Q}\boldsymbol{K}^{\mathrm{T}}}{\sqrt{d_k}}+\boldsymbol{M}\right)\boldsymbol{V}_l$$

在图 15-15 中，注意力屏蔽矩阵 M 是一个右上角元素 M_{ij} 均为 0 的矩阵，表示任意位置 token，都无法接收来自下文的信息。

在 Transformer 解码器中，为了避免在翻译解码的过程中看到后文的翻译结果，使用了如图 15-15 所示的注意力屏蔽矩阵。通常称 GPT 采用的是 Transformer 解码器，自然地也更适用于 NLG 类型的任务，包括翻译、摘要生成和对话生成等。

解码器自回归语言模型结构如图 15-16 所示。语言模型预训练时，采用自回归方法，从左到右逐个生成单词,第 i 个单词只能看到它之前的第 1 到第 $i-1$ 个单词,但不能看到后面的单词。GPT-1、GPT-2 和 GPT-3 模型都采用这种结构的模型。GPT-3 模型在文本生成任务方面的表现异常突出,这不仅归功于这个结构本身,更复杂的模型和更大量的数据是主要原因。可以看出,解码器自回归语言模型的结构是单向语言模型的结构。

对于语言生成类型的任务,这种结构是效果最好的结构之一。因为只看到上文看不到下文,对于很多语言理解类型的任务而言,信息损失很大,所以这种结构适合处理语言生成类型的任务,而不适合处理语言理解类型的任务。

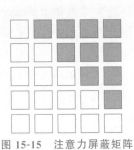

图 15-15　注意力屏蔽矩阵

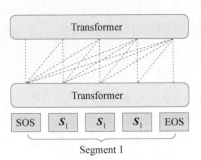

图 15-16　解码器自回归语言模型结构

2. 自编码语言模型结构

自编码语言模型没有顺序和次序约束,可以一次性获取序列中的所有信息。可以简单理解自回归语言模型是有序的,而自编码语言模型是无序的。BERT 模型就是一个利用 Transformer 编码器实现的自编码语言模型,它没有去预测下一个 token,而是预测缺失的 token。原始输入序列带有被遮挡的 token,根据上下文的信息去预测遮挡 token。BERT 的出现显著提升了实体识别、答案抽取和文本分类等 NLU 任务的最好成绩。自编码语言模型适用于解决 NLU 任务,但处理 NLG 任务存在先天不足。自编码语言模型是双向语言模型,而自回归语言模型是从左到右的单向语言模型。

自编码器结构的主要特点:可以同时看到文本的上文和下文,对于语言理解类型的任务,采用这种结构效果非常明显,代表模型为 BERT 模型。自编码语言模型结构(见图 15-17)适合语言理解类型的任务,不适合语言生成类型的任务。

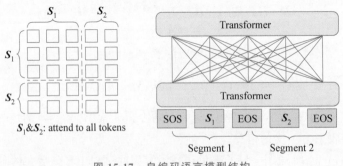

图 15-17　自编码语言模型结构

3. 编码器-解码器结构

结合自回归语言模型和自编码语言模型的优势,可使预训练模型既适用于生成类型的任务,又适用于理解类型的任务,因此提出了编码器-解码器结构。

编码器采用自编码模式、解码器采用自回归模式的编码器-解码器结构如图 15-18 所示,代表模型为 BART 模型、T5 模型。

在编码器侧,单独使用一个 Transformer,采用了自编码的结构,编码阶段采用双向语言模型,以更充分地编码输入信息;而在解码器侧,使用另一个 Transformer,采用自回归模式结构,从左到右逐个生成单词。

解码器侧和标准的解码器自回归还是有不同的地方: 解码器侧生成的单词,除了像解码器自回归结构一样能看到在它之前生成的单词序列外,还能看到编码器侧的所有输入单词。而这一般是通过解码器侧对编码器侧单词进行注意力操作方式来实现的,这种注意力一般放在编码器顶层 Transformer 的输出上。

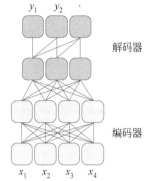

图 15-18　编码器-解码器结构

在进行预训练时,编码器和解码器同时对不同屏蔽部分进行预测。编码器侧双向语言模型生成被随机屏蔽的部分单词;解码器侧单向语言模型从左到右生成被屏蔽掉的一部分连续片断。两个任务联合训练,这样编码器和解码器两侧都可以得到比较充分的训练。

4. 前缀语言模型结构

前缀语言模型(prefix LM)结构如图 15-19 所示,代表模型为 UniLM 模型。

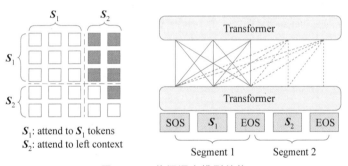

图 15-19　前缀语言模型结构

前缀语言模型其实是编码器-解码器模型的变体,标准编码器-解码器模型的编码器和解码器各自使用一个独立的 Transformer;而前缀语言模型相当于编码器和解码器通过分割的方式,分享了同一个 Transformer 结构,编码器部分占用左部,解码器部分占用右部,这种分割占用是通过在 Transformer 内部使用注意力屏蔽来实现的。与标准编码器-解码器模型类似,前缀语言模型在编码器部分采用自编码模式,即任意两个单词都相互可见,解码器部分采用自回归模式,即待生成的单词可以看到编码器侧所有单词和解码器侧已经生成的单词,但是不能看到未来从左到右没有产生的单词。

因为前缀语言模型是编码器-解码器模型的变体,所以其优势也是可同时处理语言理解和语言生成类型的任务,而且相对编码器-解码器模型来说,只用了一个 Transformer,这是前缀语言模型的优势。其缺点是处理语言理解类型的任务的效果明显差于编码器-解码器模型,但处理生成类型的任务的效果与编码器-解码器模型相差不大。

5. 排列语言模型结构

因为自回归语言模型只能获取序列的上文信息,看不到下文的 token。为了让自回归语言模型同时看到上下文信息,既然改不了自回归语言模型的特性,那就更改输入序列,通过对序列中的 token 进行排列组合,就可以让每个 token 既看到上文的 token,又看到下文的 token。

例如:一个输入序列为 $[x_1, x_2, x_3, x_4]$,那么对其所有的 token 进行排列组合,就有 4! 种组合,如 $[x_3, x_1, x_4, x_2]$,$[x_2, x_4, x_1, x_3]$,$[x_1, x_2, x_4, x_3]$ 等。

只屏蔽一个词的结果是预测这个词时可用的上下文变得多了,使得预测该词这个任务变得简单了,而一个相对琐碎的任务无法让模型学到更有用的信息。

为了实现这一点,提出了下面的目标函数:

$$\max_\theta \mathbb{E}_{z \sim Z_T} \left[\sum_{t=1}^{T} \log p_\theta(x_{z_t} \mid x_{z_{<t}}) \right]$$

其中,Z_T 表示长度为 T 的索引 $[1, 2, \cdots, T]$ 的所有可能的排列组合,z_t 表示第 t 个 token,$z_{<t}$ 表示 z 中的前 $t-1$ 个 token。可通过最大化所有排列的期望对数似然概率 $\log p_\theta$ 来优化模型。

应说明,模型并不更改输入序列的 token 顺序,也就是说输入模型的自始至终都是原来的顺序 $[x_1, x_2, x_3, x_4]$,这也是为了保证与微调时一致,因为下游任务微调时输入模型的就是序列本身的顺序。token 的排列组合是通过 Transformer 中的注意力屏蔽来实现的,通过注意力屏蔽可以让 token 看到相应的上下文 token。因为传统的自回归语言模型就是通过一个下三角的注意力屏蔽来保证每个 token 看不到下文 token。

例如,输入模型的序列顺序并没有改变,只是通过 Transformer 注意力屏蔽实现排列组合。为了预测给定相同输入序列 x(具有不同的因子次序),排列语言模型预测 x_3。

输入模型的序列顺序: $x_1 \rightarrow x_2 \rightarrow x_3 \rightarrow x_4$

因子次序 1: $x_3 \rightarrow x_2 \rightarrow x_4 \rightarrow x_1$

x_3 前面因子:无

因子次序 2: $x_2 \rightarrow x_4 \rightarrow x_3 \rightarrow x_1$

x_3 前面因子:x_2、x_4

------------ -----------

因子次序 3: $x_1 \rightarrow x_4 \rightarrow x_2 \rightarrow x_3$

x_3 前面因子:x_1、x_4、x_2

因子次序 4: $x_4 \rightarrow x_3 \rightarrow x_1 \rightarrow x_2$

x_3 前面因子:x_4

排列语言模型(PLM)结构如图 15-20 所示,代表模型为 XLNet 模型,排列语言模型本质上是前缀语言模型的一种变体。排列语言模型采用单个 Transformer 模型作为主干结构,在语言模型预训练过程中,它看上去遵循自回归从左到右的输入过程,这符合一般生成

任务的外在表现形式,但是在内部通过注意力屏蔽,实际做法是自编码的做法,无非是把自编码的做法隐藏在 Transformer 内部。从细节来说,排列语言模型和自编码主要有两个区别。首先,预训练过程中,输入句子去掉了屏蔽标记,改为内部注意力屏蔽,以保持预训练过程和下游任务微调的一致性。其次,排列语言模型认为被屏蔽掉的单词之间是相互有影响的,先产生的被屏蔽掉的单词,对后生成的被屏蔽掉的单词,在预测的时发生作用;而标准自编码则认为被屏蔽掉的单词是相互独立的,相互之间不产生作用。

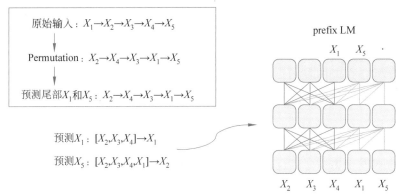

图 15-20　排列语言模型结构

6. 预训练模型结构比较

(1) 从模型效果来看,编码器-解码器结构在语言理解类型和语言生成类型的任务中,都是效果最好的。它的优点是效果好,能够在一个框架下完成理解和生成任务;缺点是由于参数多,计算量大,因此模型比较大。采用这个结构的代表模型有 T5 模型和 BART 模型。

(2) 因为编码器-排列语言模型比较大,如果从相对轻量结构中进行选择,对于语言理解类型的任务,自编码语言模型结构相对而言效果较好,代表模型多,典型的比如 ALBERT、RoBERTa;对于语言生成类型的任务,自回归语言模型结构和前缀语言模型结构相对效果较好,自回归语言模型的代表模型是 GPT 系列,前缀语言模型的代表模型是 UniLM。

15.3　大语言模型类型与涌现能力

大语言模型是扩展的预训练语言模型,凸显了大参数与大数据的特点。对于大语言模型,例如 GPT-3 的参数量可能为数百亿,这使得它能够表达更复杂的函数并执行更高级的任务。

15.3.1　静态词向量与动态词向量

n-gram、前馈神经网络语言模型是传统的语言模型,word2vec 是静态词向量,ELMo、GPT-1、BERT、GPT-2 为动态词向量的预训练语言模型,大部分任务采用了预训练语言模型,GPT-3 和 ChatGPT 大语言模型超越了自然语言处理领域。

1. 静态词向量

word2vec 等方法称为静态词向量模型,它们的主要特点是每一个单词对应一个向量,用于下游任务。静态的含义是无法根据上下文进行动态调整,无法处理多义词,同一单词在不同上下文的向量相同。

2. 动态词向量

与上下文相关的词向量称为动态词向量,例如:"打"一词就是一个与上下文相关的词:

句子 1:他会打羽毛球。

句子 2:他去打白酒。

句子 3:他会打家具。

句子 4:他打来电话。

句子 5:他打车回家。

在句子 1~句子 5 中的"打"含义不同,是一个动态词向量。在预训练语言模型中,既学习词向量,又学习句子中词与词之间的编码方式,可通过预训练语言模型得到上下文相关的动态词向量。

3. 静态词向量与动态词向量比较

静态词向量与动态词向量比较如图 15-21 所示。预训练语言模型不仅包含词向量,还包含一个模型的结构与参数。也就是说,动态词向量和预训练语言模型结构与参数相关。

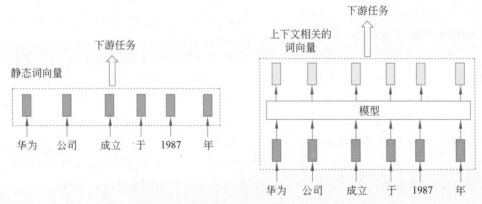

图 15-21 静态词向量与动态词向量比较

15.3.2 大语言模型类型划分

Transformer 模型是预训练的引擎,其应用席卷 NLP 领域。预训练模型的知识(从数据中不断学习)通过 Transformer 训练迭代,并以模型参数的形式编码到模型中。可用 Transformer 搭建学习效率更高的模型。在这里,学习效率高是指给定相同大小规模的训练数据,它能将更多的知识编码到模型中。不同的 Transformer 用法,产生不同的模型结构,不同模型结构导致学习效率的差异。

1. 基于大语言模型结构划分

(1) 基于 Transformer 编码器的大语言模型

基于 Transformer 编码器构建的大语言模型主要有 BERT 模型、RoBERTa 等。

(2) 基于 Transformer 解码器的大语言模型

基于 Transformer 解码器构建的大语言模型主要有 GPT-1、GPT-2、GPT-3 等。

（3）基于 Transformer 编码器-解码器的大语言模型

基于 Transformer 编码器-解码器构建的大语言模型主要有 BART、MASS、T5 等。

2. 基于训练方式划分

（1）预训练语言模型＋参数微调

预训练语言模型训练好之后，作为下游任务的初始化参数，利用少量下游任务的数据进行微调，使得预训练模型适应下游任务。

（2）预训练语言模型＋提示学习

模型训练好之后，保持不变，或者尽可能保持不变，下游任务利用提示语的形式，转换为不用修改预训练模型结构与参数，而是使下游任务靠近预训练模型，使得预训练模型能够更好地处理下游任务。

15.3.3　大语言模型的扩展法则与涌现能力

1. 大语言模型的扩展法则

大模型是指包含数千亿（或更多）个参数的 Transformer 语言模型。虽然与小语言模型采用类似的架构和预训练目标，但是大语言模型大幅度扩展了模型规模、数据规模和总计算量，以获得解决复杂 NLP 任务的能力。

J.Kaplan 等在 2020 年提出缩放法则，给出的结论之一是模型的性能强烈依赖模型的规模，具体包括参数数量、数据集大小和计算量，最后的模型的效果（表现为损失值降低）随着三者的指数增加而线性提高（对于单个变量的研究基于另外两个变量不存在瓶颈）。这表明模型的能力是可以根据这三个变量估计的，提高模型参数量、扩大数据集规模都可以使模型的性能可预测地提高。Cobbe 等提出的缩放定律同样适用于微调过程。

2. 大语言模型的涌现能力

缩放定律的一个重要作用就是预测模型的性能，但是随着规模的扩大，模型的能力在不同的任务上并不总表现出相似的规律。在很多知识密集型任务上，随着模型规模的不断扩大，模型在下游任务上的效果也不断提高；但是在其他的复杂任务（如逻辑推理、数学推理或其他需要多步骤的复杂任务）上，当模型小于某一个规模时，模型的性能接近随机；当规模超过某个临界的阈值时，性能会显著提高到高于随机。这种无法通过小规模模型的实验结果观察到的相变称为涌现能力。

大语言模型的涌现能力是在小模型中没有表现出来，但是在大语言模型中表现出来的能力。涌现能力可以分为两种：基于普通 prompt 方式的涌现能力和基于增强 prompt 方式的涌现能力。

（1）基于 prompt 方式的大语言模型涌现能力展现

• 基于普通 prompt 方式的涌现能力

通过普通 prompt 激发大语言模型涌现能力的方法最早在 GPT-3 模型中使用，给定一个提示（如一段自然语言指令），大语言模型能够在不更新参数的情况下给出回复。在此基础上，Brown 等提出了 few-shot prompt，在提示中加入了输入输出实例，然后让模型完成推理过程。这一过程与下游任务规定的输入输出完全相同，在完成任务的过程中不存在其他的中间过程。

实验结果表明,在普通 prompt 方式下,当模型规模在一定范围内时,模型的能力并没有随着模型规模的扩大而提高。当模型规模超过一个临界值时,效果立刻提升,而且这种提升和模型的结构并没有明显的关系。

- 基于增强 prompt 方式的涌现能力

为大语言模型添加 prompt 的方式也越来越多,主要表现出的一个趋势是,相比于普通的 few-shot 模式(只有输入输出)的 prompt 方式,新的方法会让模型在完成任务的过程中拥有更多的中间过程,如思维链(chain of thought,CoT)、寄存器(暂存器)等典型方法,通过细化模型的推理过程,提高模型下游任务的效果。

各种增强 prompt 的方法提高了模型的作用效果,具体的任务类型包括数学问题、指令恢复、数值运算和模型校准。在一定的规模以上,模型的涌现能力才随着模型的规模突然提高;在这个阈值以下,这种提高则不太明显。当然,在这一部分,不同的任务采用的激发方式不同,模型表现出的能力也不尽相同。

(2)大语言模型的三种涌现能力

大语言模型出现了很多超乎意料的能力,将这些在小模型上没有出现但是在大语言模型上出现的不可预测的能力称为涌现能力。涌现能力是在小模型中不存在的能力,其主要特点是当规模达到一定水平时,性能显著提高,超出随机水平。因为同一种方式激发出的涌现能力可能应用于多个任务,多种激发方式也可能只是不同程度地提升同种能力。从涌现能力出发,对不同的方法激发出的能力和激发效果归结为三种涌现能力,即上下文学习能力、指令遵循能力和逐步推理能力。

- 上下文学习能力

大语言模型的上下文学习能力指模型理解和利用上下文信息来改善其性能的能力。上下文可以是任何与当前任务相关的信息,包括但不限于文本的前后内容、用户的历史行为、环境的状态等。大语言模型在上下文学习方面的关键点是:长期依赖捕捉能力(能够捕捉长序列中的依赖关系,这意味着它可以记住和处理距离较远的信息)、上下文关联能力(能够根据上下文推断词义或意图,处理一词多义现象)、会话理解能力(在对话系统中,能够理解对话历史,做出连贯的回应)、个性化响应能力(能够根据用户的历史行为或偏好来定制响应)、适应性学习能力(能够在不同的上下文中调整其行为,以适应新的任务或环境)、注意力机制能力(通过注意力机制,能够聚焦输入序列中最相关的部分)等。

例如,文本摘要:给定一篇长文章,模型需要生成一个简洁的摘要。

(1)上下文学习:模型首先需要理解文章的整体结构,识别出主要观点和关键信息。然后,它需要忽略那些次要或不相关的细节。

(2)操作:模型通过注意力机制聚焦文章的标题、开头、结尾以及每个段落的关键句,从而捕捉到文章的要点。

(3)输出:一个包含文章核心信息的摘要。

例 15-3　上下文学习如图 15-22 所示,首先将带有标签的文本按照模板要求转换 k 维示例,经过大语言模型的测试后,输入新的查询,得到输出结果。

上下文学习能力是在 GTP-3 模型中首先引入的,其主要思想:假设已经为语言模型提供了一个自然语言指令和几个任务示例,它可以通过完成输入文本的单词序列的方式来为测试实例生成预期的输出,无须额外训练。

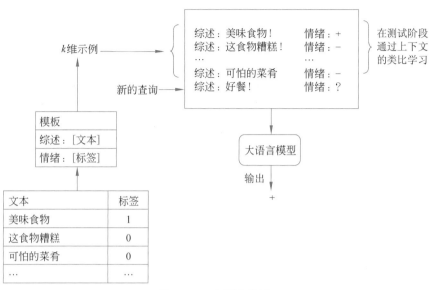

图 15-22　上下文学习

- 指令遵循能力

大语言模型通常具有很好的自然语言理解能力,能够理解复杂的指令和查询。通过大量的数据训练,它能够泛化到未见过的指令和场景。遵循能力是指模型按照给定的指令执行任务的能力:模型能否准确地按照指令执行任务,不出现偏差;模型在面对模糊、错误或不完整的指令时,仍能做出合理的响应;模型能够适应不同类型的指令,包括但不限于问答、文本生成、翻译等;对于同一类型的指令,模型能够给出一致的反应。

大语言模型在遵循指令时的一些关键点是复杂指令(需要推理、上下文理解或使用特定领域知识的指令)处理、上下文感知(模型能够根据上下文来更准确地遵循指令,比如理解对话历史或文档内容)和多模态交互(能够处理多种类型的数据,如文本、图像和声音,从而遵循涉及多个数据源的复杂指令)。

例 15-4　虚拟助手。

(1)场景

以大语言模型作为虚拟助手。

(2)指令

用户说:"我明天要去北京出差,帮我规划一下行程,包括航班、酒店和会议安排。"

(3)模型遵循指令的过程

① 理解指令:模型需要理解用户的需求,包括出差目的地、时间以及需要安排的事项。

② 执行任务

- 航班查询:模型可能会调用航班 API,查找明天从用户所在地到北京的航班,并提供选项。
- 酒店推荐:模型可能会根据用户的偏好和历史数据推荐酒店,并完成预订。
- 会议安排:模型需要与用户的日历同步,找出合适的时间段,并可能通过电子邮件或消息与合作伙伴协调会议时间。
- 反馈:模型将规划的行程通过邮件或应用消息发送给用户。

• 逐步推理能力

逐步推理能力又称为思维链能力,思维链是复杂推理中的一系列中间推理过程,大语言模型可以利用中间推理步骤的提示机制来解决这类问题。

处理复杂推理任务(如多步骤数学应用问题)时,通常将问题分解为多个中间步骤,解决每个中间步骤后,再给出最终答案。如果在少样本提示的示例中提供了思维链推理的演示,大语言模型可以生成思维链求解。

在下游任务的数据集规模远小于模型充足训练所需的数据集规模时,利用 prompt 激发模型本来的能力确实能够显著提高效果,这也是目前大多数任务面临的情况。

例 15-5　基于思维链提示逐步推理。

对于标准提示,模型输入和模型输出如图 15-23 所示。

模型输入:

> 问:宣竹 有 5 个网球,他又买了 2 盒 网球。每盒有3个网球。他现在有多少个网球?
> 答:11
> 问:食堂有23个香蕉,如果他们用20个做午餐,再买6个。他们有多少个香蕉?

模型输出:

> 答:27×

图 15-23　标准提示的模型输入和模型输出

可以看到模型无法做出正确的回答。但是,如果给出模型一些关于解题的思路,就像我们数学考试,都把解题过程写出来再最终得出答案,思维链就可完成这个任务。对于思维链提示,模型输入和模型输出如图 15-24 所示。

> 问:宣竹 有 5 个网球,他又买了 2 盒 网球。每盒有3个网球。他现在有多少个网球?
> 答:宣竹一开始有5个网球,2 盒3个 网球,总计2×3=6个网球。5+6=11,回答为11
>
> 问:食堂有23个香蕉,如果他们用20个做午餐,再买6个。他们有多少个香蕉?

模型输出:

> 答:食堂有23个香蕉,如果他们用20个做午餐,所以,他们还有23-20=3个香蕉。
> 他们再买6个香蕉,所以他们有3+6=9个香蕉。
> 回答是9 ✓

图 15-24　思维链提示的模型输入和模型输出

思维链提示也是一种提示方法,它鼓励大语言模型解释其推理过程,这种推理的解释往往会引导出更准确的结果。从例 15-24 可以看出,作为促进语言模型推理的方法,思维链具有如下特点:

• 思维链可以将多步骤问题分解为中间步骤,这表明可以为需要更多推理步骤的问题分配更多计算资源。

• 思维链提供了对模型行为的可解释窗口,以提示它是如何得出特定答案的,并提供了调试推理路径出错的机会。

- 思维链推理可以用于数学应用问题、常识推理和符号操作等任务,至少原则上适用于人类可以通过语言解决的任何任务。
- 将思维链序列的示例包含在少样本提示的示例中,可以很容易地在足够大的现成语言模型中引发思维链推理。

涌现能力只是对一种现象的描述,而并非大语言模型的某种真正的性质。从涌现能力的角度来看,模型在达到一定规模后,用恰当的方式激发出的性能确实远远超过缩放法则所预测的效果。

15.4　GPT 大语言模型

GPT 系列模型是生成式预训练模型,GPT 对于自然语言生成、文本分类和语义推断等任务都具有良好的性能,它可使用训练数据集轻松生成内容。GPT 使用了注意力机制,这表明它在处理常见 NLP 任务时,对文本的位置和上下文敏感,可以轻松适应不同的文本语料。GPT 系列模型主要包括 GPT-1～GPT-4,还包括 ChatGPT。GPT 系列模型是一种非常强大有效的 NLP 模型,因此被广泛应用于聊天机器人、搜索引擎、情感分析等人工智能应用中。

2023 年 3 月 15 日,OpenAI 公司正式发布多模态预训练大语言模型 GPT-4,它能够处理文本、图像两种模态的输入信息,单次处理文本量是 ChatGPT 的 8 倍,GPT-4 的表现大大优于目前最好的语言模型,同时在学术考试中的水平远超 GPT-3.5。

GPT 系列模型的发布时间、参数数量和预训练数据量如表 15-3 所示。

表 15-3　GPT 系列模型的发布时间、参数数量和预训练数据量

模　　型	发 布 时 间	参 数 数 量	预训练数据量
GPT-1	2018 年 6 月	1.17 亿个	5GB
GPT-2	2019 年 2 月	15 亿个	40GB
GPT-3	2020 年 5 月	1750 亿个	45TB
ChatGPT	2022 年 12 月	千亿级别	千亿级别
GPT-4	2023 年 3 月	3.5 万亿个	没有公开

15.4.1　GPT 大语言模型结构与训练过程

1. GPT 大语言模型结构

Transformer 是一种用于序列到序列(Seq2Seq)学习的神经网络架构,它在 NLP 领域中应用于多种任务。GPT-1、GPT-2 和 GPT-3 三个模型几乎具有相同的架构,如图 15-25 所示。GPT 模型采用每个子层只有一个 Masked Multi Self-Attention(768 维向量和 12 个 Attention 头)和一个 Feed Forward,无 Transformer 解码器层的编码器-解码器注意力子层,模型叠加使用 12 层的解码器。

输入:$U = \{u_{-k}, \cdots, u_{-1}\}$

$$\boldsymbol{h}_0 = U\boldsymbol{W}_e + \boldsymbol{W}_p$$

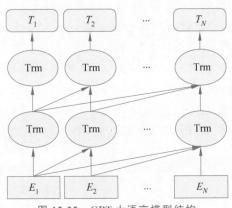

图 15-25 GPT 大语言模型结构

$$\boldsymbol{h}_l = \text{transformer\_block}(\boldsymbol{h}_{l-1}) \quad \forall l \in [1,2,\cdots]$$

输出：$P(u) = \text{softmax}(\boldsymbol{h}_n \boldsymbol{W}_e^{\mathrm{T}})$

其中，$U = \{u_{-k}, \cdots, u_{-1}\}$ 是当前词的前 k 个 token 集合，n 是神经网络的层数，$\boldsymbol{W}_e$ 是 token 的嵌入矩阵，$\boldsymbol{W}_p$ 是位置编码的嵌入矩阵。

2. GPT 模型训练过程

GPT 输出为一个句子的表示。GPT 模型训练过程如下。

（1）预训练

利用大型语料库完成非监督学习，使用了自回归语言模型。

（2）微调

- 特定任务

对于输入为一个序列的任务（如文本分类等），GPT 可方便地与任务对接，采用微调模型；但对于输入为两个以上序列的任务（如匹配、问答等）无法直接应用 GPT 进行处理，需将任务的形式转换成预训练模型可以处理的有序序列，如图 15-26 所示，其中 Delim 为分隔符，Start 为起始符。

GPT 提出了一种自监督学习方式，具体方法是先在无标签的数据上面训练一个预训练模型，再用少量标签数据进行微调。少量标签数据是特定任务。

GPT-1 处理的任务主要有分类、自然语言推理、语义相似度以及问答和常识推理 4 个特定任务。这些任务完成的工作是根据输入，获得预测的输出。

分类任务：将起始和终止 token 加入原始序列两端，输入 Transformer 中得到特征向量，最后经过一个全连接层得到预测的概率分布。

自然语言推理任务：将前提（Premise）和假设（Hypothesis）通过分隔符隔开，两端加上起始和终止 token。再依次通过 Transformer 和全连接层得到预测结果。

语义相似度任务：输入的两个句子，正向和反向各拼接一次，然后分别输入 Transformer，得到的特征向量拼接后再送给全连接层得到预测结果。

问答和常识推理任务：将 n 个选项的问题抽象化为 n 个二分类问题，即每个选项分别与内容进行拼接，然后各送入 Transformer 和全连接层中，最后选择置信度最高的作为预测结果。

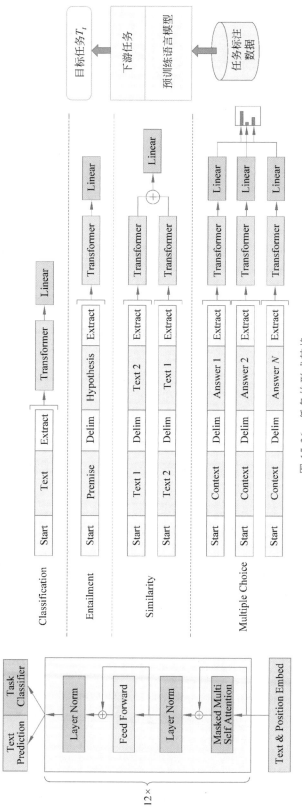

图 15-26 任务的形式转换

（3）微调方式

· 只调节任务参数。

$$P(y \mid x^1, x^2, \cdots, x^m) = \text{Softmax}(\boldsymbol{h}_l^m \boldsymbol{W}_y)$$

其中，$\boldsymbol{W}_y$ 是线性层的权重，优化目标是最大化 $L_2(C)$。

$$L_2(C) = \sum_{(x, y)} \log P(y \mid x^1, x^2, \cdots, x^m)$$

· 任务参数和预训练模型参数一起调整。

优化目标是最大化 $L_3(C)$。

$$L_3(C) = L_2(C) + \lambda L_1(C)$$

其中，λ 为权重，一般设为 0.5。

L_1 是只调整预训练模型参数的损耗，L_2 是只调节任务参数的损耗，L_3 是一起调整任务参数和预训练模型参数的损耗。

将预训练好的语言模型作为辅助目标进行微调，不仅可以使监督模型更具泛化性，还可以加速收敛。Transformer 结构可以比 LSTM 结构学习到更为丰富的语言知识，预训练语言模型在任务中起到了重要作用。

GPT 系列模型的特点是一个比一个参数量多，预训练的数据量一个比一个大。而对于一个新的任务，GPT 仅需要非常少的数据便可以理解这个任务的需求并获得接近或者超过最先进的技术的结果。当然，GPT 系列模型如此强大的功能并不是使用一个简单的模型就能实现的，GPT 模型的训练需要超大型训练语料、超多的模型参数以及超强的计算资源。GPT 的出现和发展也表明，通过不断地提升模型容量和语料规模可以不断提升模型的能力。

3. GPT-3 模型

2020 年，GPT-3 问世，其规模空前庞大，大约是 GPT-2 的 117 倍。GPT-3 不需要微调，采用提示学习。它可以识别到数据中隐藏的含义，并运用此前训练获得的知识，来执行下游任务。这表明，对于从来没有接触过的示例，GPT-3 就能理解并提供不错的表现。因此，GPT-3 也在商业应用上表现出了极高的稳定性和实用性，它通过云上的 API 访问来实现商业化。这使得 GPT-3 成为 2020 年人工智能领域最惊艳的模型之一。

GPT-3 仅需要零样本或者少样本，就可以在下游任务表现得非常好。除了几个常见的NLP 任务，GPT-3 还在很多非常困难的任务上有惊艳的表现，而这些强大的能力则依赖GPT-3 1750 亿的参数量和 45TB 的训练数据。

GPT-3 作为一个自监督模型，几乎可以完成自然语言处理的绝大部分任务，如面向问题的搜索、阅读理解、语义推断、机器翻译、文章生成和自动问答等。而且，模型在许多任务上表现卓越。

（1）数据集

GPT-3 共训练了 5 种不同的语料，分别是低质量的 Common Crawl、高质量的 WebText2、Books1、Books2 和 Wikipedia，GPT-3 根据数据集的不同质量赋予了不同的权值。数据集权值越高，在训练时越容易被抽样到。

（2）模型参数

GPT-3 沿用了 GPT-2 的结构，但是在网络容量上做了很大的提升，具体如下：

· GPT-3 采用了 96 层的多头 Transformer，注意力头的个数为 96。

- 词向量的长度是 12888。
- 上下文划窗的窗口大小提升至 2048 个 token。
- 使用了交替密集和局部带状稀疏注意力。

在大量的语言模型数据集中,GPT-3 超过了绝大多数的零样本或者少样本的当前最佳(state-of-the-art,SOTA)方法。同时,GPT-3 在很多复杂的 NLP 任务上也超过了微调之后的 SOTA 方法,如闭卷问答、模式解析、机器翻译等。除了这些传统的 NLP 任务,GPT-3 在一些其他领域也取得了非常震惊的效果,如进行数学加法、生成文章、编写代码等。

GPT-3 的本质还是通过海量的参数学习海量的数据,然后依赖 Transformer 强大的拟合能力使模型能够收敛。基于这个原因,GPT-3 学到的模型分布也很难摆脱数据集的分布情况。得益于庞大的数据集,GPT-3 可以完成一些令人感到惊喜的任务,但是 GPT-3 也不是万能的,对于一些明显不在这个分布或者与这个分布有冲突的任务来说,GPT-3 还是无能为力的。

NLP 领域的"预训练-微调"方式利用已经在大规模未标记数据上通过自监督学习完成预训练的模型,让它在下游任务上使用少量人工标记数据进行微调。这个模型效率高,并且在小样本学习当中十分有效。

GPT-3 也在很多自然语言处理任务中,表现得十分出色,如翻译、问答、推理、数学运算等。GPT-3 也可生成一些新闻文章,针对这些生成的新闻文章,人类是很难去分辨到底是人类还是人工智能生成的,这是 GPT-3 的一大优点。当然,GPT-3 的另一大优点是不需要任何梯度更新和微调,这与之前的语言模型都不同。

(3) 不需要进行微调的原因

- 从实际应用的角度出发,如果每一个新的下游子任务都需要一个大的带标签的数据集来为模型做微调,这本质上会限制语言模型的应用。事实上,在实际工作中,也存在各种各样的语言任务,很难去针对每个特定的任务去做一个有监督的带标签的数据集训练,特别是每完成一个新任务,就要收集一个新的数据集,这几乎不可能做到。
- 通过预训练,然后微调出来的模型泛化性能会不理想,因为这样的模型具有过于专门适应训练数据的分布,并不能很好地泛化训练数据以外的数据。
- 人类在做大多数语言任务时并不需要很多有监督的数据集,只需要一些简短的描述或者一些示例就可以去执行任务。

模型直接预训练时训练足够大的、各种各样的数据集,然后不用做微调直接在子任务上应用的学习方式称为元学习,也叫作情境学习。元学习是指语言模型在训练时就训练出了足够的能力,然后可以在各种任务上得以运用。在完成任务时候,可以给出具体的任务描述以及一些指示和例子,让模型能够根据指示和例子,完成接下来的工作。元学习的具体介绍请参见第 14 章。

(4) 得到的结论

- 越大的模型,精度越高,GPT-3 具有超多的模型参数,其效果远比之前的模型好。
- 在例子不是很多的情况下,如果有明确的 prompt,则模型效果会更好。
- few-shot 效果比 zero-shot 和 one-shot 更好。

随着参数的增加,zero-shot 的模型表现已经在快速上升,但是 few-shot 的模型表现上升速度更快,精度更高。

传统的模型微调需要使用大量的数据,然后不断地更新梯度来让模型执行任务,但是对于在上下文中学习,并不需要更新梯度,只需要告诉模型任务是什么,可以给一个例子,或者不给例子,或者给几个例子,让模型更好地完成任务。

（5）GPT-3 模型架构

GPT-3 模型使用了和 GPT-2 相同的基本架构,即 GPT-3 模型也采用了 Transformer 架构,但做了一些调整,包括模型初始化、预归一化、逆标化,以及交替的密集和局部带状稀疏注意力模式。

- 模型初始化:这是指在模型开始训练时对权重和偏差进行特定的初始化,以改善模型的收敛速度和性能。
- 预归一化:这是指在将数据输入模型之前对其进行规范化,以确保数据在不同特征之间具有相似的尺度。这通常有助于提高模型的训练效率。
- 逆标化:这是指一种将输入文本转换为模型能够处理的数值表示的方法,同时允许从模型的输出重构原始文本。
- 交替的密集和局部带状稀疏注意力模式:这是指在 Transformer 的层中使用一种特殊的注意力模式。在标准的 Transformer 中,每个位置的注意力是密集的,意味着它与输入序列中的每个位置都有关联。然而,交替的密集和局部带状稀疏注意力模式的一些层具有密集的注意力,而其他层具有局部带状稀疏注意力。局部带状稀疏注意力意味着每个位置只与输入序列中的一小部分位置有关联。这种方法可以降低计算复杂度和内存需求。

（6）GPT-3 的局限性

GPT-3 目前还存在局限性,需要后续进一步发展与探索。

- 尽管 GPT-3 相比于 GPT-2 有了很大的提升,但在文本合成以及其他几个 NLP 任务上仍存在不足。它在长篇幅的文章上丧失连贯性,会自相矛盾,偶尔会包含不合逻辑的段落或句子。

GPT-3 在一些常识性的物理问题上表现出回答困难。尽管在有的数据集上表现得不错,但是大体上来说 GPT-3 在回答这类问题时都会表现出困难,比如在回答"把一块奶酪放进冰箱里,它会不会融化"这个问题时。

- GPT-3 在上下文学习上还是会有一些问题,比如在一些比较任务(判断两个单词在句子中的用法是否相同)上,以及一些阅读理解任务上,GPT-3 的表现只比随机选择好一些。
- GPT-3 在架构和算法上也同样存在着一些局限性,比如缺乏双向性,以及没有在训练时进行去噪处理。

上述这些局限性会导致 GPT-3 在某些任务上表现不好,比如填空任务等。

（7）GPT-3 的影响力

GPT-3 的社会影响力包括能帮助人们写代码、写作、回答问题、提升搜索响应速度等,但如果不被正确使用,GPT-3 也会带来一些负面影响,例如人们不能分辨有的文章到底是人类写的还是 GPT-3 写的。

4. GPT-4 模型

GPT-4 进一步提高自然语言处理的水平。

GPT-4 在结构上仍将基于 Transformer 模型，但是使用了自注意力机制，能够更好地处理长序列的输入，并具有较强的泛化能力。与 GPT-3 相比，GPT-4 具有更多的参数和更大的训练数据，以提高自身的性能和效果。GPT-4 的参数量达到了万亿级别，比 GPT-3 模型的参数量增加了数倍，这使 GPT-4 拥有更强大的学习能力和表达能力。同时，GPT-4 将训练数据集从数十亿级别扩展到数千亿级别，进一步提高了模型的准确性和泛化能力。

除了在结构和参数量上的提升，GPT-4 还有下述新特性。

(1) GPT-4 拥有更加智能的对话能力。与其他对话模型相比，GPT-4 有更强的理解语言的能力，能够更好地捕捉上下文和语境中的信息，并做出更加准确和恰当的回答。这使得 GPT-4 在对话机器人、客服等场景中具有更高的实用价值，可以为用户提供更加人性化和智能的服务。

(2) GPT-4 有更强大的文本生成能力。除了现有的文章、诗歌等文本生成能力外，GPT-4 还可以自动生成更加丰富、复杂的文本形式，例如代码、音乐、视频脚本等。这推动了自动创作、自动编程等领域的发展，为创意产业带来了更多的可能性。

(3) GPT-4 有更加广泛的应用场景。随着自然语言处理技术的发展，人们对于它的应用需求也日益多样化，GPT-4 正被应用于更多的领域，例如智能客服、智能家居、智能医疗、智能金融等。这有助于加速智能化技术在各行各业的应用，推动数字化和智能化的发展。

(4) GPT-4 产生了技术路线上的又一次方向性变化：基于人工标注数据＋强化学习的推理和生成。

GPT-4 的研发和应用的最大挑战之一就是数据隐私和安全问题。随着 GPT-4 数据集的规模和训练算法的复杂性不断提高，涉及的隐私和安全问题变得越来越严峻。因此，OpenAI 公司等研发机构需要制定更加严格的数据安全政策和技术手段，保障用户数据的安全和隐私。

综上所述，GPT-4 是自然语言处理领域的一个重要进展，它带来了更高的性能和更广泛的应用场景，推动了自然语言处理技术在各个领域的应用和发展。当然，GPT-4 的研发和应用也需要密切关注其安全和隐私问题，保证其可持续和可信。

15.4.2　ChatGPT 的功能与特性

2022 年 12 月 1 日，OpenAI 公司发布了自然语言生成模型 ChatGPT，一个可以基于用户输入文本自动回答问题的人工智能系统，也就是智能聊天机器人。它有着赶超人类的自然对话程度以及逆天的学识。不论是说笑话、说相声，还是续写故事，它的表现都可以与人类高度相似。

ChatGPT 是人工智能技术驱动的自然语言处理工具，它不仅能够通过学习和理解人类的语言来进行对话，还能根据聊天的上下文进行互动，真正像人类一样来聊天交流，甚至还能完成文案、翻译、代码等任务。

不论是实际工作、解释概念、查询菜谱、查询代码，还是解决编程问题，ChatGPT 都可以独立完成。这种快问快答的直观交互方式，远超大部分引擎。除此之外，它在撰写产品文档、检讨书、年终总结、招聘策划、自我介绍、求职信、拒绝信、辞职信等方面也有很高的实用价值。

ChatGPT 是一款通用的自然语言生成模型,其中 Chat 是指聊天,GPT 是生成预训练 Transformer(generative pre-trained Transformer)的简称,即 ChatGPT 是生成型预训练变换模型,传统的语言模型的工作方式是对语言文本进行概率建模,以预测下一段输出内容的概率,而 ChatGPT 在语言能力上的提升显著。

ChatGPT 的原理是通过提供一个序列,例如一个单词序列、字符序列等,来预测下一个词或字符。在预测过程中,ChatGPT 依靠一个预训练的神经网络模型,该神经网络能够预测一个单词接着下一个单词的概率。在训练过程中,ChatGPT 需要大量的文本作为训练数据,训练结束后,ChatGPT 对文本数据建立一个概率模型,从而能够更加准确地对后续文本进行生成语理解。ChatGPT 的一个重要特点是无监督学习,这表明 ChatGPT 不需要预先提供标注数据集来进行训练,这使得 ChatGPT 的应用范围更加广泛,它可以应对各种不同的自然语言任务,例如对话生成、文本摘要、机器翻译和问答系统等。简单地说,ChatGPT 是一种利用深度学习方法训练的自然语言模型。在训练过程中,它通过海量的文本数据来学习语言的结构和特征,最后生成高质量的文本内容。它可以被视为人造的语言智能,适用于很多自然语言处理领域的任务,并能创造出令人惊叹的文本内容。

1. ChatGPT 的功能

ChatGPT 相对于其他的聊天机器人,功能显著提升,如下所述。

(1) ChatGPT 能更好地理解用户的实际意图,用户不用与机器人来回周旋。

(2) ChatGPT 上下文衔接能力强,用户不仅能够提问一个相对复杂的问题,而且可以通过不断追加提问的方式,让它不断地改进回答内容,最终达到用户的理想效果。

(3) ChatGPT 对知识和逻辑的理解能力强,它不仅能够很好地回答一个问题,还可以对这个问题的各种细节进行追问。

2. ChatGPT 的关键特性

ChatGPT 是一种更小、更专业的语言模型,专为聊天应用程序设计。其具有的下述关键特性,使其成为处理 NLP 任务的强大语言模型。

(1) 类人响应:ChatGPT 经过训练可以生成类似人类在特定情况下的响应方式的响应。这使它能够与用户进行自然的、类似人类的对话。

(2) 上下文感知:ChatGPT 能够维护上下文并跟踪对话的流程,即使在复杂或多轮对话中也能提供适当的响应。

(3) 大训练数据:ChatGPT 在大量文本数据上进行训练,这使其能够学习广泛的语言模式和风格,产生多样化和细微的反应。

GPT-3 和 ChatGPT 之间的主要区别在于它们的范围和目的。GPT-3 是大型通用语言模型,可以处理各种语言处理任务。ChatGPT 是较小的专用模型,专为聊天应用程序设计。虽然这两种模型都基于相同的底层技术,但 ChatGPT 是根据会话语言处理的特定需求量身定制的。

3. ChatGPT 的技术架构

ChatGPT 核心技术如下。

(1) 预训练模型

ChatGPT 是基于大规模文本数据集进行预训练的模型。预训练过程中,模型学习了自然语言的语法、语义和上下文信息,从而具备了生成和理解自然语言的能力。

(2) Transformer 模型架构

ChatGPT 采用了 Transformer 模型架构。Transformer 模型通过自注意力(Self-Attention)机制来捕捉文本序列中的长距离依赖关系,有效提高了模型处理长文本的能力。

(3) 自回归语言模型

ChatGPT 是一个自回归语言模型,它在生成文本时,是根据之前生成的所有 token 来预测下一个 token 的。这种方式使得模型能够生成连贯、上下文相关的文本。

(4) 指令微调

ChatGPT 在预训练之后,还通过指令微调(Instruction Tuning)来优化其性能。指令微调指使用特定的指令来指导模型生成更符合要求的输出。

(5) 人类反馈强化学习

ChatGPT 通过人类反馈强化学习(RLHF)来进一步优化其对话能力。在这一过程中,人类评估者提供对模型输出的反馈,然后模型根据这些反馈进行优化,以提高其对话质量和用户满意度。

(6) 上下文学习

ChatGPT 能够处理和理解长篇对话的上下文,这使得它能够维持连贯的对话,并基于对话历史生成相关的回答。

(7) 多语言支持

ChatGPT 不仅支持英语,还能理解和生成多种其他语言的文本,这使得它在全球范围内具有更广泛的应用潜力。

(8) 安全性和合规性

ChatGPT 设计了多种机制来确保其输出符合道德和法律标准,例如防止生成有害、歧视性或敏感内容的过滤器。

ChatGPT 的这些技术特点使其在自然语言处理领域具有广泛的应用前景,包括聊天机器人、内容创作、信息检索、语言翻译等。然而,它也面临着一些挑战,如生成的文本可能存在偏差、无法完全理解复杂的人类情感和意图等。

例 15-6 少样本(few-shot)、单样本(one-shot)和零样本(zero-shot)提示学习。

• zero-shot

| 将中文翻译成英文 | 任务描述 |
| 深度学习? | 提问 |

• one-shot

将中文翻译成英文	任务描述
学习:Learning	提示
深度学习?	提问

• few-shot

将中文翻译成英文	任务描述
学习:Learning	提示
机器学习:machine Learning	提示
深度神经网络:deep neural network	提示

深度学习？ 　　　　　　　　　　　　　　　提问

（3）ChatGPT 训练

预训练基础大语言模型以 Transformer 的解码器为主，并做了如下调整，如图 15-27 所示。

- 层归一化

Transformer 采用后置层归一化，大语言模型采用前置层归一化。

- 激活函数

Transformer 采用 ReLU 激活函数，大语言模型采用 GeLU、SwiGLU 和 GeGLU 等激活函数。

- 位置编码

Transformer 采用绝对位置编码，大语言模型采用相对位置编码。

- 注意力机制

Transformer 采用全局自注意力模式，大语言模型采用稀疏注意力模式。

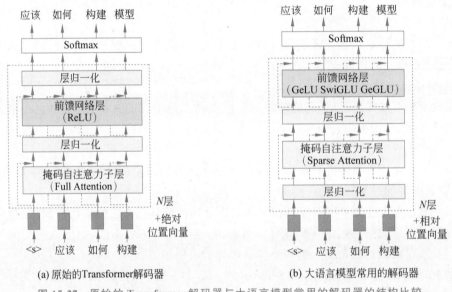

图 15-27　原始的 Transformer 解码器与大语言模型常用的解码器的结构比较

15.4.3　稀疏注意力模式

GPT-3 采用了稀疏注意力模式。假设有一个包含很多像素的图像，每个像素可以看作一个输入序列中的一个位置。如果使用传统的全局自注意力模式来处理这张图像，那么需要计算每个像素与其他所有像素之间的相似度，并且为每个像素生成上下文向量。这个计算量非常大，因为图像由很多像素组成，而且像素之间的相似度计算也很耗费时间和计算资源。但是，稀疏注意力模式则只考虑与当前像素相关的一小部分像素。可以使用一些方法来选择这些关键像素，这在处理长序列数据、文本和图像等方面具有广泛的应用前景。因为自注意力模式需要对序列中的任意两个向量都计算相关度，得到一个 n^2 大小的相关度矩阵，如图 15-28 所示。

为了节省显存，加快计算速度，一个可行方法就是减少相关度计算，也就是认为每个元

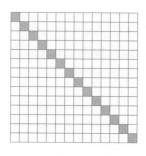
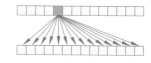

(a) 自注意力矩阵　　　　　　　　　(b) 关联性表示

图 15-28　自注意力矩阵与关联性表示

素仅与序列内的一部分元素相关,这就是稀疏注意力模式的基本原理。常用稀疏注意力模式有如下两种。

（1）膨胀自注意力

膨胀自注意力启发于膨胀卷积,如图 15-29(b)所示,它对相关性进行了约束,强行要求每个元素只跟它相对距离为 k、$2k$、$3k$……的元素关联,其中 $k>1$ 是预先设定的超参数。

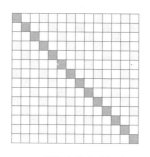
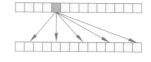

(a) 膨胀自注意力矩阵　　　　　　　(b) 关联性表示

图 15-29　膨胀自注意力矩阵与关联性表示

由于现在计算注意力是"跳跃"计算,因此实际上每个元素只与大约 n/k 个元素相关,这样一来,理想情况下,运行效率和显存占用都变成了 $O(n^2/k)$,也就是直接降低到原来的 $1/k$。

（2）局部自注意力

自注意力模式在计算机视觉(computer vision,CV)领域统称为非局部机制,显然局部自注意力要放弃全局关联,重新引入局部关联。具体来说,就是约束每个元素只与前后 k 个元素以及自身有关联,如图 15-30 所示。

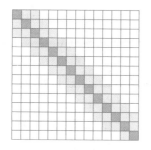
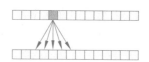

(a) 局部自注意力矩阵　　　　　　　(b) 关联性表示

图 15-30　局部自注意力矩阵与关联性表示

膨胀自注意力是带有一些洞的,而局部自注意力正好填补了这些洞,所以一个简单的方式就是将膨胀自注意力和局部自注意力交替使用,两者累积起来称为稀疏自注意力。理论上稀疏自注意力可以学习到全局关联性,也可以节省显存,如图 15-31 所示。

 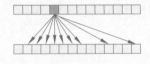

(a) 稀疏自注意力矩阵　　　　　　　　　　(b) 关联性表示

图 15-31　稀疏自注意力矩阵与关联性表示

15.4.4　人类反馈强化学习

1. 人类反馈强化学习的主要特点

强化学习可使智能系统从环境中学习,以达到最大化某种特定目标。该方法通过引入奖励和惩罚信号,让系统自行探索环境并学习最佳行为的策略。与传统的监督学习不同,强化学习并不要求人工标注训练数据,而是依靠反馈信号和试错来调整行为策略。

从人类反馈中进行强化学习已成功应用于 ChatGPT,并成为 ChatGPT 的核心技术。

在人类反馈强化学习(RLHF)中,人类作为"教师",通过给智能体提供正反馈或负反馈来引导系统学习,其主要特点如下。

(1)需要人工标注数据:与其他无监督学习方法不同,人类反馈强化学习需要人工标注数据,这里的人工标注数据是指需要人工给出每个数据点的正确答案,从而用于模型的训练和优化。

(2)适用性广泛:人类反馈强化学习方法适用于各种不同类型的任务,包括图像分类、自然语言处理、机器翻译等。

(3)可以提高模型性能:通过人类反馈强化学习方法,模型可以根据人类反馈逐渐优化自身的性能,提高准确度和鲁棒性。

(4)依赖标注数据的质量:由于人类反馈强化学习需要依赖人工标注数据进行训练,因此标注数据的质量直接影响模型的性能。

(5)成本高昂:由于需要人工标注数据,因此人类反馈强化学习的成本比无监督学习和半监督学习更高。

(6)动态环境:人类反馈强化学习方法更加关注如何让计算机在动态环境中持续地进行学习和优化。它能够通过反馈调整策略,处理大量的数据,并进行在线学习。它在游戏、机器人控制、自然语言处理和自动驾驶等领域得到了广泛应用。

随着人工智能技术的不断发展,人类反馈强化学习方法也将不断得到改进和优化。同时,该方法的发展也将促进人工智能在更广泛的领域得到应用。

2. 人类反馈强化学习的重要应用场景

（1）创建一个好的损失函数的场景

在语言生成任务中，人们很难定义出正确的输出是什么，因为它具有很大的灵活性和多样性。在这种情况下，通过 RLHF，人类可以直接提供关于系统行为的反馈，而不需要定义一个复杂的损失函数。

例如，如果要计算一个指标来衡量模型输出是否有趣，这可能比较困难。因为"有趣"是一个主观的概念，不同的人可能会有不同的看法。对于这种情况，可以使用 RLHF 方法，通过人类反馈来指导系统生成"有趣"的输出。例如，可以让人类读取模型的输出，并从中选择他们认为最有趣的一些例子，然后将这些例子作为正面反馈输入强化学习算法中，以指导模型生成更有趣的输出。同样地，人类还可以选择最不有趣的输出并将其用作负面反馈输入算法中，以帮助模型避免生成无聊或让人烦恼的输出。通过这种方式，模型可以根据人类反馈逐渐学习如何生成更加有趣的输出。

（2）难以对训练数据进行标记的场景

在某些情况下，产生的数据非常庞大，而手工标注这些数据需要耗费大量的时间和人力。同时，有时标记数据比较困难，因为需要专业知识或主观判断。在这种情况下，RLHF 也可以作为一种有效的无监督学习方法，通过与产生的数据交互并从人类反馈中进行学习，使模型可以在无标记数据的情况下逐渐提高性能。例如，可以让模型生成一些文本，并且让人类阅读、理解该文本并向模型提供反馈。通过这种方法，模型可以在实际场景中学习，并根据人类反馈不断改进，以更好地满足生产需求。

例如，对于 ChatGPT 这种聊天机器人应用场景，如果需要使用生产的数据进行训练，但难以对产生的数据进行标记时，就可以将该问题转换为一个强化学习问题，并通过人类反馈来指导模型改善其输出结果。具体过程是，可以让模型生成一个回答，然后将回答呈现给人类评审员。评审员可以直接阅读回答并通过提供反馈来告诉模型是否正确回答了问题。例如，如果机器人的回答不正确或者不准确，评审员可以指出其所犯的错误或者提供正确答案。这些反馈可以被用作正面或负面奖励，以指导模型更好地进行回答。在不断交互和反馈的过程中，模型可以逐渐改善其输出结果，直到达到预期的效果。

3. 人类反馈强化学习原理

第 11 章已经介绍了智能体与环境的交互过程，即将交互内容看作离散时间序列，而进行交互的对象是智能体和环境。

如果希望模型不仅受训练数据的影响，而且需要人为可控，从而保证生成数据的有用性、真实性和无害性，则使模型的输出内容和人类喜欢的输出内容对齐，如图 15-32 所示。

强化学习的思路是通过对奖励的大量采样来拟合损失函数，从而完成模型的训练。强化学习是通过奖励机制来指导模型训练。奖励机制可以比作传统模型训练机制的损失函数，但奖励的计算要比损失函数的计算更为灵活和多样，例如 AlphaGo 的奖励基于对局的胜负，这就使奖励的计算不可导，因此不能直接用于可导的误差反向传播。

图 15-32　RLHF 的人为可控

大多数语言模型仍然使用简单词语预测损失（例如交叉熵），以进行训练，但设计一个损失函数来捕获这些属性很麻烦。为了弥补这个缺点，定义了更好地捕捉人类偏好的指标，如BLEU 或 ROUGE。BLEU(bilingual evaluation understudy)的意思是双语评估替补。它代替人进行翻译结果的评估。尽管这项指标是为翻译而发明的，但它可以用于评估一组自然语言处理任务生成的文本。ROUGE 被称为机器摘要评价指标，它是一个衡量自动文本摘要和句子摘要性能的测试指标，由杜克大学的康纳鲁格提出，最初用于评估机器翻译。ROUGE 指标从两个角度来评估机器摘要的技术。一是重复性，也就是摘要中是否有重复的句子；二是句子的精准性，即摘要中的句子是否准确、细致地传达了原始文本的内容。虽然 BLEU 或 ROUGE 比损失函数本身更适合衡量性能，但这些指标只是简单地将生成的文本与具有简单规则的引用进行比较，因此存在局限性。如果使用生成文本的人工反馈作为性能衡量标准，或者更进一步，使用该反馈作为损失来优化模型，这就是 RLHF 的思想，即使用强化学习的方法直接优化带有人类反馈的语言模型。RLHF 使语言模型能够开始将在一般文本数据语料库上训练的模型与复杂人类价值观的模型对齐。由于人类反馈也是不可导，那么也可以将人工反馈作为强化学习的奖励，基于这种思想，人类反馈强化学习应运而生。

RLHF 算法的基本过程如下：首先预训练语言模型，然后训练一个奖励模型，最后再对语言模型进行微调。

（1）预训练语言模型

首先经过预训练，获得预训练语言模型后，可以对语言模型进行微调。这个步骤是在训练前先获取一些人工标注的(输入，输出)文本对，对已经获得的预训练语言模型进行微调。

在进行微调时，可以使用人工标注的(输入，输出)文本对作为训练样本，使用反向传播算法来更新模型参数。通过这种方式，可以使模型更好地理解每个输入与其对应的输出，并对其执行相应的操作，从而提高生成结果的质量。在完成微调后，将得到一个训练好的语言模型。

（2）训练奖励模型

生成一个根据人类偏好校准的奖励模型(reward model)，其基本目标是获得一个模型或系统，该模型或系统接收一系列文本，并返回一个标量奖励，该奖励应在数字上代表了人类偏好。该系统可以是端到端的语言模型，或输出奖励的模块化系统。例如，模型对输出进行排名，排名转换为奖励。标量奖励的输出对于在 RLHF 过程中无缝集成的现有 RL 算法至关重要。

这些用于奖励建模的语言模型可以是另一个经过微调的语言模型，也可以是根据偏好数据从头开始训练的语言模型。例如，人类学在预训练(偏好模型预训练，PMP)后使用一种专门的微调方法来初始化这些模型，因为研究人员发现这种方法比微调更有效，但没有一种奖励建模的变体被认为是最好的。

训练奖励模型需要一个三元组(输入文本，输出文本，奖励)的数据集。收集数据的流程为：首先将输入文本数据(如果是生产数据，则效果更好)通过训练好的语言模型生成相应的文本输出。然后，让人类专家对这个生成的输出结果进行评分或给予奖励信号，如图 15-33 所示。

文本数据 → 训练好的语言模型 → 模型产生文本数据 → 人类评分产生数据 → 奖励数据

图 15-33　产生奖励数据的流程

为了确保数据集的质量,需要选择高质量、多样化的输入文本,并且尽可能避免使用重复的或过于简单的语句。同时,也应该选择具有代表性的人类专家来评估生成的输出结果,并为其提供准确的评分或奖励信号。这样可以确保收集到的数据集可以在后面的 RLHF 微调中有效地提高模型的性能。

通常情况下,奖励信号使用 0~5 的整数来表示,其中 5 表示最高的奖励,0 表示最低的奖励。这种奖励信号可以让 RLHF 算法更好地理解生成的文本输出结果,并且在后续的微调阶段有助于提高模型的性能。也可以使用简单的二元奖励信号,例如使用"＋"或"－"符号来表示给予的奖励或惩罚。虽然这种表示方法可能比使用整数奖励信号更为简单,但它会降低收集数据集的可靠性,这是由于仅给出一个简单的奖励信号无法充分地反映出生成的文本质量的差异。为了克服这个问题,可以利用产生的奖励数据训练一个奖励模型,该模型可以将(输入文本,输出文本)作为输入,并返回一个奖励的标量值作为输出。这个奖励模型是模拟人类专家对生成的文本质量进行评价和奖励,从而可以在没有人类直接参与的情况下进行 RLHF 训练。

在训练奖励模型时,需要保证数据集的质量和多样性,从而确保模型可以准确地学习到人类专家的评价和奖励行为。此外,还需要确保奖励模型具有足够的泛化能力,从而可以在不同领域和任务中进行有效的模型微调。

(3)使用强化学习对语言模型微调

设计一个离线的 RLHF 算法,该算法可以先使用语言模型生成一组文本输出,然后使用奖励模型评估这些输出的质量,最后使用 RL 算法根据奖励信号微调语言模型。这样就可以自动地对模型进行优化和微调,以提高其生成的文本质量。

15.4.5　近端策略优化算法

同策略(on-policy)算法就是要更新的策略和与环境交互产生数据的策略是同一个策略,异策略(off-policy)算法就是要更新的策略和与环境交互产生数据的策略是不同的策略。传统的策略梯度算法为同策略算法,近端策略优化(proximal policy optimization,PPO)算法是异策略算法。近端策略优化算法比传统策略梯度优化算法在训练速度、训练稳定性和最终结果等方面都有提升。同策略算法只学习相同环境下的交互,异策略算法可以学习自己环境下的经验,也可以获得其他环境下的经验。

1. 近端策略优化算法工作过程

在 RLHF 算法中,语言模型是智能体,其任务是产生高质量的文本输出。奖励模型根据人类专家的评价和反馈来分配奖励信号,在每次迭代中,都计算奖励模型返回的奖励信号,将其作为 Q-learning 算法的奖励反馈,并使用奖励信号来更新语言模型的策略,以便在下一次生成文本时产生更好的结果。通过不断地迭代这个过程,就可以逐步优化语言模型的性能,使生成文本更加准确。同时,借助强化学习算法的强大功能,可以有效地解决生成文本中的不连贯性和模型的过拟合问题。其工作过程如图 15-34 所示。

首先,创建一个精确复制的语言模型,并冻结(固定不变)其可训练参数。复制语言模型的作用是防止可训练的语言模型完全改变其权重并输出无意义的文本,进而影响奖励模型的训练。这也是需要计算冻结和非冻结语言模型的文本输出概率之间的 KL 散度损失的原因。这个 KL 损失将被加到由奖励模型产生的奖励之中。KL 损失可以约束语言模型,防

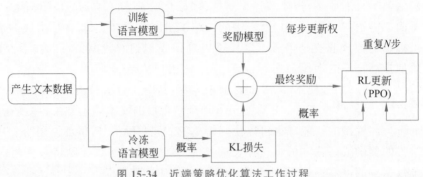

图 15-34　近端策略优化算法工作过程

止其输出乱码,并避免奖励模型产生愚蠢的结果。实际上,如果模型正在进行在线学习,可以直接用人工鉴定的奖励分数来替代奖励模型。

可以看出,近端策略优化算法对步长十分敏感,但是选择合适的步长出现困难。在训练过程中,如果新旧策略间差异过大,则不利于学习。PPO 提出了新的目标函数,可以在多个训练步骤实现小批量的更新,解决了策略梯度算法中步长难以确定的问题。

奖励损失不可导的原因是它是根据文本生成的结果计算出来的。这个文本是通过对语言模型输出的对数概率进行解码得到的,这个解码过程是不可导的。为了使损失可导,在语言模型上应用 PPO 算法可对计算的损失函数进行小幅度修改,如图 15-35 所示。

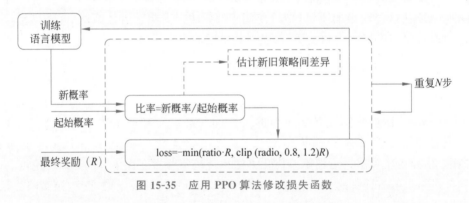

图 15-35　应用 PPO 算法修改损失函数

具体过程如下:

(1) 将初始概率设为新概率进行初始化。

(2) 计算新概率(新的输出文本概率)与初始概率之间的比率。

(3) 根据公式 $\text{loss}=-\min(\text{ratio} \cdot R, \text{clip}(\text{ratio}, 0.8, 1.2)R)$ 计算损失,其中 R 是之前计算的奖励与 KL 散度(或加权平均,如 $0.8\text{reward}+0.2\text{KL}$),而 $\text{clip}(\text{ratio}, 0.8, 1.2)$ 则是将比率 ratio 限制在 $[0.8, 1.2]$ 内。其中,0.8 和 1.2 只是常用的超参数值,在这里已被简化。为了最大化奖励,添加了负号$-$,以便通过梯度下降来最小化损失的负值。

(4) 通过反向传播损失来更新语言模型的参数。

(5) 使用新的语言模型计算新概率。

(6) 重复步骤(2)到 N 次(通常 $N=4$)。

在文本到文本的语言模型中使用 RLHF 算法时,除了基础损失函数外,还可以添加其他损失项,这可能会让情况变得更加复杂。但是,这是其核心实现方法。

2. 奖励模型训练的损失函数

（1）奖励模型损失函数的定义

通过监督微调（supervised fine-tuning，SFT）模型，准备一批提示语，对于每个提示语，模型都生成多个回答，例如，生成 9 个回答。然后人工对这 9 个回答的质量进行排序，而不是人工直接对这 9 个回答进行评分，因为每个人对回答的评分标准都不同，然而大家对哪个回答质量更高是比较容易得到统一。完成排序之后，就可以计算成对的 loss 值，即把回答两两比较，其得分之间的差距应该足够大。例如，对于回答 A 和回答 B，A 的质量比 B 的要高，那么可以用以下公式表示这两个回答之间的质量标准差值，其中 x 表示 prompt，y 表示对应的回答：

$$\log(\sigma(r_\theta(x,y_a)-r_\theta(x,y_b)))$$

两两配对之后总共有 C_k^2 个组合。如果有 9 个回答，这里 $k=9$，则总组合数为 36 个。因此总的 loss 值为

$$loss(\theta)=-\frac{1}{C_9^2}E_{(x,y_w,y_l)\sim D}\big[\log(\sigma(r_\theta(x,y_w)-r_\theta(x,y_l)))\big]$$

其中，各参数含义如下。

D：人工对回答进行排序的数据集。

x：数据集 D 中的问题。

k：每个问题对应的回答数量。

y_w 和 y_l：问题 x 对应的 k 个回答中的两个，且 y_w 的排序比 y_l 高，由于是一对，也称成对。

$r_\theta(x,y)$：需要训练的奖励模型，对于输入的一对 x 和 y 得到的标量分数。

θ：奖励模型需要优化的参数。

对 $loss(\theta)$ 值进行最小化处理，即代表模型能够最大限度地区分质量好和质量差的回答之间的评分。

例 15-7　奖励模型训练如图 15-36 所示。

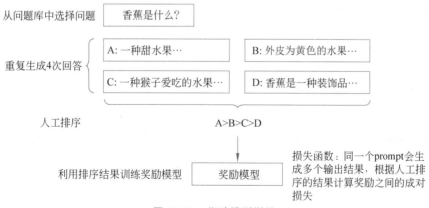

图 15-36　奖励模型训练

尽管模型最终要预测的就是每句话的得分，但 ChatGPT 并不是直接人工标注每一句话的真实得分是多少，而是让人去对 4 句话按照好坏程度进行排序。通过这个排序序列，奖

励模型将会学习如何为每个句子打分。用相对任务替代绝对任务,能够更方便地标注出统一的结果。

(2) 损失函数的几点说明

• 最大化差值与最小化损失函数。

对于一个排好的序列:

$$A>B>C>D$$

需要训练一个打分模型,模型给 4 句话打出来的分要满足

$$r(A)>r(B)>r(C)>r(D)$$

那么,可以使用排序损失函数计算:

$$loss=r(A)-r(B)+r(A)-r(C)+r(A)-r(D)+r(B)-r(C)+\cdots+r(C)-r(D)$$

为了更好地归一化差值,对每两项差值都通过 Sigmoid 函数作用将值拉到 $0\sim1$。可以看出,loss 的值等于排序列表中所有排在前面项的 reward 减去排在后面项的 reward 的和。这里希望模型能够最大化这个好句子得分和坏句子得分差值,而梯度下降是进行的是最小化操作。因此,需要对 loss 取负数,就能实现最大化差值的效果,即 loss=−loss。

奖励模型的目标是使排序高的回答 y_w 对应的标量分数高于排序低的回答 y_l 对应的标量分数,且相差越大越好,也就是使损失函数中的 $r_\theta(x,y_w)-r_\theta(x,y_l)$ 这个差值越大越好。将相减后的分数通过 Sigmoid 函数作用后,差值为 $[-1,1]$,由于 Sigmoid 函数是单调递增函数,因此 $\sigma(r_\theta(x,y_w)-r_\theta(x,y_l))$ 越大越好。$\sigma(r_\theta(x,y_w)-r_\theta(x,y_l))$ 接近 1,表示 y_w 比 y_l 排序高,属于 1 这个分类;反之属于 -1 这个分类,所以这是一个二分类问题。再引入 logistic 函数,也就相当于采用交叉熵损失函数。对于每个问题都有 k 个回答,在损失函数前除以 k 中取 2 的组合数,可使损失函数值不因为 k 的变化而变化太多。损失函数的最终目标是最小化 $loss(\theta)$,与最大化 $r_\theta(x,y_w)-r_\theta(x,y_l)$ 相对应。

• k 值的选择。

进行标注时,需要用很多时间去理解问题,但回答之间比较相近。例如,假设 4 个回答进行排序需要 30 秒时间,那么 9 个回答排序可能就需要 40 秒。9 个回答与 4 个回答相比,生成的问答对多了 5 倍,从效率上来看更为合理。

• $k=9$ 时,每次计算 loss 都有 36 项 $r_\theta(x,y)$ 需要计算,奖励模型计算时所用时间较多,但通过重复利用之前已经计算过的值(也就是只需要计算 9 次即可),可以节约很多时间。

• 奖励模型的损失函数是比较回答的排序。

奖励模型的损失函数是比较回答的排序,而不是去对每个回答的具体分数进行回归。每个人对问题的回答评分都不一样,无法使用一个统一的数值对每个回答进行打分。如果采用对回答具体得分回归的方式来训练模型,将造成很大的误差。但是,每个人对回答的好坏排序基本一致。

3. 奖励模型训练步骤

奖励模型的输入和输出如图 15-37 所示。

奖励模型输入:提示 x 和预训练模型输出 y。

奖励模型输出:奖励值 $r_\theta(x,y)$。

奖励模型训练步骤如下:

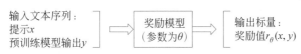

输入文本序列：
提示x
预训练模型输出y
奖励模型
（参数为θ）
输出标量：
奖励值$r_\theta(x,y)$
图 15-37 奖励模型的输入和输出

（1）给定提示 x，预训练模型按照输出概率，采样得到 k 个输出结果。

（2）评价人员对输出结果进行排序（$y_1>y_2>y_3$），得到排序数据集 D。

（3）从排序数据集 D 中选择两个对比结果（x,y_w,y_l），其中 $y_w>y_l$。

（4）根据参数的损失函数（见图 15-38），优化奖励函数。

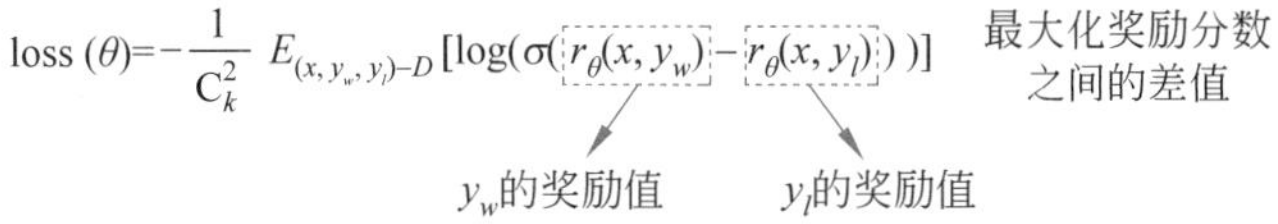

$\text{loss}(\theta)=-\frac{1}{C_k^2}E_{(x,y_w,y_l)\sim D}[\log(\sigma(r_\theta(x,y_w)-r_\theta(x,y_l)))]$
最大化奖励分数
之间的差值
y_w的奖励值
y_l的奖励值
图 15-38 损失函数

（5）对奖励函数进行归一化处理，使模型奖励值的均值为 0。

4. 优化预训练模型

根据奖励模型，利用强化学习优化预训练模型参数。策略梯度方法的基本过程如下：

（1）给定指令 x，预训练语言模型 ϕ 采样得到输出结果 y。

（2）利用奖励模型给出奖励 $r_\theta(x,y)$。

（3）最大化目标函数 $J(\phi)=E_{(x,y)\sim p(.|x;\phi)}(r_\theta(x,y);\phi)$。

（4）采用策略梯度（见图 15-39）更新模型。

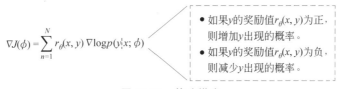

$\nabla J(\phi)=\sum_{n=1}^{N} r_\theta(x,y)\nabla\log p(y|x;\phi)$
• 如果y的奖励值$r_\theta(x,y)$为正，
则增加y出现的概率。
• 如果y的奖励值$r_\theta(x,y)$为负，
则减少y出现的概率。
图 15-39 策略梯度

（5）继续采样指令，重复（1）～（4），直到收敛。

15.4.6 提示词工程

提示词工程是指在自然语言处理领域中，利用机器学习和自然语言处理技术，对输入的文本进行分析和处理，从中提取出相关的提示词或关键词，以辅助人们更好地理解文本的内容和结构。提示词工程也包括应用与优化提示词，帮助用户有效地将大语言模型应用于各种场景和研究领域。掌握了提示词工程方法不仅有助于用户更好地了解大语言模型的能力和局限性，而且还可利用提示词工程来提高大语言模型处理复杂任务场景的能力，尤其是问答和算术推理能力。

在解决这些问题的过程中，提示（prompt）变得非常重要。尽管 ChatGPT 可以更好地理解人类意图，并回答人类的问题，但不同的提问方式也会影响模型的输出，因此如何合理地提问获得更好的结果也变得非常重要。而 prompt 就是解决这个问题的重要方法。prompt 是一种短文本字符串，用于指导语言模型生成响应。prompt 可以包含任务相关的信息和上下文，以帮助模型更好地理解要求并生成正确的输出。例如，在问答任务中，

prompt 可能包含问题或话题的描述,以帮助模型生成正确的答案。因此,prompt 的目的是帮助模型理解任务和上下文。

提示词的使用可以帮助用户更好地控制对话的方向和内容,从而实现更准确、个性化的回答。ChatGPT 的提示词在这方面能够发挥独特作用。

1. 大语言模型参数设置

(1) temperature 参数

温度(temperature)参数用于调整从随机生成模型中抽样的程度,当每次单击"生成"时,相同的提示可能产生不同的输出。温度参数为 0 时,将始终产生相同的输出。温度参数越大,随机性越大。如果温度参数为 1.0,则产生更随机的输出;如果温度参数较低,则模型更倾向于选择最可能的单词。

(2) top p 参数

top p 参数可以动态设置 token 候选列表的大小。模型会从累计概率大于或等于 p 的最小集合中随机选择一个,如果 $p=0.9$,选择的单词集将是概率累计到 0.9 的那部分。

(3) top k 参数

模型会从最可能的 k 个选项中随机选择一个。top k 参数设置为 3,表明从前 3 个 token 中随机选择一个。如果 $k=10$,则模型将从最可能的 10 个单词中选择一个。

2. 基础提示词

一个合适的提示对于模型的效果至关重要,例如提示的长度和提示词的位置等,提示的微小差别可能造成效果的巨大差异。

模型在下游任务中的表现对于提示的好坏十分敏感,一个合适的提示,对于模型和下游任务的适配十分重要。表 15-4 给出了"X 位于 Y"的不同提示的回答结果正确率。

表 15-4　"X 位于 Y"的不同提示的回答结果正确率

提示(prompt)	回答结果正确率
[X]位于[Y](源语言)	31.29
[X]位于哪个国家或哪个省?[Y]	20.01
[X]位于哪个国家?[Y]	31.38
[X]位于哪个国家? 在[Y]中	50.09

可以明显地看到,在提示学习中,主要工作如下:

* 设计一个合适的提示模板,创造一个完形填空的题目。
* 设计一个合适的填空答案,创造一个完形填空的选项。

可以通过简单的提示词获得大量结果,但结果的质量与提供的信息数量和完善度有关。一个提示词可以包含传递到模型的指令或问题等信息,也可以包含其他详细信息,如上下文、输入或示例等。可以通过这些元素来更好地指导模型,并获得更好的结果。

例 15-8　一个简单的示例。

提示词:

天空是

输出结果：

蓝色

晴朗的日子里,天空是蓝色的。在阴天,天空可能是灰色或白色的。

语言模型能够基于给出的上下文内容"天空是"完成续写。而输出的结果可能是出人意料的,或远高于任务要求的。

对于上例,如果需要实现更为具体的目标,则必须提供更多的背景信息或说明信息。例如：

提示词

完善以下句子：

天空是

输出结果：

今天太美了。

输出结果是不是要好一些了？本例中,告知模型去完善句子,因此输出的结果和最初的输入是完全相符的。提示词工程就是探讨如何设计出最佳提示词,以指导语言模型帮助用户高效完成某项任务。上例基本说明了现阶段的大语言模型能够发挥的作用。大语言模型可以用于执行文本概括、数学推理、代码生成等任务。

上例使用了比较简单的提示词。标准提示词格式如下：

＜问题＞

或

＜指令＞

标准提示词可以被格式化为标准的问答格式,例如：

Q：＜问题＞?

A：

以上提示方式称为零样本提示(zero-shot prompting)范式,即用户不提供任务结果相关的示范,直接提示语言模型给出任务相关的回答。某些大语言模型有能力实现零样本提示,但这也取决于任务的复杂度和已有的知识范围。

基于以上零样本提示标准范式,目前普遍使用的还有更高效的小样本提示(few-shot prompting)范式,即由用户提供少量的提示范例,如任务说明等。小样本提示的一般格式如下：

＜问题＞?

＜答案＞

＜问题＞?

＜答案＞

＜问题＞?

＜答案＞

＜问题＞?

＜答案＞

而问答模式如下：

Q：＜问题＞?

A：＜回答＞

Q：＜问题＞？

A：＜回答＞

Q：＜问题＞？

A：＜回答＞

Q：＜问题＞？

A：

使用问答模式并不是必需的,可以根据任务需求调整提示范式。例如,可以按以下示例执行一个简单的分类任务,并对任务做简单说明:

提示词

这太棒了！//肯定

这很糟糕 //否定

哇,那部电影是 rad！//

输出结果

肯定

大语言模型可以根据一些说明来了解和学习某些任务,而小样本提示正好可以赋能上下文学习能力。

3. 提示词要素与设计提示的基本技巧

(1) 提示词要素

• 指令:需要模型执行的特定任务或指令。

• 上下文:包含外部信息或额外的上下文信息,引导大语言模型更好地响应。

• 输入数据:用户输入的内容或问题。

• 输出指示:指定输出的类型或格式。

其中提示词的格式取决于需要大语言模型完成的任务类型,并非所有上述要素都是必需的。

(2) 设计提示的基本技巧

• 从简单开始。

在设计提示时,需要记住这是一个迭代的过程,需要大量的实验来获得最佳结果。可以从简单的提示开始,瞄准目标获得更好的结果要求,不断添加更多的元素和上下文。具体和简明提示通常可获得更好的结果。当涉及具有多个不同子任务的大任务时,可以尝试将任务分解为更简单的子任务,并随着获得的更好结果逐步构建提示。这样做可以避免在提示设计初期就引入过多的复杂性。

• 指令。

可以使用命令来指示模型执行各种简单任务,例如写入、分类、总结、翻译、排序等,从而为各种简单任务设计有效的提示。还需要通过大量实验,确定哪种方法最为有效。可以尝试使用不同的关键字、上下文和数据,以及不同的指令,确定哪种方法最适合特定用例和任务。在通常情况下,上下文与要执行的任务越具体和越相关,效果则越好。

建议将指令放在提示的开头,使用一些清晰的分隔符,如用"＃＃＃"来分隔指令和上下文。

例 15-9

提示：

＃＃＃指令 ＃＃＃

将以下文本翻译为英语：

文本："计算机"

输出：

computer

使用指令应注意下述几点：

- 具体性。

提示越具体和越详细，则结果就越好。当有所期望的结果或生成样式时，需要具有良好的格式和描述性提示（这一点尤为重要）。实际上，在提示中提供示例非常有效，可以以特定格式获得所需的输出。

在设计提示时，还应考虑提示的长度，因为提示的长度有限制。应该考虑具体和详细的程度，包含太多不必要的细节并不一定是一个好方法。这些细节应该是相关的，并有助于完成手头的任务。通过大量实验和迭代，可以优化应用程序的提示。

- 避免不精确。

关于格式改进的提示最好是具体和直接的。有效的沟通越直接，信息传递就越有效。

例如，为了了解提示词工程的概念，可以这样做：解释提示词工程的概念（保持解释简短，只有几句话，不要过于描述）。

上面的提示没有明确要使用多少句话和什么样的风格，但仍然可以获得良好的响应。但更好的提示是非常具体、简洁和直接的。例如：

使用 2～3 句话向学生解释提示词工程的概念。

- 做还是不做？

设计提示时，一个常见技巧是避免说不要做什么，而是说要做什么。这样可以使提示更具体，进而使设计者关注那些引导模型产生良好响应的细节。

例如，电影推荐聊天机器人的指令，因关注不要做什么而失败了。

提示：

以下是向客户推荐电影的代理程序。不要询问兴趣。不要询问个人信息。

客户：请根据我的兴趣推荐电影。

智能体：

输出：

当然，我可以根据您想看的电影类型来推荐。您喜欢动作片、喜剧片、爱情片还是其他类型的电影？

以下是更好的提示：

提示：

以下是向客户推荐电影的代理程序。代理负责从全球热门电影中推荐电影。它应该避免询问用户的偏好并避免询问个人信息。如果代理没有电影推荐，它应该回答"抱歉，今天找不到电影推荐"。

顾客：请根据我的兴趣推荐一部电影。

客服：

输出：

抱歉，我没有关于您兴趣的任何信息。不过，这是目前全球热门的电影列表。[电影列表]。希望您能找到喜欢的电影！

4. 提示技术

改进提示显然有助于在不同任务上获得更好的结果。这就是提示词工程的理念。下面将介绍能够完成更复杂和更有趣的任务的更高级的提示词工程技术。

（1）零样本提示

经过大量数据训练并调整指令的大语言模型能够执行零样本任务。例如：

提示：

将文本分类为中性、负面或正面。

文本：我认为这次假期还可以。

输出：

中性

在上面的提示中，没有向模型提供任何示例，这就是零样本的作用。指令调整已被证明可以改善零样本学习效果。指令调整本质上是在通过指令描述的数据集上微调模型。此外，人类反馈强化学习已被采用以扩展指令调整，以使模型更好地适应人类偏好。当零样本不起作用时，建议在提示中提供演示或示例，这就引出了少样本提示。

（2）少样本提示

虽然大语言模型展示了惊人的零样本能力，但在零样本设置下，大语言模型在更复杂的任务上仍然表现不佳。少样本提示可以作为一种技术，以启用上下文学习，在提示中提供演示以引导模型实现更好的性能。演示作为后续示例的条件，旨在促使模型生成期望的响应。

模型通过提供的一个示例（即 1-shot）已经学会了如何执行任务。对于更困难的任务，可以增加提示（如 3-shot、5-shot、10-shot 等）。

以下是在进行少样本学习时关于演示/范例的一些额外提示：

- 标签空间和指定的输入文本分布都很重要（无论标签是否对单个输入正确）。
- 使用的格式也对性能起着关键作用，即使只是使用随机标签，也比没有标签好得多。
- 其他结果表明，从真实标签分布（而不是均匀分布）中选择随机标签也有帮助。

例如，将标签"否定"和"肯定"随机分配给输入。

提示：

这太棒了！

肯定

这很糟糕！

否定

哇，那部电影太棒了！

肯定

输入：

多么好的表演！

输出：

肯定

虽然上面的格式不一致,但模型仍然预测了正确的标签。

15.5　DeepSeek 大语言模型

DeepSeek 是由杭州深度求索人工智能基础技术研究有限公司开发的一系列大语言模型,属于生成式人工智能的核心技术。DeepSeek 的核心定位是大语言模型,但其技术生态涵盖多模态扩展与行业适配。通过开源策略和性能突破,它不仅成为国产 AI 的标杆,也在全球范围内引发广泛关注,甚至对国际科技巨头形成竞争压力。

15.5.1　DeepSeek 定位

1. 核心定位:大语言模型

DeepSeek 的主要产品是基于 Transformer 架构的大语言模型,例如 DeepSeek-R1、DeepSeek-R1-Zero、DeepSeek-V3 等。这些模型通过海量语料预训练,并结合监督微调、强化学习等技术优化,具备强大的自然语言理解和生成能力。

其模型参数规模庞大,例如,DeepSeek-V3 拥有 6710 亿个参数(其中激活参数为 370 亿个),在数学、代码生成、逻辑推理等任务中表现优异,性能对标甚至超越 GPT-4、Claude-3.5 等国际顶尖模型。

2. 技术扩展:多模态与垂直领域优化

DeepSeek 的核心是大语言模型,并拓展了多模态能力。例如,DeepSeek-VL 模型支持处理图像、公式、科学文献等多模态输入,且能接收高分辨率图片,兼顾语言能力不退化。

针对中文语境和特定行业(如金融、医疗、教育),DeepSeek 的大语言模型进行了本地化优化,生成内容更符合我国用户需求。

3. 开源与商业化策略

DeepSeek 大语言模型以 MIT 协议开源,允许免费商用,并提供多种部署方式(如本地部署、API 调用等)。例如,DeepSeek-R1-Zero 和 DeepSeek-R1 模型的开源版本支持在低配置设备上运行。其 API 服务价格低(如优惠期每百万输出 Token 仅 2 元),显著降低了企业和开发者的使用门槛。

4. 应用场景与行业影响

DeepSeek 广泛应用于智能客服、代码生成、教育科研、汽车智能化(如车载语音交互)等领域。例如,东风汽车、岚图等车企已接入 DeepSeek 模型以提升用户体验。

DeepSeek 通过低成本的训练和技术创新(如混合专家架构 MoE)挑战了传统 AI 开发的"规模法则",推动行业向高效、轻量化方向转型。

15.5.2　DeepSeek 核心技术

DeepSeek 在技术上是站在巨人肩膀上的创新和突破,其核心技术如下。

1. 混合专家架构

DeepSeek 混合专家(mixture of experts,MoE)架构的创新如下。

（1）细粒度专家划分：将传统 MoE 架构的专家网络拆分为更细粒度的单元，例如将 256 个专家拆分为更小规模，同时保持总参数量不变。这种设计提升了模型的灵活性和知识组合能力，使每个 Token 激活的专家参数占比仅为 5.5%（如 DeepSeek-V3 模型激活参数量 37B/总参数量 671B）。

（2）共享专家与路由专家分离：引入共享专家处理共性特征（如语法结构），路由专家则动态选择处理差异性特征（如领域知识），既提升泛化能力又减少冗余计算。

（3）动态负载均衡策略：通过可学习的偏置项调整专家选择倾向，避免传统 MoE 架构中的专家负载不均衡问题，无须额外损失函数干预，兼顾性能与效率。

2. MLA 技术

传统的注意力机制在处理长文本时，计算量和显存消耗呈指数级增长，成为制约大语言模型发展的瓶颈。DeepSeek 提出的 MLA（multi-head latent attention）技术，借鉴了"隐向量"（Latent Vector）的思想，将原始矩阵抽象成低秩矩阵乘积，大幅降低了 KV 缓存的使用，最高可节省群体相对策略优化（GRPO）90% 的资源消耗。

3. 群体相对策略优化（GRPO）

强化学习效率提升：在 RLHF 阶段，群体相对策略优化（GRPO）通过多路径采样替代传统 PPO 中的 Value 模型，直接利用 Reward 模型评估多条生成路径的均值收益，减少 30% 以上的训练资源消耗，同时保持模型推理能力的稳定性。

4. 多令牌预测（MTP）

训练目标创新：同时预测多个后续 Token，提升模型对长程依赖的建模能力。实验显示，MTP 在数学推理和代码生成任务中可将准确率提升 12%～15%。

5. 多模态与行业应用突破

（1）多模态融合技术：MLA 通过联合压缩机制实现跨模态（如文本与图像）的语义对齐，为多模态任务提供统一处理框架。通过视觉-语言对齐架构实现跨模态理解，支持小样本适配（仅需数百张标注图像即可完成垂直领域适配）。

（2）行业场景深度赋能：例如在金融领域，FinGPT 模型将企业信用评级准确率提升至 92.3%。

（3）边缘计算与端侧部署：推动模型向分布式推理扩展，支持手机等普通设备运行，加速 AI 普惠化。

15.5.3　DeepSeek 训练与部署

1. 分布式训练框架 HAI-LLM

（1）四维并行策略：结合数据并行（DP）、流水线并行（PP）、张量并行（TP）和专家并行（EP），支持千卡级集群高效协同。例如，DeepSeek-V3 模型训练采用 16 路流水线并行和 64 路专家并行，通信开销降低至传统方法的 20%。

（2）双管道通信优化：通过重叠前向计算与反向传播的通信阶段，减少流水线气泡时间，训练效率提升 40%。

2. 低成本训练方案

（1）FP8 混合精度与量化：在激活和权重中应用分组量化技术，结合 TensorCore 硬件加速,使 H800 GPU 利用率达 83％,DeepSeek-V3 模型总训练成本仅 557.6 万美元,为 GPT-4 的 1/10。

(2) 国产芯片适配:通过 PTX 汇编优化与动态内存分配,在华为昇腾芯片上实现 92％ 的英伟达 A100 等效性能,突破算力封锁。

3. 高效推理部署

(1) 预填充与解码分离:预填充阶段并行处理用户输入生成 KV 缓存,解码阶段采用分布式自回归生成,支持千亿级模型在 40 节点(320 GPU)集群上实时响应。

(2) 动态路由与冗余专家:通过冗余专家部署和动态负载分配,确保高并发场景下的服务稳定性,推理延迟降低至毫秒级。

15.5.4　DeepSeek 行业应用

1. 开源策略与普惠化

(1) 全面开源模型:开源 DeepSeek-V3、DeepSeek-R1 等核心模型(MIT 协议),吸引全球开发者共建生态。例如,开发者基于开源代码优化出推理成本再降 30％ 的定制版本。

(2) 低成本 API 服务:百万 Token 输入/输出定价仅为 OpenAI 的 3.65％～5％,推动 AI 技术转向大众工具。

2. 多领域应用

DeepSeek 在多领域得到了成功应用,例如:

(1) 物流智能化:动态路径规划降低空驶率 40％,仓储机器人误检率控制在 0.1％ 以下,实现"货找人"的自动化升级。

(2) 医疗诊断加速:病理切片分析模块将诊断时间从 30min 缩短至 2min,准确率达 98％。

DeepSeek 通过算法创新、工程突破与生态策略(开源、低成本),重构了 AI 大语言模型的发展逻辑,显著降低了对海量数据的依赖,同时提升了模型训练的效能与泛化能力。

本 章 小 结

大语言模型是深度学习的一个子集,它正在彻底改变自然语言处理领域。大语言模型是功能强大的通用语言模型,可以针对大量数据进行预训练,然后针对特定任务进行微调。如果需要将大语言模型用于特定目的,那么可以根据特定目的微调模型。此过程涉及在与任务相关的较小数据集上训练模型,它的训练数据集可以是书籍、文章、代码库和其他形式的文本。大语言模型已成为人工智能领域的突破性进展,它通过自监督学习技术来处理和理解人类语言或文本。大语言模型在理解和生成类人文本方面表现出了令人印象深刻的强大能力,这使它成了各个行业的宝贵工具。本章内容涵盖了大语言模型的基础知识、模型结构、训练过程、用例和提示词工程等。

参考文献

［1］ 张荣,李伟平,莫同.深度学习研究综述[J].信息与控制,2018.47(4)：385-397.

［2］ 史忠植.神经网络[M].北京：高等教育出版社,2009.

［3］ 黄理灿.深度学习原理与 TensorFlow 实践[M].北京：人民邮电出版社,2019.

［4］ 周志华.机器学习[M].北京：清华大学出版社,2016.

［5］ 高随祥,文新,马艳军,等.深度学习导论与应用实践[M].北京：清华大学出版社,2020.

［6］ 陈明.神经网络模型[M].大连：大连理工大学出版社,1995.

［7］ 陈明.数据科学与大数据技术导论[M].北京：清华大学出版社,2021.

［8］ 陈明.人工智能基础[M].北京：清华大学出版社,2023.

［9］ 邵浩,刘一烽.预训练语言模型[M].北京：电子工业出版社,2021.